"十二五"普通高等教育本科国家级规划教材

教育部文科计算机基础教学指导委员会立项教材
Computer Arts Based On The Ministry Of Education Steering Committee Of Project Teaching Materials

高等学校文科类专业"十一五"计算机规划教材

根据《高等学校文科类专业大学计算机教学基本要求》组织编写

丛书主编　卢湘鸿

大学计算机数据库与
程序设计基础

冯　俊　主编
董惠丽　任丽芳　张人上　编著

U0359579

清华大学出版社
北京

内 容 简 介

本书是教育部高等学校文科计算机基础教学指导委员会的立项项目。本书在脱离具体语言环境下，围绕数据库与程序设计基础的核心问题简明扼要地介绍了基本概念、基本思想、基本技术和基本方法。主要内容包括基本数据类型、构造数据类型和数据库、基本控制结构、结构化和模块化程序设计、数据库查询、窗体和界面设计等。数据组织形式采用具有丰富数据类型与良好结构的类 PASCAL 语言描述，算法采用结构化流程图描述；选用较流行的 VB(Visual Basic)语言对所有算法进行编程实现和 Access 对数据库进行操作处理。这使读者既可以在脱离复杂语言环境下轻松学习程序设计思想和数据库应用技术，又不至于纸上谈兵。每章都开辟了一个课程设计题目，旨在提高读者分析问题和解决问题的能力。

本书条理清楚，内容翔实；概念表述严谨，逻辑推理严密，语言精练，用词达意；算法构思精巧，结构清晰；既注重程序设计思想介绍，又重视算法设计能力培养；既注重理论知识与科学思想的介绍，又重视应用技术与动手能力的培养。本书深入浅出，配有大量实例和图示，每章都有丰富的习题，适合于自学。

本书可作为高等学校文科类、经济类和管理类专业的大学计算机教材，也可以作为应用计算机的广大科技工作者与管理工作者的参考资料。

图书在版编目（CIP）数据

大学计算机数据库与程序设计基础 / 冯俊主编；董惠丽，任丽芳，张人上编著 . —北京：清华大学出版社，2011.5（2015.1重印）

（高等学校文科类专业"十一五"计算机规划教材）

ISBN 978-7-302-24350-2

Ⅰ. ①大… Ⅱ. ①冯… ②董… ③任… ④张… Ⅲ. ①数据库系统－高等学校－教学参考资料 ②程序设计－高等学校－教材 Ⅳ. ①TP311.1

中国版本图书馆 CIP 数据核字(2010)第 257436 号

责任编辑：汪汉友　薛　阳
责任校对：焦丽丽
责任印制：何　芊

出版发行：清华大学出版社
　　　　　网　　　址：http://www.tup.com.cn, http://www.wqbook.com
　　　　　地　　　址：北京清华大学学研大厦 A 座　　　邮　　编：100084
　　　　　社 总 机：010-62770175　　　　　邮　　购：010-62786544
　　　　　投稿与读者服务：010-62776969, c-service@tup.tsinghua.edu.cn
　　　　　质 量 反 馈：010-62772015, zhiliang@tup.tsinghua.edu.cn
印　刷　者：北京季蜂印刷有限公司
装 订 者：三河市少明印务有限公司
经　　销：全国新华书店
开　　本：185mm×260mm　　　印　张：25.5　　　字　数：591 千字
版　　次：2011 年 5 月第 1 版　　　印　次：2015 年 1 月第 2 次印刷
印　　数：4001～4500
定　　价：39.00 元

产品编号：037929-01

序

能够满足社会与专业本身需求的计算机应用能力已成为合格的大学毕业生必须具备的素质。

文科类专业与信息技术的相互结合、交叉、渗透,是现代科学技术发展趋势的重要方面,是不可忽视的新学科的一个生长点。加强文科类专业(包括文史哲法教类、经济管理类与艺术类一些专业)的计算机教育,开设具有专业特色的计算机课程是培养能够满足信息化社会对大文科人才要求的重要举措,是培养跨学科、综合型文科通才的重要环节。

为了更好地指导文科类专业的计算机教学工作,教育部高等教育司重新组织制订了《高等学校文科类专业大学计算机教学基本要求》(下面简称《基本要求》)。

《基本要求》把大文科各门类的本科计算机教学,按专业门类分为文史哲法教类、经济管理类与艺术类三个系列,按教学层次分为计算机大公共课程(也就是计算机公共基础课程)、计算机小公共课程和计算机背景专业课程三个层次。

第一层次的教学内容是文科某系列(如艺术类)各专业的学生都要应知应会的。第二层次是在第一层次之上,为满足同一系列某些专业共同需要(包括与专业相结合而不是某个专业所特有的)而开设的计算机课程。第三层次,也就是使用计算机工具,以计算机软、硬件为依托而开设的为某一专业所特有的课程。

《基本要求》对第一层次课程与第二层次课程的设置与教学内容提出了基本要求。

第一层次的教学内容由计算机基础知识(软、硬件平台)、微机操作系统及其使用、多媒体知识和应用基础、办公软件应用、计算机网络基础、信息检索与利用基础、Internet 基本应用、电子政务基础、电子商务基础、网页设计基础等 15 个模块构筑。这些内容可为文科学生在与专业紧密结合的信息技术应用方向上进一步深入学习打下基础。第一层次的教学内容是对文科大学生信息素质培养的基本保证,起着基础性与先导性的作用。

第二层次的教学内容,或者在深度上超过第一层次的教学内容中的某一相应模块,或者拓展到第一层次中没有涉及的领域。这是满足文科不同专业对计算机应用需要的课程。这部分教学在更大程度上决定了学生在其专业中应用计算机解决问题的能力与水平。这些课程包括微机组装与维护、计算机网络技术及应用、多媒体技术及应用、网页设计基础、信息检索与利用、电子政务应用、电子商务应用、数据库基础及应用、程序设计及应用,以及与文史哲法教类、经济管理类与艺术类相关的许多课程。

清华大学出版社推出的高等学校文科类专业大学计算机规划教材，就是根据《基本要求》编写而成的。它可以满足文科类专业计算机各层次教学的基本要求。

对教材中的不足或错误之处，敬请同行和读者批评指正。

卢湘鸿

于北京中关村科技园

卢湘鸿　北京语言大学信息科学学院计算机科学与技术系教授、教育部普通高等学校本科教学工作水平评估专家组成员、教育部高等学校文科计算机基础教学指导委员会秘书长、全国高等院校计算机基础教育研究会文科专业委员会主任。

前　　言

为了落实教育部关于实施高等学校本科教学质量与教学改革工程的意见精神,教育部高等教育司组织制订了《高等学校文科类专业大学计算机教学基本要求(2008年版)》(简称《基本要求》)。为了把《基本要求》落到实处,进一步推动教学改革,教育部高等学校文科计算机基础教学指导委员会启动了教材立项项目。

本书属于经济管理类计算机大公共课程教材,它是2009年度教育部高等学校文科计算机基础教学指导委员会的立项教材。除本书外,还有《大学计算机·应用基础》(已出版)和《大学计算机·网络应用基础》,每本书均配有辅助教材《题解及课程设计指导》,以便于读者自学选用。

文科计算机教学的实质是计算机应用的教育,是"以应用为目的,以实践为中心,着眼信息素养培养"的一种教育,以满足社会对人才在计算机知识、技能和应用能力方面的要求。《基本要求》中指出,文科计算机大公共课程可以由16个模块组装而成,按上述3种组合方式编写主教材。教学实施建议:各专业的计算机大公共课程的总学时不少于144学时,可选用《大学计算机·应用基础》(72学时)与《大学计算机·数据库与程序设计基础》(72学时),或选用《大学计算机·网络应用基础》(80学时)与《大学计算机·数据库与程序设计基础》(72学时)来组织教学。

长期以来,关于如何讲授程序设计基础课程,许多人把争论的焦点放在了语言的选择上,把讲授的重点放在了语言本身,却忽略了程序设计真正实用的基本思维方式和方法,最后导致学生几乎没有分析问题、解决问题的技能。程序设计基础课程教学的核心目标,应该是让学生学习和掌握如何分析问题和设计解决它们的方法;帮助学生理解程序设计的基本思想和科学原理,掌握程序设计的基本知识、基本技术和基本方法,掌握程序设计中的数据组织结构和程序流程控制结构,从而为学生能用计算机处理实际问题打下良好基础。本书试图在这方面做出努力。

这本《大学计算机·数据库与程序设计基础》包含程序设计基础和数据库系统基础2个模块。全书共分2篇17章,具体内容安排如下:第1篇程序设计基础包含9章。第1章程序设计概述,主要介绍程序设计的基本概念和基础知识。第2章Visual Basic简介,主要介绍Visual Basic 6.0的集成开发环境、应用程序结构、应用程序设计和上机操作步骤。第3章Visual Basic应用程序界面设计,主要介绍窗体设计以及常用标准控件的应用。第4章简单数据类型与表达式,主要介绍简单数据类型以及表达式的构成。第5章顺序结构程序设计,主要介绍赋值语句、数据输入、数据输出以及顺序结构程序设计。第6章选择结构程序设计,主要介绍单向分支选择结构、双向分支选择结构和多向分支选择结构的程序设计。第7章循环结构程序设计,主要介绍当型循环控制结构、直到型循环控制结构和步长型循环控制结构的程序设计以及算法设计中的枚举法和递推算法。第8章构造数据类型,主要介绍数组类型、结构体类型以及其他构造数据类型。第9章结构化程序设计,简单介绍结构化方法、模块化设计以及结构程序优化;主要介绍自顶向下逐步求精设计技术和方法、过程和函数的应用。第2篇数据库系统基础包含8章。第10章数据库系统概述,简单介绍数据库系统的有关知识。第11章 Access 简介,简单介绍 Access 2007 的安装和集成开发环境。第12章创建数据库,主要介绍数据库的创建、表的创建及其操作。第13章查询与 SQL 基础,主要介绍不同类型的查询创建以及 SQL 基础。第14章窗体设计,主要介绍窗体的构成和类型、窗体的创建和修饰。第15章报表设计,主要介绍报表的不同创建方式以及报表的编辑技术。第16章宏与模块,主要介绍宏与模块的基本概念和使用方法。第17章数据库应用系统实例,以进销存管理系统为例,综合运用所学知识设计和开发一个进销存数据库应用系统。

由于 Pascal 语言具有丰富的数据类型和良好的结构,所以在数据组织的描述中,拟选用类 Pascal 语言作为工具;为了着重体现算法设计的思想与算法结构,对算法的描述拟选用结构化流程图(N-S 图)作为工具;为了方便读者上机实践,将选用较流行的 Visual Basic 语言对所有算法进行编程实现并选用 Access 关系数据库管理系统对数据库进行操作处理。既让读者在脱离复杂语言环境下轻松学习程序设计思想和数据库应用技术,又不至于使读者纸上谈兵。这是本书的特色之一。程序设计既是一门实践性很强的带有艺术特性的变换技术,又是一门科学。本书在每章都开辟了一个课程设计题目,包括问题描述、基本要求、测试数据、实现提示和问题拓展,旨在提高读者分析问题和解决问题的能力。这是本书的又一个特色。

本书条理清楚,内容翔实。概念表述严谨,逻辑推理严密,语言精练,用词达意。图文并茂、易教易学。在内容编排上,试图深入浅出、重点突出,以培养学生应用能力为主线,理论与实践相结合。各章都配有丰富的习题,包括选择题、填空题、思考题和设计题等,通过做题可以巩固所学知识,适合于自学。

本书由冯俊主编并统稿。第1~7章和10章由冯俊编写,第8章和第9章由刘西青编写,第11~14章由董惠丽编写,第15章由任丽芳编写,第16章和第17章由张人上编写。

“大学计算机数据库与程序设计基础”课程在教学计划中至少应为6学分,课堂教学在54~72学时之间。本课程是一门技术性、实践性很强的课程,为了使学生能真正掌握有关理论知识和应用技术,在整个教学过程中至少应安排6个课程设计,必须保证学生有足够的课下思考作业时间和上机实践时间。上机时数、课下作业时数和课堂讲授时数的比例应不低于0.5:2:1。

本书凝结了作者们多年来的教学科研成果和在讲授“大学计算机”、“程序设计基础”等课程中的教学经验。在编写过程中,参阅了多种大学计算机优秀教材。在编辑出版过程中,得到了清华大学出版社各级领导的支持,负责本书编辑工作的全体同仁,特别是责任编辑汪汉友同志,付出了辛勤劳动。在此一并表示衷心感谢。

由于作者水平有限,加之学科理论与技术发展日新月异,书中疏漏谬误之处在所难免,恳请广大读者指正。E-mail:fengj1682000@126.com。

作　者
2010 年 8 月

目　　录

第 1 篇
程序设计基础

第1章　程序设计概述

程序和程序设计是计算学科中最基本、最重要的概念。计算机运行的过程就是程序执行的过程,运用计算机解决现实世界中的任何实际问题,最终都要将现实问题转换成计算机程序。在这一转换过程中,需要运用多方面的知识进行程序设计,程序是程序设计的结晶,程序设计是开发和应用计算机的钥匙。本章介绍程序设计的基本概念和基础知识。

1.1　程序＝数据结构＋算法

数据结构与算法是计算学科中研究的基本课题。世界著名的计算机科学家、PASCAL 语言的发明者、第 19 位图灵奖(1984 年)获得者 N. 沃思(Niklaus Wirth)教授曾提出了这样一个有名的公式:

$$程序＝数据结构＋算法$$

它清楚地揭示了计算机科学中数据结构与算法这两个概念的重要性和统一性。人们不能离开数据结构去抽象地分析求解问题的算法,也不能脱离算法去孤立地研究程序的数据结构。N. 沃思教授表示,不了解施加于数据上的算法,就无法决定如何构造和组织数据;反之,算法的选择常常在很大程度上要依赖于数据结构。

1.1.1　程序

"程序"一词,从广义上讲可以认为是一种行动方案或工作步骤。这里的程序指的是计算机程序(Program),它表示的是一种处理事务的步骤和顺序。由于组成计算机程序的基本单位是指令,因此,计算机程序就是按照操作步骤事先编制好的、具有特定功能的有限指令序列。

一个计算机程序必须对问题的每个对象和处理规则给出正确详尽的描述。数据结构与算法是计算机程序的两个重要方面,针对问题所要处理的对象设计合理的数据结构,常常可以有效地简化算法。数据结构是加工处理的对象,一个计算机程序要进行计算或处理,总是以某些数据元素为对象,要设计一个好的程序就需要将这些数据按照某种要求组织成一个合适的数据结构。算法是程序的灵魂,它在程序编制、软件开发,乃至在整个计算机科学中都占有重要地位。程序是算法与数据结构两要素统一的全过程,或者说,程序就是在数据的某种特定表示方式以及结构的基础上对抽象算法用某种程序设计语言进行的具体描述(实现)。

1.1.2　什么是数据结构

数据结构是随着计算机科学技术的发展逐渐形成的一门学科,是计算机相关专业的核心课程。当今,计算机应用已渗透到人类社会的各个领域,除了用于科学计算之外,更广泛地用于科学管理等方面。因此,计算机处理的数据量越来越大,数据间的关系越来越复杂,这就要求人们必须研究如何有效地组织数据和处理数据,这也正是数据结构要研究的内容。下面通过一个例子说明数据结构在计算机科学技术中的重要地位。

例 1-1 一个工厂生产模型。

工厂的生产过程可以看成是对原材料的加工处理,最后得出产品的过程。在这个过程中,包括两个关键阶段:

(1) 原材料的管理——原材料如何在仓库中进行组织、存储和管理。

(2) 原材料的加工处理——采用什么样的工艺技术、按照什么样的操作顺序对原材料进行加工处理,最后得到合格产品。

工厂生产模型如图 1-1 所示。

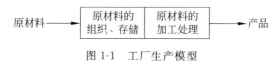

图 1-1　工厂生产模型

由此可见,原材料的组织、存储和管理以及原材料的加工处理是工厂进行正常生产的关键。

学习计算机科学的目的就是运用计算机来解决实际问题。计算机的解题过程也可以看作是对原材料进行组织、存储、管理和加工处理,最后得到产品的过程。只不过这里的原材料是数据,产品是处理结果,对数据的加工处理是由算法决定的。数据是对客观事物采用计算机能够识别、存储和处理的形式所进行的描述。随着计算机的发展和应用领域的扩大,数据量越来越大,数据间的联系越来越复杂,对数据组织结构的研究就越来越受到重视。计算机解题模型如图 1-2 所示。

图 1-2　计算机解题模型

由此可见,计算机解题的关键是数据的组织和算法的设计。数据结构研究的就是数据组织和算法设计。

简单地说,数据结构(Data Structure)研究的是一些数据的集合。就是根据数据的性质、数据元素之间的关系,研究如何表示、存储、操作这些数据的技术。

在计算学科教学计划 2001(Computing Curricula 2001,CC2001)的 14 个研究领域中,数据结构和算法的基本内容主要涵盖在程序设计基础(Programming Fundamentals,PF)、算法与复杂性(Algorithms and Complexity,AL)和程序设计语言(Programming Language,PL)3 个领域中。CC2001 强调了算法和程序设计。由此可见,人们越来越重视数据结构和算法,认为程序设计的实质就是对确定的问题选择一种好的数据结构和设计一个好的算法。因此,数据结构课程不仅仅是计算机相关专业教学计划中的核心课程之一,而且是非计算机专业的主要选修课程之一。

究竟什么是数据结构? 当使用计算机解决实际问题时,一般需要经过这样几个步骤:

首先要从问题中抽象出一个适当的数学模型,然后设计一个解决数学模型的算法,最后编出程序、调试程序、进行测试直至得到最终的解答。对于求解数值计算问题,数学模型一般可以用数学方程加以描述。对于更多的求解非数值计算问题,通常是无法用数学方程来描述的,这类问题数据量大、数据间的关系复杂,求解的不是某个数值或某几个数值,而是要得到某种检索结果、某种排列状态或某种设计的表示等等,这类问题通常用一种被称为数据结构的工具来描述数据及其数据之间的关系。下面通过一个例子来认识数据结构。

例 1-2 图书馆的书目检索问题。

当你想借阅一本参考书又不知道书库中是否有此书的时候,或者当你想找某一方面的参考书又不知道图书馆内有哪些这方面书的时候,都需要到图书馆去查阅图书目录卡片。在图书馆内有各种名目的卡片,有按书名编排的、有按作者编排的、还有按分类编排的等等。若利用计算机进行检索,则计算机处理的对象就是这些目录卡片上的书目信息。列在卡片上的一本书的书目信息由登录号、书名、作者、分类号、出版单位和出版时间等若干数据项组成,每一本书都有唯一的一个登录号,但不同的书目之间可能有相同的书名、或者有相同的作者、或者相同的分类号。因此,在书目自动检索系统中,可以建立一个按登录号顺序排列的书目文件和 3 个分别按书名、作者和分类号顺序排列的索引表,如图 1-3 所示。这4 张表就是书目检索问题的数学模型描述。

登录号	书名	作者	分类号	…
1001	高等数学	樊映川	S01	…
1002	理论力学	罗远祥	L01	…
1003	高等数学	华罗庚	S01	…
1004	线性代数	滦汝书	S02	…
⋮	⋮	⋮	⋮	⋮

（a）按登录号排列

书名	登录号
高等数学	1001,1003
理论力学	1002,…
线性代数	1004,…
⋮	…

（b）按书名排列

作者	登录号
樊映川	1001,…
罗远祥	1002,…
华罗庚	1003,…
滦汝书	1004,…

（c）按作者排列

分类	登录号
S	1001,1003,
L	1002,…
⋮	…
⋮	…

（d）按分类号排列

图 1-3 书目文件和索引表示例

该问题是非数值计算问题,其数学模型无法用数学公式或数学方程描述,使用了被称为表的数据结构进行描述。

数据结构至今尚未有一个被一致公认的标准定义。不过在讨论任何一种数据结构时,都会自然地联系到这种类型的数据所需要的运算,以及为了在计算机上实现这些运算,如何将这些数据存储到计算机中。因此,在讨论数据结构的时候,一般考虑以下 3 个方面。

(1) 数据之间的逻辑关系——称为数据的逻辑结构;

(2) 数据在计算机中的存储形式——称为数据的存储结构;

(3) 定义在逻辑结构上的运算及其在存储结构上运算算法的实现——称为数据的运算。

例 1-3 假设某单位职工工资表如表 1-1 所示。

表 1-1 工资表

编号	姓名	基本工资	津贴	扣除费	实发工资
1001	王一华	880	400	200	1080
1002	李静	840	360	180	1020
1003	张丽华	930	500	210	1220
⋮	⋮	⋮	⋮	⋮	⋮

这张工资表可以看作是一个数据结构。表中的每一行反映的是一位职工的工资信息,把它看作是一个整体,称为一个结点或数据元素,它是数据结构中讨论的基本单位,即数据结构是结点的集合。由于表中结点与结点之间的关系是一种简单的线性关系,所以该表称为线性表,这是它的逻辑结构。当将这个线性表存入计算机时,是采用顺序存储方式还是采用链接存储方式,这是它的存储结构要解决的问题。至于数据的运算问题,指的是对表中的结点进行查找、修改、删除、插入等操作。这些问题都弄明白了,该表的数据结构也就完全清楚了。

1. 数据的逻辑结构

数据的逻辑结构(Logical Structure)是对数据间关系的描述,形式地可以用一个二元组表示:

$$DS = (K, R)$$

其中,K 是结点的有穷集合,R 是 K 上的关系的有穷集合,每个关系都是从 K 到 K 上的结点序偶的集合。在不易产生混淆的情况下,有时把数据的逻辑结构简称为数据结构。

2. 数据的存储结构

数据的逻辑结构是从逻辑关系的角度考察数据,它是面向问题实体的,是独立于计算机的。数据的存储结构(Storage Structure)是逻辑结构在计算机存储器里的实现,它是依赖于计算机的。研究数据的存储结构,一方面要考虑使逻辑结构中组织好的数据完整地存储到计算机的存储器中,另一方面还要考虑使运算能够较好地实现。

对数据逻辑结构 DS = (K, R) 的存储表示(数据的存储结构)需要考虑以下 3 个方面问题。

(1) 保证结点集合 K 中的每个结点 k 都存储到计算机的存储器中。

(2) 这种存储方式必须明显或隐含地体现结点间的联系,即关系 R。

（3）这种存储方式应该能使定义在逻辑结构上的一组运算较好地实现。

在实际应用中，数据的存储方法是灵活多样的，可根据问题规模和运算种类等因素适当选择。基本存储方法有4种：顺序存储方法、链接存储方法、索引存储方法和散列存储方法。

3. 数据的运算

研究数据结构是为了更有效地处理数据和使用数据。对数据的处理一般称为数据的运算（Operation）。数据的运算是定义在数据的逻辑结构之上，运算的具体实现是在数据的存储结构上进行。执行运算可以对数据结构中的数据元素实施相应的操作。

在不同的应用场合，对数据会有各种各样的运算要求。亦即每种逻辑结构都有一个运算的集合。最常用的运算有以下几种。

（1）检索（Search）。又称为查找，就是在数据结构中查找满足一定条件的结点。

（2）插入（Insert）。在数据结构中的指定位置插入一个新结点。

（3）删除（Delete）。将数据结构中指定的结点删除。

（4）更新（Update）。修改数据结构中指定结点的一个或多个数据项（字段）的值。

（5）排序（Sort）。保持结构的结点集合中结点数不变，将结点按照某种指定的顺序重新排列。

其中，插入、删除、更新运算都包含着一个检索运算。

研究数据结构是为了解决实际应用问题，解决问题的实质是对数据进行有效地处理。在讨论数据结构时，不但要讨论数据的逻辑结构和存储结构，还要讨论在逻辑结构上定义的运算集合以及在存储结构上实现这些运算的算法。通过对运算及其实现这些运算的算法的性能分析，使得在求解实际应用问题时，能有效地选择和设计适当的数据结构，编写出高效的程序。

综上所述，按照某种逻辑关系组织起来的一批数据，并在其上定义了一个运算的集合；然后，按照一定的存储表示方式把它存储到计算机中，并在其上实现这一组运算，这就是一个数据结构。

在数据结构的论述中，人们所探讨的内容是：对于一个给定的问题，它的数据在逻辑上有什么特征；应该如何组织它，才便于人们对数据进行处理和利用。

1.1.3 什么是算法

在程序设计过程中，有相当多的时间是花费在考虑如何解决问题上，即通常所说的构思算法，一旦有了合适的算法，用某种程序设计语言来编写程序并不是一件特别困难的事。要编写一个好的程序，很大程度上取决于设计一个好的算法。

例1-4 公元前300年左右，欧几里得在其著作《几何原本》中阐述了关于求解两个数最大公因子的过程，这就是著名的欧几里得算法：给定两个正整数 m 和 n，求它们的最大公因子，即能同时整除 m 和 n 的最大正整数，求解步骤如下。

（1）输入两个正整数 m 和 n；

（2）以 n 除 m，所得余数为 r；

（3）若 r＝0，则输出结果 n，算法结束；否则，继续进行步骤（4）；

（4）将 n 的值送给 m，将 r 的值送给 n，继续进行步骤（2）。

例 1-5 设 m＝66，n＝36，求 m 和 n 的最大公因子。算法运行过程如下。

（1）36 除 66，余数为 30；

（2）30 除 36，余数为 6；

（3）6 除 30，余数为 0，输出 m 和 n 的最大公因子 6，算法结束。

算法（Algorithm）称为能行方法或能行过程，是对解题过程的描述，它由一组定义明确且能机械执行的规则（指令、语句、命令等）组成。简单地说，算法就是一个指令的有限序列。每个算法都必须符合以下 5 个准则。

（1）输入（Input）：一个算法有零个或多个输入，这些输入取自于某个特定的数据集合。如在欧几里得算法中，有 m 和 n 两个输入。

（2）输出（Output）：一个算法至少产生一个输出，这些输出是与输入有着某些特定关系的量，是算法运行的结果。如在欧几里得算法中，有一个输出量 n。

（3）有穷性（Finiteness）：一个算法必须在执行有穷步之后结束，且每一步都能在有限时间内完成。如在欧几里得算法中，因为 m 和 n 都是正整数，且在算法运行过程中，它们严格递减，所以算法运行有穷步之后，r 必为 0，算法结束。

（4）确定性（Definiteness）：算法中的每一步或每一条指令，都必须是确切定义的，无二义性。并且，在任何条件下，对于相同的输入只能得到相同的输出。如在欧几里得算法中，每一步都是确切定义的。

（5）可行性（Effectiveness）：算法中的每一条指令都必须充分基本，是可实现的。即算法中描述的操作都是可以通过已经实现的基本运算执行有限次完成。如在欧几里得算法中，任意给定正整数 m 和 n，运行算法，最终都能得到正确结果。

在算法的论述中，人们所探讨的内容是：对于一个给定问题，用什么方法来解决它？若有不同的方法，则哪种方法更好？

1.2 程序设计＝数据结构＋算法＋程序设计方法

随着计算机科学技术的发展，人们越来越意识到程序设计除了数据结构和算法这两个主要要素外，还应该包括程序设计方法、相应的语言工具和计算环境等内容。因此，数据结构、算法、程序设计方法、语言工具和环境是一个程序设计人员应具备的基本知识。其中，数据是程序加工处理的对象；算法是程序的灵魂，体现了程序设计的思想与思路；在程序设计过程中，需要采用合适的方法，算法设计或程序设计方法可以使人们有效地完成分析问题、分解问题、建立模型和解题步骤，它体现了程序设计真正实用的基本思维方式和方法；语言工具和环境是对解决具体问题的算法思想的一个表达工具。学习程序设计的核心目标，应该是学习和掌握如何分析问题、分解问题与如何组织数据、构思解决问题的方法。程序设计语言本身，只是在最后用来描述算法的一种工具，当然，熟练掌握一门程序设计语言，是进行程序设计的基本条件。在程序设计过程中，要综合运用多方面的知识。

1.2.1 程序设计

程序设计(Programming)就是根据计算机要解决的问题,分析问题,提出需求,设计数据结构和算法,编制程序和调试程序,使计算机程序能正确完成需求所设定的任务。简单地说,程序设计就是设计和编制程序的全过程。

程序设计是伴随着计算机的产生和发展而发展起来的。程序设计发展的历史,大体上可划分为 3 个不同时期。

20 世纪 50 年代的程序都是用指令代码或汇编语言编写的。当时,评价程序好坏的标准,就是看它能否做到指令条数少,存储单元省,执行速度快。这样,培养一个熟练的程序员,需要经过长期的训练和实践。

20 世纪 60 年代开发了一系列不同风格、为不同对象服务的程序设计语言。它大大简化了程序设计,缩短了解题周期。高级语言的蓬勃发展,使得编译理论和形式语言日趋完善。但是,这个时期就整个程序设计方法而言,并无实质性的改进。

20 世纪 70 年代是计算机程序设计观念发生重大变革的重要时期。在此之前,人们虽然已认识到程序是数据结构和算法的统一,但是,人们却把程序设计简单地视为是用程序设计语言来反映这一全过程的某种艺术而已。在这一时期,随着大型软件系统的出现,如操作系统、数据库系统等,这给程序设计带来了许多新问题,人们称为"软件危机"。一个大型软件系统的研制开发,通常要耗费大量的人力、物力、财力和时间,传统的程序设计观念只注重程序的效率,忽视程序的结构和清晰度,从而使研制出来的软件产品的可靠性、可读性、可维护性都相当差,它们随时都可能给人们带来意想不到的重大损失甚至灾难。这就促使人们开始重新研究程序设计中的一些最为本质的问题。诸如,程序的基本组成部分是什么,应该用什么样的方法来设计程序,程序设计的主要技术和方法应如何规范化和工程化等等。

正是在这种历史背景下,1969 年,世界上著名的数学家、计算机科学家、ALGOL 语言的主要贡献者、第 7 位图灵奖(1972 年)获得者 E. W. 迪杰斯特拉(E. W. Dijkstra)教授首先提出了结构程序设计的重要概念,强调必须从程序结构和风格上来研究程序设计,使得现代编程语言逐渐不鼓励使用 GOTO 语句,提倡使用编程控制结构。以此为开端,人们开始不断争论、探索、研究、实践和总结,终于形成了一整套关于如何进行程序设计的理论和方法,并逐渐升华为一门带有艺术性特点的新学科——程序设计方法学。

1.2.2 程序设计方法学

程序设计方法学是一门非常年轻、发展又极其迅速的学科。作为一门学科,它有其自身的科学原理和方法。在探究学习程序设计的方式时,著名的计算机科学家 N. 沃思(Niklaus Wirth)教授有这样的观点:因为要进行程序设计而学习语言,本质是进行程序设计,程序设计的工具是语言,不要本末倒置。

一种好的学习程序设计方式是从简单的(不要一眼可以看穿的)例子开始的。当设计一个程序时,必须时刻谨记程序设计的正确性取决于它的作用(功能)。为了构建更复杂的程序,需要能够提供组织结构的符号或指令,以便能够使各部分得到充分发展,并将它们顺利组合成一个整体。显然,抽象在其中扮演着重要角色,必须鼓励使用简洁的、结构良好的语言设计,使程序设计者不必拘泥于具体计算机的烦琐。但不幸的是,现在应用最广泛的语言并不具备这些特点。即使是最简单的程序也充满了含糊不清的符号,使得初学者,哪怕是专家,也不知所云。它们往往十分模糊,诱使程序员采用形式奇怪的结构和夸张的风格。新语言定义模糊,程序员们被诱使,若一个方式行不通,则试试别的。这种通过反复试验从错误中学习程序设计的方式可以称为 Hacking。这种方式不能被接受,尤其是在学校教育上更难被接受,因为它是拙劣工程学的基础,并且造成今天错误百出的软件工程。现在已经到了大学扮演主角的时候了,我们要成为领导者而不是跟随者。对于计算机科学来说,一种好的大学教育应该是,将数学中的逻辑学部分加入到程序设计中来。这不是要进行程序执行的正确性证明,而是要追求正确的程序结构,尤其是追求对事物的精确把握与抽象思考的能力。一个学习程序设计的学生在大学阶段应该将全部的数学基础课程都掌握,若能获得某个应用领域(包括商业、科学计算和自动控制等方面)的知识,则会更好。学习程序设计的最大挑战是:因为程序设计者所面对的实际问题已经足够复杂,所以应该避免在程序设计中加入更多的、人为的、复杂的事情。

抽象、枚举和归纳是人们通常进行思考的方法,也是进行程序设计的基本原则。

(1) 抽象(Abstract):为了解决一个复杂问题,人的智力往往不可能一下就触及到问题的细节方面。人们总是首先设计出一个抽象算法(在抽象数据上实施一系列抽象操作,这些数据和操作反映了问题的本质属性),然后考虑这些抽象数据和抽象操作的具体实现。由于抽象技术的应用,使大问题分解成了相对独立的一个个子问题,子问题的解决使整个问题得到解决。

(2) 枚举(Enumeration):组织程序结构中的选择结构是枚举原则的应用。

(3) 归纳(Induction):组织程序结构中的循环结构是归纳原则的应用。

程序设计还涉及到程序推导、程序变换、程序的可靠性、程序的可维护性和程序的效率等许多方面。为了改善整个程序设计的过程,使之更加科学化、规范化,这就需要有一整套关于如何进行程序设计的理论和方法。这就是程序设计方法学(Programming Methodology)。

实践证明,使用程序设计方法学中的一些行之有效的技术,写出的程序不仅结构清晰、结论正确,而且程序更有效。因此,我们应该学习一点程序设计方法。结构化程序设计技术与方法是程序设计方法学的一个重要组成部分。

1.2.3　结构化程序设计

结构化程序设计(Structured Programming,SP)技术与方法的基本思路是:把一个复杂问题的求解过程分阶段进行,每个阶段要处理的子问题都控制在人们容易理解和处理的范围内。具体地说,主要包括两个方面:

(1) 在程序设计过程中,提倡采用自顶向下、逐步求精的模块化程序设计原则。

(2) 在程序设计过程中,强调采用单入口单出口的 3 种基本控制结构(顺序结构、选择结构和循环结构),避免使用 GOTO 语句。

下面结合 3 种基本控制结构简介结构化流程图。

结构化流程图是 I. 纳斯(I. Nassi)和 B. 施内德曼(B. Shneiderman)于 1973 年提出的,即著名的 N-S 图。它的最大优点是:较好地直接反映了结构算法(程序)设计的特色和风格,适合于结构算法设计技术和方法,大大方便了人们对结构算法的设计、阅读、交流与教学。

算法(程序)的基本控制结构有 3 种:顺序结构、选择结构和循环结构。结构化流程图就是由描述顺序结构、选择结构和循环结构 3 类基本结构框组成。

顺序结构是最基本、最简单的算法组织结构。任何一个程序从整体上看,都可以认为是一个顺序结构。选择结构和循环结构是局部的。这正体现了"自顶向下、逐步求精"的模块化、结构化程序设计思想。

1. 顺序结构

顺序(Sequential)结构是程序执行的默认结构,即按照语句(命令)的书写顺序依次执行。例如,一个程序的基本结构是数据的输入部分、数据的处理部分和数据的输出部分。即一个算法的 N-S 图描述如图 1-4 所示。

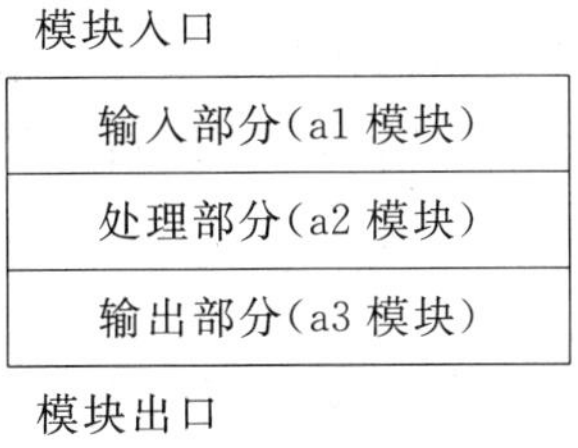

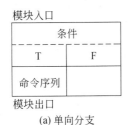

模块入口
输入部分(a1 模块)
处理部分(a2 模块)
输出部分(a3 模块)
模块出口

图 1-4　N-S 图的顺序结构框

2. 选择结构

选择(Selection)结构是一种常用的、重要的算法基本控制结构,是解决大多数较复杂性问题的算法必不可少的基本结构。在该结构中,程序的执行流程要根据给定的条件是否成立,来选择执行不同分支的语句(命令)序列。

结构化流程图中的选择结构框是对非结构化流程图中选择结构框的重大改进,它从根本上改善了选择结构表示法的直观性和结构化。稍作修改后的 3 种 N-S 图的选择控制结构描述如图 1-5 所示。

模块入口
条件
T
F
命令序列
模块出口
模块入口
条件
T
F
命令序列1
命令序列2
模块出口
模块入口
当情况k
1
命令序列1
N
命令序列N
模块出口

(a) 单向分支　　(b) 双向分支　　(c) 多向分支

图 1-5　N-S 图的选择结构框

3. 循环结构

循环(Circular)结构是一种常用的、重要的算法基本控制结构,是解决大多数实际问题的算法所必需的基本结构。在算法设计中,经常会遇到需要使某一程序段重复执行多次的情况,对于这种情况的处理,可借助循环控制结构来实现。循环结构一般可分为:当型循环、直到型循环和步长型循环,其中步长型循环实质上是前两种结构的一种特殊情况。

结构化流程图中的循环结构框比非结构化流程图中的循环结构框表现得更简明易懂。N-S 图的当型循环结构框和直到型循环结构框如图 1-6 所示。

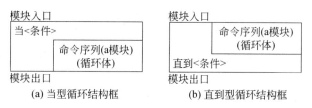

图 1-6　N-S 图的循环结构框

这 3 种基本控制结构都有一个共同的特征,即每种结构都严格地只有一个入口和一个出口。如果组成算法的各个子结构之间都只是如此简单的接口关系,那么,就可以相对独立地设计各个子结构,静态地分析控制关系,验证它们的正确性。若某一子结构需要修改,只要接口关系不变,就不会影响到其他子结构乃至整个算法。具有这样结构的算法是好结构算法。

用结构化程序设计技术与方法编出的程序不仅结构良好,易写易读,而且易于证明其正确性。结构化程序设计技术与方法的推行,其意义远不止于它的实用价值,更深远的意义在于它向人们揭示了研究程序设计方法的必要性。

在这一时期,除了结构化程序设计技术与方法日趋完善外,在数据类型的抽象、程序的推导和综合、程序变换和程序自动化等方面,都取得了重大进展。在程序设计方法学的发展过程中,常常因对一些问题的看法不一致而引起争论。下面是几个具有代表性的有争议的概念。

(1) 关于好结构和效率。所谓好结构程序,是指程序结构清晰,易于理解,也必然易于验证。但好结构不一定是好效率。结构化程序设计的观点要求设计好结构程序。

(2) 关于证明程序的正确性。证明程序正确,是程序员义不容辞的职责。所谓证明,就是使自己和别人确信一个断言真实性的论证。这种意义下的证明并非一定指从公理出发的形式推导,它可以是形式的,也可以是非形式的。现在虽然已有各种不同风格的自动证明系统和程序自动设计系统,但它们只能是一种辅助工具,盲目地追求庞大的纯机械证明系统注定是要失败的。

(3) 关于小规模程序和大规模程序。只有学会有效地研制小规模程序,才能期望有效地研制大规模程序或程序系统。另一方面,也不要低估“量”的因素,进行大规模程序或程序系统的研制,仅仅凭借已有的小规模程序设计的经验是不够的。

(4) 关于程序设计是一门艺术、是一门技术、还是一门科学。一个程序员只要掌握一些程序设计的语言、算法和基本技巧,就能编制出适合要求的程序,为此人们称程序设计是一种艺术,也是一门技术;随着大型程序系统的发展,原有的技巧已不能满足要求。人们开始总结出一整套程序设计的基本原理和方法,使程序设计不再是一种纯粹技术性的工作,逐渐上升为一门科学性的学科。但是,在实现级的细节和程序优化等方面,仍离不开人的聪明才智及其积累的丰富经验。因此,程序设计既是一门科学,又是一门仍保持着艺术特性的技术。

结构化程序设计技术与方法虽然已经得到了广泛的使用,但是仍然存在着尚未解决好的问题。

（1）结构化程序设计主要是面向过程的。

（2）程序模块与数据结构是松散地耦合在一起的。

1.2.4　面向对象程序设计

20 世纪 80 年代提出了面向对象的程序设计（Object Oriented Programming，OOP）方法。用该方法解决问题，不是将要解决的问题分解为过程（任务或功能），而是将要解决的问题分解为对象。对象（Object）可以是现实世界中独立存在、可以区分的实体，也可以是一些概念上的实体。现实世界是由众多对象组成的。对象有自己的数据（属性），也有作用于数据上的操作或动作（方法、事件或过程），将对象的属性（Property）、方法（Method）和事件（Event）封装成一个整体，供程序设计者使用。对象之间的相互作用通过消息（Message）传递来实现。面向对象程序设计的基本步骤如下。

（1）确定程序中使用的对象；

（2）确定每个对象的属性；

（3）为每个对象定义方法；

（4）为每个对象的相关事件设计过程代码；

（5）确定程序中对象之间的关系。

这种“对象＋消息”的面向对象的程序设计模式有取代“数据结构＋算法”的面向过程的程序设计模式的趋势。当然，面向对象程序设计并不是要抛弃结构化程序设计方法，而是站在更高、更抽象的层次上去解决问题。当所要解决的问题被分解为低层模块时，仍需要结构化的编程技术和方法。

结构化程序设计与面向对象程序设计的主要区别在于：

（1）结构化程序设计的问题分解突出过程。它强调如何做（How to do），亦即模块的功能是如何得以实现的。

（2）面向对象程序设计的问题分解突出对象。它强调做什么（What to do）。程序员需要说明要求对象完成的任务，而把对象中的数据组织细节与操作实现细节加以隐蔽，从而大量的工作都由相应的对象来完成。

面向对象程序设计技术与方法的自然发展，产生了基于构件的程序设计技术与方法、基于组件的程序设计技术与方法以及图形用户界面和事件驱动的程序设计。

基于构件的程序设计技术与方法的基本思想是：如何使程序设计能像通过零部件组装设备一样来实现程序编制。目前，许多编程工具已普遍采用了构件技术来提高编程效率。组成程序的部件称为程序构件，所谓程序构件就是可视化的对象，它与实体对象存在着本质区别：普通实体对象是在程序运行期间创建的，而构件对象是在程序设计阶段创建的；普通实体对象只有在程序运行时才能看到效果，而带显示界面的构件可以在程序设计时直接见到显示效果；普通实体对象是靠人工完成所有的程序代码，而构件所涉及的处理例程可以在设计期间自动生成框架和调用模式。显然，基于构件的程序设计简单省时。人们对构件技术的最大期望是具有良好的装配特性。

基于组件的程序设计是 Microsoft 公司提出的思想，即组件对象模型（Component Object Model，COM）。使用 COM 技术，对于提高系统的开发速度、降低开发成本、增强软件的灵活性、降低软件的维护费用很有帮助。

Windows 画图程序是事件驱动的。图形用户界面(Graphical User Interface,GUI)的基本目的是为了使计算机的学习及使用更加简单。编写 GUI 程序要用一种不同的程序设计方法。最关心的是程序的输出形式。程序被设计成一些相互关联的窗口,窗口中的对象都有特定的功能。用户的动作,例如,单击鼠标选择了一个工具、选择了一种颜色或显示一个菜单,决定了程序的执行流程。这些动作称为事件,这种程序设计方式称为事件驱动程序设计。为 GUI 设计一个事件驱动程序,一般需要完成以下内容:①设计程序窗口的外观(包括处理程序任务和选项所需的窗口、每个窗口的内容以及不同窗口之间的关系等);②为窗口界面上的对象设置属性(包括对象名称、对象的位置和大小、与对象一起显示的文本以及可以激活对象的动作等);③设计并编写过程(模块)代码,当与对象相关的事件发生时,这些模块被激活,执行相应的过程代码。

对于任何一种程序设计技术与方法(模式),都需要系统分析、系统设计、程序模块、控制结构、清晰的文档、良好的程序设计风格以及严格的程序测试。因此,人人都需要结构化程序设计,它涵盖了程序设计的基本原则、基本技术和基本方法,学习讨论这些原则、技术和方法有助于人们使用任何方法、任何语言来进行程序设计。

由此可见,设计程序的全过程实际上是程序及其程序设计方法统一的全过程,即程序设计是数据结构、算法、程序设计方法以及语言工具和环境 4 要素统一的全过程。因此,我们可以给出这样的公式:

程序设计＝数据结构＋算法＋程序设计方法＋语言工具和环境

实践证明,程序设计既是一门带有艺术特性的变换技术,又是一门科学。在本书中,将从大处着眼、小处着手,力图通过大量短小精悍、典型的程序设计示例,深入浅出、结构清晰地阐述程序设计思想。

1.3 语言工具和环境

科学思维是通过可感知的语言、符号文字等来完善并得以显现的,否则人们将无法使自己的思想清晰化,更无法进行交流和沟通。

自然语言是在某一社会发展中逐渐形成的一种民族语言。由于其历史性和文化性,自然语言符号系统的基本特征是:具有不够统一严格的语法结构和歧义性。它除了语法外,还包含复杂的语义和语境,人们能理解很多不完全符合语法结构的语句。但计算机不具有这样的能力。

随着科学技术的发展,人们在自然语言符号系统的基础上,逐步建立起了人工语言符号系统,称为科学语言系统。它使语言符号保持了单一性、无歧义性和明确性。科学语言系统的发展为形式语言。形式语言的基本特征是:有一组初始的专门符号集;有一组精确定义的符号串(由初始的专门符号集中的符号组成)转换规则。这样,人们就有可能在科学技术中充分运用形式语言来表达自己深刻而复杂的思想,并进行演算化推理。

程序设计语言是形式化的产物,是一种形式化的规范语言,它是人们同计算机进行交流的工具。

1.3.1 程序设计语言

计算机的基本功能是进行数据处理,最简单的数据处理方式是:数据输入——数据处理——数据输出。计算机要完成这个过程,需要分成若干个基本步骤来进行。事实上,每个基本步骤都是一个操作,每个操作都是在一个确定的命令下实现的,这个命令称为指令。最简单的指令一般包含两部分:操作码和地址码。操作码规定了操作的类型;地址码规定了操作对象的存放地址。指令的一般格式如图1-7所示。

| 操作码 | 地址码 |

图1-7 指令格式

程序就是由若干条指令组成的一个序列。编制程序所使用的语言就是程序设计语言。或者说程序设计语言就是一套符号和规则,这些规则描述了如何使用这些符号和如何构造程序。随着计算机科学技术的迅猛发展,程序设计语言从低级语言进化到高级语言。

1. 机器语言

用于命令计算机执行某种操作的一组0、1(二进制)代码称为机器指令。某种型号计算机所包含的全部指令集合称为指令系统或机器语言。用机器指令编写的程序称为机器语言程序。这种程序有两个主要优点:其一可以直接上机运行,不需要做任何预处理工作;其二程序的运行速度快、效率高。但也有致命的缺点:用机器指令编写程序相当麻烦,必须记忆各种二进制代码的含义,还要给每个数据分配存储单元,写出的程序很不直观,而且容易出错;设计程序的时间比机器解题运行程序所花的时间要多成千上百倍;花费很多时间写出的一个程序仅能在特定型号的计算机上运行,没有通用性,不利于程序员之间的经验交流。

2. 符号语言与汇编程序

人们在机器语言的基础上创造出了一套帮助记忆的符号系统,这就是符号语言,也称为汇编语言。用符号语言编写的程序称为符号语言程序。计算机是不能直接运行符号语言程序的,需要将符号语言程序翻译成机器语言程序,这个工作称为代真。代真工作是由计算机系统软件完成的,这个系统软件就是汇编程序。常用的汇编程序有小汇编(ASM)和宏汇编(MASM)。

以上两种语言都是面向机器的语言,通常称为低级语言。汇编语言比机器语言有许多优点,用汇编语言编写程序更容易一些,其运行速度与机器语言程序基本相近。但它仍然没有摆脱具体计算机的指令系统,仍然受到具体计算机特点的限制,没有解决程序的移植问题。正因为如此,应用程序员一般使用高级语言来进行编程。

3. 高级语言与编译(或解释)程序

高级语言是面向问题的语言,是一种比较接近于自然语言的程序设计语言,也称为算法语言。高级语言中的一条语句或命令相当于机器语言中的许多条指令。用高级语言编写的程序称为源程序,源程序必须经过编译或解释为机器语言程序,计算机才能运行。编译或解释是由系统软件完成的,这个系统软件就是编译或解释程序。

高级语言的出现不仅是软件领域的一大突破,也是整个计算机领域的一大突破。程序设计语言从低级语言到高级语言的发展,带来了许多好处:高级语言接近自然语言,易学易用,使用高级语言既便于程序的编写和调试,又便于交流编程经验,提高编程水平,从而推动了计算机的广泛应用;高级语言提供了良好的程序设计工具和环境,从而提高了编程效率,也提高了所编程序的正确性、可靠性、可读性和可维护性;高级语言远离机器,面向问题,从而增强了所编程序的可移植性。

20 世纪 50 年代末 60 年代初,是高级语言兴起的时代,典型代表有 FORTRAN、ALGOL、COBOL 和 BASIC 等,FORTRAN(FORmula TRANslation Language)语言是第一种高级语言,适用于进行工程和科学计算;ALGOL 语言结构严谨,是 60 年代程序设计语言发展的主导,它对后来许多重要程序设计语言都产生过重大影响;COBOL (Common Business-Oriented Language)语言是面向商业的通用语言;BASIC(Beginner ALL-purpose Symbolic Instruction Code)语言是由 FORTRAN 等高级语言的主要功能设计而成的具有人机对话功能的简洁高级语言,由于简单易学,得到了广泛应用。

20 世纪 70 年代的典型代表是 PASCAL 语言和 C 语言等。PASCAL 语言结构清晰,数据类型丰富,同人的思维接近,属于结构化程序设计语言,是描述算法较为理想的工具,人们认为通过掌握 PASCAL 语言,能在程序设计技巧上获得良好的训练,它成为最理想的教学语言之一。C 语言既有高级语言的优点,又有汇编语言的效率,它是一种被广泛应用于专业程序设计中的语言。80 年代的典型代表是 ADA 语言,人们认为它是命令式语言发展的顶峰。

上述语言都属于面向过程的高级语言。VB、VC 或 C++、Java 是面向对象程序设计语言的典型代表。LISP 与 PROLOG 分别是函数式语言和逻辑式语言的典型代表。FoxPro、Oracle 以及 Sybase 都是常用的关系数据库管理系统。它们共同影响着、推进着计算机的广泛应用。

有这么多程序设计语言,好像很难全部掌握。事实上,程序设计语言之间的差别并不像汉语与英语之间差别那样大,基本的程序设计思想、技术与方法适用于所有的程序设计语言。一旦学会了一种程序设计语言,且掌握了程序设计的实质,再学习其他语言的规则和结构就相对容易得多。

1.3.2 程序设计范型

程序设计的艺术就是管理复杂性的艺术。随着计算机科学技术的发展,人们不断思考和寻求新的程序设计方式,产生了许多适合不同程序设计范型(Paradigm)的语言。大致有命令式程序设计语言、函数型程序设计语言、逻辑型程序设计语言、面向对象程序设计语言以及数据库管理系统等。

1. 命令式程序设计语言

命令式(Imperative)程序设计语言是基于动作的语言,计算被看成是动作的序列。它关注的是如何让计算机去完成人们要做的事情。命令式程序设计语言也称为面向过程的程序设计语言。该语言族开始于 FORTRAN 语言;PASCAL 语言、C 语言等也体现了面向过程程序设计的关键思想。它们的基本原语是语句或命令,即通过语句或命令建构程序。

2. 函数型程序设计语言

函数型（Function type）程序设计的基本概念源于 LISP 语言，LISP 是"List Processing"的缩写。它是 1958 年为人工智能的应用而设计的语言。LISP 语言的基本原语是表操作或函数，它是通过表操作或函数来建构程序的。它被用于做各种符号演算，微积分演算、数理逻辑推演以及人工智能领域。

3. 逻辑型程序设计语言

逻辑型（Logic type）程序设计语言是一类以形式逻辑为基础的语言，它的典型代表是建立在关系理论和一阶谓词理论基础上的 Prolog 语言。Prolog 是"Programming in logic"的缩写。Prolog 语言的基本原语是规则和事实，它是通过规则和事实来组建程序的。Prolog 语言主要应用于人工智能领域。

4. 面向对象程序设计语言

面向对象程序设计源自 Simula 语言。Simula 改变了人们思考程序设计的方式，提出了对象和类（Class）的概念。对象实现了数据和操作的封装（Encapsulation），将数据的描述细节和操作的实现细节加以隐蔽。类的继承性（Inheritance）解决了软件的重用性和扩充性问题。

面向对象程序设计语言的典型代表是 C++ 语言和 Smalltalk 语言。这两种语言是在不同程序设计方式的基础上建立起来的。C++ 语言的设计目的是为了把对象的优点带入 C 的命令式程序设计里，所以它仍保持了 C 的优点和高效率，兼容了面向过程设计和面向对象设计的编程模式。Smalltalk 语言则是作为个人计算环境的一部分进行设计的，它不仅是一种语言，还是一个具有图形用户界面的完整交互式系统，是一种完全的面向对象程序设计语言。比较流行的面向对象程序设计语言还有 Visual Basic、Java 等语言。

5. 数据库管理系统

前面介绍的高级语言大多数是以文件系统组织数据，数据文件往往依赖于程序，数据的冗余度大、独立性差，数据的共享有限。为了克服文件系统的弊端，产生了数据库系统。数据库系统（Data Base System，DBS）有效地解决了数据的独立性问题，减少了数据冗余，提高了数据的共享程度，并提供了数据的安全性、完整性、一致性和并发控制功能。数据库系统主要由数据库和数据库管理系统组成。数据库管理系统是核心。常用的数据库管理系统有 FoxPro、Oracle、Sybase 等。

面向对象程序设计思想和面向过程的结构化程序设计技术与方法是构建优良程序的核心思想和技术。

1.3.3　程序设计语言的语法元素及其元素功能

程序设计语言的语法元素与基本功能往往决定了该种语言的编程风格。在实际编程过程中，必须严格遵循语言的编程规范。

1. 程序设计语言的语法元素

程序设计语言的语法元素主要包括字符集、标识符、表达式、关键字/保留字、分隔符、语句/命令、注释等。

字符集规定了在编程中可以使用的字符符号。国际标准组织规定了一些标准字符集，如 ASCII 字符集。程序设计语言通常都选用一个标准字符集。字符集中的符号一般不具有语义，或者说它只能表达一些简单基本的直观语义。字符集是有限的，语义的表达却是无限的。为了用有限的符号表达无限的语义，采用的基本方法就是将符号进行组合。组合时需要确定相应的构成规则和语义范围。

标识符是在编程中由程序员用来命名对象的名称，通常由字符集中的字母和数字串组成。标识符的命名应该遵循容易记忆、容易理解和有意义的原则。例如，用 name 表示姓名，用 age 表示年龄等。人们在编程实践中总结出了一些较为实用的命名方法，比如匈牙利命名法：标识符＝对象属性＋对象类型＋对象描述。不同的程序设计语言，对标识符的构成有一定的限制，应遵循语言构成规则。有含义的标识符可以增强程序的可读性。

表达式是用运算符按一定的规则将数据连接起来的有意义的式子。程序中的数据处理主要由表达式来实现，它是组成程序的重要对象，必须熟练掌握表达式。表达式主要包括算术表达式、字符表达式和逻辑表达式等。

关键字也称为保留字。顾名思义，保留字是程序设计语言本身保留的，具有特殊含义。它是程序设计语言中规定的一套命令字、函数名或特殊对象的标识符。语言中的保留字一般都是一些英文单词，具有确定的功能，它是构建程序的关键词语。程序员只能严格按规定使用。

分隔符也是语法结构中的语法单位。它用来分隔语言中的各个基本语法单位，与其他语法单位共同构成完整的语法结构。分隔符基本上是一些标点符号和特殊符号，如空格等。

语句或称为命令是程序设计语言中的重要部件。程序就是语句或命令的序列。语句的语法结构对程序的易写性和易读性有着重要影响。有的语言采用单一的语句格式，大多数语言对不同的语句类型使用不同的语法结构。语句结构中的重要差异体现在结构控制语句与简单语句之间。简单语句往往可以在一个程序行写完，结构控制语句常常包含多个保留字与多个程序行。在程序设计中，结构控制语句的运用是难点。

注释主要指对书写的程序做注解。它可以是对整个程序做说明，也可以是对某个程序段或语句或所用的标识符做说明。注释是面向人的，用它可以说明程序的功能、设计思想、注意事项等，主要是增强程序的可读性。有经验的程序员都会为自己所编制的程序添加合适的注释。

2. 程序设计语言的元素功能

程序设计语言的元素功能包括环境设置与说明、数据组织、数据处理、程序组织结构与执行流程控制等。

环境设置与说明。为了使编制的程序能正确、有效地运行，需要设置和说明合适的运行环境。即对系统本身的可调参数或对程序运行环境的某些可调参数进行必要的设置和调整。比如，ANSI C 标准规定可以在 C 源程序中加入一些预处理命令（Preprocessor Directives），以改进程序设计环境，提高编程效率。不同的程序设计语言，在解决不同的实际问题时，都应该设置和说明一个适合的运行环境。

数据组织。数据是程序处理的对象，数据组织是否合适，直接影响着程序的质量，包括是否能设计出有效的算法,是否能编制出具有可读性、可维护性以及结构合理的程序,甚至包括是否能正确的处理数据。数据组织在程序设计语言中涉及到常量、变量、数组以及数据类型等。数据类型包括简单数据类型、构造数据类型以及数据结构。它们都在一定程度上规范着数据的存储形式和数据的作用域。数据组织是程序设计的重要组成部分。

数据处理。它在程序设计语言中涉及到数据输入输出语句、赋值语句以及表达式等。

程序组织结构与执行流程控制。已经证明,任何程序结构都可以用顺序结构、选择结构和循环结构这 3 种基本结构来描述。函数与过程是实现程序模块化的重要组成部分。

1.3.4 编程环境和程序运行

操作系统等系统软件是支撑应用软件的运行环境。支持输入、编辑修改、编译解释、项目管理以及调试程序的软件环境是程序开发环境,或称为编程环境。

1. 编程环境

为了用高级语言编写程序,必须在计算机上安装某种软件,这种软件一般包含几个协同工作的程序来创建最终产品。它们是进行输入和编辑修改程序的文本编辑器、发现程序中错误的调试器、将程序翻译成机器语言程序的编译器或解释器、用于收集和形成可直接执行程序的链接程序以及管理程序和其他文件的项目管理器等。对于大多数程序设计语言都提供友好的编程环境。

编辑器(Editor)是用来进行文本处理的程序。大多数源程序都是纯文本的,可以在任何文字处理软件的纯文本方式下编辑源程序。程序设计语言所提供的编辑器更具有针对性、更好用,比如它用不同的颜色区分程序中的语法元素。

编译器(Compiler)或解释器(Interpreter)是将源程序翻译成机器语言程序(也称为目标程序)的程序,称为编译程序或解释程序。

链接程序(Linker)是将目标程序与所需资源代码链接成可执行程序的程序。比如,链接所需要的标准库的函数代码、链接需要操作系统提供的资源代码等。

调试程序(Debugger)是一个跟踪程序运行状态的程序。编译系统可以检查出语法错误,但无法检查出逻辑错误。使用调试程序可以使程序每执行一行就暂停下来,这时,程序员可以检查各有关变量和表达式的值,以便发现问题。也可以采用在程序中设置若干断点的方法,只有当程序执行到断点时,才暂停下来进行检查,帮助发现程序中的逻辑错误。

项目管理器(Project Manager)是用来管理多个程序文件、数据文件以及其他资源文件的程序。往往开发一个大型程序系统,它由一组程序、多个数据文件和其他资源文件组成,这就需要用项目管理器来组织和管理这些文件,使它们构成一个有机整体。

集成开发环境(Integrated Develop Environment,IDE)是一套用于开发程序的软件工具集合。一般包括编辑器、编译或解释器、链接程序、调试程序、项目管理器以及图形界面工具。它集多种功能于一体,为程序员提供了一个良好的编程环境。现在大多数程序设计语言都提供了集成开发环境。

2. 程序运行

用高级语言编制的源程序必须经过翻译,计算机才能运行。翻译的方式可分为解释方式和编译方式。翻译后的程序称为目标程序。运行程序时,采用解释方式还是编译方式由所选用的程序设计语言确定。比如,BASIC 语言采用的是解释方式,C 语言采用的是编译方式,有些程序设计语言兼有解释和编译这两种方式。

解释方式是由解释程序对源程序边解释边执行,遇到错误时停止执行。这时,就需要修改源程序,然后再运行源程序,直到得出正确结果。对于解释性程序设计语言,每运行一次源程序,都要进行一次解释翻译工作,程序运行速度慢,效率比较低。解释方式下的程序运行过程如图 1-8 所示。

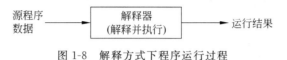

图 1-8　解释方式下程序运行过程

解释性程序设计语言便于进行程序调试,方便程序修改,可以及早地看到程序的部分运行结果。

编译方式首先由编译程序将源程序全部翻译成目标程序(.obj);再由链接程序将目标程序及其辅助程序链接起来,生成可执行程序(.exe);最后运行可执行程序,才能得到程序处理结果。在编译和链接过程中,需要对程序做多遍扫描,以便进行词法分析、语法分析及其代码优化等工作,当发现有语法等错误时,给出提示信息。编译、链接通不过,得不到可执行程序,就无法看到程序的处理结果。编译方式下的程序运行过程如图 1-9 所示。

图 1-9　编译方式下程序运行过程

编译方式的特点是将源程序编译链接成一个完整的可执行程序。这个可执行程序以可执行文件的形式存储在外存储器中,可以脱离程序设计语言直接在操作系统支持下运行。节省了重复翻译的时间,提高了程序的运行效率。

1.4　程序设计步骤与程序设计风格

程序设计目标就是通过程序控制计算机按照人们的意愿去运行。或者说,程序设计是将现实世界中的特定问题变换为计算机世界中的程序,运行程序得到预期结果的全过程。

1.4.1　程序设计步骤

程序设计必须从给定的问题入手,分析问题,设计一个解决问题的方案,实施这个方案,检查结果。程序设计不是简单地编写程序代码,程序设计的核心问题是确定"做什么"

和解决"怎样做"。它是一个不断反复的过程,这个过程包括需求分析、设计一个解决问题的方案、编码和测试、整理程序文档、运行和维护5个步骤。在实施这一过程中会经常反复,即在实施后一步骤时,会发现前一步骤有错误或不合理,需要返回到前一步骤进行修改。这一过程称为程序开发周期。

1. 需求分析

彻底理解问题,明确问题要"做什么",期望得到怎样的结果(输出),确定需要哪些输入数据来产生输出信息,以及对输入数据如何进行处理可以得到期望的输出信息。它是程序设计中比较困难的部分,也是最重要的部分。

2. 设计一个解决问题的方案

它包括总体设计和详细设计。若问题规模比较大,则需要进行总体设计。总体设计的主要工作是将复杂问题分解为简单问题(模块),确定复杂问题与简单问题的关系以及简单问题之间的层次结构。详细设计是对各个简单问题进行详细描述,抽象出反映问题本质特征的数据,设计合理的数据组织形式,确定对数据的处理方法,设计好的算法解决问题。

3. 编码和测试

根据详细设计的规格说明,选择合适的程序设计语言,编写程序代码。测试包括静态测试和动态测试、单元测试和总体测试。根据程序目标要认真设计若干组测试数据,用来检查程序运行的正确性。测试的目的是为了确保程序没有错误,并且能真正解决给定的问题。测试(或检查)应该贯穿在整个程序开发的过程中。比如,在详细设计中,假定你是计算机,用简单的输入数据来运行算法,检查是否能得到预期的输出数据,这就是静态测试。动态测试是让计算机执行程序输出结果。静态测试与动态测试可以相互验证。

4. 整理程序文档

程序文档包括内部文档和外部文档。内部文档由注释组成,注释是插入在程序中起说明作用的文本。在编程过程中,这项工作非常重要,所有程序中都应该包含注释,说明程序中各部分代码的作用,增强程序的可读性。外部文档包括技术文档和使用说明文档。技术文档是指将程序开发过程中各阶段分析设计所产生的资料整理形成的文档,它为日后的程序维护和程序升级提供方便。使用说明文档是程序商业化(软件)的必备资料,帮助用户使用你所开发的软件。

5. 运行和维护

程序通过测试后,解决了给定问题,实现了预期目标,可以投入运行使用。测试工作只能发现程序中的错误,并不能保证程序中没有错误。在程序运行过程中,还会出现这样或那样的问题,同时计算机的使用环境或问题本身也可能发生变化,这就需要对程序的运行做好维护工作,时刻保证程序的正确性、完善性和适应性。

1.4.2　程序设计风格

结构化程序设计的目标之一就是创建易于阅读理解和易于使用维护的程序代码。影响程序可读性和易用性的因素统称为程序设计风格。在开始学习计算机科学时,就应该养成良好的程序设计风格。也就是说,在程序设计过程中应该遵循一些良好的习惯和规范要求,力图做到以下几点。

1. 严格按照程序开发周期进行程序设计

深刻理解给定问题,构造一个解决问题的方案,实施这个方案,检查结果。这一基本过程十分有用,而且是一种很自然的做事方式。需要提醒的是,在这一过程中有时可能会忍不住走捷径、或不认真进行需求分析、或不进行方案设计,而急于进行代码编写,这会使程序不能正常运行,或者不能解决给定的问题,谁想要这样的结果呢。

2. 设计模块化程序结构

对于给定的复杂问题需要分解为简单的子问题,每个简单的子问题都是一个独立的模块,每个模块用一个函数或过程实现。在进行模块化分解过程中,应注意模块的独立性和模块的规模。以模块化的形式设计程序,将会得到许多好处。给定的问题越复杂,模块化程序设计就越见成效。

3. 合理地使用提示信息

简要说明程序名称、程序功能等。为用户提供欢迎信息,当程序运行时,用户需要在屏幕上看到欢迎信息。在系统请求输入数据时要有提示信息,说明需要输入的数据属性、数据类型等信息。若不给出提示信息,则用户可能不知道程序已经暂停运行并等待输入数据。合理设计数据的输出格式,使输出的数据具有自明性。

4. 程序行的书写格式要保持一致性

程序行的书写格式对程序的可读性有很大的影响。程序中包含许多诸如选择结构、循环结构以及语句嵌套结构等,在书写时应采用统一的缩进格式,突出程序的逻辑层次结构。

5. 使用表达式要减少复杂性

表达式是程序设计语言中的重要计算成分,是处理数据的核心表达,一定要形式简单、意思明确,不要人为地制造繁琐。表达式的运算顺序由运算符的优先级控制,适当使用括号可以使运算顺序更加清晰、避免误解。在表达式中要善于使用函数,以减少表达式的复杂性。对于选择结构、循环结构中的复杂逻辑表达式要进行适当的化简。

6. 使用有意义的标识符

在程序中需要使用大量的标识符为变量、数组、函数、过程等进行命名,要确定标识符的命名规范。同时还需区分系统保留字与自定义标识符,使用有意义的标识符。若使用 A1、A2 等毫无意义的标识符,则会增加对程序阅读理解的困难。显然,对字符型姓名命名,使用 name 比使用 n 要好,使用 strname 比使用 name 意义更明确。对于具有特殊含义的常量,使用符号常量,可以提高程序的可维护性。

7. 适当地注释程序

注释虽然与程序的运行无关,但对程序的可读性有着直接影响。应该在程序的适当位置添加必要的注释,以说明程序或程序模块或语句的基本信息。

8. 选择合适的解题方法和程序设计语言

不要刻意地去追求最先进的技术、方法、语言工具和环境,要以能够解决问题为标准,只要能够解决问题,简单的就是最好的。

1.5 算 法 设 计

算法是计算学科中最具有方法特性的核心概念,是计算学科的灵魂。算法设计的优劣决定着程序的性能。对算法设计与分析进行研究能使人们深刻地理解问题的本质以得到可能的求解技术与方法。

1.5.1 算法描述

在构思和设计好一个解决问题的方案后,必须准确地、清晰地将它描述下来,即算法描述。在不同层次讨论的算法有不同的描述方法。通常可采用以下 4 种方法进行描述。

1. 自然语言表示法

自然语言(Natural Language)是面向问题的描述方法。用人们易于理解的自然语言粗略地描述解决问题的思路、方法和过程,可以有力地描述各个抽象层次上完整的算法结构,明确地描述各个部分的功能,而不必过早地进入细节描述,为算法的理解和交流提供方便。比如,例 1-4 中的欧几里得算法描述就是自然语言描述。

用自然语言描述算法存在着明显的不足。比如,自然语言的歧义性容易导致算法的不确定性;自然语言是串行表示,对于算法中的选择结构和循环结构,用自然语言难以清晰地表示出来;由自然语言描述直接变换到程序设计语言描述较困难。

2. 源码表示法

源码(Source-code)是面向计算机的描述方法。用某种程序设计语言精确地描述解题过程,这种算法描述就是程序,可以直接在计算机上运行。例如,欧几里得算法用 Visual Basic 语言描述如下。

```
Private Sub Command1_Click()
    Dim m As Integer, n As Integer, r As Integer
    m=66: n=36
    r=m Mod n
    Do While r<>0
        m=n: n=r: r=m Mod n
    Loop
    Print "66 与 36 的最大公因子是: "; n
End Sub
```

用计算机解决问题,无论用什么方式描述算法,最终都要转换为某种程序设计语言的描述,直接用程序设计语言描述算法避免了不断变换的麻烦。但是,直接用程序设计语言描述算法也存在着明显的不足。比如,程序设计语言是基于串行描述,难以将算法中的逻辑结构表示清楚;用源码描述算法,要求描述问题的处理细节,忽略了算法的本质,不利于人们算法设计思想的交流;需要熟练地掌握某种特定的程序设计语言,过多的精力放在程序设计语言本身,不利于集中精力思考解决问题的策略和进行算法设计。

3. 伪码表示法

伪码(Pseudo-code)是介于自然语言与源码之间的一种描述方法。允许某种程序设计语言和自然语言混合使用。伪码描述对于算法的可读性和可维护性是有利的,它接近于程序设计语言又不受其语法的严格限制。目前,大多数算法描述都采用伪码描述。

4. 流程图表示法

流程图(Flowchart)有结构化流程图和非结构化流程图。使用流程图可以形象地描述算法中各个操作步骤的具体内容、相互联系和执行顺序,直观地表明了算法的逻辑结构。流程图作为一种形象、直观、方便的描述工具,它不仅可以用来指导编写程序,而且可以用来辅助程序调试,同时还是人们阅读、交流、改进算法的有效工具。例如,欧几里得算法的 N-S 图描述如图 1-10 所示。

算法 1-1   CommonFactor(m,n)

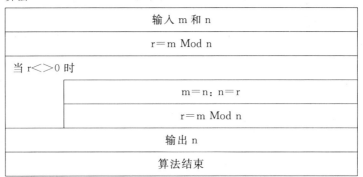

图 1-10   欧几里得算法

在本书的程序设计基础部分,采用类 PASCAL 语言(伪码)描述数据存储形式以及算法中的操作;用结构化流程图描述算法结构;算法以较流行的 Visual Basic 语言编程实现。

1.5.2   算法设计举例

结构化算法设计要求算法的控制结构必须并且只能由顺序结构、选择结构、循环结构 3 种基本控制结构组成。这 3 种基本控制结构具有共同的本质特征:

(1) 有且仅有一个入口;

(2) 有且仅有一个出口;

(3) 无死块;

(4) 无死循环块。

要确保结构化的实现,必须采用各种行之有效的结构化程序设计技术与方法。诸如:

(1) 遵循程序设计的基本原则——抽象、枚举和归并;

(2) 模块化设计技术与方法;

(3) 自顶向下设计技术与方法;

(4) 逐步求精设计技术与方法。

它们是设计好结构算法的重要工具。

例 1-6   求两个不全为 0 的整数 m、n 的最大公因子。

解法 1:设有不全为 0 的整数 x、y,记 gcd(x,y) 为它们的最大公因子,则函数 gcd(x,y)

具有如下性质：

(1) $gcd(x,y)=gcd(y,x)$

(2) $gcd(x,y)=gcd(-x,y)$

(3) $gcd(x,0)=|x|$

根据性质，不妨假定 m、n 为非负整数，且 m≥n。问题可分两种情况求解。

(1) 若 n＝0，则 $gcd(m,n)=m$；

(2) 若 n＞0，则引入变量 x、y 来代替 m、n。按一定方式减少 y，改变 x，且始终保持

$$gcd(m,n)=gcd(x,y) \tag{1-1}$$

由于假设 y 为非负整数，所以在有限次减少 y 之后，总可以使 y＝0，从而使问题得到解决。这里，虽然 x、y 的值发生变化，但关系式(1-1)却永远保持不变，这样的关系式称为循环不变式。

现在的问题是：如何减少 y，改变 x，却保持关系式(1-1)不变呢？对于这个问题，有各种不同的策略。前面介绍的欧几里得算法正是基于这样的思想。

记 y 除 x 所得的商为 x div y，余数为 x mod y，则有如下关系式

$$x=y*(x \text{ div } y)+x \text{ mod } y \tag{1-2}$$

由关系式(1-2)可知，x、y 的公因子也是 y、x mod y 的公因子，反之亦然。所以

$$gcd(x,y)=gcd(y,x \text{ mod } y) \quad 且 \quad 0 \leqslant x \text{ mod } y < y$$

引入变量 r 表示余数，得到如下欧几里得算法。

(1) x＝m；y＝n；

(2) 重复实施如下步骤：

若 y＝0，x 即为所求，退出循环。

若 y＞0，则

$$r=x \text{ mod } y; \quad x=y; \quad y=r;$$

若程序设计语言中有求余运算，则已得到最终算法。否则，还需要进一步求 x mod y。下面设计一个更一般的求余算法。

令 q 表示商 x div y，则有

$$x=q*y+r \quad 且 \quad 0 \leqslant r < y \tag{1-3}$$

为了计算 q、r 的值，开始时，置 q 为 0，r 为 x；然后，从 r 中减去 y，q 加 1。重复这一过程，直到 r＜y 为止。显然，在这一过程中，关系式(1-3)永远保持不变。因此，求余运算的算法如下。

(1) q＝0；r＝x；

(2) 重复实施如下步骤：

若 r＜y，r 即为所求，退出循环。

若 r≥y，则

$$r=r-y; \quad q=q+1;$$

注意：算法中的两个变量 r、q，r 的终值是所要求的余数，q 的终值并非问题所要求的，q 的值不影响 r 值的正确性。但是，q 的引入可以帮助人们理解算法的思想，也便于对算法的正确性进行证明，这样的变量称为辅助变量。

求两个不全为 0 的整数 m、n 的最大公因子的完整算法用 N-S 图描述如图 1-11 所示,算法中的变量说明如下。

```
Var m,n,x,y,r:integer
```

可以看出,上述的解题思路是:将整个问题分解成若干个相对独立的子问题,只要子问题得到正确的解决,整个问题也就解决了。这种分解和证明分解正确性的过程可重复进行下去,直到每个子问题足够简单。每步分解都要做出分解方法的决策,不同的决策将会导出不同的算法,像这样的程序设计方法,人们称为逐步求精法。

注意:循环的设计对于整个算法起着至关重要的作用,循环不变式永远不变的特征反映了循环的特性。在结构化程序设计中,寻找问题的循环不变式,依据循环不变式提供的信息设计循环。

算法1-2   CommonFactor1(m, n)

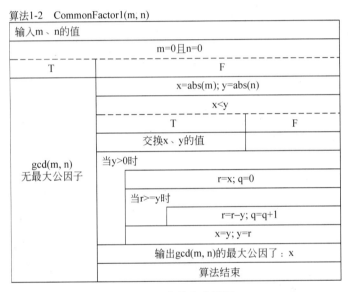

图 1-11   求最大公因子

解法 2:假设 x、y 均大于 0,下面设计一个基于除 2 运算的求 gcd(x,y)的算法。gcd(x,y)有如下性质。

(1) 若 x、y 都是偶数,则 $gcd(x,y) = 2 * gcd(x \text{ div } 2, y \text{ div } 2)$。

(2) 若 x、y 中仅有一个偶数,比如 x,则 $gcd(x,y) = gcd(x \text{ div } 2, y)$。

(3) 若 x、y 都是奇数,且 x>y,则 $gcd(x,y) = gcd(x-y, y)$。

(4) $gcd(x,x) = x$。

根据上述性质可以得到基于除 2 运算的求 gcd(m,n)的算法如图 1-12 所示,算法中的变量说明如下。

```
Var m,n,x,y, k:integer
```

算法 1-3 中的 even(x)用于判断 x 是否为偶数。也可以将算法 1-3 修改为如图 1-13 所示的算法 1-4。算法 1-4 中的 odd(x)用于判断 x 是否为奇数。

算法1-3 CommonFactor2(m, n)

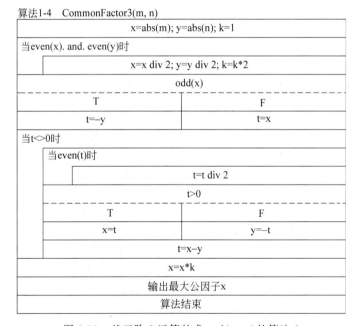

x=abs(m); y=abs(n); k=1			
当even(x) .and. even(y)时			
	x=x div 2; y=y div 2; k=k*2		
当x<>y时			
	当even(x)时		
		x=x div 2	
	当even(y)时		
		y=y div 2	
	当x>y时		
		x=x−y	
	当y>x时		
		y=y−x	
x=x*k			
输出最大公因子x			
算法结束			

图 1-12　基于除 2 运算的求 gcd(m,n)的算法 1

算法1-4 CommonFactor3(m, n)

x=abs(m); y=abs(n); k=1		
当even(x). and. even(y)时		
	x=x div 2; y=y div 2; k=k*2	
	odd(x)	
	T	F
	t=−y	t=x
当t<>0时		
	当even(t)时	
		t=t div 2
	t>0	
	T	F
	x=t	y=−t
	t=x−y	
x=x*k		
输出最大公因子x		
算法结束		

图 1-13　基于除 2 运算的求 gcd(m,n)的算法 2

请读者分析比较这 3 个算法的效率。

对于一个程序员来说，如果懂得如何使用循环不变式和逐步求精的推导方法，并且能够尽力地去追求算法执行的高效率，那么就能设计出既结构良好、又效率较高的算法。

1.5.3 算法设计要求

通常设计一个好的算法应考虑达到以下目标。

（1）正确性（Correctness）。算法应当满足具体问题的需求。通常一个大问题的需求，要以特定的规格说明方式给出，至少应该对于输入、输出和加工处理等内容进行明确的描述。选择或设计的算法应该能正确地反映这种需求。

（2）可读性（Readability）。算法设计主要是为了人们的阅读与交流，其次才是机器执行。可读性好有助于人们对算法的理解。

（3）健壮性（Robustness）。健壮性是指当输入非法数据时，算法也能适当地作出反应或进行处理，而不会产生莫名其妙的输出结果。处理出错的方法应该是返回一个表示错误或错误性质的值，以便在更高的抽象层次上进行处理，而不是打印错误信息或异常，并且终止程序的执行。

（4）高效率与低存储量需求。效率是指算法执行时间。若有多个算法可以解决同一个问题，则执行时间短的算法效率高。存储量需求指算法执行过程中所需要的最大存储空间。高效率与低存储量需求都与问题的规模有关。

1.6 课程设计相关知识

课程设计是对读者分析问题、解决问题能力的一种全面综合的训练，是与课堂听讲、自学和练习相辅相成的一个必不可少的教学环节。

1.6.1 课程设计目的与内涵

理解课程内容与解决实际问题之间存在着明显差距，解决实际问题的能力与程序设计技术的培养是密切相关的。要想理解和巩固所学的基本概念、基本原理和基本方法，牢固地掌握所学的基础知识和基本技能，达到融会贯通、举一反三、触类旁通的程度，就必须多做、多练、多实践。课程设计正是着眼于理论与应用的结合点，使读者学会如何把书本上学到的知识应用于解决实际问题，培养软件工作者所需要的动手能力。课程设计是程序设计的综合训练，包括问题需求分析、总体结构设计、算法设计技术和方法，以及研究开发程序系统的工作规范和科学作风的培养。

为了达到上述目的，本书各章都安排了一个课程设计题目，每个题目都采用了统一格式，由问题描述、基本要求、测试数据、实现提示和问题拓展5个部分组成。问题描述给出问题的背景环境，指明要做什么；基本要求是对问题的进一步求精，划定问题的边界，规定完成该题目的最低要求；测试数据是为读者静态检查和上机调试提供方便，在完成题目时，读者应设计完整的、严格的测试方案；实现提示是对实现中的难点及其解题思路等内容作了简要提示；问题拓展旨在开拓读者的思路，展现读者的创造力，使读者尽可能寻求尽善尽美的解决方案，使得数据组织形式、程序结构更加合理，具有正确性、可读性、可维护性和可扩充性。

在课程设计环节中，有些题目与书中介绍的内容相关，在书中主要应用面向过程的思想进行算法设计和程序编制，重点放在解题思路与解题策略。由于计算科学发展迅猛，可以运用的语言工具和环境愈来愈丰富，对于同样的题目、同样的解题策略、同样的算法，读者可以运用各种自己熟练掌握的程序设计语言来实现。

1.6.2 课程设计步骤

结构化系统分析与设计方法将系统研制过程划分为系统分析、系统设计、系统实施和系统维护4个阶段。这里课程设计的复杂度虽然远不如实际应用系统的复杂度,但为了培养一个软件工作者应具备的科学工作作风,要求课程设计的步骤如下。

1. 问题分析和需求定义

对于给定的题目进行分析和理解,明确题目要做什么。对问题的描述应避开算法和所涉及的数据类型,避免过早地陷入细节,要对所需完成的任务做出明确的描述。即问题如何分解,需要输出什么,需要哪些输入数据。这一步还应该考虑到测试数据,包括合法数据和非法数据。

2. 数据的逻辑结构设计和运算的定义

根据问题分析和需求定义描述数据的逻辑结构,对每个基本操作给出尽可能明确具体的规格说明;按照以数据结构为中心的原则划分模块,确定模块功能,给出模块之间的关系调用图。在这个过程中,要综合考虑系统功能,使得系统结构清晰、合理、简单和易于实现。

3. 数据的存储结构设计和算法设计

它是数据的逻辑结构和运算的具体实现,写出了数据存储结构的类型定义和变量说明,并可根据每个基本操作的规格说明和模块功能设计出可读性强、结构好的算法。在这个过程中,应尽量避免过早地陷入程序设计语言的细节。

4. 编码实现和静态检查

编码实现是把数据的存储结构设计和算法设计的结果进一步用某种程序设计语言进行描述,转换为可以在计算机上运行的程序。在编程过程中,对于不确定的语句(命令)功能,同样要先上机验证,再使用。把算法转换为程序时,可以适当地追求程序的执行效率。在程序中还应该适当地加一些注释,以增强程序的可读性。

在程序代码编写完成后,认真进行程序的静态检查是必不可少的。静态检查主要有两种方法:一是用一组或几组测试数据静态执行程序,这就为上机动态调试做好了准备工作;二是通过反复阅读或给别人讲解自己的程序,从而达到深入全面地理解程序的逻辑结构。

5. 设计测试方案和上机调试

确定几组输入的测试数据以及应该得到的相应结果,包括中间结果和最终结果。调试应该分模块进行。调试过程中,经常会遇到意想不到的异常现象,这时应积极确定疑点,检查相应变量的值,寻找错误,修改程序,最终得到正确的程序。调试完毕后,认真整理源程序及其注释,记录输入数据和处理结果。

6. 总结和整理课程设计报告
略。

1.6.3 课程设计报告规范

课程设计报告的开头应给出题目、班级、姓名、学号以及完成日期等信息,重点整理下列内容。

（1）问题分析和需求定义。

（2）数据的逻辑结构设计和运算的定义。

（3）数据的存储结构设计和算法设计。

（4）调试过程及其分析。内容包括：①调试过程中遇到的问题是如何解决的，以及对设计和实现的感悟；②算法复杂性分析和算法的改进；③经验、体会和收获等。

（5）用户使用说明。说明如何使用你设计的程序。

（6）程序运行结果。包括输入数据和输出数据。

（7）附录。带注释的源程序及相关资料。

习 题 1

一、选择题

1. （　　）属于结构化程序设计的 3 种基本控制结构之一。

　　A. 数据结构　　　　B. 逻辑结构　　　　C. 循环结构　　　　D. 存储结构

2. 程序设计＝（　　）＋算法＋程序设计方法＋语言工具和环境。

　　A. 数据结构　　　　B. 逻辑结构　　　　C. 循环结构　　　　D. 存储结构

3. 面向对象程序设计模式是（　　）模式。

　　A. 数据结构＋算法　　　　　　　　B. 对象＋消息

　　C. 抽象＋枚举　　　　　　　　　　D. 抽象＋归纳

4. 下列叙述中正确的是（　　）。

　　A. 数据结构与算法之间存在着密切的联系

　　B. 数据结构与算法之间没有什么关系

　　C. 循环结构与选择结构之间存在着密切的联系

　　D. 循环结构与选择结构之间一点关系都没有

5. 下列叙述中不正确的是（　　）。

　　A. 程序设计的基本原则是抽象、枚举和归纳

　　B. 数据结构是程序处理的对象，算法是程序的灵魂

　　C. 只要熟悉一种程序设计语言，就能编写出高质量的程序

　　D. 结构化程序设计的问题分解突出过程，面向对象程序设计的问题分解突出对象

二、填空题

1. 在讨论数据结构时，一般要考虑 3 个方面：_____、_____和_____。

2. 每个算法都必须符合 5 个准则：输入、输出、_____、_____和_____。

3. 程序设计是_____、_____、_____以及_____ 4 要素统一的全过程。

4. 程序设计范型大致有_____、_____、_____以及_____等。

5. 算法描述通常可采用_____、_____、_____和_____ 4 种方法进行描述。

三、简答题

1. 什么是程序？什么是程序设计？

2. 什么是算法？算法有什么特性？

3. 简述算法的描述方法。

4. 什么是数据结构？数据结构包括哪些常用运算？

5. 举一个数据结构的例子,阐述其逻辑结构、存储结构和运算 3 方面的内容。

6. 什么是结构化程序设计？它的主要内容是什么？

7. 结构化程序设计与面向对象程序设计的主要区别是什么？

8. 简述程序设计语言与程序设计范型。

9. 简述程序设计步骤与程序设计风格。

10. 简述编程环境与程序运行方式。

11. 简述课程设计步骤和课程设计报告的内容。

四、设计题

1. 用自然语言描述下列问题的求解算法。

(1) 依次输入 10 个数,输出最大的数。

(2) 输入 3 个数 a、b、c,按由小到大的顺序将它们输出。

(3) 求 n!。

(4) 求 1+2+3+…+100 之和。

(5) 判断数 m 是否能同时被 5 与 7 整除。

2. 用伪码描述第 1 题中各问题的求解算法。

3. 用 N-S 图描述第 1 题中各问题的求解算法。

第 2 章　Visual Basic 简介

Visual Basic(简称 VB)是微软公司开发的一种可视化编程语言。作为 BASIC 语言的一种扩充,Visual Basic 语言具有简单易学、功能强大等特点。它拥有图形用户界面(Graphical User Interface,GUI)和快速应用程序开发(Rapid Application Development,RAD)系统等。本章介绍 Visual Basic 的基础知识。

2.1　Visual Basic 的发展与特点

Visual Basic 是一个非常成熟稳定的开发工具。在许多高等院校中,Visual Basic 通常作为程序设计入门语言之一。即使在企业级的应用软件系统开发中,Visual Basic 6.0 的应用也非常广泛。

2.1.1　Visual Basic 的发展

Visual Basic 从最初的 BASIC 语言开始,发展到可视化 Visual Basic。随着图形化操作系统的出现和更新,Visual Basic 的版本不断更新。从最初的 Visual Basic 1.0 发展到现在的 Visual Basic.NET 2008,经历了一个较长的发展过程。

BASIC 语言诞生于 20 世纪 60 年代,凭借其短小精悍、简单易学的特点,很快流行起来。发展到 20 世纪 80 年代,出现了 Quick Basic、True Basic 和 Turbo Basic 等版本。

1990 年,Windows 3.0 的推出使得越来越多的用户对图形界面操作系统产生了兴趣,越来越多的应用程序设计趋向于图形。这时,开发者们苦于没有合适的开发工具,必须将很多精力放在开发 GUI 上。微软不失时机地于 1991 年推出 Visual Basic 1.0,它采用了事件驱动、Quick Basic 的语法和可视化的 IDE。

1992 年,Windows 3.1 发布,让微软的 Windows 操作系统在全球开始普及。基于 Windows 的应用程序开发进入了一个新时代。微软在 4 年时间内接连推出 Visual Basic 2.0、Visual Basic 3.0 和 Visual Basic 4.0 共 3 个版本。Visual Basic 2.0 版本最大的改进是加入了对象型变量,在数据处理方面,增加了 OLE(Object Linking and Embedding)和简单的数据访问功能。Visual Basic 3.0 最主要的改进是对数据库的支持增强了,对 Access 数据库可以快速地访问,使得 VB 的数据库编程能力大大提高。Visual Basic 4.0 包含了 16 位和 32 位两个版本,开始引入了面向对象的程序设计思想和 COM 技术,提供了创建自定义类和对象等功能。1997 年 Visual Basic 5.0 版本推出,此时,ActiveX 技术已经发展成熟,该版本对其提供了强有力的支持,增强了对 Internet 的支持和开发能力。除此之外,Visual Basic 5.0 加入了一个本地代码编译器,使开发出的应用程序能真正编译成标准的 EXE 文件,提高了应用程序的执行效率。在方便开发人员方面,Visual Basic 5.0 的 IDE 支持"智能感知"功能。

1998 年微软推出了 Visual Basic 6.0 版本,该版本在创建自定义控件、对数据库访问以及对 Internet 的访问等方面,功能更加强大和完善。Visual Basic 6.0 作为 Visual Studio 6.0 的一员发布,希望 Visual Basic 成为企业级快速开发工具。Visual Basic 6.0 的标准版、专业版和企业版可以适应于不同层次的程序员。目前,Visual Basic 6.0 已经是一个非常成熟稳定的开发工具。

自从 Visual Basic 6.0 发布以后,微软再没有推出全新的 7.0 版本。从 2002 年开始,推出了 Visual Basic. NET 2002 以及 2003、2005、2008 等版本,这些版本都采用了. NET 框架技术。

2.1.2 Visual Basic 6.0 与 Visual Basic. NET 的比较

Visual Basic. NET 作为微软公司推出的新一代 Visual Basic 产品,与 Visual Basic 6.0 相比必然具有优势。最大的改变在于 Visual Basic. NET 采用完全面向对象的思想,而 Visual Basic 6.0 是基于事件和对象的思想。Visual Basic. NET 与 Visual Basic 6.0 并不完全兼容。Visual Basic 6.0 相对于 Visual Basic. NET 也有自己的优点,主要表现在以下 3 个方面。

(1) 使用 Visual Basic 6.0 开发的应用程序运行速度快。因为 Visual Basic 6.0 的应用程序所需支持的运行库较小,Visual Basic. NET 开发的应用程序需要庞大的. NET Frame 框架支持。

(2) 在 C/S 模式下的数据库开发方面,Visual Basic 6.0 的性能高于 Visual Basic. NET。

(3) Visual Basic 6.0 是一种入门级语言,设计思想符合大多数人的编程习惯,Visual Basic. NET 基于面向对象的思想,相对而言,Visual Basic 6.0 更适合于初学者掌握程序设计的基本思想、基本方法以及开发应用程序的基本流程。

当然,并不是说 Visual Basic 6.0 优于 Visual Basic. NET,而是面向的应用人员不同。Visual Basic 6.0 适合于开发小型的应用程序、开发基于 C/S 数据库应用系统,适合于初学者,Visual Basic. NET 更偏向于构建基于. NET 的分布式计算解决方案。

总的来说,对于目前仍比较普遍使用的 Win32 环境来说,Visual Basic. NET 与 Visual Basic 6.0 相比并没有多少优势。因此,本书所有示例及语法都是针对 Visual Basic 6.0 而言,使读者能够快速掌握程序设计思想以及应用程序的开发流程。

2.1.3 Visual Basic 6.0 的特点

Visual Basic 6.0 是当前较为流行的一种应用程序开发工具,受到广大编程爱好者以及专业程序员的青睐,它具有以下主要特点。

(1) 易学易用的集成开发环境。Visual Basic 6.0 为用户设计界面、编写代码、调试程序、编译程序等提供了友好的集成开发环境。

(2) 可视化的设计平台。在使用传统的程序设计语言编程时,一般需要通过编写程序来设计应用程序的界面,在设计过程中看不见界面的实际效果。在 Visual Basic 6.0 中,采用面向对象程序设计方法,把程序和数据封装起来作为一个对象,每个对象都是可视的。开发人员在进行界面设计时,可以直接采用 Visual Basic 6.0 的工具箱在屏幕上添加窗口、命令按钮等不同类型的对象,为每个对象设置属性,对要完成事件过程的对象编写代码,使得程序设计的效率大大提高。

(3) 事件驱动的编程机制。面向过程的程序是由一个主程序和若干个子程序及函数组成。程序运行时总是从主程序开始,由主程序调用子程序和函数,开发人员在编程时必须事先确定整个程序的执行顺序。Visual Basic 6.0 事件驱动的编程是针对用户触发某个对象的相关事件进行编码,每个事件都可以驱动一段程序的运行。开发人员只要编写响应用户动作的代码。这样的应用程序代码精简,比较容易编写与维护。

(4) 结构化程序设计语言。Visual Basic 6.0 具有丰富的数据类型和众多的内部函数。采用模块化和结构化程序设计语言,结构清晰,语法简单,容易学习。

(5) 强大的数据库功能。Visual Basic 6.0 利用数据控件可以访问 Access、FoxPro 等多种数据库管理系统,可以访问 Excel、Lotus 等多种电子表格。

(6) ActiveX 技术。ActiveX 发展了原有的 OLE 技术,使开发人员摆脱了特定语言的束缚,方便地使用其他应用程序提供的功能,使 Visual Basic 6.0 成为了能够开发集声音、图像、动画、字处理、电子表格、Web 等对象于一体的应用程序。

(7) 网络功能。Visual Basic 6.0 提供的 DHTML 设计工具可以使开发者动态地创建和编辑 Web 页面,使用户能开发出多功能的网络应用软件。

2.2　Visual Basic 6.0 的安装与启动

安装和正常运行 Visual Basic 6.0 的软硬件系统环境的要求是：486DX/66MHz 或更高的微处理器;32MB 以上内存和 150 MB 以上的硬盘空间;VGA(Video Graphics Array)或更高分辨率的显示器;Windows 98、Windows NT 4.0 或更新版本的操作系统。相对于现在的计算机,可以说是非常低的要求了。

2.2.1　Visual Basic 6.0 的安装

Visual Basic 6.0 是微软公司发布的 Windows 和 Internet 平台开发系统 Visual Studio 6.0 中的一个开发工具,用户可以在 Visual Studio 6.0 的安装过程中,通过自定义选项选择 Visual Basic 6.0 进行安装,也可以使用 Visual Basic 6.0 安装光盘单独安装。

安装时,将安装光盘放入光驱,稍等片刻就会出现安装向导。根据安装向导上的提示,确定相应参数就会自动完成安装。

2.2.2　Visual Basic 6.0 的帮助系统

Visual Basic 6.0 联机帮助由两张微软开发的网络(MSDN)库光盘组成。使用联机帮助之前,必须安装 MSDN。安装方法类似于 Visual Basic 6.0 的安装。由于 MSDN 集成了 Visual Studio 6.0 中所有软件的帮助信息,在安装过程中可以根据需要进行自定义选择安装。

帮助主题对话框中包含了"目录"、"索引"、"搜索"和"书签"4个选项卡。读者可以通过目录或关键字等查找需要的帮助信息。此外,MSDN支持在线获取帮助,单击菜单中的MSDN Online,将连接到默认的MSDN站点,在该站点中可以进行帮助查询。在VB的理论学习和上机实践中,学会使用帮助系统可以使读者较快地掌握VB编程技术。

2.2.3 Visual Basic 6.0 的启动和退出

1. Visual Basic 6.0 的启动

Visual Basic 6.0 在安装成功后,可以使用多种方式启动。

(1) 若 Windows 桌面上有 Microsoft Visual Basic 6.0 的快捷图标,则直接双击该图标进行启动。

(2) 使用开始菜单启动 Visual Basic 6.0。选择"开始"|"程序"|"Microsoft Visual Basic 6.0 中文版"命令,即可启动 Visual Basic 6.0。

(3) 通过"我的电脑"或"资源管理器"进入安装文件夹,双击 vb6.exe 图标进行启动。

2. Visual Basic 6.0 的退出

退出 Visual Basic 6.0 也有多种方式。

(1) 单击标题栏右侧的关闭按钮。

(2) 选择"文件"|"退出"命令。

(3) 使用快捷键 Alt+Q。

2.3 Visual Basic 6.0 的集成开发环境

Visual Basic 6.0 的集成开发环境(Integrated Development Environment,IDE)是集应用程序的设计、创建、运行和调试于一体的开发平台。读者只有熟练地掌握它,才能顺利地设计开发出自己的 VB 应用程序。

2.3.1 Visual Basic 6.0 集成开发环境

Visual Basic 6.0 启动后,首先显示版权信息窗口,随后显示如图 2-1 所示的"新建工程"对话框。该对话框中包含"新建"、"现存"和"最新"3 个选项卡。

(1) 在"新建"选项卡中,若选择"标准 EXE",则创建一个标准的可执行文件。

(2) 在"现存"选项卡中可以选择或打开存放在外存储器中的工程。

(3) 在"最新"选项卡中可以列出最近使用过的工程。

在"新建工程"对话框中,单击"新建"选项卡,选定"标准 EXE"文件,单击"打开"按钮,进入如图 2-2 所示的 Visual Basic 6.0 集成开发环境。

Visual Basic 6.0 集成开发环境界面主要由标题栏、菜单栏、工具栏、工具箱窗口、窗体设计器窗口、工程资源管理器窗口、属性窗口和窗体布局窗口组成。标题栏从左到右依次是控制菜单按钮、标题内容、最小化按钮、最大化按钮/还原按钮和关闭按钮。默认标题内容为"工程 1-Microsoft Visual Basic [设计]",方括号中的内容表示系统的当前工作

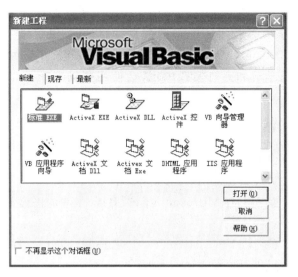

图 2-1 "新建工程"对话框

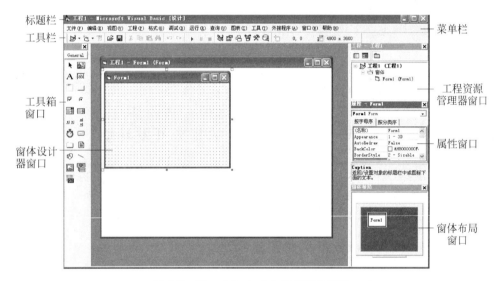

图 2-2 Visual Basic 6.0 集成开发环境

模式。Visual Basic 有设计、运行和中断(Break)3 种工作模式。

(1) 在设计模式下,用户可以设计界面,编制代码。

(2) 在运行模式下,用户可以查看运行效果。

(3) 在中断模式下,用户可以修改代码,但不能调整界面。按 F5 键或单击"继续"按钮使应用程序转入运行模式;单击"结束"按钮可以结束应用程序的运行,返回到设计模式。

一般情况下,用户在设计模式下设计应用程序界面,编制过程代码;使用运行模式查看应用程序的执行效果;在编译、运行出现错误时,自动进入中断模式,以便修改过程代码。

2.3.2 Visual Basic 的常用术语

为了使读者能更好地学习理解 Visual Basic,下面介绍 Visual Basic 中的常见术语。

(1) 工程(Project)。它是指用于创建一个应用程序的文件集合。

(2) 对象(Object)。它是反映客观事物属性及其行为特征的描述。每个对象都具有描述其特征的属性及附属于它的行为。对象把事物的属性和行为封装在一起,是一个动态的概念。对象是面向对象程序设计的基本元素。在 Visual Basic 中主要有两类对象,即窗体和控件。

(3) 窗体(Form)。它是应用程序的用户界面,即窗口(Window)。窗体是容器类对象,即可以装入其他控件对象。

(4) 控件(Control)。简单地说,控件是构成 Visual Basic 应用程序的图形化工具,包括按钮、标签、文本框、复选框、列表框、数据控件和图片控件等。

(5) 类(Class)。它是一组对象的属性和行为特征的抽象描述。或者说,类是具有共同属性、共同操作性质的对象集合。类是对象的抽象描述,对象是类的具体实例。

(6) 属性(Property)。它是用来描述对象特征的参数。如大小、位置、颜色或标题等。

(7) 事件(Event)。它是每个对象可能用以识别和响应的某些行为和动作。一般情况下,事件通过用户的操作行为或动作引发。当事件发生时,将执行包含在事件过程中的程序代码。例如,按键、单击鼠标(Click)、双击鼠标(DblClick)、一段时间间隔等。

(8) 方法(Method)。它是附属于对象的行为和动作,它嵌入在对象中。用户可以直接调用对象的方法。

(9) 过程(Sub)。它是为完成某些特定的任务编写的程序代码。过程通常用于响应特定的事件。

(10) 模块(Module)。Visual Basic 中的模块是将不同类型的过程代码组织到一起的一种结构。Visual Basic 具有 3 种类型的模块,即窗体模块、标准模块和类模块。

(11) 组件(Component)。它是一个可重用的模块,它是由一组处理过程、数据封装和用户接口组成的业务对象(Rules Object)。

(12) 组件对象模型(Components Object Model,COM)。它是软件组件互相通信的一种方式。COM 的基本出发点是,让某个软件通过一个通用的机构为另一个软件提供服务。它是一种二进制和网络标准,是处在底层的基础技术。COM 是独立于语言的组件体系结构,可以让组件间相互通信。随着计算机网络的发展,COM 进一步发展为分布式组件对象模型(Distributed COM,DCOM)。

(13) 对象链接与嵌入(Object Linking and Embedded,OLE)。动态数据交换(Dynamic Data Exchange,DDE)通信协定可以让应用程序之间自动获取彼此的最新数据。而 OLE 将应用程序的数据交换提高到"对象交换"。这样,应用程序间不但能获得数据,同时也能获得彼此的应用程序对象,可以直接使用彼此的数据内容。事实上,OLE 是 Microsoft 的复合文档技术,它的最初版本只是瞄准复合文档,在后续版本 OLE2 中,导入了 COM。

(14) ActiveX。它是一个开放的集成平台,为开发人员、用户和 Web 生产商提供了一个快速简便地在 Internet 和 Intranet 创建程序集成和内容的方法。ActiveX 是一种封装技术,是基于 COM 的可视化控件结构的商标名称。

从体系结构角度看,OLE 和 ActiveX 是建立在 COM 之上的,COM 是基础;从名称角度看,OLE 和 ActiveX 是两个商标名称,COM 是一个纯技术名词。OLE 与 ActiveX 最大的不同在于:OLE 针对的是桌面上的应用软件和文件之间的集成,仅指复合文档;ActiveX 是指宽松定义的、基于 COM 的技术集合,最核心技术是 COM,以提供网络应用与用户交互为主。

2.3.3 菜单栏和工具栏

1. 菜单栏

菜单栏是最常使用的工具之一,通过它可以执行 Visual Basic 6.0 的所有命令。如图 2-3 所示,Visual Basic 6.0 菜单栏共有 13 个菜单项,每个菜单项都有一个下拉菜单。图 2-4 显示了文件菜单项的下拉菜单。

文件(F) 编辑(E) 视图(V) 工程(P) 格式(O) 调试(D) 运行(R) 查询(U) 图表(I) 工具(T) 外接程序(A) 窗口(W) 帮助(H)

图 2-3　菜单栏

要执行某个菜单中的命令,只需单击该菜单项,在下拉菜单中选择命令,或直接执行命令,或弹出相应命令对话框,确定命令参数后执行命令。

在下拉菜单中,有些菜单命令是灰色的,表示这些命令暂时不能使用;有些菜单命令的后面有一个省略号(…),表示执行这个命令时,会弹出一个对话框,当确定该命令的参数后,才能执行这个命令;有些菜单命令右边有一个小的三角形箭头,表示这些菜单命令还有子菜单;有些菜单命令右边有组合键,是执行该命令的快捷键。

2. 工具栏

工具栏位于菜单栏下方,由一组图标按钮组成。Visual Basic 6.0 中提供了各种工具栏,用户可以单击工具栏中的图标按钮快速执行常用命令。一般情况下,Visual Basic 6.0 集成开发环境中只显示如图 2-5 所示的标准工具栏。用户可以使用"视图"菜单中的

图 2-4　文件下拉菜单

图 2-5　标准工具栏

"工具栏"命令打开或关闭工具栏。

Visual Basic 6.0 采用悬浮式工具栏,用户可以用鼠标拖曳工具栏使其变为悬浮式,也可以双击悬浮式工具栏的标题栏使其还原成固定工具栏。

2.3.4 各种窗口简介

1. 窗体设计器窗口

窗体设计器窗口简称窗体(Form),如图 2-6 所示。它是 Visual Basic 中最重要的窗口之一,用于设计应用程序界面,也可以显示应用程序的运行结果。一个应用程序可以有一个或多个窗体。每个窗体都有自己的名称,系统默认名称为 Form1、Form2、……用户应该根据窗体的功能对窗体进行命名。

窗体中可以设置网格,方便用户设计界面。通过选择"工具"|"选项"命令,打开"选项"对话框,在"通用"选项卡中进行网格设置。

2. 工具箱窗口

工具箱窗口由 1 个指针和 20 个按钮式的标准控件对象图标组成,如图 2-7 所示。利用这些控件对象图标可以在窗体中创建各种控件对象。

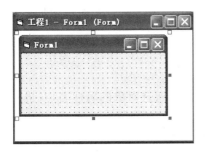

图 2-6　窗体设计器窗口

图 2-7　工具箱窗口

要使用 ActiveX 控件,可以选择"工程"|"部件"命令,打开"部件"对话框,将 ActiveX 控件添加到工具箱中以便使用。

3. 工程资源管理器窗口

工程资源管理器窗口以树型列表结构显示一个应用程序的所有文件,同时提供了一定的管理功能,可以创建、添加或删除各个对象,可以在界面与代码之间进行切换,如图 2-8 所示。若该窗口不可见,则选择"视图"|"工程资源管理器"命令打开。

在工程资源管理器窗口中有 3 个按钮,作用如下。

(1) 代码按钮。打开所选对象的代码窗口,以显示或编辑代码。

(2) 对象查看按钮。打开所选对象的窗口,以显示或编辑对象。

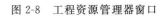

图 2-8　工程资源管理器窗口

(3) 切换文件夹按钮。用于切换工程中显示文件或文件夹的形式。

工程资源管理器中一般包含工程文件(.vbp)、窗体模块文件(.frm)、标准模块文件

(.bas)、类模块文件(.cls)和其他类型文件。

(1)窗体模块文件(.frm文件)。每个窗体对应一个窗体模块文件,窗体及其控件的属性和其他信息(包括代码)都存放在该窗体文件中。每创建一个窗体,工程资源管理器窗口中就添加一个窗体文件。

(2)标准模块文件(.bas文件)。也称为程序模块文件。标准模块文件是一个纯代码性质的文件,不属于任何一个窗体。标准模块文件由程序代码组成,主要用来声明全局变量和定义一些通用的过程,可以被不同的窗体模块调用。标准模块文件通过"工程"|"添加模块"命令来建立。

(3)类模块文件(.cls文件)。类模块与窗体模块类似,只是没有可见的用户界面。可以使用类模块创建含有属性和方法代码的对象。

4. 属性窗口

属性窗口用于设置所选窗体或控件对象的属性值,如图2-9所示。若同时选定多个对象,则属性列表中列出这些对象的公共属性。若属性窗口不可见,则选择"视图"|"属性窗口"命令打开。

属性窗口由以下4部分组成。

(1)对象列表框。列表中包含所选窗体的所有对象,在列表中选择需要进行属性设置的对象。

(2)属性显示的排列方式。属性列表中的属性有"按字母序"和"按分类序"两种排列方式。

(3)属性列表。不同的对象有不同的属性组,左边是所选对象的属性名,右边是对应的属性值。

(4)属性说明。解释对应属性的作用。

注意:属性列表中的属性值设置,有的是直接进行文本输入,有的是通过列表框进行选择,有的是在对话框中进行设置。

5. 窗体布局窗口

窗体布局窗口用于指定在应用程序运行时,窗体界面在屏幕上的初始显示位置,如图2-10所示。用户可以通过鼠标拖曳改变窗体位置。

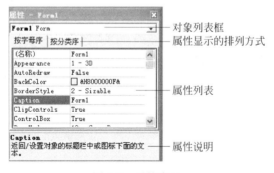

图 2-9　属性窗口

图 2-10　"窗体布局"窗口

6. 代码窗口

代码窗口是用于显示和编辑过程代码的窗口,应用程序的每个窗体模块都有一个单独的代码窗口。以下多种方式可以打开代码窗口,如图 2-11 所示。

图 2-11　代码窗口

(1) 选择"视图"|"代码窗口"命令。

(2) 双击窗体上的对象。

(3) 单击工程资源管理器窗口中的代码按钮。

代码窗口由以下几部分组成。

(1) 标题栏。用于显示应用程序的工程名称和窗体名称。

(2) 对象列表框和事件列表框。分别显示所选对象名称和事件过程名。当选定对象后,在事件列表框中列出该对象的所有事件过程名,选定事件过程名后,即在代码编辑区中自动构造出该事件过程模板,用户只需在其中添加过程代码。

(3) 代码编辑区。用于输入编辑过程代码。

(4) 查看方式按钮。"过程查看"按钮使得代码窗口中只显示当前过程代码;"全模块查看"按钮使得代码窗口中显示模块中所有过程代码。

2.3.5　Visual Basic 6.0 集成开发环境设置

选择"工具"|"选项"命令,打开"选项"对话框,如图 2-12 所示,可以设置 Visual Basic 6.0

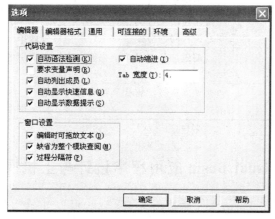

图 2-12　"选项"对话框

集成开发环境。

2.4 Visual Basic 应用程序结构

在 Visual Basic 中,应用程序或工程都是由许多对象组成,这些对象的具体表现是各种模块。事实上,Visual Basic 应用程序由 3 种模块组成:窗体模块、标准模块和类模块。

1. 窗体模块

应用程序中的每个窗体都对应着一个窗体模块。窗体模块包含了窗体中各个对象的属性设置、相关说明、各个对象的事件过程和某些自定义过程等。

2. 标准模块

在应用程序中被多个窗体共享的代码,组织为标准模块。标准模块中保存的过程都是自定义过程。在标准模块中可以声明被任何模块使用的全局变量,可以定义函数过程或子程序过程等。

3. 类模块

类模块包含用于创建新的对象类的属性、方法、事件的定义等。类模块既包含代码又包含数据,可视为没有物理表现的控件。

Visual Basic 中的具体文件类型如表 2-1 所示。

表 2-1 **Visual Basic 应用程序中的文件类型**

文件类型	扩展名	说　明
工程文件	vbp	跟踪所有对象的工程文件
窗体模块文件	frm	包含了窗体中各个对象的属性设置、相关说明、各个对象的事件过程和某些自定义过程等
窗体二进制数据文件	frx	包含窗体上控件的属性数据。这类文件是随窗体模块文件自动产生的
标准模块文件	bas	标准模块中保存的过程都是自定义过程。在标准模块中可以声明被任何模块使用的全局变量,可以定义函数过程或子程序过程等。该文件类型是可选项
类模块文件	cls	与窗体模块文件类似,但没有可见的用户界面。用于创建含有属性和方法代码的对象。该文件类型是可选项
ActiveX 控件文件	ocx	可以被添加到工具箱中并能在窗体中使用的文件。该文件类型是可选项
资源文件	res	包含无须重新编辑代码即可改变的位图、字符串和其他数据。一个工程最多只能包含一个资源文件。该文件类型是可选项

2.5 Visual Basic 应用程序设计与上机操作步骤

在初步了解 Visual Basic 6.0 集成开发环境后,可以开始实现一个简单的 Visual Basic 6.0 应用程序。下面举例说明 Visual Basic 6.0 应用程序设计与上机操作步骤。

例 2-1　实现例 1-4 与例 1-5 中的欧几里得算法。求 66 与 36 的最大公因子。

该应用程序运行的初始界面与结果界面如图 2-13 所示。单击"求 66 与 36 的最大公因子"按钮，在窗体上显示"66 与 36 的最大公因子是：6"。

(a) 应用程序运行初始界面　　　　　　　　(b) 单击命令按钮后的界面

图 2-13　应用程序运行界面

Visual Basic 6.0 应用程序设计与上机操作步骤如下：

(1) 创建工程；

(2) 界面设计；

(3) 属性设置；

(4) 代码编辑；

(5) 文件保存；

(6) 应用程序运行和调试；

(7) 生成可执行文件。

下面详细介绍这些步骤的实现过程。

2.5.1　创建工程

启动 Visual Basic 6.0 时，在"新建工程"对话框中选择"标准 EXE"工程类型，单击"打开"按钮，或在 Visual Basic 6.0 集成开发环境下，选择"文件"|"新建工程"命令，在打开的"新建工程"对话框中，选择"标准 EXE"工程类型，单击"确定"按钮，创建一个标准 Visual Basic 6.0 工程及一个窗体，工程默认名为"工程 1"，窗体默认名为 Form1，如图 2-14 所示。

2.5.2　界面设计

界面设计就是设计一个应用程序运行的窗体，在窗体中添加实现应用程序功能的对象控件，还可以对窗体的外观进行适当的美化设计。本例中通过工具箱向窗体添加 1 个命令按钮(CommandButton)和 1 个标签(Label)，调整这两个控件的大小，并将其拖放到窗体的合适位置。

向窗体添加控件有两种操作方法：一是在工具箱双击目标控件图标；二是将工具箱中的目标控件图标拖放到窗体的适合位置。

2.5.3　属性设置

窗体及控件的默认属性值不能满足应用程序的要求，需要对窗体和控件的相关属性

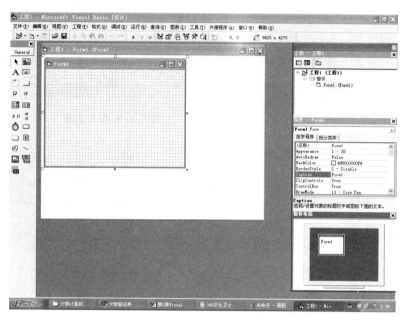

图 2-14　新建工程

通过属性窗口进行重新设置。各对象的相关属性设置如表 2-2 所示。属性设置前后的窗体界面如图 2-15 所示。

表 2-2　对象属性设置

对象名	属性名	属 性 值	说　　明
窗体	Name	Form1	对象名称
	Caption	第 1 个 Visual Basic 6.0 应用程序	对象标题栏中的文本
命令按钮	Name	Command1	对象名称
	Caption	求 66 与 36 的最大公因子	对象图标上的文本
标签	Name	Label1	对象名称
	Caption	（清空）	对象图标上的文本
	Font	华文行楷、二号	设置文本字体

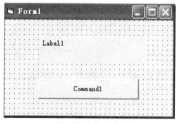

(a) 属性设置前窗体界面

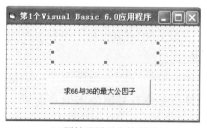

(b) 属性设置后窗体界面

图 2-15　属性设置前后的窗体界面

2.5.4　代码编辑

应用程序设计进行到现在仅仅只做了空壳,程序运行时,只能得到图 2-13(a)运行初始界面。单击命令按钮,不会有事件发生,因为还没有进行应用程序设计最重要的一步——事件过程代码的设计和编辑。

根据题目要求,首先按欧几里得算法设计编写"求 66 与 36 的最大公因子"的过程代码,然后双击命令按钮,打开命令按钮(Command1)的单击事件(Click)的代码窗口,在事件过程框架中输入编辑相应的过程代码,如图 2-16 所示。

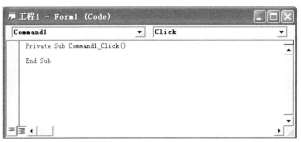

(a) 事件过程框架

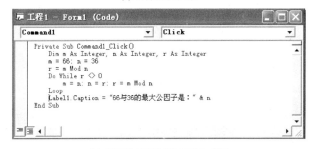

(b) 在事件过程框架中填入代码

图 2-16　代码编辑窗口

2.5.5　文件保存

在运行和调试应用程序前,最好先保存文件。在 Visual Basic 6.0 中,每创建一个工程(应用程序的文件集合),都以一个工程文件(.vbp)保存工程中的相关内容;工程中每添加一个窗体,都以一个窗体文件(.frm)独立保存。当完成界面设计和代码编辑后,选择"文件"|"保存工程"命令,先弹出"文件另存为"对话框,确定窗体文件的存放路径和窗体文件名,单击"保存"按钮,若工程中有多个窗体,则需要一个一个保存窗体文件;然后弹出"工程另存为"对话框,确定工程文件的存放路径和工程文件名,单击"保存"按钮,如图 2-17 所示。

应用程序在运行调试过程中,会发生这样或那样的错误,需要不断地修改、运行和调试,相应地,文件也需要多次进行保存。当再次选择"文件"|"保存 Form1.frm"或"保存工程"命令时,"另存为"对话框不再出现,系统直接对已存在的文件进行更新。

(a) 窗体文件保存对话框

(b) 工程文件保存对话框

图 2-17 应用程序文件保存

若选择"文件"|"工程另存为"或"Form1.frm 另存为"命令,则打开相应的"另存为"对话框,对编辑修改后的应用程序重新保存工程文件或窗体文件。

2.5.6 应用程序运行和调试

当完成上述步骤后,可以运行应用程序来验证是否达到设计要求。应用程序运行可以通过以下 3 种方式进入 Visual Basic 6.0 的运行模式。

(1) 选择"运行"|"启动"命令。

(2) 单击工具栏上的"启动"按钮 ▶ 。

(3) 按 F5 功能键。

本题应用程序运行界面如图 2-13 所示。

结束应用程序运行,选择"运行"|"结束"命令,或单击工具栏上的"结束"按钮 ■ ,返回 Visual Basic 6.0 的设计模式。

2.5.7 生成可执行文件

生成可执行文件是每个程序员在全部完成一个应用程序开发后都要做的事情,因为这个文件可以脱离 Visual Basic 6.0 集成开发环境,在任何 Windows 操作系统支持下都可以运行。

生成可执行文件(.exe),选择"文件"|"生成工程 1.exe"命令,打开"生成工程"对话框,确定可执行文件的存放路径和文件名,单击"确定"按钮,即可完成可执行文件的生成工作,如图 2-18 所示。

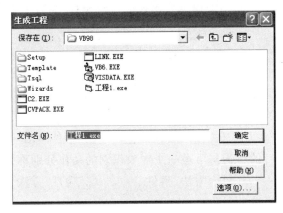

图 2-18 "生成工程"对话框

生成可执行文件的过程就是将高级语言程序(源程序)编译成机器语言程序(目标程序)的过程。在编译过程中,系统要多遍扫描源程序及进行程序优化。若源程序存在语法等错误,则停止可执行文件的生成过程。这时,需要重新调试源程序,在确定没有错误后,再次生成可执行文件。

在 Windows 操作系统支持下,打开 VB98 文件夹,直接双击生成的可执行文件"工程1.exe"的图标 工程1.exe ,弹出如图 2-13 所示的应用程序运行界面。

2.6 课程设计题目——求最大公因子

1. 问题描述

求两个不全为 0 的整数 m、n 的最大公因子。

2. 基本要求

(1) 至少完成两个版本的算法设计和程序实现。

(2) 对所设计的算法进行简单的分析。

(3) 确定程序中的基本操作,在程序的适当位置添加计数器统计基本操作的执行次数,分析两个版本程序的执行效率。

3. 测试数据

至少准备 15 组测试数据。以较小的数据测试程序的正确性;以较大的数据或能使基本操作执行数百次以上的数据测试程序效率。

4. 实现提示

可以参照本书中的算法 1-1 至算法 1-4 编制程序。

5. 问题拓展

(1) 寻求新的解决问题的策略。比如,基于分解质因子求 gcd(m,n)的算法。

（2）求 3 个或 n 个整数的最大公因子。

（3）基本要求中采用的计数法分析程序效率,称为算法的后验分析(Posteriori),也称为实验分析。至少准备 50 组测试数据,使每个程序自动完成求这 50 组数据各自的最大公因子,并以表格形式记录每个程序基本操作的执行次数,分析得到的实验数据。

习　题　2

一、选择题

1. Visual Basic 采用了(　　)编程机制。

 A. 面向过程　　　　B. 面向对象　　　　C. 事件驱动　　　　D. 可视化

2. 一个对象可执行的行为与可被一个对象识别的动作分别称为(　　)。

 A. 事件、方法　　　B. 方法、事件　　　C. 属性、方法　　　D. 过程、事件

3. 下列叙述中不正确的是(　　)。

 A. 一个工程中可以包含多种类型文件

 B. Visual Basic 应用程序既能以解释方式执行,也能以编译方式执行

 C. 一个工程中只能包含一个窗体

 D. 对于事件驱动型应用程序,每次运行时的执行顺序可以不一样

4. Visual Basic 6.0 包括 3 种版本,其中不包括(　　)。

 A. 标准版　　　　　B. 企业版　　　　　C. 学习版　　　　　D. 专业版

5. 假定一个 Visual Basic 6.0 应用程序由一个窗体模块和一个标准模块构成。保存该应用程序,以下操作正确的是(　　)。

 A. 只保存窗体模块文件

 B. 分别保存窗体模块文件、标准模块文件和工程文件

 C. 分别保存窗体模块文件和标准模块文件

 D. 只保存工程文件

二、填空题

1. Visual Basic 6.0 的集成开发环境(Integrated Development Environment,IDE)是集应用程序的_____、_____、_____和_____于一体的开发平台。

2. Visual Basic 有_____、_____和_____3 种工作模式。

3. _____是反映客观事物属性及其行为特征的描述。在 Visual Basic 中主要有两类对象,即_____和_____。

4. 工程是_____;对象是_____;窗体是_____。

5. 属性是_____;方法是_____;事件是_____。

6. 从名称角度看,OLE 和 ActiveX 是两个_____,COM 是一个_____。

三、简答题

1. 什么是类? 什么是对象?

2. 什么是属性、事件和方法? 什么是事件驱动?

3．Visual Basic 6.0 有哪些特点？

4．简述创建一个 Visual Basic 6.0 应用程序的步骤。

5．试阐述 OLE、ActiveX 和 COM。

四、操作题

1．借助 Visual Basic 6.0 帮助系统初步了解 Visual Basic 6.0 集成开发环境。

2．通过"选项"对话框，对 Visual Basic 6.0 集成开发环境进行设置。

3．设计并实现一个简单的 Visual Basic 6.0 应用程序。

第 3 章　Visual Basic 应用程序界面设计

Visual Basic 6.0 应用程序界面设计就是在工程中添加窗体，在窗体中添加菜单栏、工具栏以及设计各种控件对象，在工程中设计各种对话框。本章主要介绍窗体设计以及一些常用标准控件。

3.1　Visual Basic 对象的基本属性

对象的属性特征标识了对象的物理性质，对象的行为特征描述了对象可执行的行为动作。对象的每个属性，都是与其他对象加以区别的特性，都具有一定的含义和一定的值。在 Visual Basic 6.0 中，有些属性是大多数对象共有的，有些属性是某些对象特有的。大多数对象共有的属性称为对象的基本属性。

3.1.1　属性值的设置方法

对象的属性值的设置方法有两种：一是通过属性窗口设置属性值；二是在应用程序运行时，通过程序代码改变属性值。

通过属性窗口设置属性值，必须先选定对象，再设置属性值。当选定属性，或出现插入点时，可以直接编辑修改属性值；或出现下拉列表按钮▼，此时在下拉列表中选定属性值；或出现对话框按钮…，此时单击该按钮，打开对话框，进行属性值的设置。例如，选定对象（Form1）的属性（Font）的属性窗口如图 3-1 所示。在属性窗口中改变对象的外观属性值，可以立即预览对象的设置效果。

图 3-1　选定属性 Font

对象的有些属性没有在属性窗口中列出，有些属性值需要在运行模式中更改。这些属性值只能通过程序代码进行设置。一般采用赋值语句设置属性值，赋值语句格式如下。

[对象名.]属性名=表达式

其中：对象名是对象在属性窗口设置的名称（Name）属性值，省略对象名表示当前对象，对象名为 Me 表示当前窗体；对象名与属性名之间由成员运算符"."连接。该语句表示将赋值号"="右边表达式的值赋值给左边对象的相应属性。

3.1.2　对象的基本属性

无论是窗体还是控件都具有表 3-1 所示的基本属性。

表 3-1　对象的基本属性

属性名	说　明	属性名	说　明
Name	对象的名称	Left	对象到容器左边框的距离
ForeColor	对象的文本或图形的前景色	Top	对象到容器上边框的距离
BackColor	对象的文本或图形的背景色	Width	对象的宽度
BackStyle	对象的背景样式	Height	对象的高度
BorderStyle	对象的边框样式	Enabled	确定对象是否响应事件
Font	对象中文本的字体格式	Visible	对象是否可见

(1) 名称(Name)属性。该属性主要用来识别和访问不同的对象。在设计模式中可以设置该属性值;在运行模式中只能使用该属性值,不能修改该属性值。在同一工程中,窗体对象不能同名;在同一窗体中,控件对象不能同名。

(2) ForeColor 属性/BackColor 属性。这组属性分别用来设置对象中的文本或图形的前景色和背景色。在属性窗口设置时,弹出系统默认颜色和调色板的对话框,如图 3-2所示。

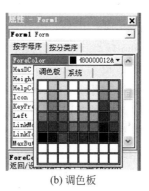

(a) 系统默认颜色　　　　　　　(b) 调色板

图 3-2　ForeColor 属性设置

(3) BackStyle 属性/BorderStyle 属性。BackStyle 属性用于设置对象的背景样式,有如下两种取值。

① 当属性值为 0 时,表示透明显示;

② 当属性值为 1(默认值)时,表示不透明显示。只有背景不透明时,BackColor 属性才能有效设置。

BorderStyle 属性用于设置对象的边框样式,主要有如下两种取值。

① 当属性值为 0 时,表示对象无边框;

② 当属性值为 1 时,表示对象有单线边框。

对于不同的对象,该属性可能还有其他取值。

(4) Font 属性。该属性用于设置对象中文本的字体格式。在属性窗口设置时,弹出"字体"对话框,如图 3-3 所示。在程序代码中设置时,该对话框中各设置项分别对应以下名称。

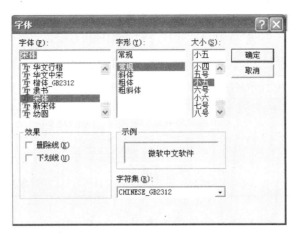

图 3-3　设置 Font 属性的"字体"对话框

① FontName 属性：表示字体类型。

② FontSize 属性：表示字体大小。

③ FontBold 属性：表示字体为粗体。

④ FontItalic 属性：表示字体为斜体。

⑤ FontUnderLine 属性：表示加下划线。

⑥ FontStrikethru 属性：表示加删除线。

（5）Left 属性/Top 属性/Width 属性/Height 属性。在容器中创建对象时，每个对象都有位置坐标属性和大小属性。Left 属性和 Top 属性分别表示对象左上角在直接容器中的横坐标和纵坐标，即对象到容器的左边距和上边距。Width 属性和 Height 属性分别表示对象的宽度和高度。这组属性值的单位都是 twip，1twip＝1/20 磅。

注意：能装入其他对象的对象称为容器，不能装入其他对象的对象称为控件。坐标原点(0,0)在容器的左上角，横向向右为 x 轴正方向，纵向向下为 y 轴正方向。

（6）Enabled 属性/Visible 属性。Enabled 属性用于确定对象是否响应用户或系统产生的事件，有以下两种取值。

① 当属性值为 True(默认值)时，能有效响应。

② 当属性值为 False 时，禁止响应。

Visible 属性用于确定对象在程序运行时是否可见，有以下两种取值。

① 当属性值为 True(默认值)时，表示对象可见。

② 当属性值为 False 时，表示对象隐藏。

3.2　窗　　体

窗体用于创建 Visual Basic 应用程序的界面或对话框。每个 Visual Basic 工程至少有一个窗体，窗体是各种控件的载体。

3.2.1　窗体的常用属性

窗体的常用属性如表 3-2 所示。

表 3-2　窗体的常用属性

属性名	说　　明	属性名	说　　明
Name	窗体的名称	Font	窗体中文本的字体格式
Caption	窗体标题	Picture	窗体中的背景图片
MinButton	窗体是否显示最小化按钮	WindowState	窗体运行时的显示状态
MaxButton	窗体是否显示最大化按钮	CurrentX	窗体当前位置的横坐标
BorderStyle	窗体的边框样式	CurrentY	窗体当前位置的纵坐标

（1）Caption 属性。该属性用于设置窗体标题栏的文本内容。其默认值为窗体名称（Name）属性的默认值。

（2）MinButton 属性/MaxButton 属性。这两个属性都有以下两种取值。

① 当属性值为 True(默认值)时,表示窗体右上角有最小/最大化按钮。

② 当属性值为 False 时,表示窗体右上角没有最小/最大化按钮。

（3）Picture 属性。该属性用于设置窗体的背景图片,使窗体界面更加美观。若通过属性窗口设置,则打开如图 3-4 所示的"加载图片"对话框,确定图片文件,单击"打开"按钮。若通过程序代码实现,则要使用图片加载函数 LoadPicture(),赋值语句格式如下。

[对象名.] Picture=LoadPicture("图片文件名")

若缺省"图片文件名",则表示清空窗体的背景图片。

图 3-4　"加载图片"对话框

（4）WindowState 属性。该属性用于设置窗体运行时的尺寸状态,有以下 3 种取值。

① 当属性值为 0(默认值)时,表示窗体以有边界窗口的正常状态显示。

② 当属性值为 1 时,表示窗体以最小化的图标方式显示。

③ 当属性值为 2 时,表示窗体以无边框充满整个屏幕的最大化状态显示。

（5）CurrentX 属性/CurrentY 属性。该组属性值只能在程序代码中引用或更改。一般与输出方法 Print 结合使用,可以获得窗体的当前坐标值,也可以用来设置下一个输出位置坐标。该属性值以 twip 为单位。

3.2.2　窗体的常用方法

1. 方法的调用

方法是附属于对象的行为和动作。创建对象后,就可以在应用程序中调用方法。在程序代码中调用方法的一般格式如下。

[对象名 .]方法名 [参数列表]

其中:[参数列表]是可选项,有些方法有参数列表,有些方法没有参数列表。

2. 窗体的常用方法

窗体的常用方法如表 3-3 所示。

表 3-3　窗体的常用方法

方法名	说　明	方法名	说　明
Print	输出	Show	显示窗体
Cls	清屏	Hide	隐藏窗体
Move	移动窗体	Refresh	刷新窗体

（1）Print 方法。该方法是窗体的一个最重要、最常用的方法,它可以将数据文本在窗体上输出。Print 方法的调用格式如下。

[对象名 .] Print [输出项列表]

几点说明:

① 缺省对象名,表示在当前窗体输出数据文本。

② 缺省输出项列表,表示输出一个空行。

③ 对于具有多个输出项,若输出项之间以分号分隔,则以紧凑格式输出,即后一输出项紧接着前一输出项输出;若输出项之间以逗号分隔,则以标准格式输出,即每个输出项一般占用一个标准输出区,一个标准输出区有 14 列。

④ 在输出项列表中经常使用定位函数 Spc(n)和 Tab(n)。

* 函数 Spc(n):表示输出 n 个空格。

* 函数 Tab(n):表示将其后的输出项在第 n 列输出;若函数无参数 n,则表示将其后的输出项定位于下一个标准输出区。

使用 Print 方法输出数据文本时,数据文本总是输出在当前坐标(CurrentX,CurrentY)处。在首次使用 Print 方法时,CurrentX 与 CurrentY 的默认属性值均为 0,即输出的数据文本显示在窗体的左上角。通过给定 CurrentX 与 CurrentY 的属性值,可以确定 Print 方法的输出位置;Print 方法的调用,会自动调整 CurrentX 与 CurrentY 的属性值。

例 3-1　Print 方法格式输出示例。给工程添加一个窗体,窗体的标题(Caption)属性值设置为"Print 方法格式输出示例",窗体单击事件(Click)的过程代码如下。应用程序运行结果如图 3-5 所示。

```
Private Sub Form_Click()
    Print "紧凑格式"
    Print "Visual"; "Basic"
    Print
    Print "标准格式"
    Print "Visual", "Basic"
End Sub
```

图 3-5　例 3-1 程序运行结果

（2）Cls 方法。该方法用于清除程序运行时在窗体或图片框中用 Print 方法或其他方法显示出来的数据文本或图形。调用该方法后，CurrentX 与 CurrentY 的属性值复原为 0。

（3）Move 方法。该方法用于移动窗体对象，同时还可以改变对象的大小。

窗体对象的移动位置和窗体大小的改变由参数列表中对应的 Left、Top、Width、Height 的属性值确定。参数 Left 为必选参数，其他参数为可选参数。Move 方法的调用格式如下。

[对象名.] Move Left [,Top][,Width][,Height]

3.2.3　窗体的常用事件

1. 事件分类

窗体和控件对象的事件可分为以下 3 类。

（1）程序事件。诸如 Visual Basic 程序的装载、卸载以及打开或关闭窗体时触发的事件。

（2）鼠标事件。操作鼠标时触发的事件。

（3）键盘事件。按下键盘上的按键时触发的事件。

2. 窗体事件过程的框架结构

当输入编辑窗体事件代码时，打开代码窗口，系统自动给出如下的窗体事件过程的框架结构。

Private Sub Form_事件名([参数列表])　　　　　　'过程开始
　　[过程体(事件过程代码)]
End Sub　　　　　　　　　　　　　　　　　　'过程结束

几点说明：

（1）每个事件过程的开始部分都有保留字 Private，表示该过程是模块级；保留字 Sub 表示这是一个子程序过程。

（2）无论窗体的名称（Name）属性值是什么，窗体事件过程名都是"Form_事件名([参数列表])"。控件事件过程名与控件的名称（Name）属性值有关，即控件事件过程名为"控件名_事件名([参数列表])"。

（3）事件过程中的［参数列表］由 Visual Basic 系统根据具体事件自动提供，用户无需关心。

3. 窗体的常用事件

Visual Basic 应用程序是事件驱动，要学好 Visual Basic 编程，必须知道对象有什么事件，事件何时发生，事件发生的次序如何。窗体的常用事件如表 3-4 所示。

表 3-4　窗体的常用事件

事件名	说　　明	事件名	说　　明
Initialize	初始化事件	Click	单击事件
Load	装载事件	DblClick	双击事件
QueryUnload	卸载前触发事件	GotFocus	获得焦点事件
Unload	卸载时触发事件	LostFocus	失去焦点事件

（1）Initialize 事件/Load 事件。当窗体运行时，窗体的 Initialize 事件比 Load 事件先触发。Initialize 事件在窗体进行初始化时触发；Load 事件在窗体读入内存时触发。

（2）QueryUnload 事件/Unload 事件。在关闭窗体或卸载应用程序时，QueryUnload 事件比 Unload 事件先触发。

（3）Click 事件/DblClick 事件。若鼠标单击或双击窗体的空白处，则触发窗体的该组事件。若鼠标单击或双击窗体上的控件，则触发相应控件的单击事件（Click）或双击事件（DblClick）。

注意：鼠标双击实际上依次触发单击事件（Click）和双击事件（DblClick）两个事件。

（4）GotFocus 事件/LostFocus 事件。当窗体获得焦点时，触发 GotFocus 事件；当窗体失去焦点时，触发 LostFocus 事件。能够接收焦点的对象都具有这组事件。

例 3-2　焦点事件示例。对于焦点事件的应用，向窗体添加两个文本框，文本框获得焦点表现为光标在文本框内闪烁。具体创建 Visual Basic 应用程序和上机操作步骤如下。

S1：应用程序界面设计和属性设置。

启动 Visual Basic 6.0，自动创建一个窗体，可以利用鼠标移动窗体位置或改变窗体的大小。通过工具箱向窗体添加两个文本框和一个命令按钮，利用鼠标调整它们的位置和大小。

打开属性窗口，选定对象的相应属性进行属性设置，各对象主要属性设置如表 3-5 所示。界面设计如图 3-6 所示。

表 3-5　各对象主要属性设置

对象	属性名	属性值	对象	属性名	属性值
窗体	Name	Form	文本框 1	Name	Text1
	Caption	焦点事件示例		Text	（清空）
命令按钮	Name	Command1	文本框 2	Name	Text2
	Caption	退出		Text	（清空）

S2：编写相关事件代码。

打开代码窗口，依次选定对象命令按钮 Command1 的单击事件 Click、对象文本框 1 的获得焦点事件 GotFocus 和失去焦点事件 LostFocus、对象文本框 2 的获得焦点事件 GotFocus 和失去焦点事件 LostFocus。在相应事件过程框架结构中输入编辑过程代码，如图 3-7 所示。

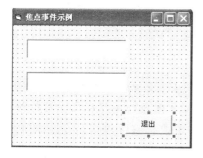

图 3-6　焦点事件示例中的界面设计

图 3-7　焦点事件示例中的事件过程代码

S3：运行调试应用程序。

Visual Basic 应用程序设计编辑完成后，按 F5 键或选择"运行"|"启动"命令或单击"启动"图标 ▶，应用程序开始运行。文本框 1 获得焦点，此时，文本框 1 的内容是"文本框 1 获得焦点!"，并出现闪烁的光标，文本框 2 的内容为空；按 Tab 键，使文本框 2 获得焦点，文本框 1 失去焦点，此时，文本框 1 的内容是"文本框 1 失去焦点!"，文本框 2 的内容是"文本框 2 获得焦点!"，并出现闪烁的光标；再按一次 Tab 键，又使文本框 1 获得焦点，文本框 2 失去焦点，此时，文本框 1 的内容是"文本框 1 获得焦点!"，并出现闪烁的光标，文本框 2 的内容是"文本框 2 失去焦点!"。应用程序运行结果界面如图 3-8 所示。单击命令按钮"退出"，结束应用程序的运行，返回 Visual Basic 集成开发环境的设计模式。

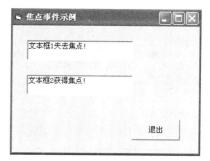

图 3-8　焦点事件示例中的应用
　　　程序运行界面

3.3　文　本　控　件

在 Visual Basic 中可以使用的控件分为标准控件和 ActiveX 控件两类。Visual Basic 工具箱中的 20 个控件属于标准控件，其中，标签控件和文本框控件统称为文本控件。图 3-9 展示了标签和文本框的外观。

图 3-9　标签和文本框的外观

3.3.1　标签

标签控件 **A** (Label)主要用于在窗体上标注和显示提示信息。标签在程序运行时不能接收焦点,即不能输入数据文本,但可以通过赋值语句更改标签标题(Caption)的属性值。标签的默认名称为 Label1、Label2、…。

1. 常用属性

标签的常用属性如表 3-6 所示。

表 3-6　标签的常用属性

属性名	说　　明	属性名	说　　明
Name	标签的名称	Alignment	标题内容的对齐方式
Caption	标签标题	AutoSize	根据标题内容自动调节大小
BackStyle	标签的背景样式	WordWrap	标题内容的显示方式
BorderStyle	标签的边框样式	ForeColor	标签的文本的前景色
Font	标签中文本的字体格式	BackColor	标签的文本的背景色

（1）Caption 属性。该属性是标签的重要属性,用于显示文本信息。

（2）Alignment 属性。该属性用于指定在标签上标题内容显示的对齐方式,有以下 3 种取值。

① 当属性值为 0(默认值)时,表示标题内容左对齐显示。

② 当属性值为 1 时,表示标题内容右对齐显示。

③ 当属性值为 2 时,表示标题内容居中显示。

（3）AutoSize 属性。该属性用于设置标签框的自动调节大小功能,有以下两种取值。

① 当属性值为 True 时,表示标签框根据标题内容自动调节大小。

② 当属性值为 False(默认值)时,表示标题内容超出标签框部分不显示。

（4）WordWrap 属性。该属性用于设置标签框垂直方向自动调节大小功能,有以下两种取值。

① 当属性值为 True 时,表示标签框在垂直方向根据标题内容自动调节大小,水平方向的大小不改变。

② 当属性值为 False(默认值)时,表示标签框不会改变垂直方向的大小以适应标题内容的显示需要,水平方向的大小变化取决于 AutoSize 属性值的设置。

注意:要使 WordWrap 属性的设置生效,必须将 AutoSize 属性值设置为 True。设置标签的字体属性(Font)和颜色属性(ForeColor/BackColor),可以使显示的文本内容更清晰、更美观。

2. 方法和事件

标签有刷新(Refresh)、移动(Move)等方法,有单击(Click)、双击(DblClick)等事件。标签的方法和事件不经常使用。

3.3.2 文本框

文本框控件[abl](TextBox)又称为编辑框,是最常用的基本控件之一。它可以输入编辑文本,常常作为程序的输入数据控件;它可以容纳大量文本,常常作为程序输出数据控件。文本框事实上是一个小型的全屏幕文本编辑器,它可以有许多变化以适应不同任务的需要。文本框的默认名称为 Text1、Text2、…。

1. 常用属性

文本框的常用属性如表 3-7 所示。

表 3-7　文本框的常用属性

属性名	说　　明	属性名	说　　明
Name	文本框的名称	SelStart	选定的文本起始位置
Text	文本框中显示的文本	SelLength	选定的文本字符长度
Locked	文本框是否锁定	BackStyle	文本框的背景样式
PasswordChar	密码显示	BorderStyle	文本框的边框样式
MaxLength	文本框中可输入的字符数	Font	文本框中文本的字体格式
MultiLine	文本框是否多行显示	ForeColor	文本框的文本的前景色
ScrollBars	文本框是否有滚动条	BackColor	文本框的文本的背景色
SelText	选定的文本内容		

(1) Text 属性。该属性是文本框的最重要属性之一。程序运行时,在文本框中输入、编辑和显示的文本内容都保存在 Text 属性中。通过该属性可以方便地实现数据的输入和数据的输出。

(2) Locked 属性。该属性用于指定文本框中的文本是否可以被编辑,有以下两种取值。

① 当属性值为 True 时,表示文本框中的文本是只读的,不能被修改。

② 当属性值为 False(默认值)时,表示文本框中的文本可读可写,可以被编辑。

（3）PasswordChar 属性。该属性用于设置密码显示。属性默认值为空串。若将该属性设置为某个字符，比如星号（＊），则程序运行时，在文本框输入的每个字符均以该字符显示，以隐藏输入的密码或口令。

（4）ScrollBars 属性。该属性用于设置文本框中是否显示滚动条。有以下 4 种取值。

① 当属性值为 0（默认值）时，表示无滚动条。

② 当属性值为 1 时，表示有水平滚动条。

③ 当属性值为 2 时，表示有垂直滚动条。

④ 当属性值为 3 时，表示既有水平滚动条又有垂直滚动条。

注意：利用 ScrollBars 属性设置滚动条，只有当 MultiLine 属性值为 True 时才有效。

（5）SelText 属性、SelStart 属性/SelLength 属性。SelText 属性用于获得在文本框中选定的文本内容。SelStart 属性用于获得和设置在文本框中选定的文本的第 1 个字符位置，若没有文本被选定，则给出焦点位置。SelLength 属性用于获得和设置在文本框中选定的文本的长度。

在 Visual Basic 运行模式下，通过拖动鼠标可以在文本框中选定一段文本，选定的文本呈反相显示，该组属性就返回所选文本的相关信息，以便操作处理。这组属性在属性窗口中没有列出，只能在程序代码中设置和使用。

2. 方法和事件

文本框最常用的方法是 SetFocus 方法，它使文本框获得焦点，表现为光标在文本框内闪烁，以便进行数据输入。Refresh 方法用于进行文本框刷新。

文本框最重要的事件是 Change 事件，每当文本框的 Text 属性值发生变化时，都将触发 Change 事件。在 Change 事件过程中常检验输入的内容。在 Change 事件过程中不要做改变 Text 属性值的事，否则又将触发该事件，以至于形成死循环。

例 3-3 模拟剪贴板功能。在窗体中添加两个文本框，文本框 1 作为数据源，文本框 2 作为目标处；添加 3 个命令按钮，命令按钮 1 作为复制按钮，命令按钮 2 作为剪切按钮，命令按钮 3 作为粘贴按钮。要求应用程序实现以下功能。

（1）在文本框 1 中选定文本后，单击"复制"或"剪切"按钮后，使"粘贴"按钮从无效状态变为有效状态。

（2）当文本框 2 获得焦点后，单击"粘贴"按钮，实现从文本框 1 到文本框 2 的选定文本的复制或剪切操作。

问题分析：实现题目要求，需要使用文本框的 SelText 属性、SelStart 属性和 SelLength 属性。即实现复制或剪切操作，首先利用这 3 个属性记录文本框 1 中选定文本的相关内容。若进行复制操作，则只需将选定的文本直接在文本框 2 中显示；若进行剪切操作，则除了将选定的文本在文本框 2 中显示外，还要将文本框 1 中选定的文本删除。另外，由于在不同的事件过程中要进行数据的传递，因此需要定义一个模块级变量 temptext。Visual Basic 应用程序设计与上机操作步骤如下。

S1：应用程序界面设计和属性设置。

启动 Visual Basic 6.0，自动创建一个窗体，利用鼠标移动窗体位置或改变窗体大小。通过工具箱向窗体添加两个文本框和 3 个命令按钮，利用鼠标调整它们的位置和大小。

打开属性窗口,选定对象的相应属性进行属性设置,各对象主要属性设置如表 3-8 所示。

表 3-8　各对象主要属性设置

对象	属性名	属性值	对象	属性名	属性值
窗体	Name	Form	命令按钮 1	Name	CmdCopy
	Caption	模拟剪贴板功能		Caption	复制
文本框 1	Name	Text1	命令按钮 2	Name	CmdCut
	Text	模拟剪贴板功能		Caption	剪切
文本框 2	Name	Text2	命令按钮 3	Name	CmdPaste
	Text	（清空）		Caption	粘贴
				Enabled	False

S2：编写相关事件代码。

打开代码窗口,首先定义模块级变量；然后依次选定对象命令按钮 CmdCopy、CmdCut 和 CmdPaste 的单击事件 Click,在相应的事件过程框架结构中输入编辑过程代码,如图 3-10 所示。

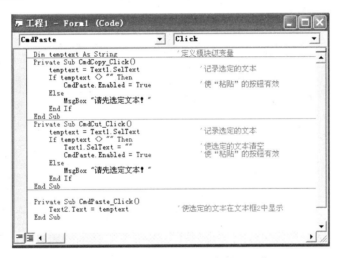

图 3-10　模拟剪贴板功能中的事件过程代码

S3：运行调试应用程序。

Visual Basic 应用程序设计编辑完成后,按 F5 键或选择"运行"|"启动"命令或单击"启动"图标 ▶,应用程序开始运行。程序运行初始界面如图 3-11(a)所示。选定文本框 1 中的文本"剪贴板",单击"剪切"命令按钮,按 Tab 键,使文本框 2 获得焦点,单击"粘贴"命令按钮,得到如图 3-11(b)所示的应用程序运行结果界面。单击关闭按钮 ☒,结束应用程序的运行,返回 Visual Basic 集成开发环境的设计模式。

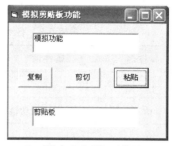

(a) 程序运行初始界面 　　　　　(b) 对选定文本剪切后的界面

图 3-11　模拟剪贴板功能的程序运行界面

3.4　命　令　按　钮

命令按钮 ⌐（CommandButton）是窗体上最常见的控件之一。Visual Basic 应用程序界面中基本上都有命令按钮，它是用户与程序进行交互的最常用控件。命令按钮的默认名称为 Command1、Command2……。

1. 常用属性

命令按钮的常用属性如表 3-9 所示。

表 3-9　命令按钮的常用属性

属性名	说　　　明	属性名	说　　　明
Name	命令按钮的名称	Picture	设置图形按钮的图片
Caption	命令按钮中显示的文本	Enabled	命令按钮是否有效
Style	设置命令按钮样式	BackColor	命令按钮的背景色
ToolTipText	设置命令按钮的提示文本	Font	设置字体
Default	设置默认命令按钮	Visible	命令按钮是否可见
Cancel	设置取消命令按钮		

（1）Caption 属性。该属性用于设置命令按钮上的显示标题。一般 Caption 属性值设置为能反映该命令按钮功能的简要文本说明。

在 Caption 属性值设置中可以创建命令按钮的快捷键。所谓快捷键是指命令标题中某字符带有下划线，如"文件(F)"，只要按下组合键 Alt＋F 即可执行该命令。在 Visual

图 3-12　为命令按钮设置快捷键

Basic 6.0 中，设置快捷键的方法比较简单，只要在 Caption 属性值设置中的相应字符前加上符号"&"即可。例如，在窗体添加命令按钮，将命令按钮的 Caption 属性设置为"退出(&Q)"，这样，就为"退出"命令设置好了快捷键 Alt＋Q，窗体运行效果如图 3-12 所示。

（2）Style 属性。该属性用于设置命令按钮的样式，有以下两种取值。

①　当属性值为 0(默认值)时,表示命令按钮为标准样式,即命令按钮中只显示文本内容。

②　当属性值为 1 时,表示命令按钮为图形样式,命令按钮中不仅可以显示文本,还可以通过 Picture 属性设置显示图片。

(3) ToolTipText 属性。该属性用于设置当鼠标在命令按钮上停留时所显示的文本,起提示作用。

(4) Default 属性。该属性用于设置使窗体中的某一命令按钮成为默认按钮。有以下两种取值。

①　当属性值为 True 时,表示将该命令按钮设置为默认按钮,窗体上其他命令按钮的 Default 属性值自动设置为 False。程序运行时,只要拥有焦点的控件不是任何一个命令按钮,按 Enter 键,就触发该命令按钮的单击事件(Click)。

②　属性值 False 为命令按钮的默认值。

(5) Cancel 属性。该属性用于设置使窗体中的某一命令按钮为取消按钮。有以下两种取值。

①　当属性值为 True 时,表示将该命令按钮设置为取消按钮,窗体上其他命令按钮的 Cancel 属性值自动设置为 False。程序运行时,只要按 Esc 键,就触发该命令按钮的单击事件(Click)。

②　属性值 False 为命令按钮的默认值。

2．方法和事件

调用 SetFocus 方法可以使对象获得焦点,命令按钮获得焦点的表现是按钮表面有一个虚线框。

单击事件(Click)是命令按钮最基本、最常用的事件之一。在应用程序运行的窗口界面中,常常通过激活命令按钮触发单击事件来完成相应的操作。

在应用程序运行时,有多种方法可以激活命令按钮。

(1) 用鼠标直接单击命令按钮。

(2) 用 Tab 键或调用 SetFocus 方法使命令按钮获得焦点,按 Enter 键。

(3) 当命令按钮具有快捷键功能时,使用快捷键(Alt＋带有下划线的字母)。

(4) 当命令按钮的 Default 属性值为 True 时,按 Enter 键;当命令按钮的 Cancel 属性值为 True 时,按 Esc 键。

(5) 在事件过程代码中设置命令按钮的 Value 属性值为 True。

3.5　单选按钮、复选框和框架

在许多应用程序中,为了更好地体现交互性和便利性,经常对一些受限的内容进行选择操作。Visual Basic 6.0 提供了单选按钮、复选框和框架,以便程序员组织友好的窗口界面。单选按钮、复选框和框架的外观如图 3-13 所示。

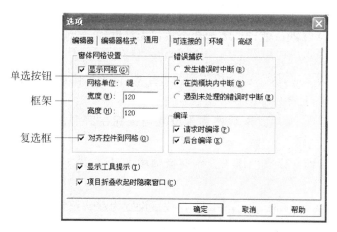

单选按钮 —

框架 —

复选框 —

图 3-13　单选按钮、复选框和框架的外观

3.5.1　单选按钮

单选按钮⊙(OptionButton)用于在一组选项中选且仅选一个选项。单选按钮一般成组出现，每次只能在这组选项中选定一个。单选按钮的默认名称为 Option1、Option2、…。

1. 常用属性

单选按钮的常用属性如表 3-10 所示。

表 3-10　单选按钮的常用属性

属性名	说　　明	属性名	说　　明
Name	单选按钮的名称	Style	设置单选按钮样式
Caption	单选按钮的标题	Enabled	单选按钮是否有效
Alignment	标题对齐方式	Visible	单选按钮是否可见
Value	单选按钮的被选状态	Font	设置字体

（1）Alignment 属性。该属性用于设置单选按钮标题的对齐方式，如图 3-14 所示，有以下两种取值。

图 3-14　单击按钮标题对齐方式

① 当属性值为 0(默认值)时，表示左对齐，标题在控件对象的右侧。

② 当属性值为 1 时，表示右对齐，标题在控件对象的左侧。

（2）Value 属性。该属性用于设置单选按钮的被选状态，有以下两种取值。

① 当属性值为 True 时，表示该按钮被选定，按钮状态为⊙。

② 当属性值为 False(默认值)时，表示该按钮没被选定，按钮状态为○。

在一组单选按钮中,只有一个单选按钮的 Value 属性值为 True。应用程序运行时,可以通过鼠标单击来改变按钮的状态。

2. 方法和事件

调用 SetFocus 方法可以使单选按钮被选定,使 Value 属性值为 True。

单选按钮支持的事件不多,应用较多的基本事件是 Click 事件。

3.5.2 复选框

复选框☑(CheckBox)用于在一组选项中选定多个选项。复选框的默认名称为 Check1、Check2、…。

1. 常用属性

复选框的常用属性如表 3-11 所示。

表 3-11　复选框的常用属性

属性名	说　　明	属性名	说　　明
Name	复选框的名称	Style	设置复选框样式
Caption	复选框的标题	Enabled	复选框是否有效
Alignment	标题对齐方式	Visible	复选框是否可见
Value	复选框的状态	Font	设置字体

Value 属性是复选框最基本的属性之一,用于设置复选框的状态,有以下 3 种取值。

① 当属性值为 0(默认值)时,表示取消该复选框,复选框状态为 厂 。

② 当属性值为 1 时,表示选定该复选框,复选框状态为 ☑ 。

③ 当属性值为 2 时,表示该复选框呈灰色,复选框状态为 ☑ 。

2. 方法和事件

调用 SetFocus 方法可以使复选框获得焦点,但不能改变复选框的 Value 属性值。

复选框支持的事件不多,应用较多的基本事件是 Click 事件。

3.5.3 框架

框架(Frame)是个容器对象,常用于将其他控件按功能分组,既实现了窗口界面的功能分组,又保证了窗口界面的整齐美观。框架的默认名称为 Frame 1、Frame 2、…。

注意:在窗口界面利用框架对控件进行功能分组时,一定要先在窗体中添加框架,然后在框架内添加控件。这样框架及其内部的控件就成为一个整体,随框架容器一起移动、显示和隐藏等。

框架的常用属性如表 3-12 所示。

(1) Caption 属性。该属性用于设置框架的标题,标题文本位于框架的左上角。若标题内容为空,则框架为封闭的矩形框。

表 3-12　框架的常用属性

属性名	说　明	属性名	说　明
Name	框架的名称	Enabled	框架是否有效
Caption	框架的标题	Visible	框架是否可见

（2）Enabled 属性。该属性用于确定框架容器是否有效，有以下两种取值。

① 当属性值为 True(默认值)时,表示该框架及其内部控件都有效。

② 当属性值为 False 时,表示框架容器无效,此时,框架标题变为灰色,内部控件全被屏蔽。

（3）Visible 属性。该属性用于确定框架容器是否可见,有以下两种取值。

① 当属性值为 True(默认值)时,表示该框架及其内部控件都可见。

② 当属性值为 False 时,表示框架容器不可见,即程序运行时,框架及其内部控件全不可见。

例 3-4　框架、单选按钮和复选框应用示例。

在窗体上添加 1 个标签、1 个文本框、1 个命令按钮和 2 个框架,其中:一个框架中添加 2 个单项按钮,另一个框架中添加 4 个复选框。各对象属性设置如表 3-13 所示。

表 3-13　各对象主要属性设置

对象	属性名	属　性　值	对象	属性名	属　性　值
窗体	Name	Form	单选按钮 1	Name	Option1
	Caption	框架、单选按钮和复选框应用示例		Caption	本科生
标签	Name	Label1	单选按钮 2	Name	Option2
	Text	选择你的学历和所学课程		Caption	研究生
	Font	小四楷体-GB2312	复选框 1	Name	Check1
文本框	Name	Text1		Caption	管理学
	Text	（清空）	复选框 2	Name	Check2
	Multiline	True		Caption	经济学
框架 1	Name	Frame 1	复选框 3	Name	Check3
	Caption	学历		Caption	程序设计基础
框架 2	Name	Frame 2	复选框 4	Name	Check4
	Caption	课程		Caption	数据库基础
			命令按钮	Name	Command1
				Caption	显示

对命令按钮(Command1)的单击事件(Click)编写过程代码如图 3-15 所示。运行应用程序后得到如图 3-16 所示的窗口界面。

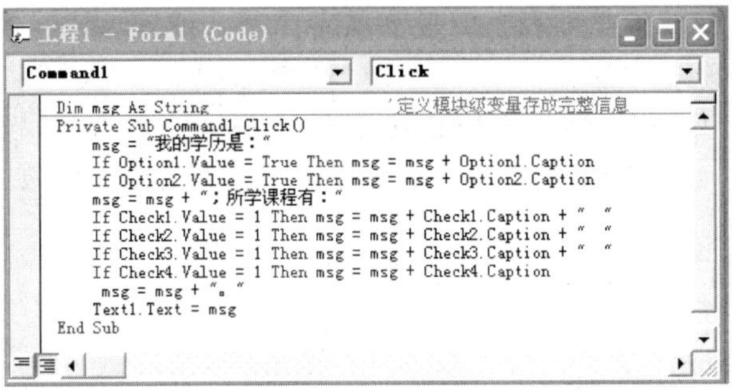

图 3-15　Click 事件过程代码

图 3-16　应用程序运行的窗口界面

3.6　列表框和组合框

列表框和组合框都可以提供一个已知选项的列表清单,供用户选择,两者之间有许多相似的地方。

3.6.1　列表框

列表框 ▤(ListBox)用于显示数据项列表,用户可以通过鼠标单击或按空格键选择所需要的数据项(列表项)。列表框可以单列显示数据项,也可以多列显示数据项。当数据项超出列表框时,会自动添加滚动条。列表框的默认名称为 List1、List2、…。

1. 常用属性

列表框的常用属性如表 3-14 所示。

表 3-14　列表框的常用属性

属性名	说　　明	属性名	说　　明
Name	列表框的名称	Style	设置列表框样式
List	列表框数据项内容	Columns	列表框列数
ListCount	列表框数据项数目	MultiSelect	设置列表框的单选或多选方式
ListIndex	被选定数据项索引号	SelCount	多选的数目
Text	被选定数据项内容	Selected	数据项是否被选定

（1）List 属性。该属性是列表框的最重要属性之一，用于记录列表框中的所有数据项，它是一个字符串数组。

在设计模式下，可以通过属性窗口直接输入，每输入一项内容，按 Ctrl＋Enter 键实现换行，接着输入下一项，当输完最后一项，按 Enter 键关闭编辑区，如图 3-17 所示。

（a）设置List属性

（b）对应列表框外观

图 3-17　设置 List 属性及对应列表框外观

在过程代码中，可以使用下面赋值语句将列表项值赋给变量（比如，strv1），也可以通过变量（比如，strv2）设置列表项值。

```
strv1=[对象名.] List(下标)        '将列表项值赋给变量
[对象名.] List(下标)=strv2        '通过变量值设置列表项值
```

其中：下标是列表项所处的位置编号，即索引号，索引号从 0 开始。比如，图 3-17 中列表框的列表项"[对象名.] List(0)"的值为"程序设计基础"、"[对象名.] List(3)"的值为"经济学"。

（2）ListCount 属性。该属性是运行模式下的属性，用于返回当前列表框中列表项的总数目。

（3）ListIndex 属性/Text 属性。这两个属性是运行模式下的属性。

ListIndex 属性用于返回最后一次被选定的列表项的索引号。显然，List(ListIndex)为所选定的列表项。若未选定任何列表项，则 ListIndex 属性值为－1。

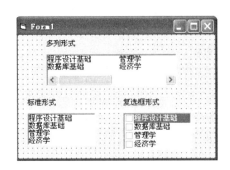

图 3-18　列表框的多列形式、标准形式和复选框形式

Text 属性用于返回最后一次被选定的列表项。显然，[对象名.] Text ＝ [对象名.] List(ListIndex)。

（4）Style 属性。该属性用于设置列表框的外观，有以下两种取值。

① 当属性值为 0（默认值）时，表示列表框为标准形式。

② 当属性值为 1 时，表示列表框为复选框形式，如图 3-18 所示。

（5）Columns 属性。该属性用于设置列表框的列数,只能在属性窗口设置。当属性值为 0(默认值)时,表示列表框呈单列显示;当属性值为 1 或大于 1 时,表示列表框呈多列显示,如图 3-18 所示。

(6) MultiSelect 属性。该属性用于设置列表框的单选或多选方式,只能在属性窗口设置。有以下 3 种取值。

① 当属性值为 0(默认值)时,表示只能进行单项选择。

② 当属性值为 1 时,表示可以通过单击鼠标或按空格键来选定或取消多个列表项。

③ 当属性值为 2 时,表示可以利用 Shift 键或 Ctrl 键与单击鼠标或按空格键配合进行多个列表项选定。

(7) SelCount 属性。该属性是运行模式下的属性,用于返回在多项选择时所选列表项的数目。

(8) Selected 属性。该属性是运行模式下的属性,用于判断列表项是否被选定。对于确定的索引号 i,若 List(i)被选定,则 Selected(i)的值为 True,否则 Selected(i)的值为 False。

例 3-5 将列表框中选定的列表项在窗体上输出。窗体中添加 1 个列表框和 1 个命令按钮。各对象属性设置如表 3-15 所示。命令按钮单击事件过程代码如图 3-19 所示。应用程序运行界面如图 3-20 所示。

表 3-15 各对象主要属性设置

对象	属性名	属性值	对象	属性名	属性值
窗体	Name	Form		Name	List1
单选按钮	Name	Option1	列表框	List(0)-List(3)	(略)
	Caption	输出		MultiSelect	1-Simple

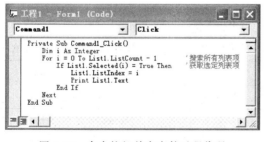

图 3-19 命令按钮单击事件过程代码

图 3-20 应用程序运行界面

2. 方法和事件

列表框支持的常用方法和事件有 Additem 方法、Removeitem 方法、Clear 方法和 Click 事件。

(1) Additem 方法。该方法是列表框最重要的方法之一,用于向列表框中添加列表项。调用格式如下。

[对象名.]Additem 列表项内容 [,插入位置下标]

Additem 方法每次只能向列表框中添加一个列表项。经常在 Form_Load 事件过程中使用该方法初始化列表框。

（2）Removeitem 方法。该方法用于删除指定位置的列表项，调用格式如下。

[对象名 .] Removeitem 删除项位置下标

Removeitem 方法每次只能删除列表框中的一个列表项。

（3）Clear 方法。该方法用于删除或清空列表框中的所有列表项，调用格式如下。

[对象名 .] Clear

例 3-6 编程实现列表框选项的添加和删除。应用程序初始界面如图 3-21(a)所示，要求能利用"添加"按钮将左边列表框中的选项添加到右边列表框中；利用"删除"按钮将右边列表框中的选项删除，如图 3-21(b)所示。

(a) 初始界面　　　　　　　(b)"删除"按钮有效界面

图 3-21　应用程序运行界面

问题分析。在窗体中添加 2 个标签、2 个列表框和 2 个命令按钮。左边列表框在 Form_Load 事件过程中使用 Additem 方法进行初始化。在设计模式或运行模式的初始状态时，使"删除"按钮无效，当右边列表框中有选定的列表项时，使"删除"按钮有效。各对象主要属性设置如表 3-16 所示。各事件过程代码如图 3-22 所示。

表 3-16　各对象主要属性设置

对象	属性名	属性值	对象	属性名	属性值
窗体	Name	Form	列表框 1	Name	List1
	Caption	列表框示例	列表框 2	Name	List2
标签 1	Name	Label1	命令按钮 1	Name	CmdAdd
	Caption	中外名著		Caption	添加
标签 2	Name	Label2	命令按钮 2	Name	CmdDelete
				Caption	删除
	Caption	中国名著		Enabled	False

3.6.2　组合框

组合框▤(ComboBox)是文本框和列表框的统一，集中了这两种控件的特性，既可以

图 3-22　各事件过程代码

通过键盘输入数据，又可以在已有的列表框中选定列表项。组合框的默认名称为Combo1、Combo2、…。

组合框与列表框相比较，其主要不同之处在于：一是只允许进行单项选择；二是可以输入列表框中没有的数据项。

1. 常用属性

组合框的大多数常用属性与列表框相似，差异最显著的是 Style 属性。组合框的Style 属性具有如下 3 种取值，确定了组合框的 3 种样式，如图 3-23 所示。

（1）当属性值为 0（默认值）时，是下拉组合框。既可以在文本框中直接输入数据项，也可以通过单击下拉箭头弹出列表框，在列表框中进行选择。

图 3-23　组合框样式

（2）当属性值为 1 时，是简单组合框。既可以在文本框中直接输入数据项，也可以在列表框中进行选择。与下拉组合框不同之处是列表框一直显示在界面中。

（3）当属性值为 2 时，是下拉列表框。只能通过单击下拉箭头弹出列表框，在列表框中进行选择。

2. 方法和事件

组合框的方法和事件与列表框基本相似，主要包括以下几个常用方法和事件。

• Additem 方法。添加数据项。
• Removeitem 方法。删除数据项。
• Clear 方法。清除全部数据项。
• Click 事件。单击事件。

3.7　时　钟　控　件

时钟控件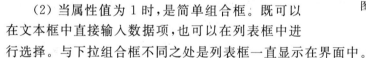（Timer）也称为计时器或定时器。通过对该控件的属性设置和代码编写，可以实现在确定的时间完成规定的操作。时钟控件的默认名称为 Timer1、

Timer2、…。

时钟控件在设计模式下出现在窗体上,在运行模式下是不可见的,因此它的位置和大小无关紧要,关键是要掌握它的属性设置和事件代码编写。

1. 常用属性

时钟控件的常用属性只有两个:InterVal 属性和 Enabled 属性。

(1) InterVal 属性。该属性是时钟控件最重要的属性,用于确定 Timer 事件被触发的时间间隔,单位为毫秒(ms),取值范围为 0~65535。InterVal 属性值为 0(默认值)时,Timer 事件不会被触发。若确定触发 Timer 事件的时间间隔为 1 秒,则需要设置 InterVal 属性值为 1000。

(2) Enabled 属性。该属性用于决定控件是否有效工作。当 Enabled 属性值为 True(默认值)时,控件有效工作。

2. 方法和事件

时钟控件只有一个常用事件:Timer 事件。

当时钟控件的 Enabled 属性值为 True 且 InterVal 属性值大于 0 时,每隔 InterVal 时间间隔便触发一次 Timer 事件。也就是说,Timer 事件会被周期性的触发。在实际应用中,常常利用该事件实现某些有规律性的重复操作,诸如,在窗口界面飘移字幕、显示系统时间等。

3.8 焦 点

焦点(Focus)并不是 Visual Basic 的专有名词。在 Windows 中,就有焦点的概念。所谓焦点指的就是处于活动状态。

在可视化程序设计中,焦点是个很重要的概念。TabIndex 和 TabStop 属性、SetFocus 方法、GotFocus 和 LostFocus 事件都与焦点相关。窗体和大多数控件都能获得焦点。不能接收焦点的对象有标签、框架、直线、图像框、时钟和菜单等。在同一窗体上,同一时刻只允许一个对象获得焦点。各种对象获得焦点的表现形式是不一样的,诸如,文本框获得焦点表现为光标在文本框内闪烁,命令按钮获得焦点表现为按钮四周出现虚线框等。

一般来说,一个对象获得焦点有以下 3 种方法。

(1) 鼠标单击。单击需要获得焦点的对象即可。

(2) 代码实现。在过程代码中,通过调用 SetFocus 方法使对象获得焦点。

(3) 键盘按键。若对象上有访问键,则可通过快捷键使该对象获得焦点。一般可以通过按 Tab 键使能接收焦点的对象轮流获得焦点。Tab 键作用到对象上的默认次序为添加对象的次序,可以通过设置 TabIndex 属性和 TabStop 属性来改变默认次序。几乎所有控件都有 TabIndex 属性和 TabStop 属性。

- TabIndex 属性。在添加对象时,按次序自动设置 TabIndex 属性值,初始值从 0 开始。可以通过属性窗口重新设置各对象的 TabIndex 属性值,以改变 Tab 键作用到对象上的次序。
- TabStop 属性。该属性的默认值为 True。若要使某对象不能用 Tab 键获得焦点,则只需将该对象的 TabStop 属性值设置为 False。

在同一窗体上,当一个对象获得焦点时,原来具有焦点的对象就会失去焦点。Visual Basic 6.0 中的大部分对象都支持 GotFocus 事件和 LostFocus 事件。当对象获得焦点时,触发 GotFocus 事件;当对象失去焦点时,触发 LostFocus 事件。

3.9 课程设计题目——应用程序界面设计

1. 问题描述

综合运用常用控件为某系统设计一个输入(选择)/显示基本信息的窗口界面。

2. 基本要求

(1) 至少运用 5 种以上控件设计界面。

(2) 仔细设置各控件的有关属性。

(3) 至少运用 1 个方法调用。

(4) 至少编写 2 个以上事件过程。

3. 测试数据

可以设计一个选课应用程序,程序运行界面如图 3-24 所示。

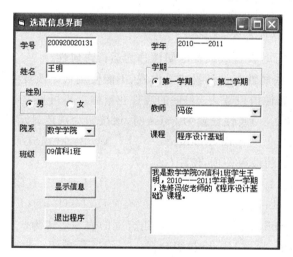

图 3-24 选课信息界面

4. 实现提示

可以参照本书中的例题,按照应用程序设计与上机操作步骤完成本课程设计。

5. 问题拓展

(1) 找两本以上的"Visual Basic 6.0 程序设计"教材阅读,学习掌握更多控件的应用。

(2) 实际调研选课信息系统,做符合实际的系统需求分析,设计一个符合实际的选课信息系统。

习　题　3

一、选择题

1. 若设置文本框的属性 PasswordChar＝"&"，则运行程序时向文本框输入 8 个任意字符后，文本框中显示的是(　　)。

    A. 8 个"&"　　　　B. 8 个"＊"　　　　C. 8 个"♯"　　　　D. 无内容

2. 在 Visual Basic 中，所有窗体和控件都必定具有的一个属性是(　　)。

    A. Name　　　　B. Font　　　　C. Caption　　　　D. Text

3. 下列叙述中正确的是(　　)。

    A. 组合框包含了列表框的功能

    B. 列表框包含了组合框的功能

    C. 列表框与组合框的功能没有相似之处

    D. 列表框与组合框的功能完全相同

4. 窗体 Form1 的 Name 属性值是 Frm1，它的单击事件过程名是(　　)。

    A. Form1_Click　　B. Form_Click　　C. Frm1_Click　　D. Me_Click

5. 以下有关对象属性的叙述中不正确的是(　　)。

    A. 所有对象都具有 Name 属性

    B. 只能在运行时设置或改变的属性称为运行态属性

    C. 对象的某些属性在设计模式下设置，不能使用代码改变

    D. Enabled 属性值设置为 False 的控件在窗体上不可见

6. 当某按钮的(　　)属性设置为 False 时，该按钮为灰色显示。

    A. Visible　　　　B. Enabled　　　　C. BackColor　　　　D. Text

7. 引用列表框中的最后一项，使用(　　)。

    A. List1. list(List1. ListCount-1)　　　　B. List1. list(List1. ListCount)

    C. List1. list(ListCount)　　　　D. List1. list(ListCount-1)

8. 当组合框的 Style 属性设置为 0 时，组合框的表现形式为(　　)。

    A. 下拉列表框　　B. 下拉组合框　　C. 简单组合框　　D. 文本框

9. 为了删除 ComboBox 控件中的数据项，需要使用(　　)方法。

    A. Add　　　　B. Remove　　　　C. AddItem　　　　D. RemoveItem

10. 要想在一个文本框中显示多行内容，应对(　　)属性值进行设置。

    A. Font　　　　B. Enabled　　　　C. Multiline　　　　D. Text

二、填空题

1. 若要使窗体上的所有控件具有相同的字体格式，应设置＿＿＿＿的＿＿＿＿属性。

2. 在运行模式下，无法将光标定位在文本框中，是由于＿＿＿＿的属性值为 False，无法对文本框中的已有内容进行编辑，是由于＿＿＿＿的属性值为 Truc。

3. 时钟控件只能触发＿＿＿＿事件。

4. 列表框的 ListIndex 属性值是最后选定的列表项的索引号,第一个列表项的索引号为_____;若未选定任何列表项,则该属性值为_____。

5. 对象获得焦点一般有_____、_____和_____3 种方法。

6. 在一组单选按钮中,只有一个单选按钮的_____属性值为 True。

7. 对象的属性值的设置方法有两种:一是通过_____设置属性值;二是在应用程序运行时,通过_____改变属性值。

8. Cls 方法适用于_____或_____的清除,若对列表框和组合框进行清除,则使用_____方法。

三、简答题

1. 简述 Print 方法。

2. 简述事件过程的框架结构。

3. 如何为命令按钮设置快捷键?

4. Visual Basic 6.0 的工具箱中有哪些基本控件? 各自的功能是什么?

5. 窗体的 Name 属性与 Caption 属性有何区别?

6. 时钟控件的重要属性和重要事件分别是什么?

7. TabIndex 属性和 TabStop 属性有什么用途?

四、操作题

1. 调用 Print 方法,在窗体上以不同格式输出数据。

2. 在窗体上添加 4 个文本框和 2 个命令按钮。4 个文本框分别设置不同的背景颜色。连续单击标有"转换"的命令按钮,实现 4 个文本框背景颜色的转换。单击标有"结束"的命令按钮,结束应用程序运行。

3. 在窗体上添加 2 个文本框和 3 个命令按钮。模拟剪贴板功能,可以将一个文本框中选定的内容复制或剪切到另一个文本框中。

4. 在窗体上添加 2 个列表框和 2 个命令按钮。一个命令按钮用于将一个列表框中选定的内容添加到另一个列表框中;一个命令按钮用于将一个列表框中选定的内容删除。

5. 在窗体上添加 2 个框架、1 个命令按钮和 1 个文本框。其中:一个框架中包含多个单项按钮,一个框架中包含多个复选框。单击命令按钮,将两个框架中选定的内容显示在文本框中。

第4章 简单数据类型与表达式

程序加工处理的对象是数据,在程序中对数据的描述要求指定数据的类型与数据的组织形式。对数据进行加工处理的主要方式之一是对表达式进行运算。本章主要介绍简单数据类型以及表达式的构成。

4.1 数 据 类 型

数据类型是数据的基本属性,对数据进行加工处理,需要确定数据的类型。大多数程序设计语言中,都包含有基本数据类型和构造数据类型。在不同的程序设计语言中,数据的类型标识符有所不同,数据的存储形式也有所差异,但基本概念是相同的。

4.1.1 基本概念和术语

(1) 数据(Data)。数据是对客观事物的符号表示。在计算机科学中是指所有能输入到计算机中并能被计算机程序处理的符号总称。数据的含义十分广泛,在不同的场合可能有着不同的含义。例如,在数值计算问题中,计算机处理的对象大多数都是整数、实数等数值型数据;在文字处理系统中,计算机处理的对象大多数是字符型数据。对于图像、声音等都可以通过编码归于数据的范畴。

(2) 结点(Node)。结点也称为数据元素(Data Element),是数据结构中讨论的基本单位。在计算机程序中通常作为一个整体进行考虑和处理。在不同的、具体的数据结构中,有时称为表目、元素、记录、顶点等等。一般情况下,一个结点可由若干个数据项(Data Item)组成。例如,在工资表中,每行数据可以看作是一个结点,每个结点可以由编号、姓名、基本工资、津贴、扣除费、实发工资等数据项组成。数据项是数据的不可分割的最小单位。在结点中能起标识作用的数据项称为关键码(Key)。例如,工资表中的编号、姓名等。其中能起唯一标识作用的关键码称为主关键码(简称主码),如编号;反之称为次关键码(简称次码),如姓名等。

(3) 数据结构(Data Structure)。数据结构是相互之间存在一种或多种特定关系的结点集合。需从逻辑结构、存储结构和运算(操作)3个方面对数据结构进行描述。

(4) 数据类型(Data Type)。数据类型的概念最早出现在程序设计语言中,用以刻画操作对象的特性。在程序中,每个常量、变量或表达式都有一个确定的数据类型。数据类型明显或隐含地规定了变量或表达式在程序执行期间所有可能取值的范围、存储方式以及在这些值之间允许进行的运算。数据类型是一个值的集合和定义在这个集合上的一组运算的总称。

4.1.2　数据类型与数据结构

数据类型与数据结构是两个容易混淆的不同概念。可以认为,数据类型是在程序设计语言中已经实现了的数据结构;数据结构是由已有的数据类型构造出新的复合类型数据的一种方法。或者说,在算法设计中,当需要引入某种新的数据结构时,可以借助程序设计语言所提供的基本数据类型来描述数据的逻辑结构。数据结构必须指明有关数据的组织形式、存取方法、结合程度以及各种处理方案。

在算法设计中,每个常量、变量、表达式的值,都应该属于确定的数据类型。变量的所有可能取值,以及在这些值之间允许的运算都要在程序中明显或隐含地被规定。恰当地使用数据类型,可以提高编程效率和程序质量。数据类型概念的显著特性可以概括如下。

(1) 类型决定了变量或表达式的取值范围;

(2) 每一个值属于且仅属于一个类型;

(3) 每一种操作要求对应于一定类型的操作对象,并且得出一定类型的结果;

(4) 任何一个表达式的类型可以从其构成形式推断出来,不必计算出具体值。

在进行算法设计时,可以利用数据类型的信息去防止或表明程序中无意义的结构,也可以用来确定计算机中的数据表示和数据处理的方法。在程序设计语言中,数据类型一般可分为简单数据类型、构造数据类型等。下面简单介绍类 PASCAL 语言中数据类型的类型标识(或定义)和变量说明。本书中的数据存储结构将用它们进行描述。

4.1.3　简单数据类型

简单数据类型包括基本数据类型和枚举类型。

基本数据类型有以下 4 种。

(1) 整数类型:用类型名 integer 标识,整数范围由所用具体程序设计语言确定。

在许多情况下,只要求变量在一定范围取整数值,这时,可以在变量说明中明确指出要取值的区间界限,这种数据类型称为子界类型。例如:

```
Var n: min..max
```

其中:保留字 Var 用于对变量 n 进行说明或定义;常数 min 和 max 表示变量 n 可取值的下界和上界。这是一个变量说明语句或称为变量定义语句,说明变量 n 可以取 min 与 max 之间的整数。

(2) 实数类型:用类型名 real 标识,实数范围由所用具体程序设计语言确定。

(3) 字符类型:用类型名 char 标识,取值为计算机可以表示的字符集中的一个字符。

(4) 布尔类型:用类型名 boolean 标识,取值范围只有两个逻辑值——真(True)和假(False)。所有的关系运算都产生一个布尔类型结果,逻辑运算定义在这种类型的量上。

基本数据类型的变量可以通过变量说明语句定义,例如:

```
Var  a: integer
     b: char
     c: boolean
```

说明变量 a 是一个整型变量,变量 b 是一个字符变量,变量 c 是一个布尔变量。

枚举类型:它是通过枚举该类型中的所有可能值来定义的。一个数据类型中所含有的不同值的个数称为该类型的基数。只有当一个类型的基数是有限数时,才能使用枚举类型。例如:

```
Type colour=(red,yellow,blue)
      sex=(male,female)
```

其中:保留字 Type 用于进行新的数据类型定义,定义标识符 colour 与标识符 sex 都是枚举类型,枚举类型 colour 的取值集合内含有 3 个值,枚举类型 sex 的取值集合内含有 2 个值。

4.1.4 Visual Basic 6.0 中的基本数据类型

Visual Basic 6.0 中的基本数据类型有 11 种,如表 4-1 所示。不同类型的数据,其取值范围、所适应的运算以及在内存所分配的存储空间都不同。根据问题需求,准确地区分和使用数据类型,不仅可以满足处理问题需要表示数据的要求,而且可以使程序运行时,占用较少的内存空间,确保程序运行的正确性和可靠性。

表 4-1 Visual Basic 6.0 中的基本数据类型

数据类型	标识符	类型说明符	占用字节	示例	说明
整数型	Integer	%	2	X%	X 为整数型
长整型	Long	&	4	X&	X 为长整型
字节型	Byte	无	1		
单精度型	Single	!	4	X!	X 为单精度型
双精度型	Double	#	8	X#	X 为双精度型
字符串型	String	$	串长度	X$	X 为字符串型
逻辑型	Boolean	无	2		
货币型	Currency	@	8	X@	X 为货币型
日期型	Date	无	8		
对象型	Object	无	4		
变体型	Variant	无	≥16		

Visual Basic 6.0 中的字符串类型与其他语言中的字符类型含义不同。这里,字符指单个字符;字符串指一个字符序列,即由西文字符、汉字以及标点符号等组成的字符序列,用双撇号括起来是一个字符串,例如,"123"、"VB 程序设计"等。字符类型的取值为单个字符;字符串类型的取值为字符串。

4.1.5 构造数据类型

构造数据类型是由已知数据类型通过一定的构造方法构造出的新数据类型。已知数据类型称为新数据类型的构造成分。构造成分还可以是构造数据类型。构造数据类型包括数组、记录和集合等。

（1）数组（Array）。数组是由同一数据类型的元素组合而成。例如：

```
Type a=Array[1..n] Of integer
```

其中：保留字 Array 用于说明标识符 a 是一个数组类型，它具有 n 个元素，每个元素的数据类型均为整数类型。

（2）记录（Record）。记录与数组的不同之处在于它的构造方法，以及记录对构造成分的数据类型不加限制。例如：

```
Type stack＝Record
          a：Array[1..n] Of real
          t：integer
          End
```

其中：保留字 Record…End 结构说明标识符 stack 是一个记录类型，它有两个分量：一个分量是具有 n 个实数类型的元素组成的数组 a，另一个分量是整数类型 t。记录类型在 C 语言中称为结构体类型。在 Visual Basic 语言中称为自定义类型。

（3）集合（Set）。以已知数据类型的集合的子集作为值，所构造的数据类型是集合类型。例如，基色由红、黄、蓝组成，其他各种颜色都是这两种或 3 种基色的混合。红、黄混合形成橙色，红、蓝混合形成紫色，……每一种颜色都可以表示为基色集的一个子集，橙色表示为[红，黄]、紫色表示为[红，蓝]、纯红色表示为[红]、白色表示为空集[]、……这样，可得到 8 种颜色：红、橙、黄、绿、青、蓝、紫、白。以此 8 种颜色为值就构成一个新的数据类型。用集合论的术语来说，这个新数据类型是原来基色数据类型的幂集（Powset），例如，集合类型可以定义如下。

```
Type  primarycolour= (red,yellow,blue)
Type  collour=POWSET primarycolour
```

这里，定义标识符 primarycolour 是一个枚举类型，标识符 collour 是一个集合类型。

4.2 常量与变量

常量与变量是程序中组织数据的基本形式，在所有的程序中都要用到常量与变量。正确理解常量与变量并恰当地运用它们是进行程序设计的基础。

4.2.1 常量

常量（Constants）是指在程序运行过程中其值保持不变的量。常量分为直接常量和符号常量。

1. 直接常量

可以直接从字面形式判断的常量及其类型称为直接常量。直接常量包括整型常量、实型常量、字符常量和布尔常量。

整型常量就是通常使用的十进制整数,整数的取值范围是无限的。在计算机中,若程序设计语言规定用2字节存储一个整数,则整型常量的取值范围是－32768～32767。在Visual Basic 6.0 中,整型常量的表示还有八进制和十六进制。八进制常量在数值前加&O,如&O567、&O777 等;十六进制常量在数值前加&H,如&H567、&HFFF 等。

实型常量就是通常使用的十进制实数。在计算机中,实型常量也称为浮点型常量。若程序设计语言规定用4个字节存储一个实数,则实型常量的取值范围是$-3.4\times10^{38}\sim3.4\times10^{38}$,有效数字是 7 位。实数有两种表示形式。

(1) 十进制小数形式。它由数字和小数点组成。例如,0.123,123.45,0.0 等都是十进制小数形式。

(2) 科学计数法。在代数中有指数计数法,用于表示非常大或非常小的数,例如,$1234567891234567=1.234568\times10^{15}$、$0.01234567891234567=1.234568\times10^{-2}$。在计算机中,指数计数法称为科学计数法。它用字母 E 表示底数 10,E 前面的数字称为尾数,E 后面的数字称为指数,如前面的指数计数法转换为科学计数法,在 Visual Basic 6.0 中就是:1.234568E＋15、1.234568E－02。

字符串常量简称为字符串。字符串是用定界符括起来的一个字符序列,定界符有单撇号、双撇号等,如,'A'、"123"、"I am a teacher"都是字符常量。大多数程序设计语言中都包含有字符串。但应当注意,在 Visual Basic 6.0 语言中字符串定界符只能用双撇号。

布尔常量也称为逻辑型常量。它只有两个值,用.T.、.t.或.Y.、.y.表示"真",用.F.、.f.或.N.、.n.表示"假"。应当注意,在 Visual Basic 6.0 语言中,用 True 表示"真",用 False 表示"假"。

2. 符号常量

用标识符表示的常量称为符号常量。符号常量必须先定义后使用。在不同的程序设计语言中,定义符号常量的方式不同。在 PASCAL 语言中,符号常量是在程序的说明部分定义的,例如:

```
Const  PI=3.14159
       ZERO=0
```

这里,定义标识符 PI 和 ZERO 为符号常量,分别代表实数 3.14159 和整数 0。在 Visual Basic 6.0 语言中,一个保留字 Const 只能定义一个符号常量,例如:

```
Const  PI=3.14159
Const  ZERO=0
```

无论哪一种语言,符号常量的数据类型是由定义它的常量确定的,不能对符号常量再指定类型,也不允许向符号常量重新赋值,即在程序执行部分试图改变 PI 和 ZERO 的值或数据类型的做法都是错误的。

在程序中使用符号常量有以下好处。

(1) 使用符号常量比使用直接常量含义清楚。例如,看程序时从字面上就能知道 PI 代表 π。在确定符号常量标识符时应当考虑"见名知意"。一个好的程序中不提倡使用太多的直接常量,应尽量使用"见名知意"的变量和符号常量。

(2) 便于修改参数。当需要修改程序中某个常量时可以做到"一改全改"。

(3) 使用符号常量可以避免人为的输入错误,也能保护所代表的数据不被破坏。

在 Visual Basic 6.0 语言中,除了用户可以自定义符号常量外,Visual Basic 本身提供了一些符号常量,称为系统常量,存放在系统的对象库中,如 vbRed、vbYes 等。

例 4-1 已知圆的半径为 r,求圆的周长 c,圆的面积 s,圆球的体积 v。

问题分析：题目要求输出圆的周长 c,圆的面积 s,圆球的体积 v。需要输入的数据是圆的半径 r。由几何知识可得如下计算公式。

$$圆的周长\ c=2\pi r;$$
$$圆的面积\ s=\pi r^2$$
$$圆球的体积\ v=4/3\pi r^3$$

所以定义 4 个变量 r、c、s、v 为实型变量,计算公式中有共同常量 π,将 π 定义为符号常量 PI,这样既可以增强程序的可读性,又能使程序具有良好的可维护性。根据程序的基本组成结构：输入数据、处理数据和输出结果。算法设计如图 4-1 所示,算法中的变量说明如下。

```
Const PI=3.1415926
Var r,c,s,v: real
```

算法 4-1   Circle(r)

输入圆的半径 r
$c=2\pi r$; $s=\pi r^2$; $v=4/3\pi r^3$
输出圆的周长 c,圆的面积 s,圆球的体积 v
算法结束

图 4-1   计算圆的周长、面积和圆球的体积

根据算法 4-1 编写 VB 源程序如下。程序运行结果如图 4-2 所示。

```
'*********************************************************
'*   程序功能：求圆的周长 c,圆的面积 s,圆球的体积 v       *
'*   作    者：FENGJUN                                   *
'*   编制时间：2010 年 8 月 20 日                          *
'*********************************************************
Private Sub Form_Click()
    Const PI=3.1415926
    Dim r As Single, c As Single, s As Single, v As Single
    r=Val(InputBox("请输入圆的半径"))
    c=2 * PI * r
    s=PI * r * r
    v=4#/3# * PI * r * r * r
    Print "圆的半径 r=" & r
```

```
        Print "圆的周长 c=" & c
        Print "圆的面积 s=" & s
        Print "圆球的体积 v=" & v
End Sub
```

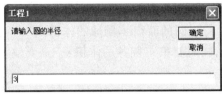 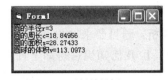

(a) 数据输入框　　　　　　　　(b) 运行结果框

图 4-2　程序运行界面

注意：在 Visual Basic 6.0 语言中，书写程序代码需要遵循如下规则。

（1）在同一行可以书写多条语句，语句之间用冒号（:）分隔。

（2）一条语句可以分多行书写，行尾要加续行符（空格＋下划线）。

（3）一行最多允许书写 255 个字符。

（4）一条语句最多允许 1023 个字符。

在进行程序设计时，应尽量少用直接常量，多用符号常量，以增强程序的可读性和可维护性。

4.2.2　变量

变量（variable）是指在程序执行过程中其值可以改变的量。每个变量都有变量名、类型、存储单元和变量的值。事实上，每定义一个变量，系统就会给它分配一个相应的存储单元，以便用来存储数据，存储单元中的数据就是变量的值，给变量赋值就会改变存储单元中的数据。每个存储单元都有一个存储地址，变量名可以看作是这个存储单元的符号地址，或者说，存储单元就以这个变量名来标识。

1. 变量名

每个程序几乎都要用到变量，每个变量都要有一个名称，变量的命名应符合程序设计语言规定的标识符命名规则。对于不同的程序设计语言，命名规则稍有差别。除了遵照标识符的命名规则外，应尽可能简短地命名变量，同时使变量名具有意义，有确定统一的命名风格。

2. 变量的类型

常量有 4 种基本类型，对应的变量也有 4 种基本类型：整型变量、实型变量、字符（字符串）变量和布尔变量。整型变量用于存放整型数据；实型变量用于存放实型数据等。不同的变量类型在不同的程序设计语言中所分配的存储单元的大小不同，比如整型变量占用 2 字节，实型变量占用 4 字节等。

变量名与变量类型由变量说明（声明）语句确定，称为定义变量。在不同的程序设计语言中，语句格式有所不同。表 4-2 所示为两种典型定义形式。

表 4-2　定义变量的典型形式

PASCAL 语言	Visual Basic 语言
Var　变量名：类型标识符	Dim 变量名　As　类型标识符

说明：在 PASCAL 语言中，变量声明是在说明部分完成，一条语句可以声明多个变量。在 Visual Basic 语言中，一条语句只能声明一个变量；该语言除了显式声明外，还有隐式声明（变量名后跟类型说明符）与强制显式声明

3. 变量必须"先定义，后使用"

大多数程序设计语言规定，变量必须"先定义，后使用"。这样做有以下好处。

（1）对于每个变量标识符，凡未事先定义，系统不把它作为变量名。这就保证了程序中变量名使用的正确性。

（2）变量定义后，就有一个确定的类型，系统就可以为它分配相应的存储单元，用于存储相应类型的数据。当变量在程序中参加运算时将进行合法性检查。这种规定有利于发现程序中的隐蔽性错误，较好地保证了程序的正确性。

4. 给变量赋初值

变量定义后，变量的值是不确定的。为了保证程序运行的正确性，应该养成给变量赋初值的良好习惯。一般可以通过赋值语句给变量赋初值。

在 Visual Basic 语言中，当声明变量后，系统会自动给变量赋予一个默认的初始值。

（1）数值型变量的初值为 0。

（2）字符串型变量的初值为空串。

（3）布尔型变量的初值为 False。

（4）日期型变量的初值为 ♯1899-12-30 0：00：00♯。

5. 变量的作用域

变量的作用域是指变量的有效范围。变量的作用域由声明的位置或声明方式决定。若在过程中声明变量，则变量的作用域在本过程中，该变量称为本地变量或过程级变量。若在过程之外声明变量，则变量可以被某对象中的所有过程识别，该变量称为局部变量或模块级变量。若在应用程序的开始部分声明变量，则变量的作用域为整个应用程序，该变量称为全局变量。在 Visual Basic 语言中，可以通过保留字 Private 在模块的通用部分定义模块级变量；通过保留字 Public 在标准模块的通用部分定义全局变量。例如，语句"Public a As Integer"定义了一个整型全局变量 a。

6. 使用变量的 3 个步骤与变量的 3 要素

正确使用变量分为 3 个步骤：先定义变量，再给变量赋初值，最后使用变量。一般在程序的说明部分定义变量，在程序的执行部分给变量赋初值和使用变量。

在使用变量时，要注意变量的 3 要素：变量名、变量类型和变量的当前值。使用正确的变量名，保证数据类型的匹配，清楚变量的当前值。

上述变量称为内存变量。在 Visual Basic 语言中，除了内存变量外，还有属性变量，例如，文本框控件 Text1 的文本属性 Text，其对应的属性变量表示为 Text1.Text，符号"."称为成员运算符。所有对象都存在属性变量。

例 4-2　某人购房向银行贷款，贷款额为 Lmoney 元，每月计划还款 Rmoney 元，月利率为 Rate，求需要多少个月才能还清贷款？还款总额是多少？

问题分析：要求输出数据是还款月数 Month，还款总额 Tmoney。需要输入数据是贷款额 Lmoney 元，每月计划还款 Rmoney 元，月利率 Rate。已知分期付款的计算公式是：

$$Month = (\log(Rmoney) - \log(Rmoney - Lmoney * Rate)) / \log(1 + Rate)$$

假设贷款额为 324000 元，月还款额为 3240 元，月利率为 0.8%。所以定义 Lmoney、Rmoney 是整型变量，Rate、Month、Tmoney 是实型变量。根据程序的基本组成结构：输入数据、处理数据、输出结果，算法设计如图 4-3 所示，算法中的变量说明如下。

```
Var Lmoney,Rmoney: integer
    Rate,Month,Tmoney: real
```

算法 4-2　ReturnLoan(Lmoney,Rmoney,Rate)

输入 Lmoney,Rmoney,Rate
计算 Month,Tmoney
输出 Month,Tmoney
算法结束

图 4-3　分期付款算法

根据算法 4-2 编写 VB 源程序如下。

```
'*********************************************
'*    程序功能:分期付款的计算                 *
'*    作    者:FENGJUN                        *
'*    编制时间:2010 年 8 月 20 日             *
'*********************************************
Private Sub Form_Click()
    Dim Month As Double, Tmoney As Double
    Lmoney&= 324000: Rmoney%= 3240
    Rate1#= 0.008
    Month= (Log(Rmoney)-Log(Rmoney-Lmoney * Rate1)) /Log(1+Rate1)
    Tmoney= Rmoney * Month
    Print "需要 " & Month; " 个月才能还清贷款。"
    Print "还款总额 " & Tmoney; " 元。"
End Sub
```

程序运行结果如图 4-4 所示。

图 4-4　程序运行结果

容易看出,贷款额是月还款额的 100 倍,即 100 个月还清贷款。但由于 0.8% 的月利率,借款人需要 202 个月才能还清,总还款额是贷款额的两倍多。另外,输出数据月份数最好为整数,还款总额也没有必要精确到 9 位小数,请读者对程序稍做改进。

4.3 运算符与表达式

表达式(Expressions)是构建程序最基本、最重要的部件。不可想象没有表达式将如何构建程序,几乎所有的程序都需要表达式。表达式是展示如何处理数据的公式,最简单的表达式是常量和变量。运算符(Operations)是构建表达式的基本工具,大多程序设计语言都提供了基本运算符,包括算术运算符、字符运算符、关系运算符和逻辑运算符。表达式就是由常量、变量和函数通过运算符按一定规则连接组成的有意义的式子。表达式无论简单还是复杂,经过运算都有一个确定的值,根据这个值的数据类型可以将表达式划分为算术表达式、字符表达式和布尔表达式。

4.3.1 算术运算符与算术表达式

算术表达式(Arithmetic Expressions)也称为数值表达式。整型数据和实型数据都是数值型数据,数值常量和数值变量是最简单的数值表达式。用算术运算符将它们及其数值函数连接起来,可构成较复杂的数值表达式。数值表达式的运算结果仍为数值型数据。

算术运算符是程序设计语言中使用最广泛的一种运算符,它们对数值型数据进行加、减、乘、除等运算。表 4-3 给出程序设计语言中的算术运算符。在不同的程序设计语言中有些运算符的标识符不同。

表 4-3　算术运算符

分组优先运算符	单目运算符	双目运算符			
（） 先执行圆括号内的运算	＋ 正号	乘方 ＾ 或＊＊ 求幂运算符	乘法类		加法类
			＊	乘法运算符	＋ 加法运算符 － 减法运算符
	－ 负号		/	除法运算符	
			％ 或 MOD	取模运算符	
按运算的优先次序从左至右排列,同级运算自左向右计算					

双目运算符是指用运算符将两个操作数连接起来,比如 3＋5,a＊b 等。几乎所有程序设计语言中都含有加、减、乘、除运算,在有些程序设计语言中没有求幂运算符或取模运算符。

取模运算符好像没多大用处,但在解决实际问题时,就会发现它有许多优点。在 Visual Basic 语言中,用缩写 Mod 作为取模运算符。取模运算 m Mod n 的值是整数 m 除以整数 n 所得的余数。取模运算也称为求余运算。比如,10 Mod 3 的值为 1,36 Mod 6 的值为 0。

双目运算符＋、－、＊、/ 既允许操作数是整型数据,也允许操作数是实型数据,或者两者混合使用。当一个操作数是整型数据,另一个操作数是实型数据时,运算结果是实型数据。比如,9+3.5 的值是 12.5,7.0/2 的值是 3.5。

在 Visual Basic 语言中,有专门的整除运算符"\",比如,9\4 的值是 2。

运算符的结合性(Associativity)。若运算符是从左向右结合的,则称这种运算符是左结合的(Left Associative)。比如,算术运算符 +、-、*、/都是左结合的。若运算符是从右向左结合的,则称这种运算符是右结合的(Right Associative)。比如,算术运算符中的单目运算符 + 和 - 都是右结合的。

在程序设计语言中,运算符的优先级和结合性规则都是非常重要的,它们决定着表达式的处理过程。许多程序设计语言中具有众多运算符,但是很少有程序员会费心思去记住这众多运算符的优先级和结合性规则。有疑问时会查阅运算符表,或者只是使用足够多的圆括号。

在表达式中应善于使用圆括号。计算机对程序中的任何表达式的运算都按照运算符的优先级和结合性规则进行处理。为了避免理解上的错误,写表达式的最佳方法就是把表达式中想一起求值的部分用圆括号括起来。在不需要用括号的地方用了括号不会出错,但是在需要用括号的地方没有用括号就会出现意想不到的错误。

例 4-3 计算算术表达式的值:20/5+5 * 4-3

(1) 在没有括号的情况下进行计算:

$$20/5+5*4-3=4+20-3=21$$

(2) 添加括号后进行计算:

$$20/(5+5)*4-3=20/10*4-3=2*4-3=8-3=5$$

4.3.2　字符运算符与字符表达式

字符串常量和字符串变量是最简单的字符表达式(Character Expressions)。用字符运算符将它们及其字符函数连接起来,可构成较复杂的字符表达式。字符表达式的运算结果仍为字符型数据。许多程序设计语言中包含至少一个字符运算符:

+或 & 　　　字符串连接运算符

它将两个字符串常量或字符串变量连接起来,得到的结果是一个字符串常量。

例如,若 String1="Part", String2="Time",则语句

```
NewString=String1+String2
```

或

```
NewString=String1&String2
```

是将字符串"PartTime"赋值给字符串变量 NewString。也就是说,将字符串变量 String1 的值与字符串变量 String2 的值连接起来得到新的字符串"PartTime",将该字符串赋值给字符串变量 NewString。在有些程序设计语言中,不可以定义字符串变量,比如,在 C 语言、PASCAL 语言中,都只能定义字符变量,字符串是由字符数组实现存储的。

4.3.3　关系运算符与关系表达式

在解决实际问题时,常常需要测试条件来做决策。条件就是布尔表达式。条件可分

为简单条件和复合条件。简单条件又称为关系表达式(Comparison Expressions)。关系表达式是由关系运算符将数值表达式或字符表达式连接起来的式子,运算结果是逻辑型数据。关系表达式的一般格式为:

<表达式 1><关系运算符><表达式 2>

关系运算符两侧表达式的数据类型应该一致。在进行数据比较时,数值型数据按其数值的大小进行比较;字符型数据则逐位按其 ASCII 码值或汉字内码的大小进行比较。满足条件则结果为"真";否则结果为"假"。表 4-4 给出程序设计语言中的关系运算符。在不同的程序设计语言中有些运算符的标识符有所不同。

表 4-4 关系运算符

运算符	含义	运算符	含义
<	小于	<=	小于或等于
>	大于	>=	大于或等于
=或==	等于	<>或♯或!=	不等于

关系运算符的优先级低于算术运算符。在大多数程序设计语言中,要求一个关系表达式中只含有一个关系运算符。但是,表达式 i<j<k 在 C 语言中是合法的,值得注意的是,它并不是你所期望的意思。这个表达式等价于:

(i<j)<k

也就是说,表达式首先检测 i 是否小于 j,然后用比较后得到的 1 或 0 再与 k 比较。表达式并不测试 j 是否位于 i 和 k 之间。

有些"聪明"的程序员会利用表达式(i<=j)+(i==j)产生数值 0、1 或 2。通常,这种技巧性编码并不是一种好风格,它会使程序难以阅读。C 语言的这种运算符和表达式的灵活性,对于初学者来说并不是一件幸事。许多程序设计语言如 PASCAL 是不允许有上述表达式的,有些语言对运算符的运用和表达式的构成是有严格规则的。

关系表达式的运算次序为:先对关系运算符两侧的表达式进行运算,然后再进行关系运算。最终运算结果是一个逻辑值。在许多程序设计语言中,当关系表达式成立时,则表达式的值为"真",在 Visual Basic 语言中用 True 表示;当关系表达式不成立时,则表达式的值为"假",在 Visual Basic 语言中用 False 表示。

逻辑常量、逻辑型变量以及逻辑型函数是关系表达式的特例。

4.3.4 逻辑运算符与逻辑表达式

复合条件又称为逻辑表达式(Logical Expressions)。它是由逻辑运算符将关系表达式连接起来的式子。运算结果是逻辑型数据。表 4-5 给出程序设计语言中的逻辑运算符。在不同的程序设计语言中有些运算符的标识符有所不同。

表 4-5　逻辑运算符

运算符		含义	说　明	优先级
单目运算符	Not	逻辑非	逻辑值取反	由高到低
双目运算符	And	逻辑与	两个操作数都为真时,结果为真	
	Or	逻辑或	只要有一个操作数为真,结果为真	
	Xor	逻辑异或	当操作数中一真一假时,结果为真	

　　逻辑运算符用于从已知的简单条件构成复合条件。参加运算的操作数是逻辑型数据,运算结果也是逻辑型数据。

　　逻辑非运算符 Not 是单目运算符,它作用于单个已知条件。当已知条件为"假"时,作用结果为"真";当已知条件为"真"时,作用结果为"假"。

　　逻辑与运算符 And 将两个简单条件连接成一个复合条件,当且仅当两个简单条件都为"真"时,复合条件为"真",其余情况复合条件都为"假"。

　　逻辑或运算符 Or 将两个简单条件连接成一个复合条件,当且仅当两个简单条件都为"假"时,复合条件为"假",其余情况复合条件都为"真"。

　　逻辑异或运算符 Xor 将两个简单条件连接成一个复合条件,当且仅当两个简单条件一真一假时,复合条件为"真",其余情况复合条件都为"假"。

　　令 X 和 Y 表示简单条件,逻辑运算符的运算规则可以用表 4-6 的逻辑真值表加以总结。

表 4-6　逻辑真值表

X	Y	Not X	X And Y	X Or Y	X Xor Y
真	真	假	真	真	假
真	假	假	假	真	真
假	真	真	假	真	真
假	假	真	假	假	假

　　逻辑表达式中可以包含上述的所有表达式,也就是说,逻辑表达式中可以含有算术运算符、字符运算符、关系运算符和逻辑运算符。逻辑表达式的求值顺序是:(1)函数运算;(2)算术运算和字符运算;(3)关系运算;(4)逻辑运算。同级运算中,按从左至右的顺序进行。值得注意的是,可以用圆括号改变运算顺序。

　　例 4-4　表示判断闰年的条件。

　　问题分析:按照历法的规定,某年是闰年应符合下列条件之一。

　　(1) 该年份能被 4 整除,但不能被 100 整除;

　　(2) 能被 400 整除。

　　用整型变量 iyear 表示年份,则判断 iyear 是否是闰年的逻辑表达式为:

((iyear Mod 4)=0)And((iyear Mod 100)<>0) Or ((iyear Mod 400)=0)

若该表达式的值为"真",则 iyear 为闰年。也可以用下面的逻辑表达式判断闰年。

Not(((iyear Mod 4)=0) And ((iyear Mod 100)<>0) Or ((iyear Mod 400)=0))

若该表达式的值为"假",则 iyear 为闰年。还可以用下面的逻辑表达式判断闰年。

((iyear Mod 4)<>0) Or ((iyear Mod 100)=0) And ((iyear Mod 400)<>0)

若该表达式的值为"假",则 iyear 为闰年。

由此可见,判断 iyear 是否是闰年的逻辑表达式可以有多种表示形式,在实际应用中,应该根据具体问题做具体分析,综合考虑,选择较适合的表示形式,使得容易设计出结构良好的算法。

例 4-5 计算工资。某公司规定:(1)每周正常工作时间为 40 小时,超过部分为加班时间;(2)若每小时工资低于 12 元人民币,则加班时间工资是正常工资的 1.5 倍;若每小时工资等于或超过 12 元人民币,则加班时间工资仍按正常工资计算。试计算员工每周的工资额。

问题分析:要求输出员工每周的工资额(TotalPay)。需要输入员工的每小时工资额(PayRate)和每周工作时间(Hours)。需要计算员工的加班时间(Overtime)和加班工资(OverPay)。

根据题设规定,当某员工的小时工资低于 12 元人民币并且周工作时间超过 40 小时时,加班时间工资按正常工资的 1.5 倍计算。这样,可以设置加班工资计算的判断条件为:

(PayRate<12)And (Hours>40)

当表达式的值为"真"时,加班时间工资按正常工资的 1.5 倍计算,否则,加班时间工资按正常工资计算。根据程序的基本组成结构:输入数据、处理数据、输出结果,算法设计如图 4-5 所示,算法中的变量说明如下。

```
Var  PayRate,Hours: real
     TotalPay: real
     Overtime,OverPay: real
```

算法 4-3 CalcuPay1(PayRate,Hours, TotalPay)

输入 PayRate,Hours	
(PayRate<12)And (Hours>40)	
T	F
Overtime=Hours-40	TotalPay= PayRate * Hours
OverPay=PayRate * 1.5 * Overtime	
TotalPay=PayRate * 40+OverPay	
输出 TotalPay	
算法结束	

图 4-5 计算工资

算法 4-3 还可以改写为算法 4-4,如图 4-6 所示。

算法 4-4 CalcuPay2(PayRate,Hours,TotalPay)

输入 PayRate,Hours	
(PayRate>=12)Or(Hours<40)	
T	F
TotalPay=PayRate * Hours	Overtime= Hours-40
	OverPay= PayRate * 1.5 * Overtime
	TotalPay= PayRate * 40+OverPay
输出 TotalPay	
算法结束	

图 4-6 计算工资

对于几乎所有的问题,解决方案都不止一种,根据不同的方案可以设计出不同的算法,逻辑表达式更是如此。比如,确定加班工资计算方法的判断条件,至少有上述两种表示方式。根据算法 4-4 编写的 VB 源程序如下。

```
'*******************************************************
'*    程序功能:计算工资                              *
'*    作    者: FENGJUN                               *
'*    编制时间:2010 年 8 月 20 日                     *
'*******************************************************
Private Sub Form_Click()
    Dim PayRate As Double, Hours As Double
    Dim TotalPay As Double, Overtime As Double, OverPay As Double
    PayRate=Val(InputBox("请输入某员工的小时工资额 PayRate:"))
    Hours=Val(InputBox("请输入某员工的周工作时间 Hours:"))
    If ((PayRate>=12) Or (Hours<40)) Then
        TotalPay=PayRate * Hours
    Else
        Overtime=Hours-40
        OverPay=PayRate * 1.5 * Overtime
        TotalPay=PayRate * 40+OverPay
    End If
    Print "员工的周工资额 TotalPay=" & TotalPay
End Sub
```

程序运行结果如图 4-7 所示。

(a) 数据输入   (b) 数据输入

(c) 数据输出

图 4-7   程序运行界面

4.4   课程设计题目——求最小公倍数

1. 问题描述

求两个非负整数 m、n 的最小公倍数。

2. 基本要求

(1) 至少完成两个版本的算法设计和程序实现。

(2) 对所设计的算法进行效率分析。

(3) 确定程序中的基本操作,在程序的适当位置添加计数器统计基本操作的执行次数,分析两个版本程序的执行效率。即用后验分析法分析程序的执行效率。

3. 测试数据

至少准备 15 组测试数据。以较小的数据测试程序的正确性;以较大的数据或能使基本操作执行数百次以上的数据测试程序的执行效率。

4. 实现提示

可以将求最小公倍数问题转换为求最大公因子问题。最小公倍数是两个整数的乘积除以它们的最大公因子。

5. 问题拓展

(1) 寻求新的解决问题的策略。比如,辗转相除两个整数的所有公因子,再将两个整数所得的商与所有公因子相乘。

(2) 求 3 个或 n 个非负整数的最小公倍数。

(3) 至少准备 50 组测试数据,使每个程序自动完成求这 50 组数据各自的最小公倍数,并以表格形式记录每个程序基本操作的执行次数,分析得到的实验数据。

习　题　4

一、选择题

1. 下面可以正确定义两个整型变量和 1 个字符串变量的语句是(　　　)。

A. Dim n,m As Integer,s As String

B. Dim a%，b＄，c As String

C. Dim a As Integer，b，c As String

D. Dim x%，y As Integer，z As String

2. 设有一个文本框 Text1 和 3 个整型变量 a、b 和 c，且 a＝5、b＝7、c＝12，下面（　　）语句使文本框显示 5＋7＝12。

A. text1. text＝"a"&"＋"&"b"&"＝"&"c"　　　　B. text1. text＝"a＋b＝c"

C. text1. text＝a&"＋"&b&"＝"&c　　　　D. text1. text＝a＋b＝c

3. 在 Visual Basic 语言中，用保留字（　　）定义常量。

A. Dim　　　　B. Const　　　　C. Public　　　　D. Private

4. 下列叙述中不正确的是（　　）。

A. Visual Basic 允许将一个数字字符串赋值给一个数值型变量

B. Visual Basic 允许使用未将声明的变量，其类型为 Variantl 类型

C. Visual Basic 允许将一个数值赋值给一个字符串变量

D. 语句 print 5＋"7"中的符号"＋"字符连接符，同符号"＆"的功能一样

5. 逻辑表达式(10＞9)and(8＞9)or(not(4＞5))的值为（　　）。

A. True　　　　　　　　　　　　　　B. False

C. 表达式不正确　　　　　　　　　　D. 0

二、填空题

1. "变量 X 是能被 5 整除的偶数"的布尔表达式为_____。

2. Visual Basic 语言中有_____、_____和_____3 种常量。

3. 条件就是_____。条件可分为_____和_____。_____又称为关系表达式；_____又称为逻辑表达式。

4. 变量的三要素分别是_____、_____和_____。

5. 在 Visual Basic 语言中，整数型的类型说明符是_____；字符串型的类型说明符是_____。

三、简答题

1. 试说明数据结构与数据类型的异同。

2. 简单数据类型有哪些？对应的类型标识符是什么？如何定义变量？

3. 变量为什么要"先定义，后使用"？

4. 使用变量的 3 个步骤与变量的 3 要素分别是什么？

5. 有哪几类表达式？各自对应的运算符有哪些？并说明它们的运算优先级。

6. 将下面的代数表达式改写为程序中的表达式。

(1) b^2-4ac 　　　　　　　　　　　　(2) ax^2+bx+c

(3) πr^2 　　　　　　　　　　　　　　(4) $0\leqslant x\leqslant 60$

7. 写出下面各表达式的值。设 a＝3，b＝4，c＝5。

(1) a＋b/c－a＊c/b－c 　　　　　　　　(2) a＋b＞c AND b＝c

(3) a＜0 OR b＋c＞6 AND b－c＞＝0 　　(4) NOT (a＞b) AND NOT(a＜c)

四、设计题

1. 试编制程序,输入三角形的 3 条边长,计算并输出三角形的面积。

2. 设圆的半径 r＝1.5,圆柱高 h＝3,求圆的周长、圆的面积、圆柱表面积、圆柱体积。试编制程序实现,计算结果精确到小数点后 2 位,在程序中添加适当的注释,输出数据应有文字说明。

3. 编制程序计算:$y＝\sin^2(\pi/4)＋\sin(\pi/4)\cos(\pi/4)－\cos^2(\pi/4)$

要求使用符号常量,并且使基本操作执行次数达到最少(不包括三角函数求值)。

4. 试编制程序,判断某年是否是闰年。

第5章 顺序结构程序设计

程序基本组成部分包括数据输入、数据处理和数据输出，它们可以分解为适当模块。程序的基本组织结构是数据结构和程序控制结构。程序控制结构包括顺序控制结构、选择控制结构和循环控制结构。本章主要介绍赋值语句、数据输入、数据输出以及顺序结构程序设计。

5.1 程序的基本控制结构

为了构建较复杂的程序，需要提供能够组织控制结构的语句，以便能够使各部分语句组充分发挥作用，并将它们顺利地组合成一个整体。程序的控制结构是指影响程序执行的逻辑顺序。计算机科学家已经证明只需要使用 3 种基本控制结构就可以构建任何复杂程序或算法。这 3 种基本控制结构是：顺序结构、选择结构和循环结构。

5.1.1 3 种基本控制结构

在 1.2.3 节介绍 N-S 结构化流程图时，已经提到了程序的 3 种基本控制结构：顺序结构、选择结构和循环结构。这里再作进一步阐述。

一个程序包含一系列的执行语句，每个语句使计算机完成一定的操作。在编制程序时，要仔细周密地考虑各语句的排列次序，语句的排列次序不仅决定程序的正确性，而且影响程序的可读性和可维护性。要使程序清晰地表达算法的设计思想，具有良好的可读性，编制程序时应当遵循人们的思维习惯，尽量避免不必要的无条件转向，最好能使程序的执行顺序从上到下依次进行。1966 年，由 Bohra 和 Jacopini 提出了 3 种基本控制结构，若只用这 3 种基本控制结构作为算法设计的基本组成部件，就能使所编制的程序实现从上到下依次执行的目的。

1. 顺序结构

顺序结构是指程序的执行次序与程序的书写次序一致。任何程序从整体上看，都可以认为是顺序结构。图 5-1 是程序的基本组成，它是一个顺序结构，首先执行 a1 模块输入数据；然后执行 a2 模块处理数据；最后执行 a3 模块输出数据。顺序结构是最简单也是最基本的结构。在进行算法设计和程序编制过程中，要树立这样的观念：顺序结构是整体的，选择结构和循环结构是局部的。

| 输入数据(a1 模块) |
| 处理数据(a2 模块) |
| 输出数据(a3 模块) |

图 5-1 程序的基本组成

2. 选择结构

选择结构又称为判断结构或分支结构或条件结构，如图 5-2 所示，这个模块根据给定的条件是否成立，决定执行哪一个命令序列。选择结构包含有分支点和汇合点，分支点的条件使程序产生不同的执行流程。当选择结构包含多个命令序列时，只有一个命令序列被执行。无论哪个命令序列被执行,执行流程都转到汇合点,即选择结构模块的出口处。

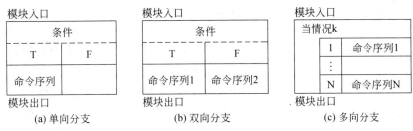

图 5-2　N-S图的选择结构框

图 5-2(a)是单向分支结构。程序设计语言中对应的是 If-Then-End If 结构。若条件成立,则执行命令序列,否则什么也不做。

图 5-2(b)是双向分支结构。程序设计语言中对应的是 If-Then-Else-End If 结构。若条件成立,则执行命令序列 1,否则执行命令序列 2。

图 5-2(c)是多向分支结构。根据情况 k 决定执行哪一个命令序列,当 k 的取值在 1 到 N 之间时,就执行命令序列 k。在不同的程序设计语言中,对于组织多向分支结构的语句及其语句结构和规则有所差异,具体应用时要搞清楚语句结构和执行规则。

多向分支结构可以通过双向分支结构的嵌套来实现,不同的程序设计语言对允许嵌套的层次不尽相同。在程序设计中,当需要使用选择结构时,应尽量减少选择结构的嵌套层次,同时使选择结构中的命令序列尽量简短。也就是说,在多个结构进行排列时,能够顺序排列的,绝不嵌套排列,并且使选择结构和循环结构的模块规模尽量的小。

3. 循环结构

循环结构又称为重复结构,如图 5-3 所示,这个模块使循环体在一定条件下重复执行。循环结构中的分支点和汇合点都在条件处,只要满足条件就执行循环体一次,然后判断条件,直到不满足条件时才退出循环结构。在不同的程序设计语言中,所提供的组织循环结构的语句及其语句结构和规则有所差异。实际应用时要搞清楚循环语句结构和执行规则。

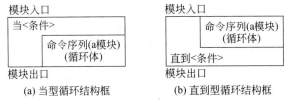

图 5-3　N-S图的循环结构框

无论让计算机做什么事,如果它只能做一次,那么这样的计算机几乎是没有什么用处的。一次次重复做同样事情的能力,是程序设计中最基本的要求。好在计算机一次次重复做同样事没有觉得很枯燥。循环结构是最基本、也是最重要的控制结构。

一个实际问题无论多么复杂,都可以由这 3 种基本控制结构组成。用这 3 种基本控制结构构造算法和编制程序,就如同搭积木盖房子一样方便,它使得程序结构清晰。这是结构化程序设计的基本要求。事实上,结构化程序设计的目标之一就是构建易于阅读和理解的程序。

5.1.2　关于对 GOTO 语句的认识

在现代编程语言方面,E. W. Dijkstra 以著名的反对(过分)使用 GOTO 语句的文章而著名。1968 年,E. W. Dijkstra 撰写了一篇题为 *GOTO Statement Considered Harmful* 的文章,这篇文章被认为是现代编程语言逐渐不鼓励使用 GOTO 语句、提倡使用编程控制结构的一个分水岭。一个有趣的插曲是 E. W. Dijkstra 的这篇文章的题目其实并不是他自己取的,而是 Communications of the ACM 的编辑 Niklaus Wirth 的杰作。这篇文章的发表,引起了软件界的一场大辩论。

主张在程序设计语言中取消 GOTO 语句的人们的主要理由是:程序的执行是个动态的过程,如果程序中不加限制地使用 GOTO 语句,那么就使程序的静态结构和动态执行情况差异甚大,使得程序难以阅读和理解,容易出错,也难以检查错误。使用 GOTO 破坏了程序基本结构的单入口、单出口原则,使得程序的正确性证明复杂化。相反,取消 GOTO 语句,可以增强程序静态结构与动态执行情况的一致性。事实上,取消 GOTO 语句所带来的好处远不止这些。

另一些人提出不同的观点:GOTO 语句从概念上来说是非常简明的,使用 GOTO 语句可以提高程序的执行效率。

这场辩论一直持续了数年,直到 1974 年 Knuth 发表了一篇题为《带 GOTO 语句的结构程序设计》文章后,才算结束了这场争论。他概括地证实了 3 点:(1)滥用 GOTO 语句确实有害,应该尽量避免;(2)完全避免使用 GOTO 语句也并非是明智的方法,在有些程序的有些地方使用 GOTO 语句,将会使程序流程更清晰、效率更高;(3)争论的焦点不应放在要不要取消 GOTO 语句上,而应该放在采用什么样的程序结构上,只有良好的程序结构,才能使程序易于理解、易于维护。

滥用 GOTO 语句确实有害。在程序中使用 GOTO 语句使得程序文本与程序的动态执行不相对应,程序既不容易阅读,也不容易纠错和验证。E. W. Dijkstra 承认程序的可读性与程序的效率之间存在着反作用。

可以使用 GOTO 语句的情况。程序员应该创建这样的算法 P,P 是容易理解的且具有良好的算法结构,然后对 P 进行优化,使之产生一个高效的程序 Q,Q 可以包含 GOTO 语句,不过由 P 到 Q 的变换应该是完全可靠的。P 是面向人的,Q 是面向机器的。

优化程序的方法可以通过将递归改为迭代,或者对于内层循环的循环体来说,应该通过建立适当的数据结构和控制结构,使内层循环的循环体更精练。只有内层循环的循环体运行时间愈少,程序效率才会愈高。

过早地优化是一切祸害的根源,应该忘掉过早优化。实质上,应该把程序开发分成几个层次,把变换前供人们进行阅读、交流的算法看成一个层次;把变换后面向机器能高效运行的程序看成一个层次;最后产生的目标代码又是一个层次。不同的层次目的不同,自然对它们的要求也应该不同。

一般来说,用删除 GOTO 语句的方法替换出的程序,不仅效率有所降低,而且可读性也不会得到改善。或者说,不能简单地认为,对带有 GOTO 语句的程序,只要简单地用其他语言成分替代了 GOTO 语句,就可以得到好结构程序。人们真正需要的是:在程序设计过程中就很少想到使用 GOTO 语句。

怎样才能设计出好的结构程序呢? 这个问题与如何进行程序设计的技术和方法紧密相关。程序设计应该从方法学的角度进行根本性的变革。程序结构良好是指程序结构清晰,易于理解,易于验证。好的结构程序从效率上看,不一定是好程序,但它便于阅读,提高了程序的可靠性和可维护性。结构化程序设计的基本要求是:宁可损失一些程序的执行效率,也要保持程序的好结构。采用程序的 3 种基本控制结构和单入口、单出口原则是设计好的结构程序应该严守的信条。

5.2 赋 值 语 句

赋值语句是程序设计语言中最常用、最基本的语句。它既是数据输入语句,又是进行数据处理的基本语句,是程序设计语言中为数不多的、具有运算能力的语句之一。赋值语句的格式如下。

变量名=表达式

赋值语句的功能是:首先计算赋值号"="右边表达式的值,然后将其值赋给左边的变量。表达式的数据类型应该与左边变量的数据类型一致。

在 Visual Basic 语言中,关于赋值语句做如下说明。

(1) 赋值号左边的变量可以是内存变量,也可以是属性变量;但只能是单个变量,不能是直接常量、符号常量或表达式。

(2) 当左边变量与表达式都为数值型时,若它们的精度不同,则将表达式强制转换成左边变量的精度后进行赋值。

(3) 若表达式的值是数字字符串,左边变量是数值类型,则自动将数字字符串转换成数值类型后进行赋值。若字符串中含有非数字字符或空格,则出错。

(4) 无论表达式的值是什么类型数据,若左边变量是字符串类型,则都将表达式值自动转换成字符串类型进行赋值。

(5) 若将逻辑型值赋值给数值型变量,则 True 自动转换为 -1,False 自动转换为 0。若将数值型数据赋值给逻辑型变量,则非 0 数值自动转换为 True,0 自动转换为 False。

(6) 一条赋值语句只能给一个变量赋值。请看下列程序代码。

```
Private Sub Form_Click()
    Dim a As Integer, b As Integer, c As Integer
    a=1: b=2: c=3
    a=b=c=4
    Print a, b, c
End Sub
```

程序代码中,定义 a、b、c 都是整型变量,首先给 a、b、c 分别赋值 1、2、3,然后给出一个赋值语句 a=b=c=4。程序运行结果如图 5-4 所示。

从运行结果可以看出,a 的值为 0,b 的值为 2,c 的值为 3。即 b 与 c 的值没有发生变化,而 a 的值变为 0。这是因为在赋值语句 a=b=c=4 中,第 1 个符号"="是赋值号;第 2、3 个符号"="是关系运算符中的等于号(判等号),即 b=c=4 是一个逻辑表达式。现在将上述程序代码改写如下,程序运行结果如图 5-5 所示。

```
Private Sub Form_Click()
    Dim a As Integer, b As Integer, c As Integer
    a=1: b=3: c=3
    a=b=c=-1
    Print a, b, c
End Sub
```

图 5-4　赋值语句示例 1　　　　　　　　　图 5-5　赋值语句示例 2

请读者体会这两个程序代码,给出赋值语句 a=b=c=4 及 a=b=c=-1 的执行过程。

(7) 在 Visual Basic 语言中,系统会根据符号"="所处的位置区分它是赋值号还是判等号。仅在赋值语句最左端的符号"="是赋值号,其余位置均为判等号。

判等号所在的式子为布尔表达式。布尔表达式中,判等号两边的数据可以相互交换位置;在赋值语句中,赋值号两边的内容是不能相互交换的。

(8) 数值型数据可以赋值给日期型变量。数值将作为距离 1899-12-30 的天数,计算出该数值表示的日期。在 Visual Basic 语言中,整数可以称为日期序列,1899-12-31 为第 1 天,1900-1-1 为第 2 天……。假设 d 为日期型变量,赋值语句 d=1234 使得变量 d 获得的值为♯1903-5-18♯。日期型常量用符号"♯"括起来。

通过日期序列,数值型数据与日期型数据可以相互转换。日期型数据可以赋值给数值型变量。取值为日期序列。假设 a、b 为长整型变量,赋值语句"a=♯1/1/2000♯:b=♯1/1/1800♯"使得 a 的值为 36526、b 的值为 -36522。

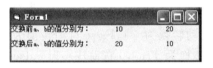

图 5-6　交换变量 a、b 的值

(9) 在累加器程序、计数器程序中,最常见的赋值语句形式是 n=n+1,它表示将变量 n 的当前值加 1 后,再赋值给变量 n。

例 5-1　交换变量 a、b 的值。程序代码如下,程序运行结果如图 5-6 所示。

```
'*******************************************************
'*    程序功能:交换变量 a、b 的值                        *
'*    作    者:FENGJUN                                  *
'*    编制时间:2010 年 8 月 20 日                        *
'*******************************************************
Private Sub Form_Click()
    Dim temp As Integer, a As Integer, b As Integer
```

```
        a=10
        b=20
        Print "交换前 a、b 的值分别为: ", a, b
        temp=a: a=b: b=temp
        Print
        Print "交换后 a、b 的值分别为: ", a, b
End Sub
```

交换两个变量的值,需要引入第 3 个变量 temp。首先将变量 a 的值暂存在变量 temp 中,然后将变量 b 的值赋值给变量 a,最后将暂存在变量 temp 中的值赋值给变量 b。

这是一个简单的顺序结构程序示例,整个程序的运行从上到下,按书写顺序依次执行。

5.3 数 据 输 入

选择合适的数据输入形式,是应用程序设计的基本内容。在 Visual Basic 语言中,数据输入主要利用窗体上的基本控件以及 InputBox 函数来实现。

5.3.1 利用基本控件输入数据

窗体上的控件本身包含着丰富的信息,主要体现在控件的属性变量上。在程序运行过程中,通过鼠标或键盘可以改变控件的属性变量值。在程序设计中,可以通过赋值语句将属性变量值赋值给内存变量,或在表达式中直接引用属性变量。可以实现数据输入的基本控件包括文本框、单选按钮、复选框、列表框和组合框等。

1. 文本框

文本框(TextBox)既是 1 个输入控件,又是 1 个输出控件。它既可以输入编辑文本,又可以将信息在文本框中显示输出。文本框的 Text 属性是实现数据输入输出的重要属性变量。

例 5-2 文本框数据输入示例。输入 3 门课程成绩,计算总成绩。

问题分析:根据题意,需要输出 1 个数据,输入 3 个数据。设计如图 5-7 所示界面,利用 3 个文本框实现数据输入;利用图片框实现结果输出。声明 4 个内存变量,其中 a、b、c 分别用于存放 3 个文本框输入编辑的相应属性变量 Text 的值,d 用于存放 3 门课程的总成绩。调用图片框的 Print 方法输出计算结果。命令按钮的单击事件过程代码如下。

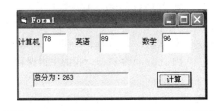

图 5-7 文本框数据输入示例程序运行界面

```
'*************************************************
*************
'*    程序功能: 文本框数据输入示例
'*    作   *者: FENGJUN
'*    编制时间: 2010 年 8 月 20 日
'**************************************************
```

```
Private Sub Command1_Click()
    Dim a As Integer, b As Integer, c As Integer, d As Integer
    a=Text1.Text: b=Text2.Text: c=Text3.Text
    d=a+b+c
    Picture1.Print "总分为：" & d
End Sub
```

2. 单选按钮和复选框

单选按钮(OptionButton)和复选框(CheckBox)提供了可选数据项,通过单击鼠标选择数据项实现数据输入。单选按钮和复选框的Caption属性、Value属性是实现数据输入的重要属性变量。

例 5-3 单选按钮数据输入示例。给定 3 门课程,选择自己的主讲课程。

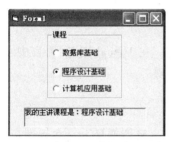

图 5-8 单击按钮数据输入示例
程序运行界面

问题分析：根据题意,需要输出 1 个数据,在 3 个可选数据中选择 1 个数据作为输入数据。设计如图 5-8 所示界面,将 3 个可选数据作为单选按钮的标题属性,添加到标题为课程的框架容器中,作为输入界面;输出界面设计为图片框。声明模块级内存变量c,用于存放选定的单选按钮的 Caption 属性变量值。调用图片框的 Refresh 方法刷新图片框,恢复图片框的输出位置,调用图片框的 Print 方法输出选择结果。单击按钮的单击事件过程代码如下。

```
'****************************************************
'*   程序功能：单击按钮数据输入示例                    *
'*   作    者：FENGJUN                              *
'*   编制时间：2010 年 8 月 20 日                     *
'****************************************************
Dim c As String
Private Sub Option1_Click()
    c=Option1.Caption
    Picture1.Refresh
    Picture1.CurrentX=2: Picture1.CurrentY=2
    Picture1.Print "我的主讲课程是：" & c
End Sub
Private Sub Option2_Click()
    c=Option2.Caption
    Picture1.Refresh
    Picture1.CurrentX=2: Picture1.CurrentY=2
    Picture1.Print "我的主讲课程是：" & c
End Sub
Private Sub Option3_Click()
    c=Option3.Caption
```

```
    Picture1.Refresh
    Picture1.CurrentX=2: Picture1.CurrentY=2
    Picture1.Print "我的主讲课程是：" & c
End Sub
```

由于单击按钮的选定只有一种状态，因此本例中使用 Click 事件直接实现数据输入。对于复选框，需要通过对复选框的 Value 属性变量值的判断，才能确定输入数据。

3. 列表框和组合框

使用列表框(ListBox)和组合框(ComboBox)实现数据输入，主要是通过鼠标单击列表项来获取数据。列表框和组合框的 List 属性、ListIndex 属性、ListCount 属性和 Text 属性等是实现数据输入的重要属性变量。

例 5-4　列表框数据输入示例。列表框中有 5 门课程，请选择自己喜欢的课程。

问题分析：根据题意，需要输出 1 个数据，在 5 个可选数据中选择 1 个数据作为输入数据。设计如图 5-9 所示界面，在窗体上添加 1 个标签、1 个命令按钮和 1 个列表框。将 5 门课程名称作为列表框的列表项内容。声明 1 个内存变量 c 用于存放在列表框选定的课程名称，单击命令按钮，使得变量 c 的值作为命令按钮的标题显示。命令按钮的单击事件过程如下。

图 5-9　列表框数据输入示例
程序运行界面

```
'*****************************************************
'*    程序功能：列表框数据输入示例                    *
'*    作    者：FENGJUN
'*                                                    *
'*    编制时间：2010 年 8 月 20 日                    *
'*****************************************************
Private Sub Command1_Click()
    Dim c As String
    c=List1.Text
    Command1.Refresh
    Command1.Caption=c
End Sub
```

5.3.2　调用输入框 InputBox 函数输入数据

在 Visual Basic 语言中，提供了 InputBox 函数，调用该函数，弹出输入对话框，通过键盘输入数据。InputBox 函数格式如下。

变量名＝InputBox<提示>[,对话框标题][,文本编辑框默认值][,x 坐标][,y 坐标][,帮助文件名,帮助主题]

函数功能：调用该函数弹出如图 5-10 所示的输入对话框，等待用户在文本编辑框输入数据。单击"确定"按钮或按"回车"键,函数返回文本编辑框的输入数据,赋值给变量。函数返回值是字符串类型数据。若单击"取消"按钮或按 Esc 键,则返回一个空字符串。函数中的参数说明如下。

图 5-10 InputBox 函数弹出的输入对话框

(1)＜提示＞。必选项,不能省略。字符串表达式,在输入对话框中作为提示信息。若要多行显示提示信息,则在各行之间用回车控制符 Chr(13)或换行控制符 Chr(10)或系统常量 VbCrLf 分隔。

(2)［,对话框标题］。可选项。字符串表达式,在输入对话框的标题栏显示。若省略,则将应用程序名称显示在标题栏。

(3)［,文本编辑框默认值］。可选项。字符串表达式,显示在文本编辑框中。若无输入内容,则默认值作为输入内容。若省略,则文本编辑框为空。

(4)［,x 坐标］［,y 坐标］。可选项。整型表达式,用于确定输入对话框左上角在屏幕上的坐标。

(5)［,帮助文件名,帮助主题］。可选项。文件名为字符串表达式,主题为数值表达式。若正确使用该参数,则在输入对话框中添加一个"帮助"按钮,通过它可以查看相应的帮助主题。

例 5-5 InputBox 函数输入数据示例。利用输入对话框向列表框添加课程名称。

问题分析：根据题意,设计如图 5-11 所示界面,在窗体上添加 1 个标签、1 个列表框和 1 个命令按钮。列表框用于显示课程名称,命令按钮用于向列表框添加课程名称。声明 1 个字符串类型变量 s,用于存放 InputBox 函数返回值,将该值添加到列表框。命令按钮的单击事件过程如下。

```
'*************************************************
'*    程序功能: InputBox 函数数据输入示例        *
'*    作    者: FENGJUN                          *
'*    编制时间: 2010 年 8 月 20 日               *
'*************************************************
Private Sub Command1_Click()
    Dim s As String, message As String
    message="向列表框添加数据"+vbCrLf+"请输入你所学课程"
    s=InputBox(message, "输入数据")
    List1.AddItem s
End Sub
```

(a) 程序运行主界面

(b) 调用InputBox函数弹出的输入对话框

图 5-11　InputBox 函数数据输入示例程序运行界面

5.4　数　据　输　出

程序对数据的处理结果,应当以合适的形式输出。数据输出是应用程序设计的基本内容。在 Visual Basic 语言中,数据输出主要有可以显示信息的基本控件、对象的 Print 方法以及 MsgBox 函数 3 种方式。

5.4.1　利用基本控件输出数据

在 Visual Basic 语言中,许多控件都可以显示信息。诸如,通过标签、单选按钮、复选框、命令按钮和窗体的 Caption 属性;通过文本框的 Text 属性;通过图片框和窗体的 Print 方法调用;通过列表框的 AddItem 方法调用都可以显示信息。只要可以显示信息的控件,都可以用来输出程序处理结果。

例 5-6　基本控件输出数据示例。生成一系列随机整数,分别显示在窗体、文本框、列表框和图片框中。

问题分析:根据题意,设计如图 5-12 所示的界面,在窗体上添加 1 个文本框、1 个列表框、1 个图片框、1 个标签和 1 个命令按钮。声明 1 个整型内存变量 x 用于存放由随机函数 Rnd 与取整函数 Int 生成的 1～100 之间的整数。对于不同的对象采用不同的输出策

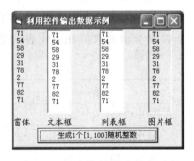

图 5-12　基本控件输出数据示例
程序运行界面

略,在窗体和图片框上调用 Print 方法打印输出;在文本框上采用 Text 属性变量值累加输出;在列表框中调用 AddItem 方法增加列表项输出。命令按钮的单击事件过程代码如下。运行程序,通过多次单击命令按钮触发事件 Click,得到如图 5-12 所示的运行界面。

```
'*************************************************
'*    程序功能:利用基本控件输出数据示例          *
'*    作    者:FENGJUN                          *
'*    编制时间:2010 年 8 月 20 日               *
'*************************************************
Private Sub Command1_Click()
```

```
      Dim x As Integer
      x=Int(Rnd*100+1)                         '生成一个随机整数
      Print x                                  '在窗体上输出 x
      Text1.Text=Text1.Text+Str(x)+vbCrLf      '在文本框中输出 x
      List1.AddItem x                          '在列表框中输出 x
      Picture1.Print x                         '在图片框中输出 x
   End Sub
```

注意：随机函数 Rnd 用于产生[0,1]区间的一个双精度数；取整函数 Int(x)返回一个不超过 x 的最大整数。

5.4.2　调用消息框 MsgBox 函数输出数据

在 Visual Basic 语言中，提供了 MsgBox 函数，调用该函数，弹出消息对话框，它主要用于向用户显示提示信息。MsgBox 函数格式如下。

变量名=MsgBox<提示>[,按钮图标类型][,对话框标题][,帮助文件名,帮助主题]

函数功能：调用该函数弹出如图 5-13 所示的消息对话框，等待用户选择命令按钮。单击命令按钮后，函数返回一个整型数值存放在变量中。函数中的参数以及函数使用说明如下。

(1)＜提示＞、[,对话框标题]、[,帮助文件名,帮助主题]与 InputBox 函数相同。

图 5-13　消息对话框

(2)[,按钮图标类型]。可选项。数值表达式，主要由 4 个数值常量组成，用于决定消息框中命令按钮的类型、数目和默认按钮、图标类型和返回模式。4 个数值常量的取值和所代表的意义如表 5-1～表 5-4 所示。

表 5-1　命令按钮的类型和数目

系统常量	值	说　　明
vbOKOnly	0	只显示"确定"按钮
vbOKCancel	1	显示"确定"和"取消"按钮
vbAbortRetryIgnore	2	显示"放弃"、"重试"和"忽略"按钮
vbYesNoCancel	3	显示"是"、"否"和"取消"按钮
vbYesNo	4	显示"是"和"否"按钮
vbRetryCancel	5	显示"重试"和"取消"按钮

表 5-2　默认按钮

系统常量	值	说　　明
vbDefultButton1	0	第 1 个按钮是默认按钮
vbDefultButton2	256	第 2 个按钮是默认按钮
vbDefultButton3	512	第 3 个按钮是默认按钮
vbDefultButton4	768	第 4 个按钮是默认按钮

表 5-3　图标按钮

系统常量	值	说　明
vbCritiacl	16	显示临界信息图标⊗
vbQuestion	32	显示警告查询图标?
vbExclamation	48	显示警告消息图标⚠
vbInformation	64	显示信息消息图标ⓘ

表 5-4　返回模式

系统常量	值	说　明
vbApplicationModal	0	应用程序返回模式：应用程序被挂起,直到对消息框做出响应才继续运行
vbSystemModal	4096	系统返回模式：全部应用程序都被挂起,直到对消息框做出响应才继续运行

[按钮图标类型]参数值由这些数值相加,每组最多只能取一个值使用,也可以直接使用系统常量。例如,下面 4 个语句的执行都将弹出如图 5-14 所示的消息对话框。

x=MsgBox("恭喜你,设计正确!",0+48,"消息框")

x=MsgBox("恭喜你,设计正确!",48,"消息框")

x=MsgBox("恭喜你,设计正确!",vbOKOnly+vbExclamation,"消息框")

x=MsgBox("恭喜你,设计正确!",vbOKOnly+48,"消息框")

（3）MsgBox 函数的返回值。函数返回值存放在数值型内存变量中,根据变量值可以判断单击了消息对话框上的哪个命令按钮,从而执行相应的操作。可能的返回值及其含义如表 5-5 所示。

表 5-5　MsgBox 函数的返回值

系统常量	值	说　明	系统常量	值	说　明
vbOK	1	"确定"按钮	vbIgnore	5	"忽略"按钮
vbCancel	2	"取消"按钮	vbYes	6	"是"按钮
vbAbort	3	"放弃"按钮	vbNo	7	"否"按钮
vbRetry	4	"重试"按钮			

（4）MsgBox 函数的忽略返回值调用格式。即直接调用格式如下。

MsgBox<提示>[,按钮图标类型][,对话框标题][,帮助文件名,帮助主题]

这种格式调用用于无须判断在消息框单击的是哪个按钮的情况,是 MsgBox 函数的一种简单调用格式。比如,图 5-14 可以由下列函数调用弹出。

图 5-14　消息框示例

MsgBox"恭喜你,设计正确!",vbOKOnly+48,"消息框"

一般来说,若需要根据单击不同命令按钮进入不同的操作过程,则需要使用有返回值的调用方式。若只是显示程序运行的提示信息,则使用无返回值的调用方式。

5.5 其 他 语 句

5.5.1 注释语句

为了提高程序的可读性,通常在程序代码的适当位置添加文字注释。在 Visual Basic 语言中,提供了两种格式的注释语句。

格式 1:

Rem 注释文字串

格式 2:

'注释文字串

注释语句是非执行语句,仅仅对程序代码做注释说明,以增强程序的可读性。

格式 1 注释语句是一个独立的语句,若与其他语句同行,则要用语句分隔符":"。

格式 2 注释语句使用较灵活,既可以作为独立语句对一段程序做注释,也可以跟在某语句后对该语句做注释。

5.5.2 结束语句

在 Visual Basic 语言中,提供的终止应用程序运行的结束语句格式:End。

End 语句用于结束一个应用程序的执行,即卸载正在执行的应用程序,释放应用程序所占用的内存空间。

5.6 顺序结构程序设计举例

顺序结构程序是最基本、最简单的一种程序结构。程序中的所有语句都是按照自上而下的顺序执行,不会发生执行流程的跳转。虽然程序结构简单,但是在解决问题时,也应该按照程序设计步骤进行,做好问题分析、算法设计,不要急于写程序代码。在开始学习计算学科时就养成良好的程序设计风格。

例 5-7 计算应收款。试编写一个程序,用于水果店售货员结账。已知苹果每公斤 3.5 元,香蕉每公斤 4.2 元。输入顾客所买各种水果重量,计算应收款。再输入顾客付款额,计算应找顾客金额。

问题分析:这个问题虽然简单,但是也需要想好解题的方法和步骤。题目要求输出数据是应收款 Receivables 和需要找给顾客的金额;需要输入数据是苹果的重量 AppleWeight、香蕉的重量 BananaWeight 以及顾客付款额 Pay;水果单价定义为符号常量。根据程序的基本组成结构:输入数据、处理数据、输出结果,算法设计如图 5-15 所示,算法中的变量说明如下。

```
Const  ApplePrice=3.5
       BananaPrice=4.2
Var  AppleWeight,BananaWeight: real
     Pay: real
     Receivables: real
```

算法 5-1　CalcuReceivables

定义符号常量 ApplePrice＝3.5；BananaPrice＝4.2
输入数据 AppleWeight；BananaWeight
计算应收款 Receivables＝ApplePrice＊AppleWeight＋BananaPrice＊BananaWeight；
输出应收款 Receivables
输入数据 Pay
输出数据 Pay-Receivables
算法结束

图 5-15　计算应收款

根据算法 5-1 编写的 VB 源程序如下。

```
'******************************************************
'*   程序功能：计算应收款                             *
'*   作   者：FENGJUN                                 *
'*   编制时间：2010 年 8 月 20 日                     *
'******************************************************
Private Sub Form_Click()
    Const ApplePrice=3.5
    Const BananaPrice=4.2
    Dim AppleWeight As Double, BananaWeight As Double, Pay As Double
    Dim Receivables As Double
    AppleWeight=InputBox("请输入苹果重量：  ","数据输入")
    BananaWeight=InputBox("请输入香蕉重量：  ","数据输入")
    Receivables=ApplePrice * AppleWeight+BananaPrice * BananaWeight
    Print "应收款 Receivables=", Receivables
    Pay=InputBox("请输入顾客付款额：  ","数据输入")
    Print "找零 =", Pay-Receivables
End Sub
```

程序运行得到如图 5-16 所示界面。

例 5-8　输入三角形的 3 条边长,计算三角形的面积。

问题分析:

（1）输入三角形的 3 条边长 a,b,c。为了方便起见,假设这 3 条边能够构成三角形。

(a) 数据输入1

(b) 数据输入2

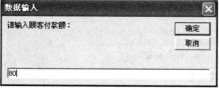

(c) 数据输入3

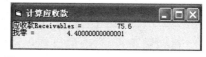

(d) 结果输出

图 5-16　计算应收款程序运行界面

（2）已知三角形的 3 条边，求三角形面积的公式为

$$area＝SQRT(s(s－a)(s－b)(s－c))$$

其中：SQRT()是求平方根函数，$s＝(a+b+c)/2$。

（3）输出三角形的面积。

N-S 图算法描述略。根据程序的基本组成结构：输入数据、处理数据、输出结果，编写 VB 源程序如下。

```
'********************************************
'*    程序功能：计算三角形面积              *
'*    作    者：FENGJUN                      *
'*    编制时间：2010 年 8 月 20 日           *
'********************************************
Private Sub Command1_Click()
    Dim a As Double, b As Double, c As Double
    Dim s As Double, area As Double
    a=Text1.Text: b=Text2.Text: c=Text3.Text
    s=(a+b+c)/2
    area=Sqr(s * (s-a) * (s-b) * (s-c))
    Text4.Text=area
End Sub
```

运行程序，输入 a、b、c 的值，单击计算按钮得到如图 5-17 所示的运行界面。程序中的函数 Sqr(x)用于求x的平方根。

这个程序不完善，或者说不健壮。当输入 3 个数 a、b、c 后，以它们为边长不能构成三角形时，程序中的计算将是没有意义的。因此，输入 3 个数后，应当首先判断以它们为边长是否能构成三角

图 5-17　计算三角形面积程序运行界面

形,只有能构成三角形,再计算三角形面积才有意义,这个问题将在第 6 章中解决。

例 5-9 求一元二次方程 $ax^2+bx+c=0$ 的根。系数 a、b、c 由键盘输入。

问题分析:

(1)输入一元二次方程的系数 a,b,c。为了方便起见,假设 $b^2-4ac>0$。

(2)确定解方程的方法。已知一元二次方程的求根公式为

$$x1=\frac{-b+\sqrt{b^2-4ac}}{2a}, \quad x2=\frac{-b-\sqrt{b^2-4ac}}{2a}$$

可以将上面的分式分为两项

$$p=\frac{-b}{2a}, \quad q=\frac{\sqrt{b^2-4ac}}{2a}$$

则 x1=p+q, x2=p-q。

(3)输出一元二次方程 $ax^2+bx+c=0$ 的两个根 x1 和 x2。

N-S 图算法描述略。根据程序的基本组成结构:输入数据、处理数据、输出结果,编写 VB 源程序如下。

```
'*******************************************
'*   程序功能:解一元二次方程              *
'*   作    者:FENGJUN                     *
'*   编制时间:2010 年 8 月 20 日           *
'*******************************************
Private Sub Command1_Click()
    Dim a As Double, b As Double, c As Double
    Dim q As Double, p As Double
    Dim x1 As Double, x2 As Double
    a=Text1.Text: b=Text2.Text: c=Text3.Text
    p=-b/(2*a): q=Sqr(b*b-4*a*c)/(2*a)
    x1=p+q: x2=p-q
    Text4.Text="x1="+Str(x1)
    Text5.Text="x2="+Str(x2)
End Sub
```

运行程序,输入一元二次方程系数 a、b、c 的
值,单击求解方程按钮得到如图 5-18 所示的运行
界面。程序中的函数 Str(x)用于将数值型数据 x
转换成字符串。

图 5-18 解一元二次方程程序运行界面

在程序中假定输入的 a、b、c 满足条件 b^2-
$4ac>0$。事实上,所输入的 a、b、c 并不一定满足条件 $b^2-4ac>0$。因此,在利用求根公式
解方程时,应当首先判断条件 $b^2-4ac>0$ 是否成立,然后再做相应地处理,这个问题将在
第 6 章中解决。请读者给出例 5-8 和例 5-9 的 N-S 图算法描述。

5.7 课程设计题目——求解一元二次方程的根

1. 问题描述

求解一元二次方程 $f(x)=ax^2+bx+c=0$ 的根。

2. 基本要求

(1) 至少完成两个版本的算法设计和程序实现。比如,利用求根公式以及韦达定理等。

(2) 至少用 2 种方式输入方程的系数。比如,利用基本控件、输入对话框函数等。

(3) 至少用 3 种方式输出方程的根。

3. 测试数据

读者自行设计。

4. 实现提示

(1) 熟悉常用控件的基本属性。

(2) 熟练掌握赋值语句的使用。

(3) 熟练掌握数据输入、数据输出的各种技术和方法。

(4) 认真阅读、深刻理解本章例题。

5. 问题拓展

仔细体会每个应用程序,进行分析比较,看自己比较喜欢或容易接受哪个应用程序。归纳总结赋值语句的应用以及数据输入、输出的各种技术和方法。

习　题　5

一、选择题

1. 结构化程序设计的 3 种基本结构的共同特点是(　　)。

    A. 不能嵌套使用   B. 只能书写简单程序

    C. 有多个入口和多个出口   D. 只有一个入口和一个出口

2. 下列叙述中,符合结构化程序设计风格的是(　　)。

    A. 使用顺序结构、选择结构和循环结构表示程序的逻辑控制结构

    B. 模块只有一个入口,可以有多个出口

    C. 注重提高程序的执行效率

    D. 不使用 GOTO 语句

3. 有如下程序:

```
Private Sub Command1_Click()
    a=InputBox("请输入")
    b=InputBox("请输入")
    Print a+b
End Sub
```

运行时输入 1 和 2,输出的结果是(　　)。

　　A. 3　　　　　　B. 12　　　　　　C. 1+2　　　　　　D. 都不对

　　4. 窗体上有 3 个文本框,若在 Text1 中输入 456,在 Text2 中输入 78,在程序中执行语句 Text3＝Text1＋Text2,则在 Text3 中显示(　　)。

　　A. 534　　　　　　B. 45678　　　　　　C. 溢出　　　　　　D. 都不对

　　5. 若变量 BOOL 是一个布尔型变量,则下列赋值语句中,正确的是(　　)。

　　A. BOOL＝"TRUE"　　　　　　B. BOOL＝.TRUE.

　　C. BOOL＝♯TRUE♯　　　　　　D. BOOL＝True

　　6. 以下(　　)程序段可以实现变量 X、Y 值的交换。

　　A. Y＝X；X＝Y　　　　　　B. Z＝X；Y＝Z；X＝Y

　　C. Z＝X；X＝Y；Y＝Z　　　　　　D. Z＝X；W＝Y；Y＝Z；X＝Y

　　7. 在文本框 Text1 中输入 12,Text2 中输入 34,执行以下语句(　　)使得文本框 Text3 中显示 46。

　　A. Text3. Text＝Text1. Text & Text2. Text

　　B. Text3. Text＝Val(Text1. Text)＋Val(Text2. Text)

　　C. Text3. Text＝Text1. Text＋Text2. Text

　　D. Text3. Text＝Val(Text1. Text) & Val(Text2. Text)

　　8. 下列程序段执行结果为(　　)。

```
x=2: y=3: z=x=y: Print x;y;z
```

　　A. 2　3　2　　　B. 2　3　3　　　C. 2　3　False　　　D. 2　3　True

　　9. 某过程中有以下程序段。对以下说法,正确的是(　　)。

```
Dim V As Integer
V="200.0"        '语句1
V=V * V          '语句2
```

　　A. 语句 1 有语法错误　　　　　　B. 语句 1 运行时产生类型不匹配错误

　　C. 语句 2 有语法错误　　　　　　D. 语句 2 运行时产生溢出错误

　　10. 假设 3 个整型变量 a、b、c 的值分别为 5、7、12,下列(　　)语句可以使文本框 Text1 中显示内容为 5＋7＝12。

　　A. text1. text＝a＋b＝c　　　　　　B. text1. text＝a & "+" & b & "=" & c

　　C. text1. text＝"a＋b＝c"　　　　　　D. text1. text＝"a" & "+" & "b" & "=" & "c"

二、填空题

1. 程序的 3 种基本控制结构是_____、_____和_____。

2. 输入一个 3 位正整数,将其逆序输出。例如,若输入 345,则输出 543。程序代码如下。

```
Private Sub Form_Click()
    Dim a As Integer , b As Integer , c As Integer , m  As Integer
    m=InputBox("请输入一个3位正整数：")
```

```
        a=_____
        b=_____
        c=_____
    MsgBox "结果为: "& _____
End Sub
```

3. 若将逻辑型值赋值给数值型变量,则 True 自动转换为_____,False 自动转换为_____。若将数值型数据赋值给逻辑型变量,则非 0 数值自动转换为_____,0 自动转换为_____。

4. 假设 3 个整型变量 a、b、c 的值分别为 1、2、3,则赋值语句 a ＝ b ＝ c ＝ 4 的执行过程为_____,执行结果为_____。

5. 假设 d 为日期型变量,则赋值语句 d=12 使得变量 d 获得的值为_____。

三、简答题

1. 简述赋值语句的功能。

2. 简述数据输入的方法和技术。

3. 简述数据输出的方法和技术。

四、设计题

1. 设圆半径 r=1.5,圆柱高 h=3,请设计程序计算圆周长、圆面积、圆柱表面积和圆柱体积。输入输出数据应有文字说明,计算结果保留 2 位小数。

2. 请编制程序实现输入 3 个整数,按由小到大的顺序输出。

第6章　选择结构程序设计

程序的基本组织结构是数据结构和程序控制结构。为了构建结构良好的程序,每个模块都应该由一些适当的语句组成,每个模块最好只实现一个功能,它们除了应该具有良好的数据结构外,还要有良好的程序控制结构。程序控制结构包括顺序控制结构、选择控制结构和循环控制结构3种基本控制结构。解决稍微复杂些的问题,就需要使用选择结构。

选择结构包括单向分支选择结构、双向分支选择结构和多向分支选择结构。本章主要介绍这3种选择结构的程序设计。

6.1　单向分支选择结构程序设计

单向分支选择结构包含一个测试条件和一个命令序列,根据条件是否成立,决定是否执行命令序列。在学习选择结构程序设计时,一定要搞清楚依据条件是否成立来决定程序的各种不同执行流程。

6.1.1　If-Then-End If 选择结构

最简单的选择结构是单向分支选择结构。在程序设计语言中,它的一般形式为:

```
If 条件 Then
    语句(命令)序列
End If
```

分支点在条件处。若条件成立,则执行命令序列;否则跳过命令序列,直接执行 End If 的后续命令。汇合点在 End If 处。

在 Visual Basic 语言中,单向分支选择结构的一般形式为:

```
If <表达式> Then                        '多行形式
    语句序列
End If
```

或

```
If <表达式> Then   语句序列                '单行形式
```

几点说明:

(1) <表达式>。一般为关系表达式和逻辑表达式,也可以为算术表达式。若为算术表达式,则非 0 值为 True,0 值为 False。

(2) 语句序列。可以包含 1 个语句或多个语句。对于单行形式,语句序列一般是

1个语句,若包含多个语句,则语句间用冒号分隔,并且在一个逻辑行书写完成。

(3) 执行流程。对于多行形式,若表达式值为 True,则执行语句序列;否则跳过语句序列,直接执行 End If 的后续语句。对于单行形式,若表达式值为 True,则执行语句序列;否则跳过语句序列,直接执行 If-Then 的后续语句。

6.1.2　单向分支选择结构程序设计举例

例 6-1　输入 3 个数 a、b、c,输出最大数。

问题分析:

(1) 由键盘输入 3 个数 a、b、c,再定义一个变量 max 用于存放最大数。

(2) 首先将 a 的值赋给 max;然后测试关系表达式 b>max,若成立,则将 b 的值赋给 max;最后测试关系表达式 c>max,若成立,则将 c 的值赋给 max。

(3) 输出 max 的值。

算法设计如图 6-1 所示,算法中的变量说明如下。

```
Var   a,b,c,max: real
```

算法 6-1　max(a,b,c,max)

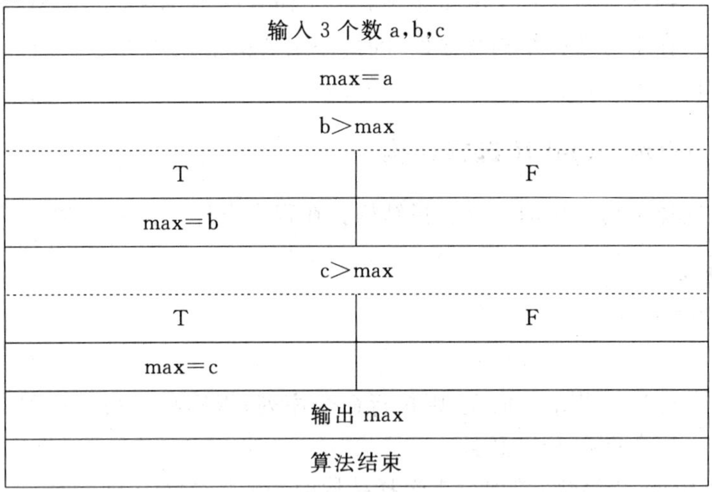

输入 3 个数 a,b,c	
max＝a	
b＞max	
T	F
max＝b	
c＞max	
T	F
max＝c	
输出 max	
算法结束	

图 6-1　求最大数

根据算法 6-1 编写 VB 源程序如下。

```
'*****************************************************
'*    程序功能:求最大数                              *
'*    作    者:FENGJUN                               *
'*    编制时间:2010 年 8 月 20 日                    *
'*****************************************************
Private Sub Command1_Click()
    Dim a As Double, b As Double, c As Double
    Dim max As Double
    a=Text1.Text: b=Text2.Text: c=Text3.Text
```

```
        max=a
        If (b>max) Then max=b
        If (c>max) Then max=c
        Text4.Text=Str(max)
    End Sub
```

运行程序,在文本框中输入 3 个数 a、b、c 的值,单击求最大数按钮,得到如图 6-2 所示的运行界面。

例 6-2 输入 3 个数 a、b、c,要求由小到大排序。

问题分析:

(1) 由键盘输入 3 个数 a、b、c。

(2) 排序思想:排序后使 a 的值最小、c 的值最大。首先比较 a 与 b,若 b 小,则交换 a 与 b 的值;然后比较 a 与 c,若 c 小,则交换 a 与 c 的值;最后比较 b 与 c,若 c 小,则交换 b 与 c 的值。再定义一个中间变量 t 用于交换两个变量的值。

图 6-2　求最大数程序运行界面

(3) 输出已排序 a、b、c 的值。

算法设计如图 6-3 所示,算法中的变量说明如下。

```
Var a,b,c,t: real
```

算法 6-2　sort(a,b,c)

输入 3 个数 a,b,c	
a>b	
T	F
t=a;a=b;b=t	
a>c	
T	F
t=a;a=c;c=t	
b>c	
T	F
t=b;b=c;c=t	
输出 a,b,c	
算法结束	

图 6-3　排序

根据算法 6-2 编写 VB 源程序如下。

```
'*****************************************************************
'*    程序功能:排序                                        *
```

```
'*    作    者：FENGJUN                              *
'*    编制时间：2010 年 8 月 20 日                     *
'***********************************************************
Private Sub Command1_Click()
    Dim a As Double, b As Double, c As Double
    Dim t As Double
    a=Text1.Text: b=Text2.Text: c=Text3.Text
    If (a>b) Then
        t=a: a=b: b=t
    End If
    If (a>c) Then
        t=a: a=c: c=t
    End If
    If (b>c) Then
        t=b: b=c: c=t
    End If
    Text4.Text=Str(a)+Space(4)+Str(b)+
    Space(4)+Str(c)
End Sub
```

图 6-4　排序程序运行界面

　　运行程序,在文本框中输入 3 个数 a、b、c 的值,单击排序按钮,得到如图 6-4 所示的运行界面。程序中的字符串函数 Space(n)用于返回由 n 个空格组成的字符串。

6.2　双向分支选择结构程序设计

　　双向分支选择结构包含一个测试条件和两个命令序列,根据条件是否成立,决定执行哪个命令序列。在学习选择结构程序设计时,一定要搞清楚依据条件是否成立来决定程序的各种不同执行流程。

6.2.1　If-Then-Else-End If 选择结构

　　双向分支选择结构是最完备的选择结构。在程序设计语言中,它的一般形式为:

If 条件 Then
　　命令序列 1
Else
　　命令序列 2
End If

　　分支点在条件处。若条件成立,则执行命令序列 1,执行完毕跳过命令序列 2 执行 End If 的后续命令;否则,跳过命令序列 1,执行命令序列 2,再延续执行 End If 的后续命令。命令序列 1 与命令序列 2 有且仅有一个命令序列被执行。汇合点在 End If 处。

　　在 Visual Basic 语言中,双向分支选择结构的一般形式为:

```
If <表达式> Then                                              '多行形式
    语句序列 1
Else
    语句序列 2
End If
```

或

If <表达式> Then 语句序列 1 Else 语句序列 2   '单行形式

几点说明：

（1）<表达式>。一般为关系表达式和逻辑表达式，也可以为算术表达式。若为算术表达式，则非 0 值为 True，0 值为 False。

（2）语句序列。可以包含 1 个语句或多个语句。对于单行形式，语句序列一般是 1 个语句，若包含多个语句，则语句间用冒号分隔，并且在一个逻辑行书写完成。

（3）执行流程。对于多行形式，若表达式值为 True，则执行语句序列 1，接着执行 End If 的后续语句；否则执行语句序列 2，再延续执行 End If 的后续语句。对于单行形式，若表达式值为 True，则执行语句序列 1，接着执行 If-Then-Else 的后续语句；否则执行语句序列 2，再延续执行 If-Then-Else 的后续语句。

在 Visual Basic 语言中，还提供了一个 IIf 函数用于实现简单的选择结构，该函数的格式如下。

IIf(<表达式 1>,<表达式 2>,<表达式 3>)

几点说明：

（1）<表达式 1>。一般为关系表达式和逻辑表达式，也可以为算术表达式。若为算术表达式，则非 0 值为 True，0 值为 False。

（2）<表达式 2>和<表达式 3>。可以为任意数据类型的表达式。

（3）函数返回值。若表达式 1 的值为 True，则函数返回值为表达式 2 的值；否则函数返回值为表达式 3 的值。

（4）函数返回值的数据类型。由表达式 2 和表达式 3 确定。

（5）IIf 函数可以看作是简单的 If-Then-Else 选择结构的简写。例如，下面两个语句是等价的。

```
If x>y Then Max=x Else Max=y
Max=IIf(x>y,x,y)
```

6.2.2 双向分支选择结构程序设计举例

例 6-3 输入三角形的 3 条边长，计算三角形的面积。

问题分析：例 5-8 中的解法不完善。当输入 3 个数 a、b、c 后，首先判断以它们为边长是否能构成三角形，只有能构成三角形，再计算三角形面积才有意义。根据三角形知识，3 条边能构成三角形的条件是任意两边之和大于第 3 边。例 5-8 中的 VB 源程序可以修改如下。

```
'***********************************************************
'*    程序功能：计算三角形面积                             *
'*    作    者：FENGJUN                                     *
'*    编制时间：2010 年 8 月 20 日                          *
'***********************************************************
Private Sub Command1_Click()
    Dim a As Double, b As Double, c As Double
    Dim area As Double
    a=Text1.Text : b=Text2.Text : c=Text3.Text
    If (a+b>c And b+c>a And c+a>b) Then
        s=(a+b+c)/2
        area=Sqr(s * (s-a) * (s-b) * (s-c))
        Text4.Text="三角形的 3 条边长 a,b,c="+Str(a)+Space(2)+Str(b) _
        +Space(2)+Str(c)+vbCrLf+"则三角形的面积 rea="+Str(area)        '续行
    Else
        Text4.Text="以 a="+Str(a)+",b="+Str(b)+",c="+Str(c)+"为边" _
        +vbCrLf+"不能构成三角形"                                        '续行
    End If
End Sub
```

运行程序,在文本框中输入三角形的 3 条边长 a、b、c 的值,单击计算面积按钮,得到如图 6-5 所示的运行界面。程序中有两个续行,续行符为"空格＋下划线"。系统常量 vbCrLf 表示换行。

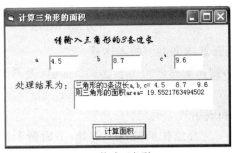
(a) 构成三角形

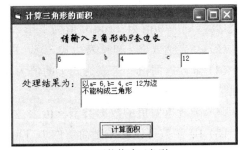
(b) 不能构成三角形

图 6-5　计算三角形面积程序运行界面

请读者根据程序给出 N-S 图算法描述。

例 6-4　求一元二次方程 $ax^2+bx+c=0$ 的根。系数 a、b、c 由键盘输入。

问题分析：在例 5-9 的程序中假定输入的 a、b、c 满足条件 $b^2-4ac>0$。事实上,所输入的 a、b、c 并不一定满足条件 $b^2-4ac>0$。在利用求根公式解方程时,首先应判断条件 $b^2-4ac>0$ 是否成立,然后再做相应地处理。

当 $b^2-4ac>0$ 时,方程有两个不相等实根;当 $b^2-4ac=0$ 时,方程有两个相等实根;当 $b^2-4ac<0$ 时,方程没有实根,有一对共轭复根。

解一元二次方程的算法设计如图 6-6 所示,算法中的变量说明如下。

```
Var   a,b,c: real
      dist: real
      p,q,x1,x2: real
```

算法 6-3   SolutionEquation (a,b,c)

输入 a,b,c		
dist＝b * b－4 * a * c		
dist＞0		
T	F	
p＝－b/(2 * a)	dist＝0	
q＝sqrt(dist)/(2 * a)	T	F
x1＝p＋q; x2＝p－q	x1,x2＝－b/(2 * a)	输出方程没有实根
输出 x1,x2	输出两个相等实根 x1	或者求出方程的一对共轭复根
算法结束		

图 6-6   解方程

请读者根据算法 6-3 编写 VB 源程序并上机运行。

细心的读者已经发现,在算法 6-3 中,选择结构中又包含了一个选择结构,这种在选择结构中又包含一个或多个选择结构的情况,称为选择结构的嵌套。

6.2.3 If 选择结构的嵌套

在程序设计语言中,If 选择结构嵌套的一般形式为:

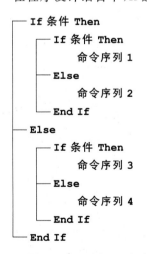

```
─ If 条件 Then
    ─ If 条件 Then
         命令序列 1
    ─ Else
         命令序列 2
    ─ End If
─ Else
    ─ If 条件 Then
         命令序列 3
    ─ Else
         命令序列 4
    ─ End If
─ End If
```

所谓 If 选择结构的嵌套就是在一个 If 选择结构的命令序列中完整地包含着另一个 If 选择结构。If 选择结构的嵌套可以实现多向分支选择结构。

在 Visual Basic 语言中,前面已经介绍了如下 4 种形式的 If 选择结构。

```
If-Then-End If 选择结构
If-Then 选择结构
If-Then-Else-End If 选择结构
If-Then-Else 选择结构
```

在设计编写含有 If 选择结构嵌套的程序时,必须保证每一个 If 选择结构的完整性。

例 6-5 商店某商品的单价为 980 元。为了促销,商店规定:凡购买该商品 50 件以上优惠 5%,100 件以上优惠 7.5%,300 件以上优惠 10%,500 件以上优惠 15%。输入购买数量,计算应收款。

问题分析:解题的关键是根据购买数量(number)确定折扣率(cost)。商品单价定义为符号常量(price),购买数量由键盘输入,应收款(total)= price * (1−cost) * number。根据题意算法设计如图 6-7 所示,算法中的变量说明如下。

```
Const price=980
Var number: integer
    cost,total: real
```

算法 6-4 CalcuReceivables1(number,total)

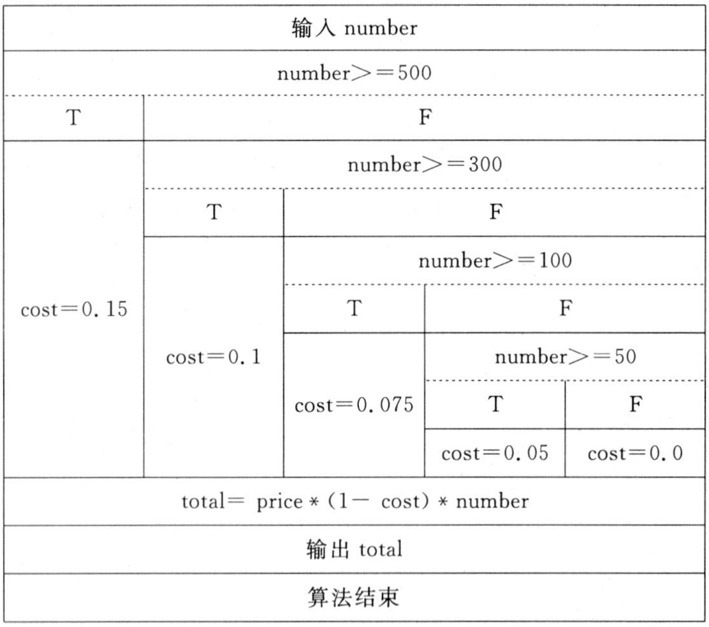

输入 number					
number>=500					
T	F				
cost=0.15	number>=300				
	T	F			
	cost=0.1	number>=100			
		T	F		
		cost=0.075	number>=50		
			T	F	
			cost=0.05	cost=0.0	
total= price * (1− cost) * number					
输出 total					
算法结束					

图 6-7 计算应收款

根据算法 6-4 编写 VB 源程序如下。

```
'*********************************************************
'*   程序名称:CalcuReceivables1                         *
'*   程序功能:计算应收款                                 *
'*   作    者:FENGJUN                                    *
'*   编制时间:2010 年 8 月 20 日                          *
'*********************************************************
```

```
Private Sub Form_Click()
    Const price=980
    Dim number As Integer
    Dim cost As Double, total As Double
    number=InputBox("请输入购买商品数量 number :", "计算应收款-数据输入")
    If (number>=500) Then
        cost=0.15
    Else
        If (number>=300) Then
            cost=0.1
        Else
            If (number>=100) Then
                cost=0.075
            Else
                If (number>=50) Then
                    cost=0.05
                Else
                    cost=0#
                End If
            End If
        End If
    End If
    total=price * (1-cost) * number
    MsgBox "应收款 total =" & total, 0, "计算应收款-结果输出"
End Sub
```

运行程序，单击窗体界面，弹出数据输入对话框，输入商品数量，单击确定按钮，弹出计算结果输出消息框，图 6-8 所示是程序运行界面。

(a) 数据输入

(b) 计算结果输出

图 6-8　计算应收款程序运行界面 1

请读者认真分析 If 选择结构的嵌套关系以及 If、Else 与 End If 的匹配关系。可以将上述程序中 If 选择结构的嵌套关系改为 If 选择结构的顺序关系，修改后的 VB 源程序如下。

```
'**********************************************************
'*  程序名称：CalcuReceivables2                            *
'*  程序功能：计算应收款                                   *
'*  作    者：FENGJUN                                      *
'*  编制时间：2010 年 8 月 20 日                            *
'**********************************************************
```

```
Private Sub Form_Click()
    Const price=980
    Dim number As Integer
    Dim cost As Double, total As Double
    number=InputBox("请输入购买商品数量 number :", "计算应收款-数据输入")
    If (number<50) Then cost=0#
    If (number>=50) Then cost=0.05
    If (number>=100) Then cost=0.075
    If (number>=300) Then cost=0.1
    If (number>=500) Then cost=0.15
    total=price * (1-cost) * number
    MsgBox "应收款 total =" & total, 0, "计算应收款-结果输出"
End Sub
```

运行程序,单击窗体界面,弹出数据输入对话框,输入商品数量,单击确定按钮,弹出计算结果输出消息框,图 6-9 所示是程序运行界面。

(a) 数据输入   (b) 计算结果输出

图 6-9　计算应收款程序运行界面 2

请读者从程序的可读性、可维护性、程序的执行效率等方面认真分析比较这两个程序,并谈谈你对 If 选择结构的认识。根据第 2 个程序画出 N-S 图算法描述,你还有其他解题方案吗?

6.3　多向分支选择结构程序设计

使用 If 选择结构的嵌套可以实现多向分支选择结构。为了能够更清晰、更容易地设计和编写多向分支选择结构程序,许多程序设计语言都专门提供了实现多向分支的组织结构。一般称为 Case 结构或者 Switch 结构。

多向分支选择结构包含一个表达式或多个测试条件以及多个命令序列,根据表达式的值或条件是否成立,决定执行哪个命令序列。在学习多向分支选择结构程序设计时,一定要搞清楚程序的各种不同执行流程。

6.3.1　If-Then-ElseIf-…End If 选择结构

在 Visual Basic 语言中,除了提供 Case 结构外,还提供了 If-Then-ElseIf-…End If 多向分支选择结构。该结构的一般形式如下。

```
If <表达式 1> Then
    语句序列 1
ElseIf <表达式 2> Then
    语句序列 2
        ⋮
[Else
    语句序列 n+1]
End If
```

几点说明：

(1) ElseIf 是系统保留字，之间无空格，与 Else If 不一样。

(2) 该结构中包含 n−1 个保留字 ElseIf、n 个表达式、n+1 个语句序列和 1 个保留字 Else。表达式和语句序列的含义同前。n+1 个语句序列有且仅有 1 个语句序列被执行。

(3) 每一个保留字 ElseIf 后面都有一个表达式。n−1 个保留字 ElseIf 都必须在保留字 Else 之前。

(4) 执行流程。首先计算表达式 1 的值，若为 True，则执行语句序列 1，接着执行 EndIf 的后续语句；否则计算表达式 2 的值，若为 True，则执行语句序列 2，接着执行 EndIf 的后续语句；否则计算表达式 3 的值，依此类推，直到找到第 m(m≤n) 个表达式的值为 True，则执行语句序列 m，接着执行 End If 的后续语句。若所有表达式的值都为 False，则执行语句序列 n+1，接着执行 End If 的后续语句。

(5) 保留字 Else 与语句序列 n+1 是可选项。当没有保留字 Else 与语句序列 n+1 时，若所有表达式的值都为 False，则直接执行 End If 的后续语句。

利用该选择结构将例 6-5 中的 VB 源程序修改如下。

```
'************************************************************
' *    程序名称：CalcuReceivables3                          *
' *    程序功能：计算应收款                                  *
' *    作    者：FENGJUN                                    *
' *    编制时间：2010 年 8 月 20 日                          *
'************************************************************
Private Sub Form_Click()
    Const price=980
    Dim number As Integer
    Dim cost As Double, total As Double
    number=InputBox("请输入购买商品数量 number :", "计算应收款-数据输入")
    If (number>=500) Then
        cost=0.15
    ElseIf (number>=300) Then
        cost=0.1
    ElseIf (number>=100) Then
        cost=0.075
    ElseIf (number>=50) Then
        cost=0.05
```

```
        Else
            cost=0#
        End If
        total=price * (1-cost) * number
        MsgBox "应收款 total =" & total, 0, "计算应收款-结果输出"
    End Sub
```

运行程序,单击窗体界面,弹出数据输入对话框,输入商品数量,单击确定按钮,弹出计算结果输出消息框,图 6-10 所示是程序运行界面。

(a) 数据输入   (b) 计算结果输出

图 6-10   计算应收款程序运行界面 3

在 Visual Basic 语言中,还提供了一个 Switch 函数,该函数的格式如下。

Switch(<表达式 1>,<值 1>[,<表达式 2>,<值 2>]…[,<表达式 n>,<值 n>])

几点说明:

(1) <表达式 m>。一般为关系表达式和逻辑表达式。

(2) <值 m>。可以为任意数据类型的表达式。

(3) 函数返回值。计算表达式列表的值,函数返回值为: 使表达式列表中值最先为 True 的<表达式 m>所对应的<值 m>。

(4) 函数返回值的数据类型。由<值 m>确定。

(5) Switch 函数可以看作是简单的 If-Then-ElseIf-…End If 选择结构的简写。例如,上述 VB 源程序修改如下。CalcuReceivables3 程序中的 If-Then-ElseIf-…End If 选择结构与 CalcuReceivables4 程序中的 Switch 函数调用是等价的。

```
'************************************************
'*    程序名称:CalcuReceivables4                *
'*    程序功能:计算应收款                        *
'*    作   者:FENGJUN                            *
'*    编制时间:2010 年 8 月 20 日                 *
'************************************************
Private Sub Form_Click()
    Const price=980
    Dim number As Integer
    Dim cost As Double, total As Double
    number=InputBox("请输入购买商品数量 number :", "计算应收款-数据输入")
    cost=Switch(number>=500, 0.15, number>=300, 0.1 _
    , number>=100, 0.075, number>=50, 0.05, number<50, 0#)        '续行
```

```
total=price * (1-cost) * number
    MsgBox "应收款 total =" & total, 0, "计算应收款-结果输出"
End Sub
```

运行程序,单击窗体界面,弹出数据输入对话框,输入商品数量,单击确定按钮,弹出计算结果输出消息框,图 6-11 所示是程序运行界面。

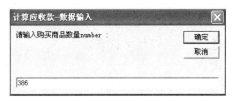 

          (a) 数据输入   (b) 计算结果输出

图 6-11 计算应收款程序运行界面 4

6.3.2 Select Case-End Select 选择结构

许多程序设计语言都专门提供了 Case 结构或者 Switch 结构。表 6-1 给出两种典型的 Case 结构。

表 6-1 Case 结构的一般形式

一般形式 1	一般形式 2
Select Case Of 整型表达式	Do Case
Case 值列表 1:	Case 条件 1
命令序列 1	命令序列 1
Case 值列表 2:	Case 条件 2
命令序列 2	命令序列 2
⋮	⋮
Case 值列表 n:	Case 条件 n
命令序列 n	命令序列 n
Default:	Otherwise
命令序列 n+1	命令序列 n+1
End Select	End Case

在不同的程序设计语言中,Case 结构或者 Switch 结构的执行流程规定是有差异的,使用时必须搞清楚。

在 Visual Basic 语言中,专门提供了实现多向分支的组织结构 Select Case-End Select 选择结构,一般形式如下。

```
Select Case <表达式>
    Case 值列表 1
        语句序列 1
    Case 值列表 2
        语句序列 2
```

$$\vdots$$

Case 值列表 n
　　语句序列 n
[Case Else
　　语句序列 n+1]
End Select

几点说明：

（1）＜表达式＞。可以是数值表达式，也可以是字符表达式。

（2）值列表。可以是以下 4 种形式。

① 1 个常量。常量可以是数值常量，也可以是字符串。例如，Case 1 或 Case "A"。

② 多个常量，常量之间用逗号分隔。例如，Case 1,3,9 或 Case "A","H"。

③ 常量 1 To 常量 2。表示常量 1 到常量 2 之间的所有值。例如，Case 1 To 9 或 Case "A"To "H"。

④ Is ＜关系运算符＞＜常量＞。例如，Case Is＜9 或 Case Is＞＝"H"。

在实际应用中，上述 4 种形式可以组合使用。例如，Case Is＜9,12,18,"A"To "H"。

（3）执行流程。首先计算表达式的值；然后将表达式的值依次与值列表 1 到值列表 n 中的值进行比较，若表达式的值与值列表 m(1≤m≤n)中的值匹配，则执行语句序列 m，接着执行 End Select 的后续语句；若表达式的值与所有值列表中的值都不匹配，则执行语句序列 n+1，接着执行 End Select 的后续语句。n+1 个语句序列有且仅有一个语句序列被执行。

（4）若表达式的值与多个值列表中的值匹配，则第 1 个出现表达式值的值列表有效。

（5）保留字 Case Else 与语句序列 n+1 是可选项。当没有保留字 Case Else 与语句序列 n+1 时，若表达式的值与所有值列表中的值都不匹配，则直接执行 End Select 的后续语句。

例 6-6　商店某商品的单价为 980 元。为了促销，商店规定：凡购买该商品 50 件以上优惠 5％，100 件以上优惠 7.5％，300 件以上优惠 10％，500 件以上优惠 15％。输入购买数量，计算应收款。

问题分析：在例 6-5 中已经说明解题的关键是根据购买数量（number）确定折扣率（cost）。这里，利用 Select Case 结构确定折扣率的关键是根据购买数量确定一个整型表达式（cas）。由题设条件可以看出，折扣率的"变化点"都是 50 的倍数。利用这一特点，若 number≥500，则 cas＝10；否则 cas＝ number/50。即当 cas＜1 时，表示 number＜50，无折扣；1≤cas＜2 时，表示 50≤number＜100，折扣 5％；2≤cas＜6 时，表示 100≤number ＜300，折扣 7.5％；6≤cas＜10 时，表示 300≤number＜500，折扣 10％；cas≥10，折扣 15％。根据分析，算法设计如图 6-12 所示，算法中的变量说明如下。

```
Const price =980
Var   number: integer
      cas: integer
      cost,total: real
```

算法6-5　CalcuReceivables5(number, total)

输入number	
number>=500	
T	F
cas=10	cas=number/50

当情况 cas 时	
0	cost=0.0
1	cost=0.05
2、3、4、5	cost=0.075
6、7、8、9	cost=0.10
10	cost=0.15

total= price*(1−cost)* number
输出total
算法结束

图 6-12　计算应收款

根据算法 6-5 编写 VB 源程序如下。

```
'*********************************************************
'*    程序名称：CalcuReceivables5                        *
'*    程序功能：计算应收款                                *
'*    作    者：FENGJUN                                   *
'*    编制时间：2010 年 8 月 20 日                        *
'*********************************************************
Private Sub Form_Click()
    Const price=980
    Dim number As Integer,cas As Integer
    Dim cost As Double, total As Double
    number=InputBox("请输入购买商品数量 number :", "计算应收款-数据输入")
    If (number>=500) Then
        cas=10
    Else
        cas=number/50
    End If
    Select Case cas
        Case 0
            cost=0#
        Case 1
            cost=0.05
        Case 2, 3, 4, 5
            cost=0.075
        Case 6, 7, 8, 9
            cost=0.1
        Case Else
```

```
        cost=0.15
    End Select
    total=price*(1-cost)*number
    MsgBox "应收款 total =" & total, 0, "计算应收款-结果输出"
End Sub
```

运行程序，单击窗体界面，弹出数据输入对话框，输入商品数量，单击确定按钮，弹出计算结果输出消息框，图 6-13 所示是程序运行界面。

(a) 数据输入   (b) 计算结果输出

图 6-13 计算应收款程序运行界面 5

请读者思考：若将程序中的语句 cas＝number\50 改为 cas＝number/50，即将表达式中的整除运算改为除法运算，则 Select Case 结构中的值列表应做怎样的调整。请给出完整的程序并上机检验，测试数据可用图 6-8～图 6-13 中的数据。

在 Visual Basic 语言中，还提供了一个 Choose 函数，该函数的格式如下。

Choose (<表达式>,返回值列表)

几点说明：

（1）＜表达式＞。一般为整型表达式。若为浮点型（实型）表达式，则对表达式的值自动进行取整运算。

（2）返回值列表。列表项可以为任意数据类型的表达式，列表项之间用逗号分隔。

（3）函数返回值。首先计算表达式的值；若值为1，则返回值列表中的第1项；若值为2，则返回值列表中的第2项；以此类推；若值小于1或大于值列表中的选项数目，则返回系统常量 Null。

（4）函数返回值的数据类型。由返回值列表确定。

（5）Choose 函数可以用于替代简单的 Select Case-End Select 结构。例如，例 6-6 程序中的 Select Case-End Select 结构等价于下面的赋值语句。

```
cost=Choose(cas+1,0,0.05,0.075,0.075,0.075,0.075,0.1,0.1,0.1,0.1,0.15)
```

6.4 课程设计题目——百分制转换为等级制

1. 问题描述

将学生成绩百分制转换为等级制。即 90 分以上（含 90 分）为优秀；80 分至 89 分为良好；70 分至 79 分为中等；60 分至 69 分为及格；60 分以下为不及格。输入百分制分数，输出等级评价。

2. 基本要求

（1）至少完成 3 个以上版本的算法设计和程序实现。

（2）数据输入分别用基本控件和输入对话框函数。

（3）数据输出分别用基本控件和输出消息框函数。

（4）分别用不同的选择结构实现程序。

3. 测试数据

至少选择 5 组数据，即各分数段都要选择测试数据。

4. 实现提示

参考例 6-5、例 6-6 相关程序 CalcuReceivables1 至 CalcuReceivables5。

5. 问题拓展

按数据输入方式编制不同的程序；按数据输出方式编制不同的程序；按选择结构编制不同的程序。合理设计用户界面，将这些程序组装在一个应用程序中。

习　题　6

一、选择题

1. 在 Select Case-End Select 选择结构中，描述 $3 \leqslant x \leqslant 10$ 的值列表应该写成（　　　）。

    A. Case $3 \leqslant x \leqslant 10$ B. Case $3 \leqslant x, x \leqslant 10$

    C. Case Is$\leqslant 10$,Is$\geqslant 3$ D. Case 3 To 10

2. 关于语句 If x＝1 Then y＝1 ，下列说法正确的是（　　　）。

    A. x＝1 和 y＝1 均为赋值语句   B. x＝1 为关系表达式，y＝1 为赋值语句

    C. x＝1 和 y＝1 均为关系表达式   D. x＝1 为赋值语句，y＝1 为关系表达式

3. 下列程序段求两个数中的大数，（　　　）不正确。

    A. Max＝IIf(x>y,x,y)   B. If x>y Then Max＝x Else Max＝y

    C. Max＝x   D. If y>＝x Then Max＝y

       If y>＝x Then Max＝y   Max＝x

4. 在 Select Case-End Select 选择结构中，值列表不能是（　　　）。

    A. 常量值列表，如 Case 1,2,3   B. 变量名列表，如 Case x,y,z

    C. To 表达式，如 Case 10 To 20   D. Is 关系表达式，如 Case Is<10

5. 下列程序段的输出结果是（　　　）。

```
number=387
cas=number /50
cost=Choose(cas, 0.05, 0.075, 0.075, 0.075, 0.075, 0.1, 0.1, 0.1, 0.1, 0.15)
print cost
```

    A. 0.05   B. 0.075   C. 0.1   D. 0.15

二、填空题

1. 下列程序段,输入_____,输出 A;输入_____,输出 B;输入_____,输出 C;输入_____,输出 D。

```
Dim a As Integer
a=InputBox("请输入 a 的值")
If a>10 Then
    If a>15 Then   Print"A" Else Print "B"
Else
    If a>5 Then   Print "C" Else Print "D"
End If
```

2. 下列程序的功能是:输入 3 个数,按从小到大的顺序输出。

```
Private Sub Command1_Click()
    Dim a As Double, b As Double, c As Double
    Dim t As Double
    a=Text1.Text: b=Text2.Text: c=Text3.Text
    If (a>b) Then
        _____
    End If
    If (a>c) Then
        _____
    End If
    If (_____) Then
        t=b: b=c: c=t
    End If
    Text4.Text=Str(a)+Space(4)+_____+Space(4)+Str(c)
End Sub
```

三、简答题

1. 在 Select Case-End Select 选择结构中,值列表可以取哪 4 种形式?

2. 简述函数 IIf、Switch 和 Choose。它们分别对应的选择结构是什么?

3. 在 Visual Basic 语言中,提供了哪几种选择结构形式? 简述它们的执行流程。

四、设计题

1. 编写程序,由键盘输入 3 个整数 a、b、c,输出最小数。

2. 编写程序,由键盘输入 0～9 之间的任意一个数,输出对应的英文单词。例如,若输入 3,则输出 three。

3. 猜数游戏。由系统产生[1,100]之间的随机整数,每次猜测后,给出相应的提示信息,如"高了"或"低了"。当猜中后,给出"恭喜你,猜中了!"。请设计算法,画出 N-S 流程图,并编制程序。

4. 企业年终发放奖金根据企业当年利润决定。当利润小于等于 10 万元时,奖金按 10%提取;超过 10 万元,小于等于 20 万元部分,按 7.5%提取;超过 20 万元,小于等于

40 万元部分,按 5% 提取;超过 40 万元,小于等于 60 万元部分,按 3% 提取;超过 60 万元,小于等于 100 万元部分,按 1.5% 提取;超过 100 万元部分按 1% 提取。从键盘输入当年利润 I,求应发奖金总额。请设计算法,画出 N-S 流程图,并编制程序。

5. 国际上常用的人的标准体重与身高的计算公式如下。

$$标准体重(男) = (身高(cm) - 100) \cdot 0.9(kg)$$

$$标准体重(女) = (身高(cm) - 100) \cdot 0.9(kg) - 2.5(kg)$$

人的体型分类如下。

正常体重:标准体重±标准体重 10%;

超重:超过标准体重的 10%~20%;

轻度肥胖:超过标准体重的 20%~30%;

中度肥胖:超过标准体重的 30%~50%;

重度肥胖:超过标准体重的 50% 以上。

输入某人(男人或女人)的身高和体重,输出相应的体型分类。请设计算法,画出 N-S 流程图,并编制程序。

第 7 章　循环结构程序设计

在现实世界中,有许多实际问题需要进行重复处理。循环结构就用于组织使某一段程序(循环体)重复执行所希望的次数。计算机能够快速有效地处理事务,就是因为它能够快速地重复执行循环体。解决复杂问题,都需要使用循环控制结构。大多数程序设计语言都提供了 3 种循环控制结构:当型循环控制结构,直到型循环控制结构,步长型循环控制结构,本章主要介绍这 3 种循环控制结构的程序设计。

7.1　当型循环结构程序设计

循环控制结构的基本要素包括赋初值、循环测试条件和循环体。循环体是需要重复执行的内容,循环测试条件用于确定是否再次执行循环体。根据循环测试条件,循环控制结构可以分为两种基本类型:前置测试条件循环结构和后置测试条件循环结构。当型循环结构的基本执行流程是:若循环测试条件成立,则重复执行循环体,直到循环测试条件不成立为止。

7.1.1　While-Wend 循环结构

在程序设计语言中,当型循环控制结构的一般形式如表 7-1 所示。

表 7-1　当型循环控制结构的一般形式

一般形式 1	一般形式 2
Do While　条件 　　命令序列(循环体) End Do	While　表达式 　　复合语句(循环体)

它的执行流程是:

S1.检测条件,若条件成立,则执行步骤 S2,否则执行步骤 S3。

S2.执行循环体一次;返回步骤 S1。

S3.退出循环,执行循环控制结构(End Do)的后续命令。

在不同的程序设计语言中,组织循环结构的语句形式有所不同,执行流程规则也有所不同。学习循环结构程序设计时,一定要搞清楚循环结构的执行流程规则。

在 Visual Basic 语言中,提供了两种组织当型循环结构的语句形式:While-Wend 循环结构和 Do While-Loop 循环结构。While-Wend 循环结构的形式如下。

While 循环测试条件
　　语句序列 (循环体)
Wend

该循环结构是当型前置测试条件循环结构。它的执行流程是：

S1.检测循环测试条件，若值为 True，则执行步骤 S2，否则执行步骤 S3。

S2.执行循环体一次；返回步骤 S1。

S3.退出循环，执行 Wend 的后续命令。

例 7-1 求 sum＝1＋2＋3＋…＋1000。

问题分析：采用累加的方法求该和式的值。用 n 表示式中的每一个加数，sum 作为累加变量，让 n 从 1 变到 1000，依次累加到 sum 中。算法设计如图 7-1 所示，算法中的变量说明如下。

Var sum,n: integer

算法 7-1 CalcuSum(sum)

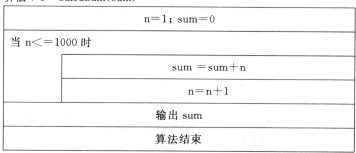

图 7-1 求累加和

根据算法 7-1 编写 VB 源程序如下。

```
'*********************************************************
'*     程序名称：CalcuSum1                               *
'*     程序功能：求累加和                                *
'*     作    者：FENGJUN                                 *
'*     编制时间：2010 年 8 月 20 日                      *
'*********************************************************
Private Sub Form_Click()
    Dim sum As Long, n As Integer
    sum=0
    n=1
    While (n<=1000)
        sum=sum+n
        n=n+1
    Wend
    Print "累加和 sum=" & sum
End Sub
```

运行程序，单击窗体，得到如图 7-2 所示程序运行界面。

图 7-2 求累加和程序运行界面

注意：累加变量 sum 的初值为 0；变量 n 既是加

数,也是条件中的循环控制变量,它的初值为 1。同时变量 n 记录着循环的次数,因此该循环可以称为是一个计数器控制循环。

赋初值语句 n=1、条件 n<=1000、循环体中的语句形式和语句次序是一个有机整体。请读者思考,若将条件 n<=1000 改为条件 n<1000,则怎样修改其他语句才能使程序的功能保持不变。

7.1.2 Do While-Loop 循环结构

在 Visual Basic 语言中,提供了当型 Do While-Loop 循环结构,它具有两种形式,如表 7-2 所示。

表 7-2　当型 Do While-Loop 循环结构的两种形式

形式 1(前置测试条件循环结构)	形式 2(后置测试条件循环结构)
Do While 循环测试条件 　语句序列(循环体) Loop	Do 　语句序列(循环体) Loop While 循环测试条件

形式 1 的执行流程是:

S1.检测循环测试条件,若值为 True,则执行步骤 S2,否则执行步骤 S3。

S2.执行循环体一次;返回步骤 S1。

S3.退出循环,执行 Loop 的后续命令。

形式 2 的执行流程是:

S1.执行循环体一次;执行步骤 S2。

S2.检测循环测试条件,若值为 True,则返回步骤 S1,否则执行步骤 S3。

S3.退出循环,执行 Loop While 的后续命令。

形式 1 与形式 2 的主要区别在于:形式 1 是前置测试条件循环结构;形式 2 是后置测试条件循环结构。形式 1 的循环体可能一次也不执行;形式 2 的循环体至少执行一次。

例如,利用当型 Do While-Loop 循环结构将例 7-1 中的 VB 源程序修改如下。

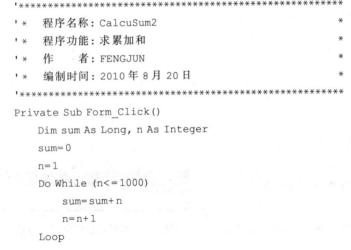

```
'*****************************************************
'*   程序名称:CalcuSum2                          *
'*   程序功能:求累加和                           *
'*   作    者:FENGJUN                            *
'*   编制时间:2010 年 8 月 20 日                 *
'*****************************************************
Private Sub Form_Click()
    Dim sum As Long, n As Integer
    sum=0
    n=1
    Do While (n<=1000)
        sum=sum+n
        n=n+1
    Loop
```

```
       Print "累加和 sum=" & sum
End Sub
```

运行程序,单击窗体,得到如图 7-2 所示程序运行界面。

请读者思考,若将该程序中的前置测试条件改为后置测试条件,则程序的运行结果是否会发生改变。若保持原程序的功能不变,则相应地还需要做哪些修改。

例 7-2 使用哨兵控制器组织循环。计算班级计算机课程的总成绩和平均成绩。

问题分析:每个学生的成绩 result 由键盘输入,总成绩存放在累加变量 sum 中,班级人数存放于计数器 n 中,平均成绩存放于变量 average 中。

程序设计的思路是:每输入一个学生的成绩,就将其累加到变量 sum 中,并由计数器 n 记录学生人数。

那么如何结束循环呢? 即如何判断所有学生的成绩已输入完毕且退出循环。常用的方法、也是较好的方法是输入一个特定的数据(哨兵值)作为结束循环的信号。哨兵值应该精心选择,使它在实际输入数据时不可能被误用。因为所有学生的成绩取值为 0～100 之间的数,所以哨兵值可以设置为 −1。根据分析,算法设计如图 7-3 所示,算法中的变量说明如下。

```
Var n: integer
    result,sum,average: real
```

算法 7-2   CalcuResult(sum,average)

图 7-3 计算总成绩和平均成绩

根据算法 7-2 编写 VB 源程序如下。

```
'************************************************************
'*    程序名称:CalcuResult1                              *
'*    程序功能:计算总成绩和平均成绩                       *
'*    作    者:FENGJUN                                    *
'*    编制时间:2010 年 8 月 20 日                         *
'************************************************************
Private Sub Form_Click()
```

```
    Dim sum As Long, n As Integer
    Dim result As Single, average As Single
    sum= 0
    n= 0
    result= InputBox("请输入计算机课程成绩(结束标志为-1)result: ")
    Do While (result<>-1)
        sum= sum+ result
        n= n+1
        result= InputBox("请输入计算机课程成绩(结束标志为-1)result: ")
    Loop
    average= sum/n
    Print "学生总人数 n="; n, "计算机课程总成绩 sum ="; sum
    Print "计算机课程平均成绩 average="; average
End Sub
```

运行程序,单击窗体,得到如图 7-4 所示程序运行界面。

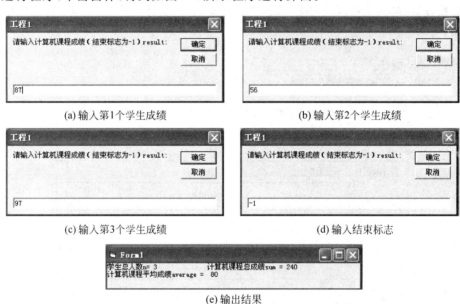

(a) 输入第1个学生成绩   (b) 输入第2个学生成绩

(c) 输入第3个学生成绩   (d) 输入结束标志

(e) 输出结果

图 7-4　计算总成绩和平均成绩程序运行界面 1

另一种用于结束循环的技术是,在完成一次数据处理后,询问是否还要继续处理数据。使用这种技术将上述程序修改如下。

```
'***********************************************************
'*    程序名称: CalcuResult2                                *
'*    程序功能: 计算总成绩和平均成绩                          *
'*    作    者: FENGJUN                                     *
'*    编制时间: 2010 年 8 月 20 日                           *
'***********************************************************
Private Sub Form_Click()
```

```
Dim sum As Long, n As Integer
Dim result As Single, average As Single
Dim flag As Integer
sum=0: n=0
flag=6
Do While (flag=6)
    result=InputBox("请输入计算机课程成绩 result：","计算总成绩和平均成绩")
    sum=sum+result
    n=n+1
    flag=MsgBox("还继续处理数据吗?", 36,"计算总成绩和平均成绩")
Loop
average=sum/n
Print "学生总人数 n="; n, "计算机课程总成绩 sum="; sum
Print "计算机课程平均成绩 average="; average
End Sub
```

运行程序，单击窗体，得到如图 7-5 所示程序运行界面。

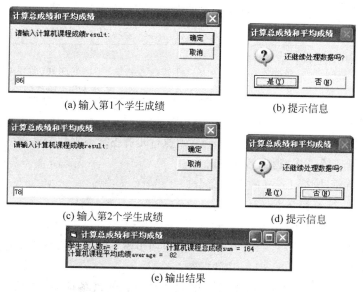

(a) 输入第1个学生成绩 　　　　(b) 提示信息

(c) 输入第2个学生成绩 　　　　(d) 提示信息

(e) 输出结果

图 7-5　计算总成绩和平均成绩程序运行界面 2

请读者思考，变量 flag 在程序中起什么作用？变量 flag 的初始值为什么是 6？

7.2　直到型循环结构程序设计

直到型循环结构的基本执行流程是：若循环测试条件不成立，则重复执行循环体，直到循环测试条件成立为止。

7.2.1　Do Until-Loop 循环结构

在程序设计语言中，直到型循环控制结构的一般形式如表 7-3 所示。

表 7-3　直到型循环控制结构的一般形式

一般形式 1	一般形式 2
Repeat 　　命令序列(循环体) Until　条件	Do 　　复合语句(循环体) While　表达式

它的执行流程是：

S1.执行循环体一次；执行步骤 S2。

S2.检测条件,若条件不成立,则执行步骤 S1；否则执行步骤 S3。

S3.退出循环,执行 Until 的后续命令。

在不同的程序设计语言中,组织直到型循环控制结构的语句形式有所不同,执行流程规则也有所不同。学习循环结构程序设计时,一定要搞清楚循环结构的执行流程规则。

在 Visual Basic 语言中,提供了直到型 Do Until-Loop 循环结构,它具有两种形式,如表 7-4 所示。

表 7-4　直到型 Do Until-Loop 循环结构的两种形式

形式 1(前置测试条件循环结构)	形式 2(后置测试条件循环结构)
Do Until 循环测试条件 　　语句序列(循环体) Loop	Do 　　语句序列(循环体) Loop Until 循环测试条件

形式 1 的执行流程是：

S1.检测循环测试条件,若值为 False,则执行步骤 S2,否则执行步骤 S3。

S2.执行循环体一次；返回步骤 S1。

S3.退出循环,执行 Loop 的后续命令。

形式 2 的执行流程是：

S1.执行循环体一次；执行步骤 S2。

S2.检测循环测试条件,若值为 False,则返回步骤 S1,否则执行步骤 S3。

S3.退出循环,执行 Loop Until 的后续命令。

形式 1 与形式 2 的主要区别在于：形式 1 是前置测试条件循环结构；形式 2 是后置测试条件循环结构。形式 1 的循环体可能一次也不执行；形式 2 的循环体至少执行一次。

当型 Do While-Loop 循环结构与直到型 Do Until-Loop 循环结构的主要区别在于：前者是当循环测试条件值为 True 时,执行循环体；后者是当循环测试条件值为 False 时,执行循环体。

7.2.2　直到型循环结构程序设计举例

例 7-3　求 $fact = 1 \times 2 \times 3 \times \cdots \times 10$。

问题分析：采用连续相乘的方法求该式的值。用 n 表示式中的每一个乘数,fact 作为连续乘积变量,让 n 从 1 变到 10,依次连续相乘到 fact 中。算法设计如图 7-6 所示,算法中的变量说明如下。

```
Var fact,n: integer
```

算法 7-3　CalcuFact(fact)

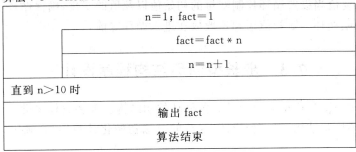

n＝1; fact＝1		
	fact＝fact * n	
	n＝n＋1	
直到 n＞10 时		
输出 fact		
算法结束		

图 7-6　求连乘积

根据算法 7-3 编写 VB 源程序如下。

```
'***************************************************
'*    程序名称:CalcuFact                            *
'*    程序功能:计算连乘积                            *
'*    作    者:FENGJUN                              *
'*    编制时间:2010 年 8 月 20 日                    *
'***************************************************
Private Sub Form_Click()
    Dim fact As Long, n As Integer
    fact=1
    n=1
    Do
        fact=fact * n
        n=n+1
    Loop Until (n>10)
    Print "连乘积 fact =1×2×3×…×10="; fact
End Sub
```

运行程序,单击窗体,得到如图 7-7 所示程序运行界面。

注意:变量 fact 的初值为 1;变量 n 既是乘数,也是循环控制变量,它的初值为 1。同时变量 n 记录着循环的次数,所以该循环是一个计数器控制循环。

图 7-7　计算连乘积程序运行界面

请读者思考,若将程序中的后置测试条件改为前置测试条件,则程序的运行结果是否会发生改变。若保持原程序的功能不变,则相应地还需要做哪些修改。

同一个问题既可以用当型循环结构处理,也可以用直到型循环结构处理,二者可以相互转换。

在组织循环结构时,关键是要搞清楚循环控制结构的 3 个基本要素:一是要准确设置循环测试条件;二是要搞清楚需要重复处理的内容(循环体),恰当设置循环体的组织形式和语句次序;三是循环体中的某些变量需要确定合适的初值。测试条件中一般包含有循环控制变量,要恰当设置循环控制变量的初始值以及值的变化,确保循环体只执行有限次,避免陷入无限循环。赋初值语句一般放在进入循环之前。

7.3 步长型循环结构程序设计

步长型循环结构是典型的内置计数器循环控制结构。大多数程序设计语言都提供了内置计数器循环控制结构,以一种快捷、规范的方法初始化计数器,并确定计数器增量以及计数器终值。

7.3.1 For-Next 循环结构

在程序设计语言中,步长型循环控制结构的一般形式如表 7-5 所示。

表 7-5　步长型循环控制结构的一般形式

一般形式 1	一般形式 2
For 循环变量＝初值 To 终值 Step 步长值 　　命令序列(循环体) Next/End For	For (表达式 1;表达式 2;表达式 3) 　　复合语句(循环体)

循环变量是内置计数器,由它来控制循环体的执行次数。它的执行流程是:

S1. 将初值赋值给循环变量,并记录终值和步长值。

S2. 检测循环变量的值是否超过终值,若没有超过,则执行步骤 S3,否则执行步骤 S4。

S3. 执行循环体一次;使循环变量增加步长值;返回步骤 S2。

S4. 退出循环,执行 Next/End For 的后续命令。

在 Visual Basic 语言中,提供了步长型 For-Next 循环结构,它的形式如下。

For 循环变量＝初值 To 终值 Step 步长值
**　　语句序列(循环体)**
Next 循环变量

它的执行流程如前所述。关于参数做几点说明:

(1) 初值。数值型表达式,用于设置循环变量的初始值。

(2) 终值。数值型表达式,用于设置循环变量的终值或称为阈值。检测循环变量的当前值是否超过终值。当步长值＞0 时,超过终值的含义是指循环变量的值大于终值;当步长值＜0 时,超过终值的含义是指循环变量的值小于终值。

(3) 步长值。数值型表达式,用于确定循环变量每次增加的数值。当步长值为 1 时,可以省略[Step 步长值]。

7.3.2 步长型循环结构程序设计举例

例 7-4 国王的小麦。相传古代印度国王舍罕要褒赏聪明能干的宰相达依尔(国际象棋的发明者)。国王问他需要什么？达依尔回答说："国王只要在国际象棋的棋盘第 1 个格子中放 1 粒麦子,第 2 个格子中放 2 粒麦子,第 3 个格子中放 4 粒麦子,以后按此比例在每一格中加一倍放入麦粒,一直放到第 64 格(国际象棋的棋盘是 8×8＝64 格),我就感恩不尽了,其他什么都不要了"。国王想,这有多少？还不容易？于是让人扛来一袋小麦,但不到一会儿全用完了,再扛来一袋很快又用完了,结果全印度的粮食全部用完还不够。国王纳闷,怎样也算不清这笔账。现在用计算机来算一算。

问题分析：根据题意,棋盘每个格子中的麦子粒数如图 7-8 所示。麦子的总粒数是

$$total＝1＋2＋2^2＋2^3＋\cdots＋2^{63}$$

1	2	4	8	16	32	64	128
							2^{63}

图 7-8　棋盘格中麦子粒数

采用累加的方法,首先计算出每个格子中的麦粒数 p,然后将 p 的值累加到变量 total 中。据估算,$1m^3$ 小麦约有 1.42×10^8 粒,计算出所用小麦的体积 volume。算法设计如图 7-9 所示,算法中的变量说明如下。

```
Var n: integer
    p,total,volume: real
```

算法 7-4　CalcuTotal(total,volume)

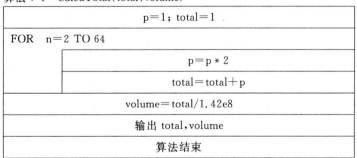

图 7-9　计算国王的小麦

根据算法 7-4 编写 VB 源程序如下。

```
'********************************************************
'*   程序名称：CalcuTotal                              *
'*   程序功能：计算国王的小麦                          *
```

```
'*    作    者：FENGJUN                              *
'*    编制时间：2010 年 8 月 20 日                     *
'************************************************************
Private Sub Form_Click()
    Dim p As Double, n As Integer
    Dim total As Double, volum As Integer
    p=1: total=1
    For n=2 To 64
        p=p * 2
        total=total+p
    Next
    volume=total/142000000#
    Print "国王的小麦总粒数 total="; total
    Print "国王的小麦总体积 volume="; volume
End Sub
```

运行程序，单击窗体，得到如图 7-10 所示程序运行界面。

图 7-10　计算国王的小麦程序运行界面

计算结果是棋盘格中所用小麦相当于在全中国 960 万平方公里的土地上铺上 1.3cm 厚的小麦，这是全中国几百年的粮食产量总和。

例 7-5　输入一个整数 m，判断它是否是素数。

问题分析：所谓素数是指除了 1 和它本身以外，不能被任何整数整除的自然数。判断一个整数 m 是否是素数，最容易理解的一种方法就是用它除以从 2 到 m−1 之间的每一个整数，若都不能整除，则 m 是素数。让 n 取 2 到 m−1 之间的每一个整数，用求余运算 m％n 判断 m 是否能被 n 整除，同时 n 还是循环控制变量。使用当型循环结构，退出循环后，当 n＝m 时，说明 m 是素数。算法设计如图 7-11 所示，算法中的变量说明如下。

```
Var m, n: integer
```

算法 7-5　JudgePrimenumber(m)

输入整数 m

n＝2

当 m％n＜＞0 时
n＝n+1

m＝n

T	F
m 是素数	m 不是素数

算法结束

图 7-11　判断 m 是否是素数

根据算法 7-5 编写 VB 源程序如下。

```
'*****************************************************************
'*    程序名称：JudgePrimenumber                              *
'*    程序功能：判断 m 是否是素数                             *
'*    作    者：FENGJUN                                        *
'*    编制时间：2010 年 8 月 20 日                            *
'*****************************************************************
Private Sub Form_Click()
    Dim n As Integer, m As Integer
    m=InputBox("请输入一个整数 :", "判断 m 是否是素数")
    n=2
    Do While (m Mod n<>0)
        n=n+1
    Loop
    If (m=n) Then
        MsgBox "m=" & Str(m) & "是素数!", 0, "判断 m 是否是素数"
    Else
        MsgBox "m=" & Str(m) & "不是素数!", 0, "判断 m 是否是素数"
    End If
End Sub
```

运行程序，单击窗体，得到如图 7-12 所示程序运行界面。

(a) 输入数据　　　　　　　　　　　(b) 输出结果

图 7-12　判断 m 是否是素数程序运行界面 1

再次单击窗体，得到如图 7-13 所示程序运行界面。

(a) 输入数据　　　　　　　　　　　(b) 输出结果

图 7-13　判断 m 是否是素数程序运行界面 2

请读者思考，能否将该程序进行优化。比如，用整数 m 只需除以从 2 到 $\sqrt{m}$ 之间的每一个整数，若都不能整除，则 m 是素数。又如，若整数 m 不能被 2 整除，则不能被所有偶数整除。根据这个思路，请读者优化程序。事实上，验证一个整数 m 是否是素数有许多方法。

在 Visual Basic 语言中,提供了 3 种组织循环结构的语句:While-Wend 循环结构、For-Next 循 环 结 构 和 Do [While/Until]-Loop [While/Until] 循 环 结 构。其 中 Do [While/Until]-Loop [While/Until]循环结构的应用最为灵活,共有 4 种不同的组织形式。事实上,在组织循环结构时,它们可以相互替代。在学习过程中,应该很好地体会它们各自的特性,在解决实际问题时,选择最适合的组织形式。

7.4 循环结构的嵌套

前面介绍了组织循环结构的 3 种基本形式,称为单层循环。3 种循环结构可以相互嵌套,所谓循环结构的嵌套,就是在循环结构的循环体内还包含着一个完整的循环结构。在解决实际问题中,常常用到循环结构的嵌套。

例 7-6 求 100 到 200 之间的所有素数。

问题分析:只要将例 7-5 中的程序稍作修改,就可以得到该题的解。即让 m 的值从 100 变到 200,重复执行例 7-5 中的程序。以每行 6 个数输出 100 到 200 之间的所有素数,并统计素数个数 k。修改后的 VB 源程序如下。

```
'**********************************************************
'*    程序名称:FindPrimenumber                          *
'*    程序功能:求 100 到 200 之间的所有素数              *
'*    作    者:FENGJUN                                  *
'*    编制时间:2010 年 8 月 20 日                        *
'**********************************************************
Private Sub Form_Click()
    Dim n As Integer, m As Integer, k As Integer
    k=0
    Print "100 到 200 之间的所有素数是: "
    For m=101 To 200 Step 2
        n=2
        Do While (m Mod n<>0)           '判断 m 是否能被 2 到 m-1 之间的数整除
            n=n+1
        Loop
        If (m=n) Then                   '当 m 是素数时输出
            k=k+1
            Print m,
            If (k Mod 6=0) Then Print   '当输出 6 个素数时换行
        End If
    Next
    Print
    Print "100 到 200 之间的素数共有 "+Str(k)+" 个。"
End Sub
```

运行程序,单击窗体,得到如图 7-14 所示程序运行界面。

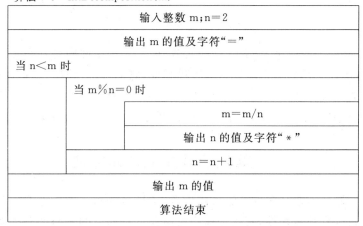

图 7-14　求 100 到 200 之间的所有素数程序运行界面

细心的读者已经发现,在该程序中,For-Next 循环结构中包含了一个 Do While-Loop 循环结构,这就是循环结构的嵌套。另外,For-Next 循环结构中还包含着一个 If-Then-End If 选择结构,即循环结构中嵌套着一个选择结构。事实上,在选择结构中也可以嵌套循环结构。

请读者从程序的可读性、可维护性、程序的执行效率等方面认真分析这个程序,并谈谈对循环结构的认识。根据这个程序画出 N-S 图算法描述,还有其他解题方案吗?

在进行程序设计过程中,无论哪种结构嵌套,关键是要保证内层结构一定要完整地包含在外层结构的语句序列中。为了保证程序的可读性,在进行程序设计过程中,应当尽量减少各种结构嵌套的层数。各种结构能够顺序排列解决问题的,绝不进行结构的嵌套。结构嵌套层数的增加,不仅影响程序的可读性,同时也降低程序的执行效率。

例 7-7　将整数 m 分解为素数连乘积的形式。

问题分析:从最小素数 2 开始重复判断整数 m 中是否包含该素数,若包含,则将整数 m 分解,并输出该素数。直到找到整数 m 的最大素数为止。整数 m 由键盘输入,变量 n 取 2 到 m 间的整数。算法设计如图 7-15 所示,算法中的变量说明如下。

```
Var m, n: integer
```

算法 7-6　IntDecomposition(m)

输入整数 m;n＝2		
输出 m 的值及字符"＝"		
当 n＜m 时		
	当 m％n＝0 时	
		m＝m/n
		输出 n 的值及字符"＊"
	n＝n+1	
输出 m 的值		
算法结束		

图 7-15　整数分解

根据算法 7-6 编写 VB 源程序如下。

```
'****************************************************************
'*   程序名称：IntDecomposition                                 *
'*   程序功能：将整数 M 分解为素数连乘积的形式                  *
'*   作    者：FENGJUN                                          *
'*   编制时间：2010 年 8 月 20 日                               *
'****************************************************************
Private Sub Form_Click()
    Dim n As Integer, m As Integer
    n=2
    m=InputBox("请输入一个整数 m：", "数据输入")
    Print Str(m)+"=";
    Do While (n<m)
        Do While (m Mod n=0)        '/＊判断 m 是否能被 n 整除,若能整除,则分解、输出＊/
            m=m\n
            Print Str(n)+"＊";
        Loop
        n=n+1
    Loop
    Print m
End Sub
```

运行程序,单击窗体,得到如图 7-16 所示程序运行界面。

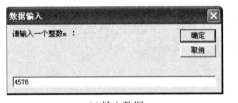

(a) 输入数据 　　　　　　　　　　　　　　　(b) 输出结果

图 7-16　整数分解程序运行界面

在例 7-5~例 7-7 的程序中,都涉及到素数,循环测试条件同是判断一个整数能否被另一个整数整除,但选用的关系运算符却不尽相同,它们实际上是一个问题的两个方面。如何确定条件表达式,并没有一个统一的方法。应遵循这样一个原则:不能孤立地只看条件表达式本身,要从全局出发,看整个程序各部分之间有机的联系来确定条件表达式。

7.5　算法设计中的基本方法

求解一个问题通常会有多种算法可供选择,选择算法的主要标准首先是算法的正确性、可靠性、可读性和可维护性,其次是算法所需要的存储空间和时间效率等。怎样才能得到一个较好的算法呢? 在算法设计中,常用的方法主要有枚举法、递推法、递归法、分治法、动态规划法、贪心法、回溯法和分支限界法等。本节简单介绍枚举法和递推算法的设计思想和简单应用。

7.5.1 枚举法

枚举法(Enumeration)也叫穷举法,它是算法设计中的基本方法。枚举法采用简单、直观的方法搜索问题的整个解空间。用它所设计的算法易于理解,易于应用。但是,枚举法只适用于解决规模较小的问题。当问题的解空间呈现问题规模的指数阶且问题规模较大时,使用枚举法所设计的算法将不可解,即解题时间不可行,因为算法的时间复杂度呈现指数阶。

1. 问题的解空间

对于较复杂的问题常常有许多可能解(Possible Solution),可能解的全体构成了问题的解空间(Solution Space)。确定正确的解空间很重要,因为它是得到正确解的搜索空间。若确定的解空间不合适,则可能会增加搜索次数,得到许多重复解或根本就找不到正确解。例如,桌子上有 6 根火柴棒,要求以这 6 根火柴棒为边构建 4 个等边三角形。通常总是在二维空间思考问题,可以很容易用 5 根火柴棒构建 2 个等边三角形,再增加 1 根火柴棒却很难将等边三角形扩充到 4 个,如图 7-17(a)所示。这个问题的解决必须在三维空间进行思考,如图 7-17(b)所示在三维空间用 6 根火柴棒构建成 4 个等边三角形。

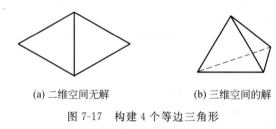

(a) 二维空间无解   (b) 三维空间的解

图 7-17　构建 4 个等边三角形

2. 枚举法的基本思想

枚举法的基本思想是对问题解空间中的所有可能解按照某种顺序进行逐一枚举检查,从中找出那些符合要求的可能解作为问题的解。这种方法的好处是最大限度地考虑了各种情况,从而为求出最优解创造了条件。

枚举法只适用于问题的解空间是有限的情况,它常用于解决"是否存在"或"有多少种可能"等类型的问题。使用枚举法的关键是确定解的表示形式和问题的解空间,所确定的解空间其可能解必须不重复、不遗漏。

枚举搜索法通常利用循环结构来实现,在循环体中,根据求解问题的约束条件,运用适当的选择结构实施判断筛选,求出所需要的解。

运用枚举搜索法求解问题的一般步骤如下。

(1)分析问题,确定解的表示形式和问题的解空间。

(2)确定搜索策略,即对解空间的所有可能解按照某种顺序不重复、不遗漏逐一进行枚举检查。

(3)根据问题的约束条件确定筛选条件。

(4)描述解决问题的完整算法。

(5)根据算法编程实现。

3. 枚举法应用举例和算法优化

当问题的解空间呈现问题规模的指数阶且问题规模较大时,使用枚举法所设计的算法将不可解,即解题时间不可行,因为算法的时间复杂度呈现指数阶。在使用枚举法进行算法设计的过程中,运用一些优化手段,可以提高算法的时间效率。一般可以从两个方面进行优化:一方面优化问题的解空间,即想方设法使问题的解空间尽可能的小。另一方面优化循环变量,即巧妙地运用循环变量使解空间中不是解的对象不进行枚举。下面举例说明。

例 7-8 试求所有 n(n 为偶数)位分段和平方数。不妨设 n=6,所谓 6 位分段和平方数是指将这个 6 位整数分为前后两个 3 位数,两个 3 位数和的平方等于这个 6 位整数。例如,对于 6 位数 494209,有 $(494+209)^2=494209$。

解法 1:问题分析:求所有 6 位分段和平方数。问题的解空间是 100000~999999 之间的整数。取解空间的整数 n,运用除法和求余运算将整数 n 分为前后两个 3 位整数 x、y,若整数 n 是 (x+y) 的平方数,则输出整数 n。

根据分析编制 VB 源程序如下。

```
'**********************************************************
'*    程序名称: square_number1                           *
'*    程序功能: 求所有 n(偶数)位分段和平方数              *
'*    作    者: FENGJUN                                   *
'*    编制时间: 2010 年 8 月 20 日                        *
'**********************************************************
Private Sub Form_Click()
    Const m=6
    Dim n As Long, x As Long, y As Long
    Dim down As Long, up As Long, k As Long
    k=1
    For n=1 To m/2
        k=k*10                           '/* k 用于对整数 n 进行分段 */
    Next
    down=k*k\10                          '/* down,up 分别是解空间的下界和上界 */
    up=down*10-1
    Print m; "位分段和平方数有: ";
    For n=down To up
        x=n\k: y=n Mod k                 '/* m 位整数 n 分为前后两个 m/2 位整数 x、y */
        If (n=(x+y)*(x+y)) Then Print n;
    Next
End Sub
```

运行程序,单击窗体,得到如图 7-18 所示程序运行界面。

解法 2:问题分析:求所有 8 位分段和平方数。问题的解空间是 sqrt(10000000)~9999 之间的整数。取解空间的整数 n,b=n*n 得到一个 8 位整数,运用除法和求余运算将整数 b 分为前后两个 4 位整数 x、y,若 (x+y) 就是整数 n,则输出整数 b。

图 7-18　求所有 n(偶数)位分段和平方数程序运行界面 1

根据分析编制 VB 源程序如下。

```
'*******************************************************
'*    程序名称: square_number2                        *
'*    程序功能: 求所有 n(偶数)位分段和平方数           *
'*    作    者: FENGJUN                                *
'*    编制时间: 2010 年 8 月 20 日                     *
'*******************************************************
Private Sub Form_Click()
    Const m=8
    Dim n As Long, x As Long, y As Long, b As Long
    Dim down As Long, up As Long, k As Long
    k=1
    For n=1 To m/2
        k=k*10                      '/*k用于对整数n进行分段*/
    Next
    down=Sqr(k*k\10)                '/*down,up 分别是解空间的下界和上界*/
    up=k-1
    Print m; "位分段和平方数有:   ";
    For n=down To up
        b=n*n
        x=b\k: y=b Mod k            '/*m位平方数b分为前后两个m/2位整数x、y*/
        If (n=x+y) Then Print b;
    Next
End Sub
```

运行程序,单击窗体,得到如图 7-19 所示程序运行界面。

图 7-19　求所有 n(偶数)位分段和平方数程序运行界面 2

容易看出,对于求解所有 6 位分段和平方数,解法 1 的解空间中共有 90 万个枚举对象,解法 2 的解空间中只有 684 个枚举对象。两个程序中的基本运算大致相同,因此,解法 2 比解法 1 的执行效率要高得多。

请读者思考,程序中的变量 down、up、k 与符号常量 m 的关系是什么？它们在程序中的作用是什么？

7.5.2 递推算法

构造性是计算学科的基本特征,递归、递推和迭代是最具代表性的构造性方法,它们广泛地应用于各个领域。递归和递推密切相关,实现递归和递推都基于这样一个数学特性:问题的初始解(或称为边界值)已知,要求问题规模为 n 的解,可以通过与它规模相邻的解来求得。

对于一类问题或一个数列的求解,若已知它的通项公式,则要求出它的某项之值或数列的前 n 项之和,都是十分容易的。事实上,在许多情况下,要得到问题的通项公式是困难的,甚至是无法得到。但是问题的相邻项之间往往存在着一定的关系,可以借助已知项和这种关系,逐项推算出它们各项的值,这样的方法称为递推方法或递推算法(Recurrence Algorithm)。它将一个复杂问题的求解,分解成连续进行若干步的简单运算。

设计递推算法的首要问题是确定问题相邻项之间的关系,即递推关系。递推关系不仅在数学各分支中发挥着重要作用,由它所体现出来的递推思想在各学科领域中更是显示出独特的魅力。也就是说,递推关系是许多问题本身所具有的特性,利用递推关系设计递推算法是运用计算机解决实际问题的有效手段。下面看一个例子。

2 阶 Fibonacci(斐波那契)数列的递推(递归)定义如下。

$$\text{Fib}(n) = \begin{cases} n & \text{若 } n = 0、1 \\ \text{Fib}(n-1) + \text{Fib}(n-2) & \text{若 } n > 1 \end{cases}$$

这是一个非常有趣的古典数学问题:有一对兔子,从出生后第 3 个月起每个月都生一对小兔子。小兔子长到第 3 个月后每个月也生一对小兔子。假设所有兔子都不死,问每个月的兔子总数是多少?

采用递推方法计算 fib(n) 的值,只要引入两个辅助变量 x、y,就可以直接写出计算fib(n) 的递推算法。算法设计如图 7-20 所示,算法中的变量说明如下。

```
Var n,i,x,y: integer
```

算法 7-7   fib(n)

输入 n (n>=2)		
i=1;x=0;y=1		
当 i<n 时		
	fib=x+y	
	x=y;y=fib;i=i+1	
输出 fib		
算法结束		

图 7-20   Fibonacci(斐波那契)数列的递推算法

请读者根据算法编程实现。

递推算法的特点是从初始条件(边界值)出发,利用递推关系式经过若干步简单计算求出目标值;递归算法的特点是从要求解的未知项(目标值)出发,逐层调用自身,直到递归出口(边界值),再依次返回到调用处,最后得到目标值。显然,使用递推算法对于效率的提高和存储空间的节约都是可观的。

Lucas(卢卡斯)数列是与 Fibonacci(斐波那契)数列密切相关的又一个著名的递推数列,Lucas(卢卡斯)数列的递推定义(也是递归定义)如下。

$$L_n = \begin{cases} 1 & n = 1 \\ 3 & n = 2 \\ L_{n-1} + L_{n-2} & n > 2 \end{cases}$$

例 7-9 求 Lucas(卢卡斯)数列的第 n 项与前 n 项之和。

问题分析:设置一维数组 L[n0]存放数列各项的值,数列的递推关系为

$$L[k] = L[k-1] + L[k-2] \quad k > 2$$

数列的初始项 L[1]=1,L[2]=3。数列的前 n 项和用累加变量 s 存放。n 的值由键盘输入。

数组 L[n]为静态变量,存储空间需要提前分配,比较浪费存储空间。可以使用简单变量通过迭代实现递推算法。即定义 3 个简单变量 L、a、b。变量 a、b 赋初值,由 L=a+b 计算第 3 项;再辗转赋值 a=b、b=L、L=a+b 计算第 4 项;依次迭代,直到计算出第 n 项的值。迭代递推算法设计如图 7-21 所示,算法中的变量说明如下。

```
Var  L, a, b: integer
     k , n , s: integer
```

算法 7-8 Lucas(L,n)

输入 n(n>=3)		
a=1;b=3		
s=a+b		
For k=3 to n		
	L=a+b	
	s=s+L	
输出数列的第 n 项 L 与前 n 项之和 s		
算法结束		

图 7-21 Lucas 递推算法

根据算法 7-8 编制 VB 源程序如下。

```
'********************************************************
'*    程序名称: Lucas                                    *
'*    程序功能: Lucas(卢卡斯)数列迭代递推算法              *
'*    作    者: FENGJUN                                  *
'*    编制时间: 2010 年 8 月 20 日                         *
'********************************************************
```

```
Private Sub Form_Click()
    Dim L As Long, a As Long, b As Long
    Dim n As Long, s As Long, k As Long
    n=InputBox("请输入求Lucas(卢卡斯)数列第几项(3-40)：", "数据输入")
    a=1: b=3
    s=a+b
    For k=3 To n
        L=a+b: s=s+L
        a=b: b=L
    Next
    Print "Lucas(卢卡斯)数列的第"+Str(n)+"项为："; L
    Print "前"+Str(n)+"项之和为："; s
End Sub
```

运行程序，单击窗体，得到如图7-22所示程序运行界面。

(a)输入数据   (b)输出结果

图7-22 Lucas(卢卡斯)数列迭代递推算法程序运行界面

有许多实际问题无法用递推算法来求解。这时递归算法就表现出明显的优势,尽管递归算法在执行效率和所需附加存储空间方面都存在着不足之处,但是它比较符合人们的思维方式,可以将问题描述得简明扼要,具有良好的可读性。递归算法确实在许多问题上的应用是精彩的和成功的。由于计算机的性能在不断地提高,所以人们更应该着眼于算法设计的方便和高效。让递归算法、递推算法这些强有力的算法设计工具各自发挥应有的作用吧。

7.6 课程设计题目——求解方程的根

1. 问题描述

求解一元二次方程 $f(x) = ax^2 + bx + c = 0$ 的根。

2. 基本要求

(1) 至少完成以下两个版本的算法设计和程序实现。

(2) 用求根公式求方程的根。

(3) 用牛顿迭代法求方程的根。

(4) 用弦截法求方程的根。

3. 测试数据

给定方程系数 a、b、c 一组值,由求根公式解出方程的根。根据此根确定牛顿迭代法中第 1 次近似根 x_0 以及弦截法中的两个不同的初始点 x_1、x_2。

4. 实现提示

(1) 牛顿迭代法又称为牛顿切线法,它采用以下方法求根:首先选定一个与真实根接近的数 x_0 作为第 1 次近似根;求出 $f(x_0)$ 的值,过点 $(x_0, f(x_0))$ 做 $y = f(x)$ 的切线,交 x 轴于 x_1,作为第 2 次近似根;再求出 $f(x_1)$ 的值,过点 $(x_1, f(x_1))$ 做 $y = f(x)$ 的切线,交 x 轴于 x_2,作为第 3 次近似根;……;如此继续下去,直到得到足够接近真实根 $x*$ 为止。牛顿迭代公式如下。

$$x_n = x_{n-1} - \frac{f(x_{n-1})}{f'(x_{n-1})}$$

(2) 弦截法方法如下:

① 取两个不同的初始点 x_1、x_2,使得 $f(x_1)f(x_2) < 0$,这时,区间 (x_1, x_2) 内必有一个根。注意 x_1、x_2 的值不要相差太大,以保证区间 (x_1, x_2) 内只有一个根。

② 连接 $(x_1, f(x_1))$ 与 $(x_2, f(x_2))$ 两点,该弦交 x 轴于 $x*$,$x*$ 的值可由下式求出。

$$x* = \frac{x_1 f(x_2) - x_2 f(x_1)}{f(x_2) - f(x_1)}$$

③ 若 $f(x*)f(x_2) < 0$,则区间 $(x*, x_2)$ 内必有一个根,令 $x_1 = x*$。若 $f(x_1)f(x*) < 0$,则区间 $(x_1, x*)$ 内必有一个根,令 $x_2 = x*$。

④ 重复步骤②和步骤③,直到 $f(x*)$ 的值足够接近于 0。

5. 问题拓展

(1) 利用牛顿迭代法和弦截法求解一元 n 次方程的根。

(2) 在牛顿迭代法中,取不同的初始值 x_0 对求根过程及求根结果有何影响。

(3) 在牛顿迭代法中,输出每次迭代的结果和迭代的次数,分析不同的初始值 x_0 对迭代次数有何影响。

(4) 在弦截法中,有大量的函数求值,或函数的重复求值,如何避免重复计算,怎样才能使程序的效率提高。

(5) 在弦截法中,插入计数器,对不同初始点 x_1、x_2,统计总运算量并进行分析比较。

(6) 还有怎样的解题方案。

习　题　7

一、选择题

1. 关于下列 For-Next 循环结构,描述正确的是(　　)。

```
For k=0 To 10 Step 0
    Print "*"
Next k
```

A. 循环测试条件不合法　　　　　　B. 这是一个无限循环

C. 循环体执行 11 次　　　　　　　　D. 循环体执行 1 次

2. 执行下列程序,窗体上显示的内容是(　　)。

```
Private Sub Form_Click()
    Dim num As Integer
    num=1
    Do Until num>6
        Print num;
        Num=num+2.4
    Loop
End Sub
```

A. 1　3.4　5.8　　　　　　　　　B. 1　3　5

C. 1　4　7　　　　　　　　　　　D. 无数据显示

3. 执行下列程序,窗体上显示的内容是(　　)。

```
Private Sub Form_Click()
    Dim a As Integer, s As Integer
    a=8: s=1
    Do
        s=s+a: a=a-1
    Loop While a<=0
    Print s; a
End Sub
```

A. 7　9　　　　　　B. 34　0　　　　　　C. 9　7　　　　　　D. 无限循环

4. 执行下面三重循环后,变量 a 的值为(　　)。

```
For i=1 To 3
    For j=1 To i
        For k=j To 3
            a=a+1
        Next k
    Next j
Next i
```

A. 3　　　　　　　　B. 9　　　　　　　C. 1　　　　　　　D. 14

5. 要使循环体至少执行一次,应使用(　　)循环结构。

A. For-Next　　　　　　　　　　B. While-Wend

C. Do-Loop [While/Until]　　　　　D. Do [While/Until]-Loop

二、填空题

1. 循环控制结构的 3 个基本要素包括赋初值、_____和_____。

2. 当型 Do [While]-Loop[While]循环结构与直到型 Do [Until]-Loop[Until]循环结构的主要区别在于:_____。

3. 当型循环结构形式 1"Do [While]-Loop"与形式 2"Do-Loop[While]"的主要区别在于:_____。

4. 假设 a 和 b 都是整型变量,初始值分别为 3 和 100。下列程序中,循环体共执行_____次,结束循环后,a 的值为_____,b 的值为_____。

```
Do
    s=s+1 : a=b\a : b=b-a
Loop While b>a
```

三、简答题

1. 在 Visual Basic 语言中,提供了哪几种组织循环结构的语句?

2. 简述 While-Wend 循环结构的执行流程。

3. 简述 For-Next 循环结构的执行流程。

4. Do-Loop 循环结构共有几种形式? 分别简述它们的执行流程。

5. 简述枚举法的基本思想。运用枚举搜索法求解问题的一般步骤是什么?

6. 什么是问题的解空间?

7. 什么是递推算法?

8. 当型循环结构与直到型循环结构的主要区别是什么? 前置循环测试条件与后置循环测试条件组织的循环的主要区别是什么?

四、设计题

1. 请编制程序,输出所有的"水仙花数"。所谓"水仙花数"是指这样一个 3 位数,其各位数字立方和等于该数本身。例如,153 是一个"水仙花数",因为 $153=1^3+5^3+3^3$。

2. 一个球从 100m 的高度自由落下,每次落地后又反弹原高度的一半。求它在第 10 次落地时所经过的路程是多少米? 第 10 次的反弹高度是多少米? 请设计算法,画出 N-S 流程图,并编制程序。

3. 请编制程序计算 $S_n=a+aa+aaa+\cdots+\overbrace{aa\cdots a}^{n\uparrow a}$ 的值。其中 a 是一个数字,n 表示 a 的个数。a 与 n 由键盘输入。例如,当 a=2, n=5 时

$$S_5=2+22+222+2222+22222$$

4. 请编制程序计算 1!+2!+3!+\cdots+20! 的值。

5. 如果一个数恰好等于它的所有因子之和,则这个数称为"完数"。例如,$6=1\times2\times3$,又 $6=1+2+3$,所以 6 是一个"完数"。请设计算法和编制程序找出 1000 以内的所有"完数"。

6. 请编制程序实现从键盘输入一组数并以 0 作为结束标志,求出所有正数之和与所有负数之和。

7. 请编制程序计算下面公式的值,直到最后一项小于 10^{-6} 为止。

$$S_n=1+\frac{1}{3}+\frac{1}{5}+\frac{1}{7}+\cdots+\frac{1}{2n+1}$$

第8章　构造数据类型

迄今为止，所见到的内存变量都是简单变量，称为标量（Scalar），简单变量只具有保存单一数据的能力。大多数程序设计语言都支持两类构造数据类型：数组（Array）类型和结构体（Structure）类型。存储这类数据的变量称为结构变量，也称为构造变量或聚合（Aggregate）变量，这类变量可以存储一个数据的集合。本章主要介绍这两类构造数据类型及其应用。

8.1　数　组　类　型

数组是最常用的数据结构之一，它含有多个数据，每个数据都具有相同的数据类型。也就是说，按一定顺序排列、作为一个整体处理、具有相同类型（属性）的一组数据可以定义为数组，它用一个统一的名字标识，占用一片连续的存储单元，每个数据都存储于一个数组元素（Element）中。数组元素也称为下标变量，它是通过下标（Subscripting）或称为索引（Indexing）来区分的。在程序设计语言中，常用的数组有一维数组和二维数组。

8.1.1　一维数组

最简单的数组类型是一维数组，其数组元素只有 1 个下标。使用数组与使用简单变量一样，必须先定义（声明），后使用（引用）。所不同的是数组一次定义了一批相关的变量。

1. 一维数组的定义

定义一维数组需要说明数组名、数组元素的个数及数据类型。在不同的程序设计语言中，定义数组的形式不尽相同，表 8-1 给出两种典型的定义形式。

表 8-1　一维数组的定义形式

PASCAL 语言	C 语言
数组名：Array[1..N] Of 类型标识符	类型标识符　数组名[N]
其中：N 为整型常量，确定数组元素的个数，或称为维界。	

值得注意的是，在有些语言中，下标的起始值从 1 开始；有些语言中，下标的起始值从 0 开始。例如，用于存放 25 个学生计算机课程期末考试成绩的数组 score 可以说明如下。

```
Var score: Array[1..25] Of integer
```

表示定义了一个整型数组，数组名为 score，数组具有 25 个数组元素，下标取值范围为 1 到 25。

在 Visual Basic 语言中，一维数组的定义形式如下。

Dim 数组名([[下界 To] 上界])[As 类型标识符]

几点说明：

(1) 保留字 Dim 可以由 Static、Private 和 Public 替代，分别用于过程内静态数组、模块级数组和标准模块中全局数组的定义。

(2)[[下界 To] 上界]。下界和上界分别表示数组下标的最小取值和最大取值。下界与上界都必须为常量，下界最小值为 -32768，上界最大值为 32767。[下界 To]为可选项，若省略，则数组下标的下界默认值为 0。[[下界 To] 上界]也是可选项，若省略，则声明了一个动态数组。

在 Visual Basic 语言中，允许在模块的通用声明部分使用 Option Base 语句设定数组下标的下界默认值为 1，格式如下。

Option Base 1

在 Visual Basic 语言中，数组分为静态数组和动态数组。静态数组是指在定义数组时确定了数组元素个数的数组，系统在编译阶段分配存储空间。动态数组是指在定义时没有确定维界的数组；在使用时用 ReDim 语句重新指定维界；系统在运行阶段分配存储空间。

(3)[As 类型标识符]。可选项，若省略，则定义了一个变体型数组，即每个数组元素的数据类型均为变体型。通常类型标识符为基本数据类型标识符。

下面代码是 Visual Basic 数组声明示例。

```
Private Sub Form_Load()
    Dim a(-2 to 3) As Integer
    '整型静态数组,数组名为 a,具有 6 个数组元素,下标取值范围为-2 到 3。
    Dim b(1 to 3)
    '变体型静态数组,数组名为 b,具有 3 个数组元素,下标取值范围为 1 到 3。
    Dim c() As Integer
    '整型动态数组,数组名为 c。
    Dim d(3) As Long
    '长整型静态数组,数组名为 d,具有 4 个数组元素,下标取值范围为 0 到 3。
    Dim e()
    '变体型动态数组,数组名为 e。
End Sub
```

2. 一维数组元素的引用

数组定义后，才能引用数组中的元素，并且只能逐个引用数组元素而不能一次引用整个数组中的全部元素。

数组元素引用的一般形式为：

数组名[下标]

例如，score[10]表示 score 数组中索引号为 10 的数组元素。下标既可以是整型常量，也可以是整型表达式。

数组元素的使用方法与简单变量的使用方法一样。

在 Visual Basic 语言中,数组元素引用的一般形式为:

数组名 (下标)

在 Visual Basic 6.0 中,可以将一个数组的值赋值给另一个数组。两个数组的数据类型必须相同,被赋值数组必须是动态数组。

例 8-1　输入 25 个学生计算机课程期末考试成绩,计算平均成绩。

问题分析:定义一个具有 25 个元素的数组 score,用于存放学生的成绩。使用循环给数组元素赋值,将成绩累加到变量 sum 中。计算平均成绩 average 并输出。编制 VB 源程序如下。

```
'*********************************************************
'*    程序名称:ProcScore1                               *
'*    程序功能:处理学生成绩                             *
'*    作    者:FENGJUN                                  *
'*    编制时间:2010 年 8 月 20 日                        *
'*********************************************************
Private Sub Form_Click()
    Dim score(25) As Integer, message As String
    Dim n As Integer, sum As Integer, average As Integer
    sum=0
    For n=1 To 25
        message="请输入第" & Str(n) & "个学生的成绩:"
        score(n)=InputBox(message, "数据输入")
        sum=sum+score(n)                    '累加总成绩
    Next
    average=sum/25
    MsgBox "计算机课程平均成绩 average=" & average, 0, "结果输出"
End Sub
```

运行程序,单击窗体,得到如图 8-1 所示的程序运行界面。

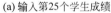

(a) 输入第25个学生成绩　　　　　　(b) 输出结果

图 8-1　处理学生成绩程序运行界面 1

数组往往与 For-Next 循环结构结合在一起使用。这样使数据处理变得更简洁和更高效。

在实际编程中,经常用到平行数组,这是一些具有相同元素个数的数组,对应数组元素之间存在着联系。例如,用数组 No_Stud 存放学生的学号,它与存放学生成绩的数组 score 是平行数组,可以将同一个学生的信息存放在具有相同下标的两个数组元素中。

例 8-2 输入 5 个学生的学号及计算机课程期末考试成绩,输出成绩最高者的相关信息。

问题分析:定义两个平行数组 No_Stud 与 score,分别存放学生的学号和成绩。设学生学号为 1001~1005,学号自动产生,成绩由键盘输入。使用循环给数组各元素赋值,同时确定成绩最高者。最高分存入变量 max 中,对应的数组元素下标用 k 记录。学生人数设置为符号常量 number。算法设计如图 8-2 所示,算法中的变量说明如下。

```
Const number=5
Var   No_Stud: Array[1..number] Of integer
      score: Array[1..number] Of integer
      max,n,k: integer
```

算法8-1   ProcScorel(No_Stud, score, number)

k=0; max=0	
For n=1 To number	
No_Srud[n]=1000+n	
输入score[n]	
score[n]>max	
T	F
max=score[n]	
k=n	
输出No_Stud[k]; score[k]	
算法结束	

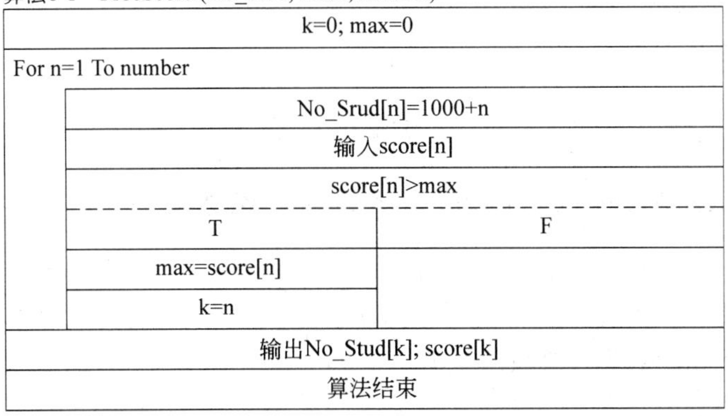

图 8-2   处理学生成绩

根据算法 8-1 编制 VB 源程序如下。

```
'***********************************************************
'*    程序名称: ProcScore2                                *
'*    程序功能: 处理学生成绩                               *
'*    作    者: FENGJUN                                    *
'*    编制时间: 2010 年 8 月 20 日                          *
'***********************************************************
Private Sub Form_Click()
    Const number=5
    Dim score(number) As Integer, No_Stud(number) As Integer
    Dim message As String
    Dim n As Integer, k As Integer, max As Integer
    max=0: k=0
    For n=1 To number
        No_Stud(n)=1000+n
```

```
        message="请输入学生" & Str(1000+n) & "的成绩："
        score(n)=InputBox(message, "数据输入")
        '记录最高分
        If (score(n)>max) Then max=score(n): k=n
    Next
    Print "计算机课程期末考试成绩最高分是："
    Print "学号："; No_Stud(k), " 成绩： "; score(k)
End Sub
```

运行程序，单击窗体，得到如图 8-3 所示的程序运行界面。

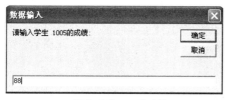

(a) 输入学生1005的成绩 　　　　　　　　(b) 输出结果

图 8-3　处理学生成绩程序运行界面 2

学生人数定义为符号常量 number，将有利于程序的维护。

8.1.2　利用 Array 函数和 Split 函数给一维数组赋值

例 8-1、例 8-2 都是利用循环结构通过 InputBox 函数由键盘给数组元素赋值，这种方式适合于数据量较少的输入。在 Visual Basic 6.0 中，对于大批量的数据，可以利用 Array 函数和 Split 函数为一维数组赋值。

1. Array 函数

Visual Basic 提供了 Array 函数给数组进行整体赋初值，提高了程序的运行效率。利用 Array 函数给一维数组赋值的形式如下。

变量名=Array(数据列表)

几点说明：

(1) 变量名。必须是变体变量或变体型动态数组。

(2) 数据列表。其中的数据项可以是数值型、字符串型和逻辑型等数据类型。数据项之间用逗号分隔。数据项个数决定了数组元素个数。

2. Split 函数

Visual Basic 提供了 Split 函数，用于从一个字符串中以某个指定分隔符分离出若干数据项(子字符串)，建立一个下标从 0 开始的一维字符串数组。利用 Split 函数给一维字符串数组赋值的形式如下。

变量名=Split ("数据列表", "分隔符",最大分隔数目)

几点说明：

(1) 变量名。必须是变体变量或字符串动态数组。

（2）数据列表。可以看作是一个字符串，其中的数据项以指定"分隔符"进行分隔，数据项的数目由"最大分隔数目"确定。

例 8-3 Array 函数和 Split 函数应用示例。下列事件过程利用两个函数分别给两个数组元素赋值。

```
'************************************************************
'*    程序功能：Array 函数和 Split 函数应用示例           *
'*    作    者：FENGJUN                                    *
'*    编制时间：2010 年 8 月 20 日                         *
'************************************************************
Private Sub Form_Click()
    Dim a(), b As Variant, k%
    a=Array(1, 2, 3, "a", True)
    b=Split("1,2,3,a, True", ",", 5)
    c=a(0)+a(1)
    d=b(0)+b(1)
    e% =a(4)
    For k=0 To UBound(a)
        Print a(k),
    Next
    Print: Print c, e
    For k=0 To UBound(b)
        Print b(k),
    Next
    Print: Print d
End Sub
```

运行程序，单击窗体，得到如图 8-4 所示的程序运行界面。

图 8-4   Array 函数和 Split 函数应用示例

事件过程中的 UBound(数组名)函数功能是返回数组的上界。Visual Basic 还提供了 LBound(数组名)函数，用于返回数组的下界。

由程序运行结果可以看出，a 数组中的数组元素 a(0)、a(1)、a(2)是数值型，a(3)是字符型，a(4)是逻辑型。b 数组中的所有数组元素都是字符型。

8.1.3   二维数组

掌握了一维数组，学习二维数组是很容易的。二维数组的数组元素具有两个下标，第 1 个下标可以看作是行下标，第 2 个下标可以看作是列下标，二维数组可以存储一个多行多列的数据集合，在数学上称为矩阵（Matrix）。使用二维数组，必须先定义（声明），后使用(引用)。

1．二维数组的定义

定义二维数组需要说明数组名、数组元素的数据类型以及所包含的行数和列数。在不同的程序设计语言中，定义二维数组的形式不尽相同，表 8-2 给出两种典型的定义形式。

表 8-2　二维数组的定义形式

PASCAL 语言	C 语言
数组名：Array[1..M，1..N] Of 类型标识符	类型标识符 数组名[M][N]
其中：M，N 为整型常量，分别确定数组的行数和列数，或称为维界	

值得注意的是，在有些语言中，下标的起始值从 1 开始；有些语言中，下标的起始值从 0 开始。

例如，用于存放 25 个学生的学号和计算机课程期末考试成绩的二维数组 No_Score 可以说明如下。

```
Var No_Score: Array[1..25,1..2] Of integer
```

表示定义了一个整型二维数组，数组名为 No_Score，该数组具有 25 行 2 列共 50 个数组元素，行下标取值范围为 1 到 25，列下标取值范围为 1 到 2。

在 Visual Basic 语言中，二维数组的定义形式如下。

Dim 数组名([[下界 To] 上界]，[[下界 To] 上界])[As 类型标识符]

其中各部分的含义与一维数组相同。

Visual Basic 中最多可以定义 60 维数组，其中下标的个数决定着数组的维数。

2．二维数组元素的引用

二维数组定义后，才能引用数组中的元素，并且只能逐个引用数组元素而不能一次引用整个二维数组中的全部元素。

二维数组元素引用的一般形式如下。

数组名[下标 1，下标 2]

或

数组名[下标 1][下标 2]

在不同的程序设计语言中，二维数组元素引用的形式不尽相同。下标 1 表示数组元素所在的行，下标 2 表示数组元素所在的列，下标 1 和下标 2 既可以是整型常量，也可以是整型表达式。例如，No_Score[10,2]表示二维数组 No_Score 中行号为 10 列号为 2 的数组元素。

在 Visual Basic 语言中，二维数组元素引用的一般形式如下。

数组名(下标 1，下标 2)

例 8-4 用二维数组处理 5 个学生的学号及计算机课程期末考试成绩,输出最高分、最低分和平均分。

问题分析:定义二维数组 No_Score,用于存放学生的学号和成绩。设学生学号为 1001~1005,学号自动产生,成绩由键盘输入。使用循环给数组各元素赋值,同时确定最高分、最低分以及累加成绩。最高分存入变量 max 中,最低分存入变量 min 中,成绩累加到变量 sum 中。计算平均成绩 average。学生人数设置为符号常量 number1,每个学生所具有的数据项设置为符号常量 number2。编制 VB 源程序如下。

```
'*****************************************************
'*   程序名称: ProcScore3                          *
'*   程序功能: 处理学生成绩                          *
'*   作    者: FENGJUN                             *
'*   编制时间: 2010 年 8 月 20 日                    *
'*****************************************************
Private Sub Form_Click()
    Const number1=5
    Const number2=2
    Dim No_Score(number1, number2) As Integer
    Dim n As Integer, max As Integer, min As Integer
    Dim sum As Integer, average As Integer
    max=0: min=100: sum=0
    For n=1 To number1
        No_Score(n, 1)=1000+n
        message="请输入学生" & Str(No_Score(n, 1)) & "的成绩: "
        No_Score(n, 2)=InputBox(message, "数据输入")
        sum=sum+No_Score(n, 2)                  '/* 累加成绩 */
        If (No_Score(n, 2)>max) Then            '/* 找最高分 */
            max=No_Score(n, 2)
        End If
        If (No_Score(n, 2)<min) Then            '/* 找最低分 */
            min=No_Score(n, 2)
        End If
    Next
    average=sum/number1                         '/* 计算平均分 */
    Print "学 号", "计算机成绩"
    For n=1 To number1
        Print No_Score(n, 1), No_Score(n, 2)
    Next
    Print "最高分 : ", max
    Print "最低分 : ", min
    Print "平均分 : ", average
End Sub
```

运行程序,单击窗体,得到如图 8-5 所示的程序运行界面。

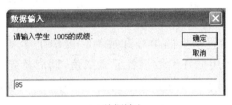

(a) 数据输入

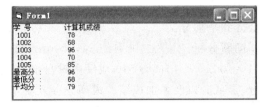

(b) 结果输出

图 8-5　处理学生成绩程序运行界面 3

请读者思考,存储最高分的变量 max 为什么赋初值 0,存储最低分的变量 min 为什么赋初值 100。请画出该程序的 N-S 流程图。

例 8-5　已知某学期每个学生都有 5 门课的成绩,要求计算每个学生的总成绩和平均成绩,按平均成绩由高到低输出成绩表。

问题分析:不妨设有 3 个学生。定义二维数组 No_Score,用于存放学生的相关信息,每一行存放一个学生的相关信息,每个学生都有学号、5 门课成绩、总成绩、平均成绩 8 项数据。所以需要定义一个 3×8 的二维数组。需要处理的问题包括:(1)输入原始数据(每个学生的学号及 5 门课成绩);(2)计算每个学生的总成绩,存入每一行的第 7 列;(3)计算每个学生的平均成绩,存入每一行的第 8 列;(4)按第 8 列数据进行排序,使最高分存入第 1 行数组元素,最低分存入第 3 行数组元素;(5)输出二维数组 No_Score。学生人数设置为符号常量 number1,每个学生所具有的数据项设置为符号常量 number2。引入整型变量 i、j、sum、t。算法设计如图 8-6 所示,算法中的变量说明如下。

```
Const   number1=3
        number2=8
Var   No_Score: Array[1..number1, 1..number2] Of integer
      i,j,sum,t: integer
```

根据算法 8-2 编制 VB 源程序如下。

```
'******************************************************
'*    程序名称:ProcScore4                            *
'*    程序功能:处理学生成绩表                         *
'*    作    者:FENGJUN                                *
'*    编制时间:2010 年 8 月 20 日                      *
'******************************************************
Private Sub Form_Click()
    Const number1=3
    Const number2=8
    Dim No_Score(number1, number2) As Integer
    Dim a()                                '用于整体输入学生成绩表
    Dim sum As Integer
    Dim i As Integer, j As Integer, temp As Integer
    a=Array(0, 1001, 78, 82, 93, 74, 65, 1002, 91, 62, 71, 67, 82 _
    , 1003, 99, 96, 88, 79, 70)            '续行
```

```
        For i=1 To number1                    '利用二重循环向二维数组赋学生成绩
            For j=1 To 6
                No_Score(i, j)=a(6*(i-1)+j)
            Next j
        Next i
        For i=1 To number1                    '/*计算每个学生的总成绩和平均成绩*/
            sum=0
            For j=1 To 6
                sum=sum+No_Score(i, j)
            Next j
            No_Score(i, 7)=sum: No_Score(i, 8)=No_Score(i, 7)/5
        Next i
        Rem //实现排序*//
        If (No_Score(1, 8)<No_Score(2, 8)) Then
            For j=1 To number2
                temp=No_Score(1, j): No_Score(1, j)=No_Score(2, j)
                No_Score(2, j)=temp
            Next j
        End If
        If (No_Score(1, 8)<No_Score(3, 8)) Then
            For j=1 To number2
                temp=No_Score(1, j): No_Score(1, j)=No_Score(3, j)
                No_Score(3, j)=temp
            Next j
        End If
        If (No_Score(2, 8)<No_Score(3, 8)) Then
            For j=1 To number2
                temp=No_Score(2, j): No_Score(2, j)=No_Score(3, j)
                No_Score(3, j)=temp
            Next j
        End If
        Rem //*输出成绩表*//
        Print "学号    成绩1  成绩2  成绩3  成绩4  成绩5   总分   平均分"
        For i=1 To number1
            For j=1 To number2
                Print No_Score(i, j); Spc(3);
            Next j
            Print
        Next i
    End Sub
```

运行程序,单击窗体,得到如图 8-7 所示的程序运行界面。

请读者思考,程序中未使用数组的起始下标 0,整体赋值 Array 函数的数据列表中的第 1 个数据 0 的作用是什么? 程序中如何对二维数组进行数据初始化? 在程序中可以看出,二维数组常常与二重循环一起使用,以实现对数组元素的简单操作。在实现排序过程

算法8-2 ProcScore2(No_Score)

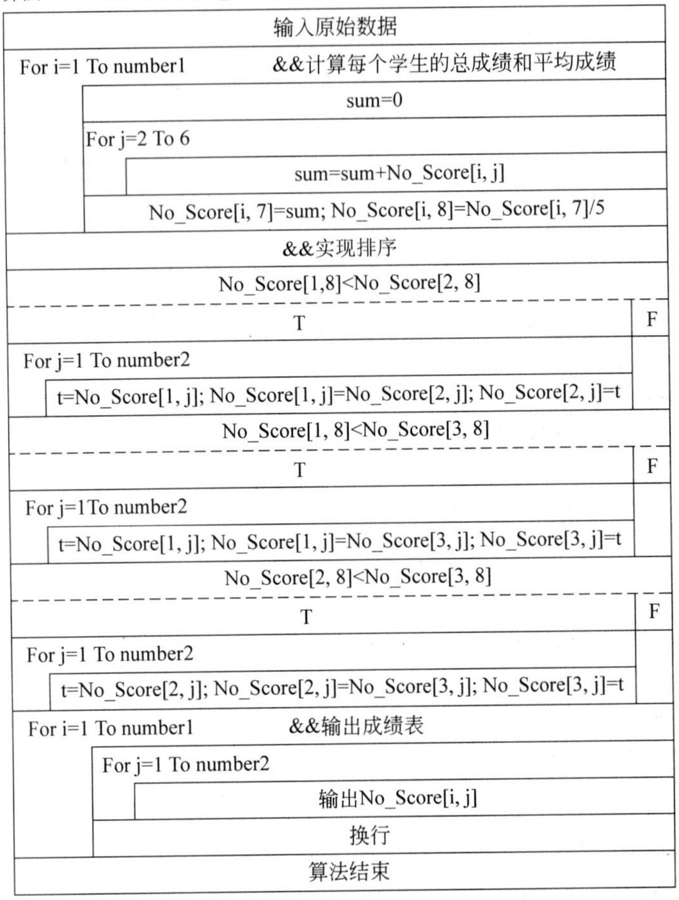
输入原始数据
For i=1 To number1
&&计算每个学生的总成绩和平均成绩
sum=0
For j=2 To 6
sum=sum+No_Score[i, j]
No_Score[i, 7]=sum; No_Score[i, 8]=No_Score[i, 7]/5
&&实现排序
No_Score[1,8]<No_Score[2, 8]
T
F
For j=1 To number2
t=No_Score[1, j]; No_Score[1, j]=No_Score[2, j]; No_Score[2, j]=t
No_Score[1, 8]<No_Score[3, 8]
T
F
For j=1To number2
t=No_Score[1, j]; No_Score[1, j]=No_Score[3, j]; No_Score[3, j]=t
No_Score[2, 8]<No_Score[3, 8]
T
F
For j=1 To number2
t=No_Score[2, j]; No_Score[2, j]=No_Score[3, j]; No_Score[3, j]=t
For i=1 To number1
&&输出成绩表
For j=1 To number2
输出No_Score[i, j]
换行
算法结束

图 8-6 处理成绩表

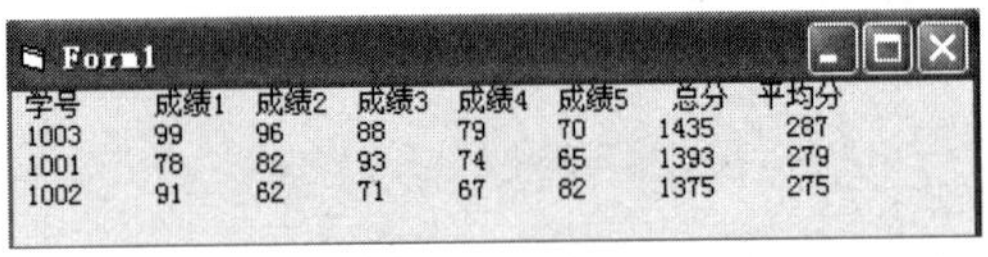
Form1
学号 成绩1 成绩2 成绩3 成绩4 成绩5 总分 平均分
1003 99 96 88 79 70 1435 287
1001 78 82 93 74 65 1393 279
1002 91 62 71 67 82 1375 275

图 8-7 处理学生成绩表程序运行界面

中，虽然只对平均分进行比较，但需要对学生的所有数据项进行交换操作。

在本例中假定学生人数为 3 人，若以班级为单位，每个班学生人数在 50 人左右，你是否有解决排序的方案？

大多数程序设计语言中，允许使用多维数组，它与二维数组的定义、引用类似。大多数程序设计语言中，数组一旦被定义，它的维数和维界就不会改变。数组的规模大小是固定不变的，所以数组是静态数据结构，它占用一片连续的存储单元。由于存储单元是一维结构，所以存储多维数组就有一个次序约定问题。对于二维数组，可以以行序为主序进行存储，即按行进行存储；也可以以列序为主序进行存储，即按列进行存储。大多数程序设计语言中是以行序为主序进行存储的。对于多维数组存储次序的约定，以行序为主序的存储方式可以规定为最右下标优先,从右至左进行存储;以列序为主序的存储方式可以规定为最左下标优先,从左至右进行存储。

在 Visual Basic 语言中,引入了动态数组、变体型数据类型的概念和应用,使得变量和数组的应用更加灵活多变,在实际学习应用中要深刻理解体会,不断提高应用技术。

8.1.4　For Each-Next 循环结构

For Each-Next 循环结构专门用于对数组中每个元素执行循环体,一般形式如下。

For Each 成员 In 数组名
　　　循环体
Next

几点说明:

(1) 成员。变体型变量,代表数组中的每个元素。

(2) 循环次数由数组元素个数决定。

(3) 主要用于输出或处理数组元素。即对数组中所有元素按实际在内存的存储顺序进行处理。

例 8-6　按存储顺序输出二维数组中所有数组元素值。

```
'**********************************************************
'*    程序功能:输出二维数组示例                          *
'*    作    者:FENGJUN                                  *
'*    编制时间:2010 年 8 月 20 日                        *
'**********************************************************
Private Sub Form_Click()
    Dim a(1 To 3, 2) As Integer, x As Variant
    Dim i As Integer, j As Integer
    For i=1 To 3
        For j=0 To 2
            a(i, j)=i * j
        Next j
    Next i
    Print "按存储顺序输出二维数组 a 中所有数组元素的值:"
    For Each x In a
        Print x;
    Next x
End Sub
```

运行程序,单击窗体,得到如图 8-8 所示的程序运行界面。

图 8-8　输出二维数组示例

8.1.5　控件数组

控件数组是由一组类型相同的控件组成,共用同一个控件名。根据添加控件的顺序,系统给每个控件元素赋予相同的控件数组名称和唯一的索引号(Index),索引号(下标)从0开始。这些控件元素共享相同的事件过程,在事件过程中可以利用参数 Index 区分各控件元素。

1. 建立控件数组

在设计模式,可以通过复制粘贴或设置控件的 Name 属性建立控件数组;在运行模式,可以通过 Load 语句建立控件数组。

通过复制粘贴建立控件数组的具体步骤如下。

(1) 在窗体上添加第 1 个控件,如标签控件 Label1,设置好该控件的属性。

(2) 选定该控件,执行"复制"和"粘贴"命令,弹出如图 8-9 所示的消息框。

图 8-9　创建控件数组提示框

(3) 单击"是"按钮,就创建了一个控件数组,多次粘贴就可以添加多个控件数组元素。如控件数组元素为 Label1(0)、Label1(1) Label1(2)、…。

通过 Load 语句建立控件数组的具体步骤如下。

(1) 在窗体上添加第 1 个控件,设置好控件的属性,其中将控件的 Index 属性设置为0,表示这是控件数组的第 1 个元素。

(2) 在代码中通过 Load 添加控件数组的其余若干数组元素,语句格式如下。

Load 控件数组名(Index)

(3) 给每个添加的控件数组元素设置 Top 和 Left 属性,确定其在窗体上的位置,将Visible 属性值设置为 True。

2. 删除控件数组

在设计模式,可以通过修改控件数组元素的 Name 属性或将 Index 属性设置为空进行删除;在运行模式,可以通过 Unload 语句删除控件数组元素。

3. 使用控件数组

建立好控件数组后,通常需要编写其事件过程。控件数组共享同样的事件过程,比如,在窗体上添加了标签控件数组,无论双击哪个控件数组元素,都会有如下事件过程框架。

```
Private Sub Label1_Click(Index As Integer)
    …
End Sub
```

为了区分是哪个控件数组元素触发的事件,系统会将它的下标值传送给事件过程的Index 参数,在事件过程中可以根据 Index 参数值进行相应的编程。

8.1.6 查找

查找(Searching)也称为检索,它是数据处理中经常使用的一种最重要、最基本的运算。所谓查找就是在数组中查找某个特定的数据。查找结果有两种:一种是在数组中找到了所需要的数据,称为"查找成功",则输出该数据的有关信息或索引号;另一种是数组中不存在所找数据,称为"查找失败",则输出找不到的信息。

衡量一个查找算法效率的主要标准是:在查找过程中,需要进行的平均比较次数,也称为查找算法的平均查找长度(Average Search Length),用 ASL(x)表示。

不失一般性,假定一维数组 a 具有 n 个数组元素,数组元素的类型为整型数据。对于查找方法 A,为了计算 ASL(A),假定数组 a 中的数据 a[i](1≤i≤n)被查找的概率为 p_i,于是有

$$\sum_{i=1}^{n} p_i = 1$$

下面介绍数组的两种基本查找方法,即顺序查找和二分查找。

1. 顺序查找

顺序查找(Sequence Search)是最基本、最简单的查找方法。该方法是将数组中的数组元素 a[1]、a[2]、…、a[n]依次同要查找的数据进行比较,若找到所需数据,则查找成功;若找遍整个数组,仍未找到所需要的数据,则查找失败。显然

$$ASL(ss) = \sum_{i=1}^{n} i \times p_i$$

一般情况下,对于一切 i 都有 $p_i = 1/n$。即通常假定数组中的所有数组元素都具有相同的使用频率。此时

$$ASL(ss) = \sum_{i=1}^{n} i \times \frac{1}{n} = \frac{1}{n} \times \frac{n(n+1)}{2} \approx \frac{n}{2}$$

上式说明,对于数组,在每个数据使用频率相同的情况下,采用顺序查找法,平均要检查所有数据的一半。

例 8-7 设给定一批整型数据,查找数据 x。

问题分析:定义一个一维数组 a,用于存放这批整型数据。待查找数据 x 由键盘输入。用顺序查找法在数组 a 中查找数据 x。若查找成功,则输出数据 x 的索引号 i;若查找失败,则输出"没有找到数据 x"。

根据分析,编制 VB 源程序如下。

```
'*******************************************************
'*    程序名称:Sequence_Search                        *
'*    程序功能:顺序查找                                *
'*    作    者:FENGJUN                                 *
'*    编制时间:2010 年 8 月 20 日                       *
'*******************************************************
Private Sub Form_Click()
    Const n=21
```

```
Dim a()
Dim i As Integer, x As Integer
a=Array(0, 78, 52, 28, 9, 74, 65, 22, 34, 91, 62, 71, 67, 82, _
18, 45, 53, 6, 88, 79, 70, 0)                    '续行
x=InputBox("请输入要查找的数据(范围 0 到 100)：", "数据输入")
a(n)=x
i=1
Do While (x<>a(i))
    i=i+1
Loop
If (n<>i) Then
    MsgBox "所查找的数据"+Str(x)+" 的索引号为："+Str(i), 0, "结果输出"
Else
    MsgBox "没有找到数据："+Str(x), 0, "结果输出"
End If
End Sub
```

运行程序，单击窗体，在数据输入对话框中分别输入 91、60，得到如图 8-10 所示的程序运行界面。

(a) 数据输入　　　　　　　　　　　　(b) 结果输出

图 8-10　顺序查找程序运行界面

请读者思考，给定整数 20 个，为什么整体赋值 Array 函数中有 22 个数据？程序中语句 a(n)＝x 的作用是什么？若删除该语句，会出现什么情况？你还有其他解决方案吗？请画出该程序的 N-S 流程图。

2. 二分查找

当数组中的数据有序时，可以采用二分查找法。二分查找(Binary Search)又称为折半查找，它是一种效率较高的查找方法。

二分查找法的基本思想是：将数组中的 n 个数据按从小到大的次序依次存放在数组 a[1..n] 中，要求查找数据 x。开始时，令 low＝1，high＝n，然后反复执行"平分步骤"。这里，辅助变量 low、high 表示当前的查找范围缩小到子序列 a[low..high]。

所谓平分步骤是指：记 mid＝(low＋high)DIV 2 是余下的数据序列 a[low..high] 的中点索引号。①若 x＝a[mid]，则找到所需数据，查找过程结束；②若 x<a[mid]，则令 high＝mid－1，即查找范围缩小到子序列 a[low..mid－1]；③若 x>a[mid]，则令 low＝mid＋1，即查找范围缩小到子序列 a[mid＋1..high]。二分查找算法设计如图 8-11 所示，算法中的变量说明如下。

```
Const  n=…                          && 数据个数
Var  a: Array[1..n]  Of  integer
     x,mid,low,high: integer
```

算法8-3　Binary_Search(x)

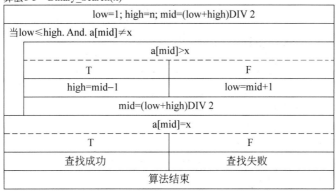

low=1; high=n; mid=(low+high)DIV 2	
当low≤high. And. a[mid]≠x	
a[mid]>x	
T	F
high=mid−1	low=mid+1
mid=(low+high)DIV 2	
a[mid]=x	
T	F
查找成功	查找失败
算法结束	

图 8-11　二分查找

算法分析：在二分查找过程中，数组元素与要找数据 x 每比较一次查找范围就缩小一半。每次比较可能涉及的数组元素个数如表 8-3 所示。

表 8-3　比较次数与可能涉及的数组元素个数之间的关系

比较次数	1	2	3	4	…	j
可能涉及的数组元素个数	1	2	4	8	…	2^{j-1}

若数组中数组元素个数 n 恰好为

$$n = \sum_{i=1}^{j} 2^{i-1} = 2^j - 1$$

则二分查找的最大比较次数为

$$j = \log_2(n+1)$$

假设查找每个数据的概率相同，则平均查找长度为

$$\mathrm{ASL(bs)} = \frac{1}{n}\sum_{i=1}^{j} i \times 2^{i-1} = \frac{1}{n}\sum_{i=0}^{j-1}\left(\sum_{k=i}^{j-1} 2^k\right) = \frac{1}{n}\sum_{i=0}^{j-1}(2^j - 2^i) = \frac{1}{n}(2^j(j-1)+1)$$

$$= \frac{1}{n}((n+1)(\log_2(n+1)-1)+1) = \frac{n+1}{n} \times \log_2(n+1) - 1$$

由此可见，平均查找长度与最大比较次数相差不多，这是因为，比较次数越大，可能涉及的数组元素个数越多，涉及的数组元素个数是比较次数的指数函数。

二分查找法比顺序查找法的检索效率要高得多。但是，二分查找法要求数组中的数据有序。

例 8-8　设数组具有 8 个数组元素，相应的数据序列为 13,27,38,49,56,76,85,97。要求查找数据 56，采用二分查找法的检索过程如图 8-12 所示。图中括号指出查找范围，粗体字标识比较的数组元素。经过 3 次比较，查找成功。

low	high	mid	数组a	1	2	3	4	5	6	7	8
1	8	4		【13	27	38	**49**	56	76	85	97】
5	8	6		13	27	38	49	【56	**76**	85	97】
5	5	5		13	27	38	49	【56】	76	85	97

图 8-12　二分查找法示例

根据算法 8-3 编制 VB 源程序如下。

```
'**********************************************************
'*    程序名称: Binary_Search                              *
'*    程序功能: 二分查找                                    *
'*    作    者: FENGJUN                                    *
'*    编制时间: 2010 年 8 月 20 日                          *
'**********************************************************
Private Sub Form_Click()
    Const n=8
    Dim a()
    Dim x As Integer, mid As Integer
    Dim low As Integer, high As Integer
    a=Array(0, 13, 27, 38, 49, 56, 76, 85, 97)
    x=InputBox("请输入要查找的数据(范围 0 到 100): ", "数据输入")
    low=1: high=n
    mid=(low+high)\2
    Do While (low<=high And a(mid)<>x)
        If (a(mid)>x) Then
            high=mid-1
        Else
            low=mid+1
        End If
        mid=(low+high)\2
    Loop
    If (a(mid)=x) Then
        MsgBox "所查找的数据"+Str(x)+"的索引号为: "+Str(mid), 0, "结果输出"
    Else
        MsgBox "没有找到数据: "+Str(x), 0, "结果输出"
    End If
End Sub
```

运行程序,单击窗体,在数据输入对话框分别输入 56、65,得到如图 8-13 所示的程序
运行界面。

8.1.7　排序

排序是数据处理中经常使用的一种重要运算,排序的目的主要是为了便于查找(检
索)。例如,电话号码簿、图书目录、字典等都是为了便于检索而设置成有序表。

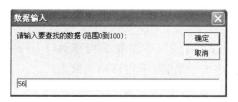
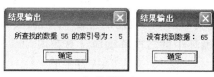

(a) 数据输入　　　　　　　　　　　　(b) 结果输出

图 8-13　二分查找程序运行界面

所谓排序(Sorting),就是将一组任意排列的数据元素重新排列成一个有序序列。或按照从小到大的顺序排列,称为升序排列;或按照从大到小的顺序排列,称为降序排列。

在排序过程中一般都涉及到数据的比较和数据的移动这两种基本操作,在算法分析中,程序运行效率(时间复杂度)由这两种基本操作的执行频率来衡量。

假定待排序的 n 个数据存放在一维数组 a 中,数组元素的类型为整型数据,排序后的 n 个数据仍然存放在这 n 个数组元素中,约定按从小到大的顺序排列。

排序的方法有许多种,这里主要介绍直接插入排序和冒泡排序。

1. 直接插入排序

直接插入排序(Straight Insertion Sort)是一种最简单的排序方法,它的基本思想是:先将 a[1]看成一个有序子列,对 a[2]实施插入操作,得到一个具有 2 个数据的有序子列;再对 a[3]实施插入操作,得到一个具有 3 个数据的有序子列。一般地,实施第 i 次插入操作是指:在具有 i 个数据的有序子列 a[1..i]中插入 1 个数据 a[i+1]后,变成具有 i+1 个数据的有序子列 a[1..i+1]。在整个排序过程中,共需 n-1 次插入操作。即先将第 1 个数据看成一个有序子列,然后从第 2 个数据开始逐个进行插入操作,直到整个序列成为有序序列为止。

具体实现步骤如下。

① 将待插入的数据 a[i]暂时存放在临时单元 a[0]中。

② 找出应插入的位置。即引入辅助变量 j,令其初值为 i-1;反复比较 a[0]与 a[j]的值,若 a[j]>a[0],则将 a[j]的值后推到 a[j+1]中,令 j 的值减 1;直到 a[j]≤a[0]时,停止比较和后推过程。

③ 插入 a[0]到相应位置 a[j+1]中。

直接插入排序算法设计如图 8-14 所示,算法中的变量说明如下。

```
Const  n=…
Var    a: Array[0..n] Of integer
       i,j: integer
```

例 8-9　设待排序数据序列为 8、4、2、5、9、1。采用直接插入排序的过程如图 8-15 所示。图中括号内的数据为有序子列,括号后的第 1 个数据为待插入数据,箭头指向插入位置。

算法分析：该算法在对 a[i]进行插入时,最少比较 1 次,最多比较 i 次,平均要做的比较次数为(i+1)/2,若按平均比较次数计算,则要排序n个数据所需的平均比较次数为

$$\sum_{i=2}^{n} \frac{i+1}{2} = \frac{1}{4}(n-1)(n+4) \approx \frac{n^2}{4}$$

正确地找到第 i 个数据的位置,平均需要 $(i+1)/2$ 次比较,亦即要平均移动 $(i+1)/2-1$ 次,外循环中的二次移动应计算在内,所以要排序 n 个数据,平均移动次数为

$$\sum_{i=2}^{n} \left(\frac{i+1}{2} + 1 \right) = \frac{1}{4}(n-1)(n+8) \approx \frac{n^2}{4}$$

因此,直接插入排序算法的时间复杂度为 $O(n^2)$。直接插入排序适合于数据较少的场合。

算法8-4 Insert_Sort(a)

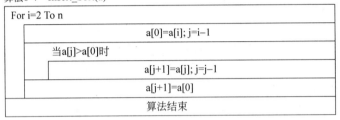

图 8-14 直接插入排序

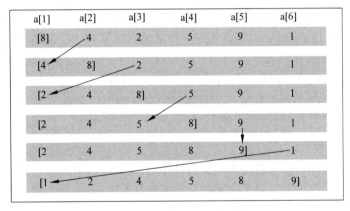

图 8-15 直接插入排序示例

根据算法 8-4 编制 VB 源程序如下。

```
'********************************************************
'*   程序名称:Insert_Sort                            *
'*   程序功能:直接插入排序                            *
'*   作    者:FENGJUN                                 *
'*   编制时间:2010 年 8 月 20 日                      *
'********************************************************
Private Sub Form_Click()
    Const n=10
    Dim a()
    Dim i As Integer, j As Integer
```

```
    a=Array(0, 98, 67, 34, 75, 29, 18, 42, 84, 74, 50)
    Print "待排序数据序列为："
    For i=1 To n
        Print a(i); Spc(3);
    Next i
    Print
    Rem //＊进行直接插入排序＊//
    For i=2 To n
        a(0)=a(i): j=i-1
        Do While (a(j)>a(0))
            a(j+1)=a(j): j=j-1
        Loop
        a(j+1)=a(0)
    Next i
    Rem //＊输出排序结果＊//
    Print "排序结果为："
    For i=1 To n
        Print a(i); Spc(3);
    Next i
    Print
End Sub
```

运行程序，单击窗体，得到如图 8-16 所示的程序运行界面。

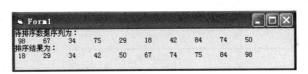

图 8-16　直接插入排序程序运行界面

在对 a[i]实施插入操作时，为了确定 a[i]的插入位置，算法 8-4 采用的是顺序查找方法，即依次比较 a[i-1]，a[i-2]，…。事实上，由于子列 a[1..i-1]已经有序，所以可以通过折半查找法来确定 a[i]的插入位置，对应的排序方法称为折半插入排序。请读者设计折半插入排序算法并编程实现。

2. 冒泡排序

冒泡排序(Bubble Sort)也称为起泡排序。冒泡排序的基本思想是：首先在待排序子列 a[1..n]中，从上到下对每相邻的两个数据比较大小，使较小数据往上升，这样，起泡一趟使数值最大者沉到底部 a[n]；然后在待排序子列 a[1..n-1]中，再起泡一趟，使该子列中数值最大者沉到底部 a[n-1]；以此类推。在整个排序过程中，最多只需起泡 n-1 趟。若某趟起泡过程中，不再有数据往上升，则说明待排序序列已经完全有序，此时，可以提前结束排序过程。

例 8-10　设待排序数据序列为 8、4、3、6、9、2。采用冒泡排序的过程如图 8-17 所示。冒泡排序具体实现步骤如下。

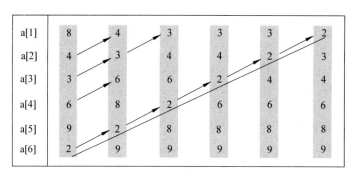

图 8-17　冒泡排序示例

① 第 i 趟起泡,是在待排序子列 a[1..n−i+1]中进行的,依次比较 a[j]与 a[j+1]的值(j=1,2,…,n−i),使数值较小者往上升。即若 a[j]>a[j+1],则交换 a[j]与 a[j+1]的值(j=1,2,…,n−i)。

② 直到第 i 趟起泡时,不再有记录往上升为止。

冒泡排序的算法设计如图 8-18 所示,算法中的变量说明如下。

```
Const  n=…
Var  a: Array[0..n]  Of  integer
     i,j: integer
     flag: boolean
```

算法8-5　bubble_Sort(a)

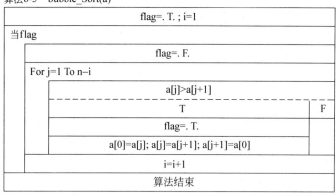

图 8-18　冒泡排序

算法分析:冒泡排序的执行时间与待排序数据的初始序列有关。若待排序数据在排序前已经有序,则只需要进行一趟起泡,数值的比较次数只有 n−1 次,不需要移动数据;若待排序数据的初始序列状态较差,例如,若数据的初始状态按数值从大到小降序排列,则需要进行 n−1 趟起泡,即外循环执行 n−1 次。执行第 i 次外循环,需要进行 n−i 次比较,这种情况下,比较次数和数据移动次数最多,在整个排序过程中,比较次数为

$$\sum_{i=1}^{n-1}(n-i) = \frac{n(n-1)}{2} \approx \frac{n^2}{2}$$

数据移动次数为

$$\frac{3n(n-1)}{2} \approx \frac{3n^2}{2}$$

因此,冒泡排序的时间复杂度在最坏情况下是 $O(n^2)$。

根据算法 8-5 编制 VB 源程序如下。

```
'*****************************************************
'*    程序名称: bubble_Sort                          *
'*    程序功能: 冒泡排序                              *
'*    作    者: FENGJUN                               *
'*    编制时间: 2010 年 8 月 20 日                    *
'*****************************************************
Private Sub Form_Click()
    Const n=10
    Dim a()
    Dim i As Integer, j As Integer
    Dim flag As Boolean
    a=Array(0, 98, 67, 34, 75, 29, 18, 42, 84, 74, 50)
    Print "待排序数据序列为: "
    For i=1 To n
        Print a(i); Spc(3);
    Next i
    Print
    Rem //*进行冒泡排序*//
    flag=True: i=1
    Do While (flag)
        flag=False
        For j=1 To n-i
            If (a(j)>a(j+1)) Then
                flag=True
                a(0)=a(j): a(j)=a(j+1): a(j+1)=a(0)
            End If
        Next j
        i=i+1
    Loop
    Rem //*输出排序结果*//
    Print "排序结果为: "
    For i=1 To n
        Print a(i); Spc(3);
    Next i
    Print
End Sub
```

运行程序,单击窗体,得到如图 8-19 所示的程序运行界面。

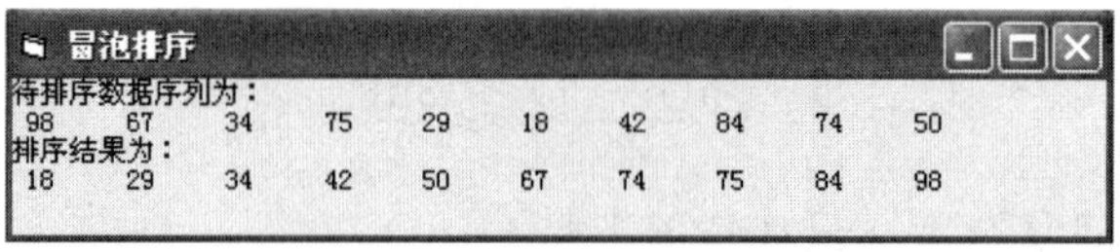

图 8-19 冒泡排序程序运行界面

请读者思考,在算法 8-5 中定义 flag 为布尔型变量,变量 flag 的作用是什么? 还有其他解决方案吗?

8.2 结构体类型

结构体(Structure)类型是一种最重要的构造数据类型,它将具有不同数据类型的数据聚合在一起,构成一个有机整体,以便于使用。

8.2.1 结构体类型的概念

前面介绍的构造数据类型——数组,具有两个重要特性:一是数组的所有元素都具有相同的数据类型;二是数组元素具有相同的数组名,数组元素通过下标或索引号引用。在实际应用中,常常需要将不同的数据类型组合成一个有机整体,以便于引用。例如,表 8-4 是某个班级学生基本信息表。每个学生都具有学号、姓名、性别、年龄、总学分、家庭住址等数据项。每一行数据反映的是一位学生的相关信息,它们之间存在着内在联系,是一个有机整体。这些数据项属于不同的数据类型,不方便用前面介绍的数组变量表示,又希望将这些数据聚合在一起用聚合变量表示。这样的数据组织形式称为结构体,也称为记录(Record),构成结构体的数据项称为结构体成员,也称为字段(Field)。

表 8-4 学生基本信息表

学号	姓名	性别	年龄	总学分	家庭住址
1001	王涛	M	20	109	北京
1002	张芳	F	19	118	南京
1003	李华	F	20	120	太原
⋮	⋮	⋮	⋮	⋮	⋮

构造数据类型——结构体的使用不同于简单变量和数组变量,在说明结构体变量前,需要先定义一个结构体类型。即确定一个结构体类型标识符,指明该结构体类型包含的所有成员以及成员的数据类型。

8.2.2 结构体类型的定义

使用结构体,一般先定义一个结构体类型,然后用该类型说明结构体变量。结构体类型是由多种已知数据类型组合在一起构成的一种新的数据类型。在不同的程序设计语言中定义形式不尽相同。表 8-5 列出两种典型定义形式。

表 8-5　定义结构体类型的典型形式

PASCAL 语言	C 语言
Type 记录类型名＝Record 　　　字段 1：类型标识符 1； 　　　字段 2：类型标识符 2； 　　　　⋮ 　　　字段 n：类型标识符 n； 　　　End	Struct　结构体名 ｛　　类型标识符 1：成员 1； 　　　类型标识符 2：成员 2； 　　　　⋮ 　　　类型标识符 n：成员 n； ｝；

应当说明：在 PASCAL 语言中，记录类型一旦定义，就可以用记录类型名说明记录变量。在 C 语言中，"Struct 结构体名"是一个结构体类型名，说明结构体变量时，它是一个整体

例如，学生基本情况记录类型定义如下。

```
Type    student=Record
        num: PACKED Array[1..6] Of char;
        name: PACKED Array[1..6] Of char;
        sex: char;
        age: integer;
        score: real;
        addr: PACKED Array[1..30] Of char;
        End
```

其中：student 是记录类型名，该类型包含 6 个字段。第 1 个字段名为 num，它是由 6 个字符组成的压缩字符数组，表示学号；第 2 个字段名为 name，它是由 10 个字符组成的压缩字符数组，表示姓名；第 3 个字段名为 sex，它是字符类型，表示性别（M 为男、F 为女）；第 4 个字段名为 age，它是整型，表示年龄；第 5 个字段名为 score，它是实型，表示成绩；第 6 个字段名为 addr，它是由 30 个字符组成的压缩字符数组，表示家庭地址。

定义的记录类型名 student 可以像系统提供的标准类型名 integer、real 等一样用来说明变量的数据类型。

在 Visual Basic 语言中，结构体类型称为用户自定义类型，结构体成员称为自定义类型元素。定义自定义类型的一般形式如下。

[Public/Private] Type 自定义类型名
　　　元素名 1　As　类型标识符 1
　　　元素名 2　As　类型标识符 2
　　　　⋮
　　　元素名 n　As　类型标识符 n
　　End Type

几点说明：

（1）自定义类型名、元素名是用户自定义的标识符。自定义类型一旦定义，就可以用自定义类型名说明自定义变量。自定义类型名同系统给定的基本数据类型标识符一样使用。

（2）自定义类型必须在标准模块或窗体模块的声明部分定义。在标准模块中定义

时,默认为全局类型(Public);在窗体模块中定义时,保留字 Type 前应有保留字 Private。

（3）自定义类型的元素类型若是字符串,则应说明为定长字符串。

例如,学生基本情况的自定义类型定义如下。

```
Private Type  student
    Num  AS  String * 6
    Name  AS  String * 6
    sex  AS  String * 1
    age  As  integer
    score  As  Single;
    addr  AS  String * 30
End Type
```

其中：student 为自定义类型名,包含 6 个元素。

8.2.3 结构体变量的说明

定义了一个结构体类型,相当于为说明变量提供了一个模板,它本身没有存储空间。在程序中要使用结构体类型数据,必须说明结构体类型变量。结构体类型变量的说明与其他类型变量的说明类似,表 8-6 列出两种典型说明形式。

表 8-6 说明结构体变量的一般形式

PASCAL 语言	C 语言
记录变量名：记录类型名	Struct 结构体名 结构体变量名

例如,说明一个用于存放学生基本情况的记录变量 student1 如下。

Var student1: student

一旦说明了记录变量 student1,系统就会分配一片连续的存储单元,用于存储记录变量 student1 的各个字段值。存储空间的大小等于各字段所占存储空间之和。

在 Visual Basic 语言中,说明自定义类型变量的形式同说明基本类型变量的形式类似,可以说明为全局或局部自定义类型变量。例如,说明一个用于存放学生基本情况的自定义类型变量 student1 如下。

Dim student1 As student

8.2.4 结构体变量的引用

结构体变量与数组变量一样,它是一组数据的总名称。具体数据引用需由结构体变量名和成员名共同确定,结构体变量名与成员名之间由成员运算符“.”连接。

引用结构体变量应遵循以下规则。

（1）引用结构体变量中成员的值,引用方式为

结构体变量名.成员名

或

自定义类型变量名.元素名

例如,student1.num 表示结构体变量 student1 中的成员 num。即学生的学号。

（2）若结构体变量的成员本身又是一个结构体,则需要使用多个成员运算符来表示最低一级成员。只能对最低一级成员进行引用。

（3）对结构体变量的最低一级成员可以像简单变量一样进行各种运算和操作。

（4）同类型的结构体变量可以相互赋值。

（5）在 Visual Basic 语言中,可采用 With-End With 结构简化对自定义类型变量中元素的引用。在 With-End With 结构内,可以省略自定义类型变量名,仅用成员连接符"."与元素名引用。形式如下。

With 自定义类型变量名
  .元素名
End With

例 8-11 将表 8-4 中前 2 个学生的基本信息存入自定义类型变量中,然后输出表 8-4。

问题分析:首先定义一个自定义类型 student;然后用该类型说明 2 个自定义类型变量 student1、student2 分别存储 2 个学生的基本信息;最后输出自定义类型变量各元素的值。编制的 VB 源程序如下。

```
'*****************************************************
'*    程序名称: Student                          *
'*    程序功能: 学生基本情况(自定义类型示例)       *
'*    作    者: FENGJUN                          *
'*    编制时间: 2010 年 8 月 20 日                 *
'*****************************************************
Rem //*定义自定义类型 student*//
Private Type student
    Num   As String*6
    Name   As String*6
    sex   As String*1
    age   As Integer
    score   As Single
    addr   As String*30
End Type
Private Sub Form_Click()
    Rem 说明 2 个自定义类型变量
    Dim student1 As student, student2 As student
    Dim i As Integer, j As Integer
    Rem 自定义类型变量赋值
    student1.Num="1001"
```

```
student1.Name="王涛"
student1.sex="M"
student1.age=20
student1.score=109
student1.addr="北京"
student2.Num="1002"
student2.Name="张芳"
student2.sex="F"
student2.age=19
student2.score=118
student2.addr="南京"
Rem //*输出结构体变量各成员的值*//
Print "学号  姓名  性别  年龄  总学分  家庭地址 "
Print student1.Num; student1.Name; student1.sex; Spc(3);
Print student1.age; Spc(3); student1.score; Spc(3); student1.addr
Print student2.Num; student2.Name; student2.sex; Spc(3);
Print student2.age; Spc(3); student2.score; Spc(3); student2.addr
End Sub
```

运行程序,单击窗体,得到如图 8-20 所示的程序运行界面。

图 8-20　自定义类型示例

在说明结构体变量的同时,可以对它进行初始化,即给结构体变量的各成员赋初值。需要注意的是:不能通过结构体变量名直接得到结构体变量中所有成员的值,只能对结构体变量中各个成员进行引用来实现输出。

8.2.5　结构体应用举例

一个结构体变量中可以存储一组有关联的数据,如一个学生的基本信息。若要对一个班级学生的基本信息进行处理,则需要使用结构体数组。结构体数组与数值型数组的不同之处在于每个数组元素都包含有各个结构体成员,它们都是一个结构体类型数据。下面举例说明结构体数组的应用。

例 8-12　已知某班学生的基本信息如表 8-4 所示。要求按总学分由高到低输出学生的基本信息表。

问题分析:首先定义 1 个结构体类型 student;然后用该类型说明 1 个结构体数组变量 student1[n]用于存储全班学生的基本信息;再依据数组元素的成员总学分采用直接插入排序法对数组 student1[n]实现降序排序;最后输出结构体数组元素各成员的值。算法设计如图 8-21 所示,算法中的类型定义和变量说明如下。

```
Const  n=…
Type   student=Record
         num: PACKED Array[1..6] Of char;
         name: PACKED Array[1..6] Of char;
         sex: char;
```

```
          age: integer;
          score: real;
          addr: PACKED Array[1..30] Of char;
          End
Var   student1: Array[0..n] Of student;
      i,j:integer
```

算法8-6　StudInfoProc(student1[n])

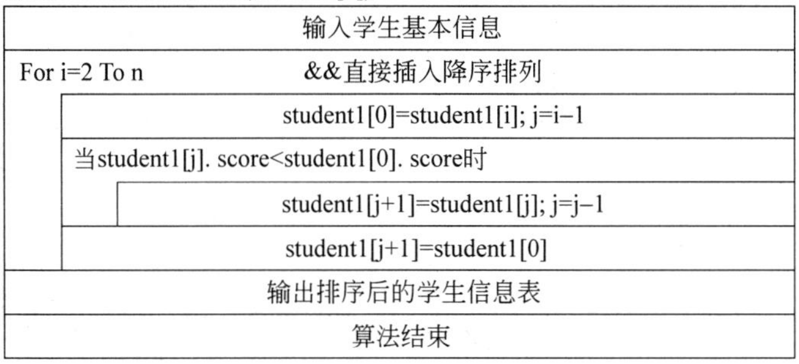

输入学生基本信息		
For i=2 To n	&&直接插入降序排列	
	student1[0]=student1[i]; j=i−1	
	当student1[j]. score<student1[0]. score时	
		student1[j+1]=student1[j]; j=j−1
	student1[j+1]=student1[0]	
输出排序后的学生信息表		
算法结束		

图 8-21　学生信息处理

根据算法 8-6 编制 VB 源程序如下。

```
'**********************************************************
'*    程序名称：StudInfoProc                              *
'*    程序功能：学生信息处理                              *
'*    作    者：FENGJUN                                   *
'*    编制时间：2010 年 8 月 20 日                        *
'**********************************************************
Rem //*定义自定义类型 student*//
Private Type student
    Num   As String*6
    Name   As String*6
    sex   As String*1
    age   As Integer
    score   As Single
    addr   As String*30
End Type
Private Sub Form_Click()
    Const N=3
    Rem 说明 1 个自定义类型数组变量
    Dim student1(N) As student
    Dim i As Integer, j As Integer
    Rem 自定义类型数组变量赋值
    With student1(1)
        .Num="1001": .Name="王涛": .sex="M"
        .age=20: .score=109: .addr="北京"
```

```
End With
With student1(2)
    .Num="1002": .Name="张芳": .sex="F"
    .age=19: .score=118: .addr="南京"
End With
With student1(3)
    .Num="1003": .Name="李华": .sex="F"
    .age=20: .score=120: .addr="太原"
End With
Rem //*对自定义类型数组进行直接插入排序*//
For i=2 To N
    student1(0)=student1(i): j=i-1
    Do While (student1(j).score<student1(0).score)
        student1(j+1)=student1(j): j=j-1
    Loop
    student1(j+1)=student1(0)
Next
Rem //*输出排序后自定义类型数组元素各成员的值*//
Print "学号   姓名   性别   年龄   总学分   家庭地址   "
For i=1 To N
    With student1(i)
        Print .Num; .Name; .sex; Spc(3);
        Print .age; Spc(3); .score; Spc(3); .addr
    End With
Next
End Sub
```

运行程序,单击窗体,得到如图 8-22 所示的程序运行界面。

图 8-22　学生信息处理程序运行界面

程序中假设某班有 3 个学生,事实上,该程序适用于处理任意多个学生信息,只需修改符号常量 n 及自定义数组 student1(n)的初始化值(即提供相应多的学生信息)。辅助变量 student1(0)在程序中的作用是将待插入的自定义数组元素 student1 (i)的各成员的值暂时保存,当找到插入位置时,再将其值赋给相应的数组元素。对于类型相同的自定义变量可以相互赋值,比如,赋值语句 student1(0)=student1(i),是将数组元素 student1(i)的所有成员的值赋值给数组元素 student1(0)中各对应的成员。在输入、输出、引用各成员值时,必须对各成员进行引用,无法进行整体操作。

8.3　其他构造数据类型

数组类型和结构体类型是两种重要的构造数据类型,数组类型将同类型数据元素组合成一个有机整体,结构体类型将不同类型的数据元素组合成一个有机整体,每个数据元素都分配有相应的存储单元,它们都占用一片连续的存储空间。除此之外,还有共用体构造数据类型和文件类型。

8.3.1 共用体类型

共用体(Union)也称为联合,它由一个或多个成员构成,这些成员可以是不同的数据类型,各成员共用同一段存储单元。即系统只给共用体变量中所需存储空间最大的成员分配相应的存储单元,所有成员都共享这一存储单元,也就是说,在同一时刻共用体变量中只有一个成员的值是有效的。

在 C 语言中,定义共用体类型的一般形式如下。

Union 共用体名
{ 类型标识符 1: 成员 1;
类型标识符 2: 成员 2;
⋮
类型标识符 n: 成员 n;};

例如,定义共用体类型 Union data 如下。

```
Union data
{ int n;
    char ch;
    float number; };
```

该类型 Union data 包含整型成员 n、字符型成员 ch 和浮点型成员 number 共 3 个不同类型成员。Union data 类型变量只占 4 个字节(因为浮点型变量占用 4 个字节,整型变量占用 2 个字节,字符型变量占用 1 个字节)。

可以看出,共用体类型与结构体类型的定义相似,共用体变量说明和成员引用也与结构体变量的说明和成员引用相似。不同之处表现在:共用体变量的各成员共享同一存储单元,只有最后一次被赋值的成员是有效的。

例 8-13 使用共用体节省存储空间。

问题分析:假设对学生的身体情况作一次调查。每个学生都包含姓名、年龄和性别,规定对男生的调查项目还有身高和特长,对女生的调查项目还有体重、爱好和家庭住址。这样,需要设计的结构体类型如下。

```
Struct student
{ char name[10];
    int age;
    char sex_type;
    float high;
    char feature[30];
    float wight;
    char hobbies[30];
    char addr[20]; };
```

成员 sex_type 具有值'M'（男生）或'F'（女生）之一。这个结构虽然能完全记录调查情况，但是它浪费了许多存储空间。比如，若是男生就不需要存储体重、爱好和家庭住址等数据；若是女生就不需要存储身高和特长等数据。可以通过在结构体中内嵌共用体减少对存储单元的开销。学生身体情况调查所适用的结构体类型定义如下。

```
Struct boys                              /*男生特定调查项目*/
{  float high;
   char feature[30]; };
Struct girls                             /*女生特定调查项目*/
{  float wight;
   char hobbies[30];
   char addr[20];  };
Union sex                                /*男生、女生特定调查项目共用体类型*/
{  struct boys  boy;
   struct girls girl;  };
Struct student_type                      /*学生调查项目内嵌共用体的结构体类型*/
{  char name[10];
   int age;
   char sex_type;
   union sex se;  };
Struct student_type  student;            /*说明结构体变量 student*/
```

请读者思考，说明的结构体变量 student 共占用多少存储空间；男生、女生各调查项目的成员引用如何表示。比如，男生的身高成员引用是：student.se.boy.high；女生的体重成员引用是：student.se.girl.wight。

8.3.2 文件类型

迄今为止，程序中处理的数据都是由键盘输入或包含在程序中的，处理的结果都是输出到屏幕上或打印机上。这些数据无法长期保留在计算机中或无法重复使用。数据文件提供了另一种进行数据输入输出的手段，实际应用程序大多数都包含数据文件的处理。

数据文件（Data File）是指存储在外部介质上的数据集合。它由程序文件（Program File）的运行创建，为程序文件的运行提供数据。它们都以文件名标识存储在外部存储器中。数据文件的文件名一般以 .dat 为后缀（扩展名）。使用数据文件为程序运行提供数据具有一些不可替代的特性，诸如，方便规模数据管理，可以批量输入输出数据；数据以文件形式长期保存在存储器中，避免重复输入数据；数据在一定程度上可被多个程序共享等。

按照数据的存储形式，数据文件可分为二进制文件和 ASCII 文件。二进制（Binary）文件是把内存中的数据按其在内存中的存储形式原样输出到外部存储器中进行存放。ASCII 文件又称为文本（Text）文件，它是将内存中数据的 ASCII 码输出到外部存储器中进行存放，即 1 个字节存储 1 个字符的 ASCII 码，它与数据在内存的存储形式是不同的。

按照数据的读写形式，数据文件可分为顺序数据文件和随机数据文件。顺序（Order）

数据文件是指对文件中的数据进行读写的顺序与数据在文件中的逻辑存储顺序是一致的,即先写入的数据先读取,后写入的数据后读取。随机(Random)数据文件也称为直接存取数据文件,对文件中的数据进行读写是按数据块进行的,即系统为每个数据文件设置了一个位置指针(Location Pointer),用来指示当前的读写位置,可以通过移动位置指针,任意读写数据文件中的数据块。

程序对数据的处理是在内存中进行的,数据文件存储在外部存储器上。要对数据文件中的数据进行处理,就必须将数据读入内存。大多数程序设计语言都采用了"缓冲文件系统"进行处理。所谓缓冲文件系统(Buffer File System)是指系统自动在内存区为程序中每个正在使用的数据文件都开辟一个文件缓冲区和建立一个文件信息区。文件缓冲区用于:若从内存向数据文件输出数据,则先将程序数据区中的数据送到文件缓冲区,当装满文件缓冲区后再一起写入数据文件;若从数据文件向内存输入数据,则先将数据文件中的一批数据读入文件缓冲区,再将文件缓冲区中的数据逐一送到程序数据区,如图 8-23 所示。文件信息区用于存放数据文件的有关信息。在 C 语言中,这些信息保存在一个结构体变量中,该结构体类型由系统声明,用类型名 FILE 标识,或称为文件类型。在 PASCAL 语言中,ASCII 文件用类型名 TEXT 标识,或称为 TEXT 类型文件;二进制文件用类型名 FILE 标识,或称为 FILE 类型文件。在 Visual Basic 中,用♯文件代码标识。

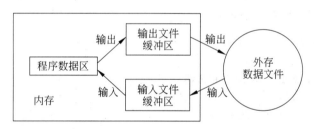

图 8-23　读写数据文件

在实际应用中,一般不必命名文件类型变量。在 C 语言中,通过 FILE ＊fp 定义一个 FILE 类型的指针变量 fp。可以使指针变量 fp 指向某一个数据文件的文件信息区,或者说指针变量 fp 中存放的是文件信息区的首地址,通过它能够访问数据文件。在 Visual Basic 语言中,为要操作的数据文件确定一个♯文件代码,通过♯文件代码能够访问数据文件。也就是说,通过它能够对数据文件进行打开、关闭、读写等操作。

对数据文件进行操作的一般过程如图 8-24 所示。

算法 8-7　FileOperation

打开数据文件
读写数据
关闭数据文件
算法结束

图 8-24　数据文件的操作过程

所谓打开(Open)数据文件是指为数据文件在内存建立相应的文件信息区和文件缓冲区。在 C 语言中,就是建立起指向文件信息区的指针变量与数据文件之间的联系,通过指针变量对数据文件实施读写操作。在 Visual Basic 语言中,就是建立起♯文件代码与数据文件之间的联系,通过♯文件代码对数据文件进行读写操作。所谓读出(Read)数据是指将数据文件中的数据通过输入文件缓冲区输入到程序数据区中的变量,以便对数据进行处理。所谓写入(Write)数据是指将程序数据区中变量的值通过输出文件缓冲区输出到数据文件,以便长期保存或重复运用。所谓关闭(Close)数据文件是指注销内存中的文件信息区和文件缓冲区,使指针变量或♯文件代码与数据文件之间的联系终止。在关闭数据文件的同时,要将文件缓冲区中的数据写入到数据文件。对数据文件的操作要以关闭数据文件来结束处理过程,以避免数据的丢失。

　　例 8-14　从键盘输入学生信息,把它们存储到一个顺序数据文件。

　　问题分析:假设学生信息包括学号、姓名和成绩。定义自定义类型 stud_type,声明自定义类型变量 st 用于存放学生信息。由键盘输入要创建的顺序数据文件名 student.dat 存于字符串变量 filename 中。由 FreeFile 函数返回一个有效文件号存于变量 fileno 中。以顺序只写方式创建一个顺序数据文件。由输入对话框输入每个学生的信息存于自定义变量 st 中,再将其写入顺序数据文件,直到输入的学号 st.num 为空时结束。关闭数据文件。

　　根据分析编制 VB 源程序如下。

```
'***********************************************************
'*    程序名称: datafile1                                  *
'*    程序功能: 创建一个顺序数据文件                          *
'*    作    者: FENGJUN                                    *
'*    编制时间: 2010 年 8 月 20 日                          *
'***********************************************************
Rem //* 定义自定义类型 stud_type * //
Private Type stud_type
    num As String * 4
    name As String * 10
    score As Integer
End Type
Private Sub Form_Click()
    Dim st As stud_type
    Dim filename As String, fileno As Integer
    filename=InputBox("请输入数据文件名: ", "创建一个顺序数据文件")
    fileno=FreeFile               '返回一个有效文件号
    Rem //* 在当前应用程序路径下以顺序只写方式打开文件
    Open App.Path + "\"+ filename For Output As #fileno
    Print filename+"的文件号是: "; fileno
    Print "学号", "姓名", "计算机成绩"
    Do
        st.num=InputBox("请输入学号: ", "创建一个顺序数据文件")
```

```
        If Trim(st.num)="" Then Exit Do          '//若学号为空,则结束//
        st.name=InputBox("请输入学生姓名: ","创建一个顺序数据文件")
        st.score=InputBox("请输入学生计算机成绩: ","创建一个顺序数据文件")
        Rem //将学生信息写入顺序文件//
        Write #fileno, st.num, st.name, st.score
        Rem //将写入文件的信息同时在窗体上显示//
        Print st.num, st.name, st.score
      Loop
      Close                    '关闭文件
End Sub
```

运行程序,单击窗体,写入数据文件的学生信息同时显示在窗体上,如图 8-25 所示。

程序中的 Trim(x)函数用于去掉字符串 x 两边的空白字符。App. Path 返回当前应用程序路径。语句 Exit Do 强制退出 Do-Loop 循环结构。

语句 Open App. Path+filename For Output As ♯fileno 以只写方式打开一个顺序数据文件,文件号为 fileno。在 Visual Basic 中,打开数据文件语句 Open 的一般格式如下。

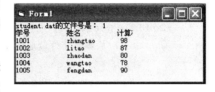

图 8-25　写入数据文件的学生信息

Open 文件名标识符 For 打开方式 As ♯ 文件代码

打开方式共有 5 种:Output 顺序只写;Append 顺序追加只写;Input 顺序只读;Random 随机读写;Binary 二进制读写。

文件代码或文件号是打开的数据文件的编号,或者说是文件信息区的代码。文件代码取值范围在 0～511 之间。

顺序文件的数据写入语句有两个:Print ♯ 和 Write ♯。

请读者思考,如何读出数据文件中的信息。

例 8-15　数据文件 D:\VB98\student. dat 中已经存入 5 个学生的有关信息(例 8-14 建立的顺序数据文件),从文件中读取数据,将成绩在 80 分以上学生的有关信息显示于窗体上。

问题分析:在 Visual Basic 中,首先以 Input 方式打开已有的顺序数据文件,然后可以使用 Input ♯ 语句、Line Input ♯ 语句或 Input 函数实现数据的读取。本例中使用 Input ♯ 语句顺序读取每个学生的学号、姓名和成绩,若成绩大于 80 分,则显示于窗体。利用 Eof 函数判断是否读完数据。关闭数据文件。

根据分析编制 VB 源程序如下。

```
'********************************************************
'*    程序名称:datafile2                               *
'*    程序功能:读取顺序数据文件中的数据                *
'*    作    者:FENGJUN                                 *
'*    编制时间:2010 年 8 月 20 日                      *
'********************************************************
```

```
Rem //*定义自定义类型 stud_type*//
Private Type stud_type
    num As String * 4
    name As String * 10
    score As Integer
End Type
Private Sub Form_Click()
    Dim st As stud_type
    Dim filename As String
    filename="student.dat"
    Rem //*在当前应用程序路径下以顺序只读方式打开文件
    Open App.Path+"\"+filename For Input As #1
    Print "学号", "姓名", "计算机成绩"
    Do While Not Eof(1)
        Rem //从顺序文件读取学生信息//
        Input #1, st.num, st.name, st.score
        If st.score>80 Then
            Rem //将成绩大于80分者在窗体上显示//
            Print st.num, st.name, st.score
        End If
    Loop
    Close                       '关闭文件
End Sub
```

运行程序,单击窗体,得到如图 8-26 所示的程序运行界面。

程序中函数 Eof(文件号)用于判断文件指针
是否到达文件尾部。若到达尾部,则函数返回值
为 True,否则为 False。

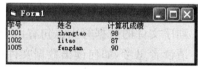

图 8-26 读取顺序数据文件程序运行界面

例 8-16 从键盘输入学生信息,把它们存储
到一个随机数据文件中。

问题分析:假设学生信息包括学号、姓名和成绩。定义自定义类型 stud_type,声明
自定义类型变量 st 用于存放学生信息。以随机读写方式创建随机数据文件
randstudent.dat。由输入对话框输入每个学生的信息存于自定义变量 st 中,再将其写入
随机数据文件,直到输入的学号 st.num 为空时结束。关闭数据文件。

根据分析编制 VB 源程序如下。

```
'**********************************************************
'*   程序名称: datafile3                                  *
'*   程序功能: 创建一个学生信息随机数据文件               *
'*   作    者: FENGJUN                                    *
'*   编制时间: 2010 年 8 月 20 日                          *
'**********************************************************
Rem //*定义自定义类型 stud_type*//
```

```
Private Type stud_type
    num As String * 4
    name As String * 10
    score As Integer
End Type
Private Sub Form_Click()
    Dim st As stud_type
    Dim k As Integer
    Rem //*在当前应用程序路径下以随机读写方式打开文件
    Open App.Path+"\randstudent.dat" For Random As #1 Len=16
    Print "学号", "姓名", "计算机成绩"
    k=1
    Do
        st.num=InputBox("请输入学号：", "创建一个随机数据文件")
        If Trim(st.num)="" Then Exit Do          '//若学号为空,则结束//
        st.name=InputBox("请输入学生姓名：", "创建一个随机数据文件")
        st.score=InputBox("请输入学生计算机成绩：", "创建一个随机数据文件")
        Rem //将学生信息写入随机文件//
        Put #1, k, st
        k=k+1
        Rem //将写入文件的信息同时在窗体上显示//
        Print st.num, st.name, st.score
    Loop
    Close                    '关闭文件
End Sub
```

运行程序,单击窗体,写入随机数据文件的学生信息同时显示在窗体上,如图 8-27 所示。

程序中的语句 Put ♯1, k, st 是随机数据文件的写入语句,其中 k 是记录号,自定义变量 st 是被写入的数据。短语(子句)Len＝16 用于指定随机数据文件的记录长度。

图 8-27　写入随机数据文件的学生信息

在 Visual Basic 语言中,打开随机数据文件时,必须指定记录长度。随机数据文件打开后,既可以进行写入操作,也可以进行读取操作。随机数据文件的写入语句是 Put ♯;读取语句是 Get ♯。

例 8-17　在随机数据文件 D:\VB98\randstudent.dat 中已经存入 5 个学生的有关信息(例 8-16 建立的随机数据文件),将该文件中的信息以逆序表格形式在窗体上显示。

问题分析:打开随机数据文件;从尾记录开始依次读取信息,直到首记录;读出的记录存入自定义类型的数组变量 starray 中;在窗体上输出数组;关闭数据文件。

根据分析编制 VB 源程序如下。

```
'***********************************************************
'*    程序名称：datafile4                                  *
```

```
'*    程序功能：随机读取数据文件                                    *
'*    作    者：FENGJUN                                          *
'*    编制时间：2010 年 8 月 20 日                                 *
'****************************************************************
Private Type stud_type                '//＊定义自定义类型 stud_type＊//
    num As String＊4
    name As String＊10
    score As Integer
End Type
Private Sub Form_Click()
    Const n=5
    Dim st As stud_type,k As Integer
    Dim starray(n) As stud_type
    Rem //＊在当前应用程序路径下以随机读写方式打开文件
    Open App.Path+"\randstudent.dat" For Random As #1 Len=16
    Rem //从尾记录到首记录依次读取记录,存于数组中//
    k=n
    Do While k>0
        Get #1, k, st
        starray(n-k+1)=st
        k=k-1
    Loop
    Rem //在窗体上输出数组的值//
    Print "学号", "姓名", "计算机成绩"
    For k=1 To n
        With starray(k)
            Print .num, .name, .score
        End With
    Next k
    Close                    '关闭文件
End Sub
```

运行程序,单击窗体,得到如图 8-28 所示的程序运行界面。

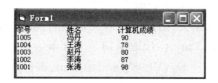

图 8-28　随机读取数据文件程序运行界面

在 Visual Basic 语言中,数据文件的存取模式有 3 种：顺序数据文件、随机数据文件和二进制数据文件。

文件被打开后,有一个隐含的文件指针,文件的读写操作总是从文件指针所指的位置开始。用 Open 语句打开文件时,除了 Append 方式的文件指针指向文件尾部外,其他方式的文件指针都指向文件的开头。每完成一次读写操作,文件指针自动移至下一个读写操作的起始位置。对于顺序数据文件,文件指针的移动长度与它所读写的数据长度相同;对于随机数据文件,文件指针的最小移动单位是一个记录的长度;对于二进制数据文件,文件指针的最小移动单位是一个字节。

  例 8-14、例 8-15 是对顺序数据文件的操作;例 8-16、例 8-17 是对随机文件的操作。二进制数据文件的操作更为方便简捷。事实上,任何数据文件都可以用二进制读写方式打开。二进制数据文件打开后,既可以进行写入操作,也可以进行读取操作。二进制数据文件的写入语句是 Put♯;读取语句是 Get♯。

  例 8-18 在随机数据文件 D:\VB98\randstudent. dat 中已经存入 5 个学生的有关信息(例 8-16 建立的随机数据文件),将该文件以二进制读写方式打开,读取信息以表格形式在窗体上显示。

  问题分析:以二进制读写方式打开该文件,即 Open App. Path+"\randstudent. dat" For Binary As ♯1。以自定义变量 st 读取数据,每次读取 16 字节,读取语句为 Get ♯1, 16 * (k−1)+1, st。以 Eof 函数判断是否读取到文件尾部。将例 8-17 中的 VB 程序修改如下。

```
'**********************************************************
'*    程序名称:datafile5                                  *
'*    程序功能:二进制数据文件操作                           *
'*    作    者:FENGJUN                                    *
'*    编制时间:2010 年 8 月 20 日                          *
'**********************************************************
Private Type stud_type                '//*定义自定义类型 stud_type*//
    num As String * 4
    name As String * 10
    score As Integer
End Type
Private Sub Form_Click()
    Const n=5
    Dim st As stud_type
    Dim starray(6) As stud_type
    Dim k As Integer
    Rem //*在当前应用程序路径下以二进制读写方式打开文件
    Open App.Path+"\randstudent.dat" For Binary As #1
    Rem //从首记录到尾记录依次读取记录,存于数组中//
    k=1
    Do While Not Eof(1)
        Get #1, 16 * (k-1)+1, st
        starray(k)=st
        k=k+1
    Loop
    Rem //在窗体上输出数组的值//
```

```
        Print "学号", "姓名", "计算机成绩"
        For k=1 To n
            With starray(k)
                Print .num, .name, .score
            End With
        Next k
        Close            '关闭文件
End Sub
```

运行程序,单击窗体,得到如图 8-29 所示的程序运行界面。

图 8-29　二进制数据文件操作示例

数据文件在实际应用中很重要,大多数实际应用程序都包含有数据文件。这里只介绍了一些最基本的概念,通过简单例子初步了解怎样对数据文件进行操作,为今后的进一步学习和应用打下坚实基础。

8.4　课程设计题目——排序算法

1. 问题描述

由键盘输入 n 个数据,实现升序排序或降序排序。

2. 基本要求

(1) 至少完成 3 个版本的排序方法。如,直接插入排序、折半插入排序和冒泡排序等。

(2) 以菜单或事件驱动方式选择按升序排序或降序排序。

(3) 以菜单或事件驱动方式选择排序方法。

(4) 分析各排序算法的时间效率。

3. 测试数据

至少给定 3 组数据,一组为升序、一组为降序、多组为无序。

4. 实现提示

(1) 不妨假定待排序数据为整型数据或实型数据。

(2) n 个数据存储在一维数组。n 定义为符号常量。

5. 问题拓展

(1) 对二维数组进行排序。

(2) 对结构体数组进行排序。

(3) 将两个有序数组归并成一个有序数组。

(4) 了解其他排序方法。如,选择排序、希尔排序、快速排序、归并排序等。

习　题　8

一、选择题

1. 若在模块的声明中有语句 Option Base 0,则该模块中使用 Dim a(6,3 To 5)定义的数组元素个数是(　　)。

    A. 30　　　　　　　　B. 18　　　　　　　　C. 35　　　　　　　　D. 21

2. 对于动态数组 A(),原数组为 A(5),若要改变数组为 A(10)且保证数组内的数据不丢失,则应使用(　　)语句重新定义。

    A．Dim A(10)　　　　　　　　　　　B. ReDim A(10)

    C. ReDim Preserve A(10)　　　　　　D. ReDim A(5 To 10)

3. 下列对控件数组描述正确的是(　　)。

    A. 组成控件数组的控件所有属性值都相同

    B. 按钮与文本框可以组成控件数组

    C. 窗体可以创建成控件数组

    D. 控件数组的外观可以不相同

4. 若有声明语句：Dim a(1 To 10) As Integer,则下列应用(　　)是合法的。

    A. a(1)="adb"　　B. a(8)="34"　　C. a(7)=32768　　D. a(0)=2.21

5. 以下说法中,不正确的是(　　)。

    A. 数组下标的下界默认值为 0,上界可以为负数,但下界必须小于上界

    B. 语句 Dim x(−1 To 1,5,10 To 15)声明了数组 x,数组 x 可以存储的元素个数为 108

    C. 同一数组中的各元素在计算机中是连续存储的

    D. 数组元素的下标可以是常量、变量,但不能是表达式

6. 若有声明语句 Dim a(3,4) As Integer,则下面正确的叙述是(　　)。

    A. 此声明语句不正确　　　　　　　　B. 只有 a(0,0)的初值为 0

    C. 数组 a 中每个元素的初值都为 0　　D. 每个元素都有初值,但值不确定

7. 以下程序输出的结果是(　　)。

```
Dim a
a=Array(1,2,3,4,5,6,7)
For j=Lbound(a) To Ubound(a)
    a(j)=a(j)*a(j)
Next
Print a(j)
```

    A. 49　　　　　　　　B. 0　　　　　　　　C. 下标超界　　　　　D. 不确定

8. 下列语句中的(　　)可以正确地声明一个动态数组。

    A. Dim A( ) As Integer　　　　　　　B. Dim A(,) As Integer

    C. Dim A(n) As Integer　　　　　　　D. Dim A(5 To n)

9. 假设执行下列程序段时,依次输入 1、3、5,则执行结果为(   )。

```
Dim a(4) As Integer , b(4) As Integer
For k=0 To 2
    a(k+1)=Val(InputBox("请输入数据:"))
    b(3-k)=a(k+1)
Next k
Pring b(k)
```

A. 1   B. 3   C. 5   D. 0

10. 下列程序段的执行结果为(   )。

```
Dim A(10,10)
For k=2 To 4
    For j=4 To 5
        A(k,j)=k*j
    Next j
Next k
Print A(2,5)+A(3,4)+A(4,5)
```

A. 22   B. 32   C. 42   D. 52

二、填空题

1. 结构体也称为_____或_____;结构体成员也称为_____或_____。

2. 自定义类型的元素类型若是字符串,则应说明为_____。

3. 在 With-End With 结构内,可以省略_____,仅用成员连接符"."与_____引用。

4. 按照数据的存储形式,数据文件可分为_____文件和_____文件。

5. 按照数据的读写形式,数据文件可分为_____数据文件和_____数据文件。

6. 在 Visual Basic 语言中,数据文件的存取模式有 3 种:_____数据文件、_____数据文件和_____数据文件。

三、简答题

1. 简述数组与结构体的区别。

2. 简述直接插入排序的基本思想和具体实现步骤。

3. 简述冒泡排序的基本思想和具体实现步骤。

4. 在 Visual Basic 语言中,文件的打开方式有哪几种? 对应的打开语句形式各是什么?

5. 在 Visual Basic 语言中,顺序文件、随机文件与二进制文件在读写时有什么区别? 它们各自的读写语句有哪些?

四、设计题

1. 编写程序,输入 10 个数,求它们的平均值。

2. 输入 10 个数,去掉 1 个最大值,去掉 1 个最小值,求剩余数的平均值。用 N-S 图描述算法,并编程实现。

3. 编写程序,有 5 名学生,每名学生有 4 门课程成绩,要求从键盘输入所有成绩,计算每名学生的平均成绩,并以表格形式按平均成绩由高到低输出 5 名学生的所有成绩信息。

4. 在公元前 3 世纪,古希腊天文学家埃拉托色尼发现了一种找出不大于 n 的所有素数的算法,称为埃拉托色尼筛选法。这种算法的步骤是:

S1:顺序给出 2~n 之间的所有自然数;

S2:对第 1 个数画圈,表示它是素数。

S3:依次对后续数进行判断,若是画圈数的倍数,则画×,表示它不是素数,直到数 n。

S4:返回该画圈数,若后续数都已处理(画圈或画×),则转到步骤 S5;否则,对第 1 个未处理的数画圈,转到步骤 S3。

S5:输出所有画圈数,即得到 2~n 之间的所有素数。

请编写程序实现埃拉托色尼筛选法,筛选范围是 2~500。

5. 编写程序,自动产生 10 个数,并按升序存储在一维数组中,由键盘输入 1 个数,用折半查找法找出该数是数组中第几个元素的值。若该数不在数组中,则输出"查无此数"。

6. 编写程序,找出二维数组中的鞍点。所谓鞍点是指某元素值是所在行元素中的最大值,所在列元素中的最小值。也可能没有鞍点。

7. 编写程序,输出 n 阶魔方阵。所谓 n 阶魔方阵是指这样的方阵,它由 $1~n^2$ 之间的自然数组成,且方阵的每一行、每一列和对角线上的数据之和均相等。例如,3 阶魔方阵为

$$
\begin{array}{ccc}
8 & 1 & 6 \\
3 & 5 & 7 \\
4 & 9 & 2
\end{array}
$$

8. 定义一个有理数类型,对该类型数据实现加、减、乘、除运算。

9. 某班有 n 个学生,每个学生的信息包括学号、姓名、3 门课程成绩,要求从键盘输入 n 个学生的信息,计算每个学生 3 门课程的平均成绩,按平均成绩由高到低以表格形式输出所有学生的所有信息。

10. 认真阅读体会例 8-14~例 8-18。修改例 8-14 和例 8-16 创建的数据文件,即每个学生的计算机成绩都加 2 分。

11. 维护学生成绩数据库。要求数据组织形式采用文件类型,即建立学生成绩数据文件。用 N-S 图描述算法并编程实现。提示:参考例 8-14~例 8-18。

12. 创建某单位职工人事档案数据文件。每位职工信息包括编号、姓名、性别、年龄、住址、工资、文化程度等。由职工人事档案数据文件创建职工工资数据文件(每位职工信息包括编号、姓名和工资)。用 N-S 图描述算法并编程实现。

第9章 结构化程序设计

实际应用的程序显然比教科书中的例子要大得多。硬件技术的迅猛发展以及图形界面技术的流行大大增加了程序的平均长度。如今,大多数功能完整的实用程序至少也有数十万行代码,上百万行甚至上千万行的系统软件也常见。

研制开发大规模程序与编写小程序有许多不同。除了需要有很好的耐心和细心外,更需要仔细的规划、详细的设计和好的风格。本章着重讨论那些有助于编写大型程序的技术和方法。当然,要全面讨论这方面的技术和方法会超出本书的范围。这里,试图简要地涵盖一些在程序设计中的重要观念和思想,以及说明如何运用它们来设计、编写出更易读和更易于维护的程序。

9.1 结构化方法概述

结构化方法(Structured Methodology)是计算学科中的一种典型的系统开发方法。它采用了系统科学的思想方法,自顶向下地分析、设计系统。结构化方法包括结构化分析(Structured Analysis,SA)、结构化设计(Structured Design,SD)和结构化程序设计(Structured Programming,SP)三部分内容。在结构化方法中,有面向过程的结构化方法和面向数据结构的结构化方法。

结构化方法起源于结构化程序设计语言。1966 年,C. BÖhm 和 G. Jacopini 提出了关于"程序结构"的理论,证明了这样的事实:任何程序都可以用顺序结构、选择结构和循环结构来表示。1969 年,E. W. Dijkstra 提出了结构化程序设计的重要概念,强调必须从程序结构和风格上来研究程序设计。从而,相继出现了许多结构化程序设计语言。结构化程序设计首先需要进行功能模块设计,然后再将设计好的模块组装成系统。如何设计功能模块?源于结构化程序设计思想的结构化设计方法就是要解决模块的构建问题。1974年,由 W. Stevens、G. Myers 等人撰写的论文《结构化设计》为结构化设计方法奠定了基础。结构化设计方法需要建立在系统需求明确的基础上。如何明确系统需求?这就是结构化分析方法所要解决的问题。此方法产生于 20 世纪 70 年代中期,80 年代得到进一步的发展。

结构化方法的基本思想就是将待解决的问题看作一个系统,运用系统科学的思想方法分析问题和解决问题。

结构化方法的核心问题就是建立现实世界的模型。也就是说,运用 SA 方法构建现实世界的环境模型;进而运用 SD 方法将环境模型转换为功能模型;最后运用 SP 方法将功能模型实现,从而进入机器世界。在这一变换过程中,使用结构化方法遵循抽象、自顶向下分解和模块化等基本原则。

9.2　模块化设计技术与方法

模块化(Modular)设计技术与方法,是程序设计中应用较早的一种重要技术与方法。将一个程序系统划分成若干个相对独立、功能单一的模块,分别由不同的程序员编制。只要模块之间的接口关系不变,每个模块内部的具体实现细节可以由各自的程序员随意修改。这种早期的模块化程序设计技术已被人们所接受。尤其是在结构化程序设计的概念提出以后,有关模块化设计技术与方法的一整套理论和实现工具发展得更加完善。

9.2.1　模块化的一般目标

程序系统的模块化,应达到两方面的目标:一是独立于模块所在程序的上下文,人们应该能够确认该模块的正确性;二是没有模块内部的具体实现细节,人们能够将诸模块组装成程序系统。更具体地说,就是程序模块化具有下列一系列好处。

(1)抽象。若模块设计合理,则可以作为一个抽象对象。只需要知道模块会做什么,不需要知道模块的功能是怎样实现的。这样,更容易让一个团队的多个程序员共同开发一个程序系统。只要对模块的接口关系达成一致,实现各模块的责任就落到各程序员的身上。

(2)可读性。每个模块的功能和意义是明确的;模块之间的接口关系是清晰的。使得阅读和理解整个程序系统比较容易。

(3)可验证性。首先,应能验证每个模块实现的正确性;其次,不依赖于每个模块的实现细节,根据每个模块的抽象性质,就可以确定整个程序系统的正确性。

(4)可修改性、可维护性。当整个程序系统实现的任务需要作一些变更,或者因为发现某个错误需要对程序系统作一些调整的时候,整个程序系统的修改仅涉及少数几个模块,可能是修改一个模块的内部结构,或增加一个模块,或删除一个模块等等。这种局部性的修改不会影响到整个程序系统。

(5)可复用性。每个具有独立、单一功能的模块,都可能在另一个程序中被复用。

一个大型程序系统可以按照这种目标划分成若干个子结构,这些子结构就是相应层中的若干个模块。为了实现这些模块,又可按同样原则进一步划分,再构成一层模块,外层模块通过调用新的内层模块来实现它的功能。可以使用层次结构图以一种形象化的方式来表示各模块之间的联系。图 9-1 是一个模块层次结构图示例。主模块是程序系统的总控模块,其他各模块是功能模块。

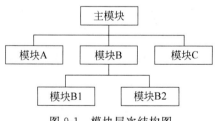

图 9-1　模块层次结构图

为了达到上述模块化的要求,应以怎样的技术与方法去划分模块是程序开发研究中的一个重要课题。随着程序设计语言的发展,一种把数据及其上的操作封装起来,作为抽象数据类型的概念提了出来。

9.2.2 模块凝聚(聚合)与模块耦合(关联)

模块的分解应使每个模块相对独立,即要求模块内部自身联系紧密,模块外部相互之间的信息联系要尽可能减少。衡量模块内部联系是否紧密,外部联系是否合理,引入模块凝聚和模块耦合两个概念。

1. 模块凝聚

模块凝聚(Module Cohesion)是衡量一个模块内部自身功能内在联系是否紧密的指标,也是衡量模块质量好坏的重要标准。模块按凝聚程度的高低分为5级。

① 偶然凝聚。一个模块内部各组成部分的处理相互无关,偶然地组合在一起。这种模块凝聚程度最低。

② 逻辑凝聚。一个模块内部各组成部分的处理逻辑相似,功能却相互不同。

③ 时间凝聚。若干处理由于执行时间彼此相关,集中在一起组成的模块。

④ 数据凝聚。模块内部包含若干处理,它们按一定的顺序执行,前一处理产生的输出数据,是下一个处理的输入数据,这样的模块称为数据凝聚模块。

⑤ 功能凝聚。一个模块只执行一个明确的功能,即上级模块调用它时,它只完成一项确定任务。这种模块独立性强,便于修改,凝聚程度最高,是结构化程序设计中的理想模块。

2. 模块耦合

模块耦合(Module Coupling)是指模块间信息的联系方式。它是衡量模块间结构性能的重要指标。模块耦合有下列3种类型。

① 数据耦合。两个模块之间通过调用关系传递被处理的数据。

② 控制耦合。两个模块通过调用关系,不仅传递数据,而且传递对运行过程有影响的控制信号。这种耦合使一个模块的执行直接影响到接受该控制信号的模块运行。

③ 非法耦合。一个模块与另一个模块内部发生联系,即一个模块中的某些内容在另一个模块中以某种方式被引用。

数据耦合的关联程度最低,非法耦合的关联程度最高。

模块凝聚与模块耦合是模块化程序设计技术与方法中的重要概念,是模块分解的重要指标。在模块分解过程中,尽量使模块的凝聚程度最高,耦合程度最低。这样,模块就具有较简明的接口、较低的关联度和较高的独立性。程序系统就具有良好的结构。

9.2.3 模块的设计准则

大多数程序设计语言都提供了强有力的语法成分,为模块化设计提供了方便。在模块内部给出数据的组织结构和操作的实现细节,提供给外部使用的只是隐蔽了这些细节的抽象数据和抽象操作。

抽象性和信息隐蔽是模块设计的重要准则。可以把模块看成是一座围绕有关数据和操作的围墙,在模块内部定义的对象一般是不可见的。若允许其他模块使用该模块内定义的对象,则必须把这些对象的标识符列入模块的移出表中;相反地,若模块内部要使用其他模块定义的可移出对象,则要把这些对象的标识符列入模块的移入表中。模块的形式定义如下。

```
Module <模块标识符>
    Exports <模块移出表>
    Imports <模块移入表>
    <模块体细节内容>
End <模块标识符>
```

例 9-1 要求设计一个栈(栈的知识参见参考文献[1]),特定操作有 3 种,即初始化栈、进栈和退栈。将表示栈的具体数据结构以及实现栈操作的过程组合在一起,构成一个模块。在模块外部,所见到的是一个抽象的栈以及初始化栈、进栈和退栈操作。

栈的顺序存储表示与实现的模块如下。

```
Module  stack
  Exports  itemtype,initstack,push,pop
  Type  itemtype=datatype
  Var  stacka: Array[1..n]  Of  itemtype
        top: 0..n
  Procedure  initstack                  /* {初始化栈} */
      Begin  topa=0  End
  Procedure  push(e:itemtype)           /* {进栈} */
      Begin  topa=topa+1
             stacka(topa)=e  End
  Procedure  pop                        /* {退栈} */
      Begin  If  topa<>0
                 topa=topa-1
             EndIf
      End
End  stack
```

栈的链接存储表示与实现的模块如下。

```
Module  stack
  Exports  itemtype,initstack,push,pop
  Type  pointer=^itemtype
        itemtype=Record
                info: datatype
                link: pointer
                End
  Var  topp: pointer
  Procedure  initstack                  /* {初始化栈} */
      Begin  topp=nil   End
  Procedure  push(x: datatype)          /* {进栈} */
      Var  p: pointer
      Begin  new(p)
             p^.info=x
```

```
                    p^.link=topp
                    topp=p  End
    Procedure  pop                          /*｛退栈｝*/
        Var  p: pointer
        Begin  If  topp<>nil
                    p=topp
                    topp=topp^.link
                    dispose(p)
                EndIf
        End
    End  stack
```

以上两个模块都定义了一个抽象栈。这个抽象栈的性质完全由栈中元素的数据类型和几个抽象操作确定。当使用栈时，只要知道栈中元素的数据类型和基本操作就行了。对于栈的具体结构以及操作的实现，用户都无需知道。这两个模块，尽管内部的实现完全不同，但是对用户来说是完全一样的。模块已经把内部数据结构和操作实现细节隐蔽起来，在模块外部看到的只是抽象栈。

模块的实质是数据表示的抽象，以数据结构为中心设计模块的技术与方法，具有以下特性：①独立性强。若想改变操作的方式或方法，则只需要在模块内部进行改变。这种变更对模块外部的使用没有任何影响，也不会影响到其他模块，真正达到了模块化的要求。②模块内部的数据结构，只有模块内部提供的操作才能予以改变，这就保证了数据结构存取的安全性和数据结构的完整性。③由于这样设计的模块相互之间接口少，程序结构清晰，因此，各模块可以独立调试和验证，模块的正确性容易得到保证。

由于模块实现了数据表示的抽象，所以当某个复杂的数据类型在系统中被多次引用时，就可以用模块来定义新的数据类型。对于这类模块，模块中只有新数据结构的类型说明，并没有公用的变量说明。作为模块的可见部分，只有被定义的数据类型标识符以及在其上定义的一组操作。

9.3　自顶向下逐步求精设计技术与方法

程序设计技术与方法的一个重要的基本原则就是抽象。在解决一个复杂问题时，起初只能对问题的全局做出决策，设计出一个对问题本身较为自然的、容易理解的、可以用自然语言表达的抽象算法。这个抽象算法由一些抽象数据以及一些抽象操作构成。这样的抽象算法仅仅表示解决问题的一般策略和问题解的一般结构。

9.3.1　自顶向下的基本思想

自顶向下(Top-down Approach)是一种常用的程序设计方法。其基本思想是全局着眼、总体抽象，逐层分解，逐步细化，直至整个程序设计到足够简单、明确。自顶向下的设计思想是程序设计的一个重要指导思想，也是设计良好结构程序的一个有效的基本方法。所谓良好结构程序就是指程序的结构清晰、易读、易理解，容易进行程序正确性证明。

在现实世界中,人们认识一个复杂问题或系统,总有一个由粗到细,由抽象到具体的过程,自顶向下的思想,正是反映了人们思维过程中的这一普遍规律。从获得对问题的抽象描述和解决问题的一个总策略出发,形成第一层抽象的解结构,再对此结构进行分解,形成若干个子策略,在较低层次上重复这一过程,直到建立起该问题完整的、详细的描述为止。

自顶向下思想可以应用于程序系统开发的各个阶段。从需求定义到程序编制的过程中,除了运用自顶向下思想,还需要使用各种软件描述工具(如系统结构图、功能流程图、数据流程图等),以适应软件开发过程中不同阶段、不同抽象层次的描述。

应当指出:自顶向下设计技术与方法是对传统的自底向上设计技术与方法的改进。不应该也不能把自顶向下设计技术与方法理解得绝对化。若确有必要,则允许在某些局部范围适当地采用自底向上的设计处理。例如,在进行自顶向下设计过程中,难免有时会出现诸如原来的分解难于向下继续深入,或者分解不当,或者算法效率不够理想等情形。这时,就只好暂时中断自顶向下的设计过程,临时采用自底向上的设计方法进行相应处理,待有关的补充、修改和增删处理完毕后,再继续原来的自顶向下的设计过程。

9.3.2　逐步求精的基本思想

逐步求精的基本思想是从最能直接反映问题本质的模型出发,逐步具体化、精细化,逐步补充细节,直到设计出能在计算机上运行的程序为止。事实上,逐步求精过程也是自顶向下进行的,它更注重细节问题的处理。这样一个自顶向下的过程不是绝对的,有时按某种方式求精后,在后面的求精过程中,发现前面的求精结果不好,或算法不够有效,或有错或某些部分算法可以合并等等。此时,有必要自底向上对前面已设计的某些内容进行修改。若没有这样一种修改,则等于要求前面所做的每一步决定都必须是正确的、最优的,这是不可能达到的。逐步求精过程应理解为:是一种不断地自底向上修正和补充的自顶向下设计技术与方法。

一般来说,用逐步求精设计技术与方法得到的程序结构是良好的。整个程序是由一些相对独立的模块组成。这样,对局部结构的修改,不会影响整个程序。

逐步求精设计技术与方法的另一个重要特征是:它总是与程序的正确性证明过程交织在一起的。这种从抽象到具体,从高层到低层,从整体到细节,逐层给出正确性的证明方法是解决大规模程序正确性证明的有效途径。

9.3.3　选择排序算法的逐步求精设计过程

设有 n 个整数组成一个数列,要求从小到大排序。将 n 个整数存储在数组 a 中,数组变量 a 声明如下。

```
Var a: Array[0..n]  Of  integer
```

对数组 a 的选择排序算法进行逐步求精设计过程如下。

S1:考虑排序过程的中间状态。将 a 划分成两个子列 a[1..i−1] 和 a[i..n]。划分原则是前一子列有序,后一子列无序,且前一子列各元素值均不大于后一子列各元素值。

即令

$$P: \begin{cases} a[j] <= a[k] & 1 <= j < k < i \\ a[j] <= a[k] & 1 <= j < i <= k <= n \end{cases}$$

以 P 作为循环不变式设计排序过程。

初始状态,令 i=1,已排序子列为空,未排序子列 a[1..n]就是整个待排序数列,P 成立。在保持 P 不变的情况下,逐次扩充已排序子列,减少未排序子列,直到已排序子列为 a[1..n-1],未排序子列为 a[n..n],即 i=n 为止。此时,整个数列 a 就已完全排序。因此,有如下算法。

For i=1 To n-1　（保持 P 不变）
扩充已排序子列 a[1..i-1]

S2:如何扩充已排序子列,又保持 P 不变呢? 显然,解决问题的办法是加进未排序子列 a[i..n]中的最小元素。首先,置换 a[i..n]使 a[i]成为其中最小元素,然后将 a[i]作为已排序子列中的最后一个元素。

这样,抽象语句——"扩充已排序子列 a[1..i-1]"可求精为

保持 P 不变
置换 a[i..n]使 a[i]成为其中最小元素
i=i+1

S3:为了置换 a[i..n]使 a[i]成为其中最小元素,只要找出 a[i..n]中的最小元素,设为 a[k],将 a[i]与 a[k]交换就可以了。

因此,抽象语句——"置换 a[i..n]使 a[i]成为其中最小元素"可求精为

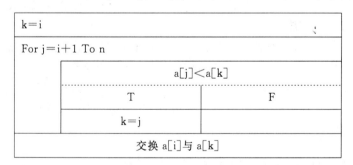

S4:显然,"交换 a[i]与 a[k]"的求精为

a[0]=a[i];a[i]=a[k];a[k]=a[0]

最后得到选择排序的完全算法 Select(a)如图 9-2 所示,算法中的变量说明如下。

```
Var a: Array[0..n]  Of  integer
    i,j,k: integer
```

算法9-1　Select(a)

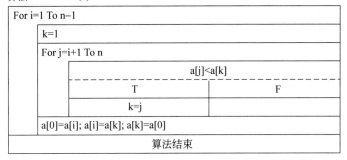

For i=1 To n−1		
	k=1	
	For j=i+1 To n	
		a[j]<a[k]
		T　　　　　　F
		k=j
	a[0]=a[i]; a[i]=a[k]; a[k]=a[0]	
算法结束		

图 9-2　选择排序算法

例 9-2　设待排序数据序列为 8、4、3、6、9、2。采用选择排序的过程如图 9-3 所示。图中括号内的数据序列为无序子列,括号外的数据序列为有序子列,在无序子列中找出最小者加入到有序子列的尾部,如箭头所指。

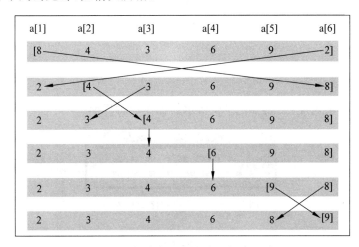

图 9-3　选择排序示例

根据算法 9-1 编制 VB 源程序如下。

```
'*****************************************************
'*　　程序名称：Select_Sort　　　　　　　　　　　*
'*　　程序功能：选择排序　　　　　　　　　　　　*
'*　　作　　者：FENGJUN　　　　　　　　　　　　*
'*　　编制时间：2010 年 8 月 20 日　　　　　　　*
'*****************************************************
Private Sub Form_Click()
    Const n=10
    Dim a()
    Dim i As Integer, j As Integer, k As Integer
    Rem //＊输入待排序数据＊//
    a=Array(0, 567, 365, 98, 65, 875, 290, 45, 685, 56, 698)
```

```
        Print "待排序数据序列为："
        For i=1 To n
            Print a(i);
        Next i
        Print
        Rem //*进行选择排序*//
        For i=1 To n-1
            k=i
            For j=i+1 To n
                If (a(j)<a(k)) Then k=j
            Next j
            a(0)=a(i):a(i)=a(k):a(k)=a(0)
        Next i
        Rem //*输出排序结果*//
        Print "排序结果为："
        For i=1 To n
            Print a(i);
        Next i
        Print
    End Sub
```

运行程序，单击窗体，得到如图9-4所示的程序运行界面。

图9-4　选择排序程序运行界面

9.3.4　积木游戏算法的逐步求精设计过程

积木游戏又称为荷兰国旗问题。设有排成一行的 n 块正方形积木，如图9-5所示。每块积木的背面分别涂以红、黄、蓝3种颜色。在这行积木块上只允许实施如下两种操作。

图9-5　积木的初始状态

① 交换任意两块积木的位置。

$$swap(i,j), \quad 1 \leqslant i \leqslant j \leqslant n$$

当 $i \neq j$ 时，swap(i,j)表示交换第 i 块与第 j 块积木的位置，其余积木不动。当 $i=j$ 时，swap(i,j)表示一个空操作。

② 检查积木背面涂色。

$$inspect(i), \quad 1 \leqslant i \leqslant n$$

对任意满足 $1 \leqslant i \leqslant n$ 的 i 来说，inspect(i)表示检查第 i 块积木背面的涂色，其值为 red.、yellow. 或 blue. 。

现在要求只用以上两种操作使该行积木按照红、黄、蓝 3 色次序重新排列，如图 9-6 所示，必须满足下列两个限制。

（1）对每块积木背面的涂色最多只能检查一次；

（2）只允许使用交换操作来调整积木的位置。

图 9-6　重新排列后的积木状态

在这个游戏中，总是假定积木的放置方式永远是背面向下，只有通过"检查"操作，才能知道积木背面的颜色。做如下逐步求精。

S1：重排后的各块积木，按照红、黄、蓝 3 色次序排列，整行积木分成 3 个子区域，即红区、黄区、蓝区。

设相邻两区的交界位置分别是 r、b，则

$$\text{令 Q 表示} \begin{cases} \text{inspect(k)=red.} & 1 \leqslant k < r \\ \text{inspect(k)=yellow.} & r \leqslant k \leqslant b \\ \text{inspect(k)=blue.} & b < k \leqslant n \end{cases}$$

事实上，在重新排序的过程中，每块积木可能处于 4 种不同的分区之中，即

（1）已检查过的红区 YR；

（2）已检查过的黄区 YY；

（3）已检查过的蓝区 YB；

（4）未检查过的分区 X。

这样的 4 种分区应处在什么样的排列次序呢？如图 9-7 所示，取一种稍带对称性的次序 YR、X、YY、YB（也可以取为 YR、YY、X、YB）。

图 9-7　积木 4 种分区排列次序

初始时，各块积木都在分区 X 中，X 就是整行积木。当重排结束时，分区 X 为空。现在取 r、y、b 作为 4 种分区的交界位置，则在重排过程中，总有如下的关系

$$P: \begin{cases} \text{已检查，且 inspect(k)=red.} & 1 \leqslant k < r \\ \text{未检查} & r \leqslant k \leqslant y \\ \text{已检查，且 inspect(k)=yellow.} & y < k \leqslant b \\ \text{已检查，且 inspect(k)=blue.} & b < k \leqslant n \end{cases}$$

这样，重新排列的过程就是设法缩小分区 X，保持关系式 P 不变的过程。因此，得到移动积木的顶层算法如图 9-8 所示。

算法 9-2　insort

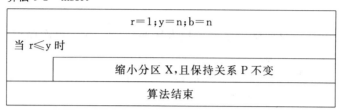

r＝1;y＝n;b＝n
当 r≤y 时
缩小分区 X,且保持关系 P 不变
算法结束

图 9-8　积木游戏顶层算法

S2：如何缩小 X 呢？只要从 X 中取出一块积木,检查其背面涂色,然后,利用 swap操作将其交换到相应的分区就可以了。

检查 X 中哪一块积木为好呢？显然,最左边和最右边两块积木是最好的候选。假设积木中红、黄、蓝 3 种颜色出现的概率相同,则在检查分区 X 左端积木涂色后所引起的交换次数为 $(0+1+2)/3=1$;检查分区 X 右端积木涂色后只会引起 $(1+0+1)/3=2/3$ 次交换。选择分区 X 右端的积木作为检查对象进行重新排列。

当 inspect(y)＝'red.' 时,则执行操作 swap(r,y),且 r 加 1;

当 inspect(y)＝'yellow.' 时,则 y 减 1;

当 inspect(y)＝'blue.' 时,则执行操作 swap(y,b),且 y 减 1,b 也减 1。

这样,对"缩小分区 X,且保持 P 不变"进一步求精,得到移动积木的完整算法如图 9-9所示,算法中的类型定义和变量说明如下。

```
Const  n=10
Type  colour=(red,yellow,blue)        /*定义了一个枚举类型*/
Var   coly: colour
      r,y,b: integer
```

算法9-3　BuildingBblocksSort

r=1; y=n; b=n				
当r≤y时				
	coly=inspect(y)			
	coly=red.			
	T	F		
	swap(r, y)	coly=yellow.		
		T	F	
	r=r+1	y=y−1	swap(y, b)	
			y=y−1; b=b−1	
算法结束				

图 9-9　积木游戏算法

算法中的 inspect(y)和 swap(r,y)是两个抽象操作。积木本身未进行抽象数据表示。在程序实现中,可以用一维数组表示一行积木,数组元素中存储的字符串表示积木背面涂色。根据算法 9-3 编制 VB 源程序如下。

```
'*********************************************************
'*    程序名称: BuildingBblocksSort                      *
'*    程序功能: 积木游戏                                  *
'*    作    者: FENGJUN                                   *
'*    编制时间: 2010 年 8 月 20 日                        *
'*********************************************************
Private Sub Form_Click()
    Const n=10
    Dim a(n) As String, temp As String
    Dim i As Integer, t As Integer
    Dim r As Integer, y As Integer, b As Integer
    Rem //*数组 a 用于存放积木涂色,产生 10 个积木块*//
    Print "积木初始状态为: "
    For i=1 To n
        t=Int(Rnd*100)              '产生 0~100 之间的整数
        If t<33 Then                '根据 t 的值确定积木涂色
            a(i)="red. "
        ElseIf t<67 Then
            a(i)="yellow. "
        Else
            a(i)="blue. "
        End If
        Print a(i); Spc(2);         '输出积木的初始状态
    Next i
    Print
    Rem *对积木进行重新排列*
    r=1: y=n: b=n
    Do While y>=r
        If a(y)="red. " Then
            temp=a(r): a(r)=a(y): a(y)=temp: r=r+1
        ElseIf a(y)="yellow. " Then
            y=y-1
        Else
            temp=a(y): a(y)=a(b): a(b)=temp
            y=y-1: b=b-1
        End If
    Loop
    Print "积木重新排列后的状态为: "
    For i=1 To n
        Print a(i); Spc(2);
    Next i
    Print
End Sub
```

运行程序,单击窗体,得到如图9-10所示的程序运行界面。

图 9-10　积木游戏程序运行界面

对于一个程序员来说,如果懂得如何使用循环不变式和逐步求精的推导方法,并且能够尽力地去追求程序的执行效率,那么,就能设计出结构良好,且效率较高的算法。

9.4　结构程序优化技术与方法

在程序研制开发过程中,适当运用结构程序优化技术与方法,将有益于开发出高质量的程序。结构程序优化技术与方法是指对问题模型、计算方法、数据结构以及算法的优化,绝不会以破坏程序结构、降低程序可读性和可维护性为代价来提高程序运行速度。本节结合实例说明在程序设计过程中应注重的思维方式方法。

9.4.1　问题模型优化

问题模型是进行程序设计的根本依据。应对问题模型进行尽可能的优化,以提高程序的效率。

例 9-3　进行算法设计,求下列级数的前 n 项和。
$$1^2,-2^2,3^2,\cdots,(-1)^{n-1}n^2,\cdots$$

解法 1:采用逐项累加的方法计算级数的前 n 项和。即
$$s_n=a_1+a_2+\cdots+a_n \quad (其中:a_n=(-1)^{n-1}n^2)$$
算法设计如图9-11所示,算法中的变量说明如下。

```
Const  n=…
Var  sn,sgn: integer
     i: integer
```

算法 9-4　Series(n)

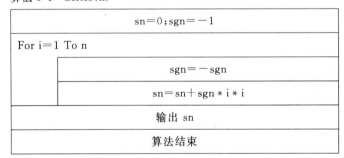

图 9-11　求级数前 n 项和

算法分析：该算法共需要进行 n 次加法运算和 2n 次乘法运算。求级数前 n 项和的时间复杂度是 $O(n)$。

解法 2：对该级数的前 n 项和式 $s_n = a_1 + a_2 + \cdots + a_n$ 进行如下优化。当 n 为偶数时，有

$$s_n = a_1 + a_2 + \cdots + a_n = (1^2 - 2^2) + (3^2 - 4^2) + \cdots + ((n-1)^2 - n^2)$$
$$= (1-2)(1+2) + (3-4)(3+4) + \cdots + (n-1-n)(n-1+n)$$
$$= -3 - 7 - \cdots - (2n-1) = -n(n+1)/2$$

当 n 为奇数时，有

$$s_n = a_1 + a_2 + \cdots + a_n = 1^2 + (3^2 - 2^2) + (5^2 - 4^2) + \cdots + (n^2 - (n-1)^2)$$
$$= 1 + (3-2)(3+2) + (5-4)(5+4) + \cdots + (n-(n-1))(n+(n-1))$$
$$= 1 + 5 + 9 + \cdots + (2n-1) = 1 + (n-1)(n+2)/2$$

算法设计如图 9-12 所示，算法中的变量说明如下。

```
Const  n=…
Var    sn: integer
```

算法 9-5   Series1(n)

even(n)	/＊判断 n 是否为偶数＊/
T	F
sn＝－n＊(n＋1)/2	sn＝1＋(n－1)＊(n＋2)/2
输出 sn	
算法结束	

图 9-12   求级数前 n 项和改进算法

算法分析：该算法对任意 n 最多只需要进行 1 次比较运算、3 次加减运算和 2 次乘除运算。求级数前 n 项和的时间复杂度是 $O(1)$。该算法比算法 9-4 的效率要高得多。

9.4.2   计算方法优化

适合的计算方法是保证程序质量的核心。在程序设计中，常常会遇到这样的情况，根据熟悉的计算方法所编制的程序其运行结果出乎意料，有时甚至会得到错误的结果。

例 9-4   求方程 $x^2 - (10^{17} + 1)x + 10^{17} = 0$ 的两个实根。

解法 1：利用求根公式编制 VB 源程序如下。

```
'＊＊＊＊＊＊＊＊＊＊＊＊＊＊＊＊＊＊＊＊＊＊＊＊＊＊＊＊＊＊＊＊＊＊＊＊＊
'＊   程序名称：SolutionEquation1              ＊
'＊   程序功能：利用求根公式解一元二次方程      ＊
'＊   作   者：FENGJUN                        ＊
'＊   编制时间：2010 年 8 月 20 日             ＊
'＊＊＊＊＊＊＊＊＊＊＊＊＊＊＊＊＊＊＊＊＊＊＊＊＊＊＊＊＊＊＊＊＊＊＊＊＊
Private Sub Form_Click()
```

```
    Dim a As Double, b As Double, c As Double
    Dim x1 As Double, x2 As Double
    a=1: b=-100000000000000001: c=1E+17
    Print "一元二次方程的系数 a,b,c 的值分别为：  "
    Print a, "-100000000000000001", c
    x1= (-b+Sqr(b * b-4 * a * c))/(2 * a)
    x2= (-b-Sqr(b * b-4 * a * c))/(2 * a)
    Print "一元二次方程的两个实根是：  "
    Print "x1="; x1, "x2="; x2
End Sub
```

运行程序,单击窗体,得到如图 9-13 所示的程序运行界面。

显然,x2＝0 不是方程的根,这是由于存储转换误差和计算误差造成的。

图 9-13　解法 1 程序运行界面

解法 2：利用求根公式和韦达定理将求根方法修改为

$$\begin{cases} x_1 = \dfrac{-b - \text{sgn(b)}\sqrt{b^2 - 4ac}}{2a} \\[2ex] x_2 = \dfrac{c}{ax_1} \end{cases}$$

根据这个求根方法将上述 VB 源程序修改如下。

```
' ********************************************************
' *    程序名称：SolutionEquation2                        *
' *    程序功能：利用求根公式和韦达定理解一元二次方程      *
' *    作    者：FENGJUN                                  *
' *    编制时间：2010 年 8 月 20 日                        *
' ********************************************************
Private Sub Form_Click()
    Dim a As Double, b As Double, c As Double
    Dim x1 As Double, x2 As Double
    Dim sgn1 As Integer
    a=1: b=-100000000000000001: c=1E+17
    Print "一元二次方程的系数 a,b,c 的值分别为：  "
    Print a, "-100000000000000001", c
    If (b>0) Then sgn1=-1 Else sgn1=1
    x1= (-b+sgn1 * Sqr(b * b-4 * a * c))/(2 * a)
    x2=c/(a * x1)
    Print "一元二次方程的两个实根是：  "
    Print "x1="; x1, "x2="; x2
End Sub
```

运行程序,单击窗体,得到如图 9-14 所示的程序运行界面。

图 9-14 解法 2 程序运行界面

此例表明,在程序设计中,需要选择适合的计算方法。对于计算问题,需要考虑模型误差、存储误差、数据转换误差、计算舍入误差和累积误差等。

9.4.3 算法优化

对于相同的问题模型和相同的解决方案,可以通过不同的算法实现。算法优化是保证程序质量和效率的关键。

例 9-5 采用遴选法对数组 a 中的 n 个整数进行排序。

问题分析:n 个待排序整数存放在数组 a 中,排序结果存放在数组 b 中。重复执行下列操作 n 次:在数组 a 中挑选最小者,将其赋值给数组 b 的相应数组元素,并且在数组 a 中用一个足够大的数代替这个最小数。算法设计如图 9-15,算法中的变量说明如下。

```
Const   n=…
Var a,b: Array[0..n]  Of  integer
    i,j,k: integer
    max,min: integer
```

算法9-6　Select1(a, b)

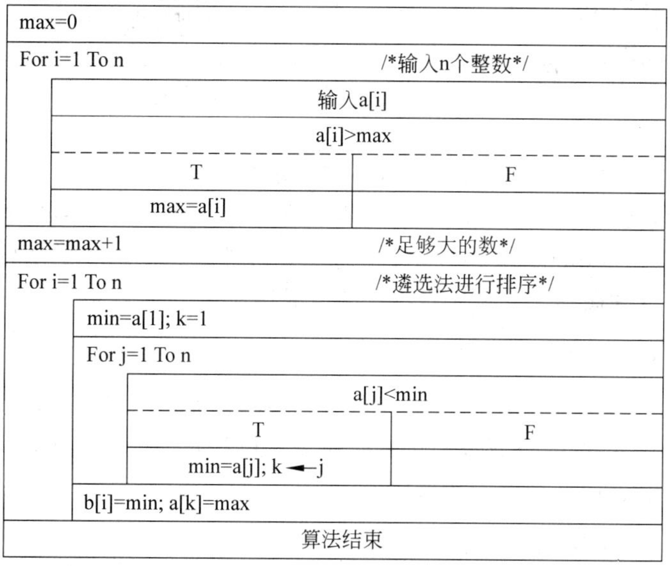

max=0		
For i=1 To n		/*输入n个整数*/
	输入a[i]	
	a[i]>max	
	T	F
	max=a[i]	
max=max+1		/*足够大的数*/
For i=1 To n		/*遴选法进行排序*/
	min=a[1]; k=1	
	For j=1 To n	
		a[j]<min
		T	F
		min=a[j]; k ◀—j
	b[i]=min; a[k]=max	
算法结束		

图 9-15　选择排序(遴选法)

该算法与 9.3.3 节算法 9-1 都是选择排序。该算法称为遴选法,算法 9-1 称为择换法,显然,择换法是遴选法的改进。

请读者思考,编程实现算法 9-6。分析比较这两个算法的基本操作次数,说明择换法的效率优于遴选法。

9.4.4　数据结构优化

数据结构与算法密不可分,恰当的数据组织结构,不但可以节省存储空间,并且可以极大的改善算法。

例如,对于三角矩阵和稀疏矩阵,可以用二维数组存储,但是浪费存储空间。若采用某种技术只存储非零元素,则既可以节省存储空间,在对数据进行处理时,又可以缩短对数据的搜索时间。又如,若数据以无序状态存储,则只能采用顺序查找方法;若数据以有序方式存储,则可以采用二分查找方法。

结构程序的优化技术与方法涵盖内容非常丰富,这里的简单介绍希望起到抛砖引玉的作用,希望读者在大量实践中积累经验。

9.5　过 程 概 述

一个较大的程序系统一般都分解成若干个功能独立,能分别进行设计、编码和调试的模块。大多数程序设计语言都提供了子程序与过程的概念,用子程序与过程实现模块功能。一个程序包含一个主程序和若干过程,由主程序调用过程,过程之间也可以进行调用。图 9-16 是一个程序中的过程调用示意图。

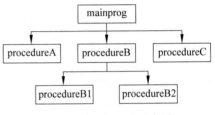

图 9-16　过程调用示意图

9.5.1　子程序与过程文件

1. 子程序

在程序设计中,常常有某些程序段需要在多处重复出现。为了使程序逻辑结构清晰,易于阅读和理解,便于调试,将重复出现或能单独使用的程序段写成可供其他程序调用的独立程序称为子程序(SubProgram)。子程序也称为外部过程。子程序与主程序一样,以文件形式独立存放在磁盘上。调用子程序的一般形式是:

```
Do  <子程序名>
```

子程序可以被多次重复调用,子程序也可以调用另外一个子程序,这种情况称为子程序的嵌套。每个子程序中,必须有一个返回命令,以便当子程序执行完毕后,可以返回到调用它的程序处。返回命令的一般形式是:

```
Return    [To  Master]
```

在不同的程序设计语言中,子程序的调用形式和返回命令有所不同。

2. 过程文件

过程文件是一个包含多个独立程序段的文件。每个独立程序段都是一个内部过程,简称为过程(Procedure)。一个过程文件可以容纳多个过程。每个过程都有一个过程名,以便调用,过程名以过程说明语句进行标识。过程的一般结构形式如表 9-1 所示。

表 9-1 过程的一般结构形式

PASCAL 语言	VFP 语言
Procedure 过程名(形参列表) 　　说明部分 　　Begin 　　　命令序列 　　End	Procedure 过程名 　　Parameters 形参列表 　　命令序列(过程体) 　　Endproc/Return

在调用过程文件中的过程之前,必须先打开过程文件。当不使用过程文件中的过程时,应关闭过程文件。

过程调用由一条独立的过程调用命令完成,过程调用命令的一般形式如表 9-2 所示。

表 9-2 过程调用的一般形式

PASCAL 语言	VFP 语言
过程名(实参列表)	Do　过程名　With　实参列表
注意:所调用的过程必须在调用之前进行说明,即先说明后调用	

在不同的程序设计语言中,过程的定义和调用有所区别。

若一个程序只含有主程序,则变量的作用域比较简单。所谓变量的作用域是指变量在程序中的有效范围。只在过程内部定义和使用的变量称为局部变量(Local Variable);在程序执行期间一直有效的变量称为全局变量(Public Variable)。在程序设计中,要恰当定义和使用局部变量与全局变量。

9.5.2 Visual Basic 中的过程

在 Visual Basic 语言中,过程包含事件过程和自定义过程两大类。

1. 事件过程

Visual Basic 应用程序是由事件驱动的,事件过程是 Visual Basic 应用程序中不可缺少的基本过程。为窗体事件以及窗体中的各种控件事件编写的代码就是事件过程。前面列举的所有程序示例都是事件过程。事件过程存储在窗体模块文件中。由用户或系统对事件的触发使相应的事件过程被激活执行。

窗体事件过程的一般形式如下。

```
Private Sub Form_事件名([形参列表])
    [符号常量和局部变量的声明]
    语句序列(过程体)
End Sub
```

控件事件过程的一般形式如下。

Private Sub 控件名_事件名([形参列表])
  [符号常量和局部变量的声明]
  语句序列(过程体)
End Sub

几点说明：

(1)"Form_事件名"是窗体事件过程名。尽管窗体有各自的名称，但是窗体事件过程名统一以 Form 为前缀。

(2)"控件名_事件名"是控件事件过程名。控件名是窗体中某个控件的名称。

(3)保留字 Private 用于说明事件过程是窗体或模块级过程，表示该事件过程只能在自己的窗体模块中被调用。

(4)[形参列表]完全由 Visual Basic 所提供的具体事件本身确定，用户无需更改。

2. 自定义过程

在 Visual Basic 语言中，一个应用程序中的多个窗体或窗体中的不同事件过程需要共享一些程序代码。Visual Basic 允许用户将功能模块或一些需要重复使用的程序代码组织成自定义过程，以便事件过程或其他过程调用。在 Visual Basic 6.0 中，自定义过程分为以下 4 类。

(1) Sub-End Sub 子程序过程。

(2) Function-End Function 函数过程。

(3) Property-End Property 属性过程。

(4) Event-End Event 事件过程。

本书主要介绍子程序过程和函数过程。

9.6 Sub 过 程

在 Visual Basic 语言中，Sub 过程即子程序过程，它为应用程序模块化、结构化提供了有效手段。一个子程序过程可以完成一个独立的功能，或者是应用程序中需要多次复用的程序代码。

9.6.1 Sub 过程的定义和调用

1. Sub 过程的定义

在 Visual Basic 语言中，Sub 过程定义的一般形式如下。

[Private/Public][Static] Sub 过程名([形参列表])
  [符号常量和局部变量的声明]
  语句序列(过程体)
End Sub

几点说明：

(1)[Private/Public]。Public 表示 Sub 过程是全局(公有)过程，可以在应用程序的任何位置调用。全局过程一般在标准模块中定义。Private 表示 Sub 过程是局部(私有)

过程,只能在定义模块中调用。局部过程一般在窗体模块中定义。

（2）［Static］。表示在每次调用过程时,局部变量的值保持不变。

（3）［形参列表］。在过程调用时,用于接收数据的变量列表。变量之间用逗号分隔。

2. Sub 过程的调用

在 Visual Basic 语言中,Sub 过程调用的一般形式如下。

Call 过程名([实参列表])

或

过程名（［**实参列表**］）

实参列表是在过程调用时向形参列表传递数据的表达式列表。一般情况下,形参列表与实参列表中的参数个数应相等、对应参数的数据类型应相同。

9.6.2　Sub 过程的创建

Sub 过程既可以在标准模块中创建,也可以在窗体模块中创建。通过"添加模块"对话框在标准模块中创建 Sub 过程的步骤如下。

S1：在 Visual Basic 6.0 集成开发环境下,选择"工程"|"添加模块"命令,打开"添加模块"对话框,如图 9-17 所示。

S2：单击"打开"按钮,打开 Module1(Code)窗口,如图 9-18 所示。选择"工具"|"添加过程"命令,打开"添加过程"对话框,如图 9-19 所示。

S3：在"名称"文本框中输入要创建的过程名,如 Sort。

S4：在"类型"栏选择要创建的过程类型,如子过程。

S5：在"范围"栏选择过程的适用范围,如公有的。

S6：若选定复选框"所有本地变量为静态变量",则过程中的本地(局部)变量的值保持不变。

S7：单击"确定"按钮,Module1(Code)窗口给出 Sort( )过程框架,如图 9-18 所示。

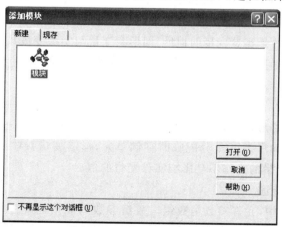

图 9-17　"添加模块"对话框

图 9-18 标准模块代码窗口

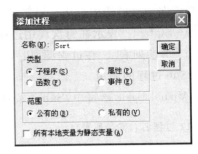

图 9-19 "添加过程"对话框

在窗体模块中创建 Sub 过程的步骤如下。

S1：打开窗体代码窗口，如图 9-20 所示。

S2：在对象框中选择"通用"，在过程框中选择"声明"。

S3：在编辑框直接输入过程名，如输入 Private Sub Sort()，如图 9-20 所示。

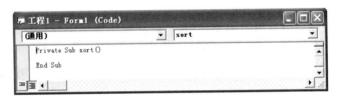

图 9-20 窗体模块代码窗口

9.6.3 参数传递

过程分为有参过程和无参过程。对于有参过程，在调用过程时，主调过程与被调过程之间有数据传递关系。在 Visual Basic 语言中，参数传递主要有按地址传递和按值传递两种。

1. 按地址传递

按地址传递是 Visual Basic 默认的参数传递方式。在定义过程时，若形参变量名前没有保留字 ByVal 或有保留字 ByRef，则指定它是一个按地址传递的参数。在过程调用时，形参变量接收到的是实参变量的地址，即形参变量与实参变量共享同一存储单元。过程中对形参变量的任何操作都反映于实参变量，即通过形参变量的操作可以改变实参变量的值。

2. 按值传递

在定义过程时，若形参变量名前有保留字 ByVal，则指定它是一个按值传递的参数。在过程调用时，系统为形参变量分配临时存储单元，形参变量接收到的是实参表达式的值。过程中对形参变量的操作不会影响实参变量的值。

3. 数组参数的传递

在 Visual Basic 中，允许参数是数组。数组参数只能按地址进行传递。形参数组对应的实参也必须是数组，并且数据类型必须相同。在过程中不能对形参数组用 Dim 进行声明，经常采用 Lbound 和 Ubound 函数确定形参数组的大小。

9.6.4 Sub 过程示例

例 9-6 求 2～100 之间的所有素数。

问题分析： 判断整数 m 是否是素数由子程序过程 primenumber(ByVal m As Integer, k As Integer)实现，若 m 是素数时，则输出 m 值。形参 m 按值传递，形参 k 按地址传递。k 用于记录素数的个数。编制 VB 源程序如下。

```
' ***************************************************************
' *    程序名称: FindPrimenumber1                              *
' *    程序功能: 求 2 到 100 之间的所有素数                     *
' *    包含过程: Form_Click()                                   *
' *              primenumber(ByVal m As Integer, k As Integer) *
' *    作    者: FENGJUN                                        *
' *    编制时间: 2010 年 8 月 20 日                             *
' ***************************************************************
Rem / * 判断 m 是否是素数的过程 * /
Private Sub primenumber(ByVal m As Integer, k As Integer)
    Dim n As Integer
    n=2
    Do While (m Mod n <>0)
        n=n+1
    Loop
    If (m=n) Then          '/ * 若 m 是素数，则输出 m 值。 * /
        Print m;
        k=k+1
        If k Mod 9=0 Then Print
    End If
End Sub
Private Sub Form_Click()
    Dim n As Integer, k As Integer
    k=1
    Print "2 到 100 之间的所有素数是: "
    Print 2;
    For n=3 To 100 Step 2
        primenumber n, k                '/ * 调用过程 primenumber * /
    Next n
    Print
    Print "2 到 100 之间的素数共有 k="; k
End Sub
```

运行程序，单击窗体，得到如图 9-21 所示程序运行界面。

图 9-21 Sub 过程示例程序运行界面

9.7 函　　数

在研制开发程序系统时,常常将一些常用功能模块编写成函数,以增强代码的复用率;或将程序系统划分成若干功能独立的模块,一个模块由一个或多个函数实现,以增强程序系统的可读性和可维护性。

9.7.1　函数的定义和调用

在大多数程序设计语言中,都提供了各种内部函数,例如,在 Visual Basic 中,系统提供了大量的数学函数、转换函数、字符串函数、日期函数以及其他各种功能函数,这些函数为编写程序提供了很多方便。但是,任何一种程序设计语言所提供的函数都不可能包含用户所需要的所有函数。大多数程序设计语言都允许用户自己定义所需要的函数,这类函数称为自定义函数,自定义函数必须"先定义,后使用"。

定义一个函数应该包括这样几个方面的内容:(1)函数名称,以便按函数名进行调用。(2)函数类型,即函数返回值的数据类型。(3)函数参数,即在调用函数时所传递的数据。函数可分为无参函数和有参函数。(4)函数功能,即函数是"做什么","怎样做"。这是最重要的,定义函数时需要在函数体内实现"怎样做",调用函数时需要知道函数"做什么"。

函数定义的一般结构形式如表 9-3 所示。

表 9-3　函数定义的一般结构形式

PASCAL 语言	C 语言

Function　函数名(形参列表):类型名
　说明部分
　Begin
　　命令序列
　End
	类型名　函数名(形参列表)
	{
	　命令序列(函数体)
	}

在 PASCAL 语言中,函数的返回值通过赋值命令将函数值赋给函数名;在 C 语言中,函数的返回值是通过命令"Return 变量"将变量的值作为函数值返回。

在使用自定义函数时,一般应"先声明,后调用"。在 C 语言中是通过函数原型对函数进行声明。函数调用的一般形式如下。

函数名 (实参列表)

实参与形参的个数应相等,数据类型应匹配,由实参按照顺序对应向形参传递数据。

在 Visual Basic 语言中,自定义函数称为 Function 过程或函数过程,函数过程定义的一般形式如下。

[Private/Public][Static] Function 函数名([形参列表])[As 数据类型]
　　[符号常量和局部变量的声明]

```
    语句序列(函数体)
    函数名=表达式
End Function
```

几点说明：

(1) [Private/Public]、[Static]和[形参列表]的含义与 Sub 过程中的含义相同。

(2) [As 数据类型]。指定函数返回值的数据类型。若省略,则默认为变体类型。

(3) 函数名=表达式。函数返回值由赋值语句确定。若函数过程中没有该赋值语句,则函数返回一个默认值。比如,数值型函数返回 0;字符型函数返回空串等。函数过程具有返回值,这是与子程序过程的主要区别。

函数过程调用的一般形式如下。

Call 函数名([实参列表])

或

变量名=函数名([实参列表])

函数过程一旦定义,函数过程的使用与系统内部函数的使用完全一样。

函数过程的创建和函数过程的参数传递与子程序过程类似,这里不再赘述。

例 9-7 求 2～100 之间的所有素数。

问题分析：判断整数 m 是否是素数由整型函数 primenumber(m)实现。若 m 是素数时,返回 m 值;否则,返回 0 值。编制 VB 源程序如下。

```
'*******************************************************
'*   程序名称:FindPrimenumber2                        *
'*   程序功能:求 2 到 100 之间的所有素数              *
'*   包含过程:Form_Click()                            *
'*             primenumber(m As Integer) As Integer   *
'*   作    者:FENGJUN                                 *
'*   编制时间:2010 年 8 月 20 日                       *
'*******************************************************
Rem /*判断 m 是否是素数的函数*/
Private Function primenumber(m As Integer) As Integer
    Dim n As Integer
    n=2
    Do While (m Mod n <>0)
        n=n+1
    Loop
    If (m=n) Then              '/*若 m 是素数,则返回 m 值;否则,返回 0 值。*/
        primenumber=m
    Else
        primenumber=0
    End If
End Function
Private Sub Form_Click()
```

```
Dim n As Integer, k As Integer, x As Integer
Print "2 到 100 之间的所有素数是: "
Print 2;
k=1
For n=3 To 100 Step 2
    x=primenumber(n)          '/ * 调用函数 primenumber * /
    If x <>0 Then Print x;: k=k+1: If k Mod 9=0 Then Print
Next n
Print
Print "2 到 100 之间的素数共有 k="; k
End Sub
```

运行程序,单击窗体,得到如图 9-21 所示程序运行界面。

请读者思考,认真比较例 9-6 与例 9-7 中的程序,体会子程序过程与函数过程的区别。

9.7.2 函数的嵌套调用和递归调用

1. 函数的嵌套调用

对于一些比较复杂的应用问题,往往会出现在调用一个函数过程中,又需要调用另一个函数,这种情况称为函数的嵌套(Nested)调用。

例 9-8 求 3 个整数的最大公约数和最小公倍数。

问题分析: 3 个整数 m、n、k 由键盘输入。求两个整数的最大公约数由整型函数 commondiviso(m,n)实现,使用欧几里得算法。若有一个整数为 0,则返回 0;否则返回最大公约数。求两个整数的最小公倍数由整数函数 commonmultiple(m,n)实现,m、n 的乘积除以它们的最大公约数。若有一个整数为 0,则返回 0;否则返回最小公倍数。算法设计如图 9-22 所示,算法中的变量说明如下。

```
Var  m,n,k: integer
     div, mul: integer
```

算法 9-7　common_d_m(m,n,k)

输入 3 个整数 m、n、k
div＝commondiviso(m,n)
div＝commondiviso(div,k)
输出 3 个数的最大公约数 div
mul＝commonmultiple(m,n)
mul＝commonmultiple(mul,k)
输出 3 个数的最小公倍数 mul
算法结束

图 9-22　求最大公约数和最小公倍数

根据算法 9-7 编制 VB 源程序如下。

```
' ********************************************************************
'*    程序名称：common_d_m                                          *
'*    程序功能：求 3 个整数的最大公约数和最小公倍数                 *
'*    包含过程：Form_Click()                                        *
'*             commondiviso(ByVal m As Integer, ByVal n As Integer) As Integer
'*             commonmultiple(ByVal m As Integer, ByVal n As Integer) As Long
'*    作   者：FENGJUN                                              *
'*    编制时间：2010 年 8 月 20 日                                  *
' ********************************************************************
Rem /* 求两个整数的最大公约数函数 */
Private Function commondiviso(ByVal m As Integer, ByVal n As Integer) As Integer
    Dim x As Integer, y As Integer, r As Integer
    If (m <> 0 And n <> 0) Then
        x=Abs(m) : y=Abs(n)              '/Abs 为取绝对值函数/
        If (x<y) Then
            r=x: x=y: y=r
        End If
        r=x Mod y
        Do While (r <> 0)
            x=y: y=r: r=x Mod y
        Loop
        commondiviso=y
    Else
        commondiviso=0
    End If
End Function
Rem /* 求两个整数的最小公倍数函数 */
Private Function commonmultiple(ByVal m As Integer, ByVal n As Integer) As Long
    Dim x As Integer, y As Long
    x=commondiviso(m, n)
    If (x <> 0) Then
        y=m * n\x
        commonmultiple=y
    Else
        commonmultiple=0
    End If
End Function
Private Sub Form_Click()
    Dim m As Integer, n As Integer, k As Integer
    Dim div As Integer, mul As Integer
    m=InputBox("请输入第 1 个整数：", "输入 3 个整数")
    n=InputBox("请输入第 2 个整数：", "输入 3 个整数")
    k=InputBox("请输入第 3 个整数：", "输入 3 个整数")
    Print "3 个整数 m、n、k 分别是：", m, n, k
```

```
      div=commondiviso(m, n)
      div=commondiviso(div, k)
      Print "这 3 个整数的最大公约数是", div
      mul=commonmultiple(m, n)
      mul=commonmultiple(mul, k)
      Print "这 3 个整数的最小公倍数是：", mul
End Sub
```

运行程序，单击窗体，在输入对话框中依次输入 32、48 和 56，得到如图 9-23 所示程序运行界面。

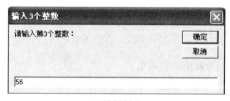
(a) 数据输入

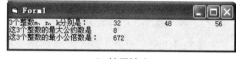
(b) 结果输出

图 9-23　函数嵌套调用示例

程序中包含一个窗体单击事件过程和两个函数过程，事件过程 Form_Click() 在调用求最小公倍数函数 commonmultiple(m,n) 时，又调用了求最大公约数函数 commondiviso(m,n)，这就是函数的嵌套调用。

函数 commondiviso(m,n) 与函数 commonmultiple(m,n) 分别用于求两个整数的最大公约数和最小公倍数。在事件过程中各调用了两次，第 1 次调用函数 commondiviso(m,n) 得到整数 m、n 的最大公约数，将结果赋给变量 div，第 2 次调用函数 commondiviso(div,k) 得到整数 div、k 的最大公约数，也就是整数 m、n、k 的最大公约数，再将结果赋给变量 div。这是一种递推方法，先求出两个整数的最大公约数，再求出 3 个整数的最大公约数，可以依次求出 n 个整数的最大公约数。求 3 个整数的最小公倍数使用的也是递推方法，第 1 次调用函数 commonmultiple(m,n) 得到整数 m、n 的最小公倍数，将结果赋给变量 mul，第 2 次调用函数 commonmultiple(mul,k) 得到整数 mul、k 的最小公倍数，也就是整数 m、n、k 的最小公倍数，再将结果赋给变量 mul。

2．函数的递归调用

在调用一个函数的过程中，当出现直接或间接调用函数本身，这种情况称为函数的递归(Recursive)调用。在许多程序设计语言中，允许进行递归调用。在程序设计中，使用递归方法可以使程序结构清晰。

例 9-9　猴子吃桃子问题。猴子第 1 天摘了许多桃子，当即吃了一半，觉得不过瘾，又吃了 1 个；第 2 天将剩下的桃子吃掉一半，又多吃了 1 个；以后每天都吃掉前一天剩下的一半，再多吃 1 个；到了第 10 天就只剩下 1 个桃子了。问猴子第 1 天摘了多少个桃子。

问题分析：要想知道第 1 天摘了多少个桃子，就得知道第 2 天剩下多少个桃子；要想知道第 2 天有多少个桃子，就得知道第 3 天剩下多少个桃子；……；第 10 天剩下 1 个桃子。这是一个递归问题。假设第 n 天有 peach(n) 个桃子，peach(n) 是天数的函数(n=1、

2、…、10）。根据题意有如下函数关系。

$$peach(n) = \begin{cases} 1 & \text{当 } n=10 \text{ 时} \\ 2*(peach(n+1)+1) & \text{当 } n<10 \text{ 时} \end{cases}$$

这是一个用递归方法定义的函数。求函数 peach(1) 的值可分成两个阶段：第 1 个阶段是递归调用，即将求 peach(1) 的函数值转换为求 peach(2) 的函数值；将求 peach(2) 的函数值转换为求 peach(3) 的函数值；……；直到 peach(10)＝1。第 2 个阶段递归调用返回，采用递推的方法，由 peach(10)＝1 得到 peach(9)＝2*(peach(10)＋1)＝4；由 peach(9)＝4 得到 peach(8)＝2*(peach(9)＋1)＝10；……；直到最后得到函数值 peach(1)＝1534，即猴子第 1 天摘了 1534 个桃子。

根据分析编制 VB 源程序如下。

```
' ***************************************************
'*    程序名称: peach_sum                          *
'*    程序功能: 猴子吃桃子问题                      *
'*    包含过程: Form_Click()                        *
'*              peach(ByVal m As Integer) As Integer *
'*    作    者: FENGJUN                             *
'*    编制时间: 2010 年 8 月 20 日                  *
' ***************************************************
Rem /* 求桃子的递归函数 */
Private Function peach(ByVal m As Integer) As Integer
    Dim sum As Integer
    If (m=10) Then
        sum=1
    Else
        sum=2 * (peach(m+1)+1)
    End If
    peach=sum
End Function
Private Sub Form_Click()
    Dim sum As Integer
    sum=peach(1)
    Print "猴子第 1 天摘了 "; sum; "个桃子。"
End Sub
```

运行程序，单击窗体，得到如图 9-24 所示程序运行界面。

窗体单击事件过程 Form_Click() 中的变量 sum 与函数 peach(ByVal m As Integer) As Integer 中的变量 sum 都是局部变量，虽然它们名字相同，但不是同一个变量。在程序执行过程中，递归函数 peach(m) 共调用了 10 次。请读者仔细分析在程序执行过程中的函数递归调用，并画出在程序执行过程中函数进行递归调用的示意图。

图 9-24　函数递归调用示例

9.7.3 函数应用举例

例 9-10 用弦截法求解一元三次方程 $f(x) = x^3 - 5x^2 + 16x - 80 = 0$ 的根。

问题分析：弦截法求解方程的根的方法如下。

（1）取两个不同的初始点 x_1、x_2，使得 $f(x_1) * f(x_2) < 0$，这时，区间 (x_1, x_2) 内必有一个根。注意：x_1、x_2 的值不要相差太大，以保证区间 (x_1, x_2) 内只有一个根。

（2）连接 $(x_1, f(x_1))$ 与 $(x_2, f(x_2))$ 两点，此直线（即弦）与 x 轴的交点为 x^*，如图 9-25 所示。x^* 的值可由如下公式求出。

$$x^* = \frac{x_1 f(x_2) - x_2 f(x_1)}{f(x_2) - f(x_1)}$$

（3）若 $f(x^*)f(x_2) < 0$，则区间 (x^*, x_2) 内必有一个根，令 $x_1 = x^*$。若 $f(x_1)f(x^*) < 0$，则区间 (x_1, x^*) 内必有一个根，令 $x_2 = x^*$。

（4）重复步骤（2）和步骤（3），直到 $f(x^*)$ 的值足够接近于 0。

程序中的一些相对独立功能由下列各函数实现。

（1）由函数 f(x As Double)As Double 求 $f(x)$ 的值。

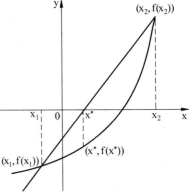

图 9-25　弦截法求解方程的根的示意图

$$f(x) = x^3 - 5x^2 + 16x - 80 = ((x - 5.0) * x + 16.0) * x - 80$$

（2）由函数 xpoint(x1 As Double, y1 As Double, x2 As Double, y2 As Double)As Double 求两点 $(x1, f(x1))$ 与 $(x2, f(x2))$ 的连线与 x 轴的交点 x^*。

$$x^* = (x1 * y2 - x2 * y1)/(y2 - y1)$$

其中：$y1 = f(x1)$，$y2 = f(x2)$。

（3）由函数 root(x1 As Double, y1 As Double, x2 As Double, y2 As Double)As Double 通过迭代的方法求区间 $(x1, x2)$ 内的实根。算法设计如图 9-26 所示。

算法 9-8　root(x1, y1, x2, y2)

float x, y		
	x = xpoint(x1, y1, x2, y2)	
	y = f(x)	
	y * y1 > 0	
	T	F
	x1 = x ; y1 = y	x2 = x; y2 = y
直到 fabs(y) <= 0.0001		
返回 x 的值		
算法结束		

图 9-26　求根函数

根据上述分析,主算法设计如图 9-27 所示,算法中的变量说明如下。

```
Var  x1,x2,y1,y2,x: real
```

算法 9-9　SolutionEquation

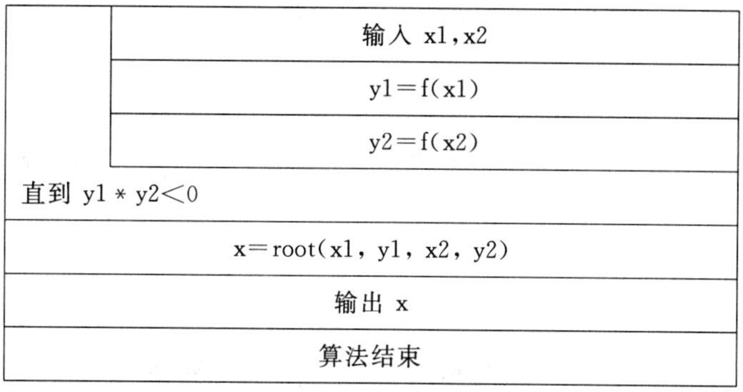

	输入 x1,x2
	y1＝f(x1)
	y2＝f(x2)
直到 y1＊y2＜0	
	x＝root(x1,y1,x2,y2)
	输出 x
	算法结束

图 9-27　求解方程的根

根据算法 9-8 和算法 9-9 编制 VB 源程序如下。

```
' ******************************************************
' *    程序名称：SolutionEquation1                    *
' *    程序功能：求解一元三次方程的根                  *
' *    包含过程：Form_Click()                          *
' *              f(x As Double) As Double              *
' *    xpoint(x1 As Double, y1 As Double, x2 As Double, y2 As Double) As Double
' *    root(x1 As Double, y1 As Double, x2 As Double, y2 As Double) As Double
' *    作    者：FENGJUN                               *
' *    编制时间：2010 年 8 月 20 日                    *
' ******************************************************
Rem /＊定义函数 f(x As Double)As Double,求 f(x)的值＊/
Private Function f(x As Double) As Double
    f=((x-5#)＊x+16#)＊x-80
End Function
Rem 定义函数 xpoint(x1 As Double, y1 As Double, x2 As Double, y2 As Double)As Double
Rem /＊求弦与 x 轴的交点 x＊/
Private Function xpoint(x1 As Double, y1 As Double, x2 As Double, y2 As Double)
As Double
    xpoint=(x1＊y2-x2＊y1)/(y2-y1)
End Function
Rem /＊定义函数 root(x1 As Double, y1 As Double, x2 As Double, y2 As Double)
As Double
Rem /＊求区间(x1,x2)内的实根＊/
Private Function root(x1 As Double, y1 As Double, x2 As Double, y2 As Double)
As Double
    Dim x As Double, y As Double
```

```
        Do
            x=xpoint(x1, y1, x2, y2)
            y=f(x)
            If (y * y1>0) Then
                x1=x: y1=y
            Else
                x2=x: y2=y
            End If
        Loop While (Abs(y) >=0.0001)        '/ * 标准函数 abs(y)是求绝对值 * /
        root=x
    End Function
    Rem / * 主程序,求方程的根 * /
    Private Sub Form_Click()
        Dim x As Double, x1 As Double, x2 As Double, y1 As Double, y2 As Double
        Do
            x1=InputBox("请输入方程的第 1 个近似根 x1=", "输入数据")
            x2=InputBox("请输入方程的第 2 个近似根 x2=", "输入数据")
            Print "输入方程的两个近似根 x1、x2="; x1; x2
            y1=f(x1)
            y2=f(x2)
        Loop While (y1 * y2>0)
        x=root(x1, y1, x2, y2)
        Print "用弦截法求得一元三次方程的一个根 x="; x
    End Sub
```

运行程序,单击窗体,在输入对话框中输入两个近似根 2 和 6,得到如图 9-28 所示程序运行界面。

（a）数据输入　　　　　　　　　　　　　　　　　　（b）结果输出

图 9-28　弦截法求解方程根的程序运行界面

问题扩展 1：事实上,弦截法取两个不同的初始点 x_1、x_2,不需要使得 $f(x_1) * f(x_2) < 0$。对于两个不同的初始点 x_0、x_1,用弦截法求根的迭代公式如下。

$$x_{k+1} = x_k - \frac{f(x_k)}{f(x_k) - f(x_0)}(x_k - x_0) = \frac{x_0 f(x_k) - x_k f(x_0)}{f(x_k) - f(x_0)}$$

这个迭代公式在计算 x_{k+1} 的值时,只用到上一步的值 x_k,称为一步迭代。若计算 x_{k+1} 的值时,用到前两步的结果 x_k、x_{k-1},这是一种多步迭代。多步迭代的弦截法求根公式如下。

$$x_{k+1} = x_k - \frac{f(x_k)}{f(x_k) - f(x_{k-1})}(x_k - x_{k-1}) = \frac{x_{k-1}f(x_k) - x_k f(x_{k-1})}{f(x_k) - f(x_{k-1})}$$

这个公式称为快速弦截法求根公式，它的收敛速度比较快。请读者以这两个公式为依据编写程序实现方程求根，并进行比较分析。

问题扩展 2：求解一元 n 次方程 $P_n(x) = p_0 + p_1 x^1 + p_2 x^2 + \cdots + p_n x^n = 0$ 的根。

方程次数 n 定义为符号常量，方程系数 $P = (p_0 、p_1 、p_2 、\cdots、p_n)$ 的值由 Array 函数提供，存储于数组 p(n) 中。使用快速弦截法求解方程的根。上述程序的整体结构不变，只对各函数做适当的修改。修改后的 VB 源程序如下。

```
'********************************************
'*   程序名称：SolutionEquation1            *
'*   程序功能：求解一元 n 次方程的根        *
'*   包含过程：Form_Click()                 *
'*             f(x, a(), m)                 *
'*             xpoint(x1, y1, x2, y2)       *
'*             root(x1, y1, x2, y2, a())    *
'*   作   者：FENGJUN                       *
'*   编制时间：2010 年 8 月 20 日            *
'********************************************
Const n=5
Rem /* 定义函数 f(x, a(), m),求 p(x) 的值 */
Private Function f(x As Double, a(), m As Integer) As Double
    Dim y As Double, k As Integer
    y=a(m)
    For k=m-1 To 0 Step -1
        y=y*x+a(k)
    Next k
    f=y
End Function
Rem /* 定义函数 xpoint(x1, y1, x2, y2),求弦与 x 轴的交点 x */
Private Function xpoint(x1 As Double, y1 As Double, x2 As Double, y2 As Double)
As Double
    xpoint=(x1*y2-x2*y1)/(y2-y1)
End Function
Rem /* 定义函数 root(x1, y1, x2, y2, a()),求区间 (x1,x2) 内的实根 */
Private Function root(x1 As Double, y1 As Double, x2 As Double, y2 As Double, a())
As Double
    Dim x As Double, y As Double
    Do
        x=xpoint(x1, y1, x2, y2)
        y=f(x, a, n)
        x1=x2: y1=y2
        x2=x: y2=y
    Loop While (Abs(y) >=0.0001 And x1 <>x2)
```

```
        root=x
    End Function
    Rem /＊主程序,求方程的根＊/
    Private Sub Form_Click()
        Dim x As Double, p(), k As Integer
        Dim x1 As Double, x2 As Double, y1 As Double, y2 As Double
        p=Array(-20, 3, 12, -6, 5, 1)
        Print "一元"; n; "次方程的系数(p0、p1、p2、…、pn)为："
        For k=0 To n: Print p(k);: Next k: Print
        x1=InputBox("请输入方程的第1个近似根x1=", "输入数据")
        x2=InputBox("请输入方程的第2个近似根x2=", "输入数据")
        Print "输入方程的两个近似根x1、x2="; x1; x2
        y1=f(x1, p, n)
        y2=f(x2, p, n)
        x=root(x1, y1, x2, y2, p)
        Print "用快速弦截法求得方程的一个根x="; x
    End Sub
```

运行程序,单击窗体,在输入对话框中输入两个近似根 0 和 6,得到如图 9-29 所示程序运行界面。

图 9-29　快速弦截法求解方程的根程序运行界面

请读者体会,运行程序,分别输入多组不同的近似根,如(100,60)、(−1,−2)、(−8,−7)、(−100,−90),观察程序的运行结果。

求根函数 root()中的循环测试条件(Abs(y)＞＝0.0001 And x1＜＞x2)是一个逻辑表达式。其中:关系式(Abs(y)＞＝0.0001)表示当函数值 f(x,a(),n)足够小时,相应的 x 就是方程的根;关系式(x1＜＞x2)是必要的,改写为(Abs(x1−x2)＞0.00001)更恰当一些,表示当两次迭代的 x 值足够接近时,这两个 x 值都可以认为是方程的根。有时去掉关系式(x1＜＞x2),程序运行就会出错。比如,在本例中将循环测试条件改写为(Abs(y)＞＝1E−13)时,运行程序,在输入对话框输入两个近似根−7、−8,将会弹出如图 9-30 所示的出错对话框。

产生错误的原因是前两次迭代 x1 与 x2 的值已相等,但函数值 y=f(x,a(),n)还不满足条件(Abs(y)＜1E−13),再进行迭代计算 x 的值时以 0 做了除数。

将循环测试条件改为(Abs(y)＞＝1E−13 And x1 ＜＞ x2),在 Loop 语句前加入 Print x1,x2,y 输出语句。再次运行程序,在输入对话框输入两个近似根−7、−8,得到如图 9-31 所示的程序运行结果界面。请读者思考,根据输出数据体会循环测试条件的改变。

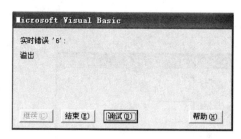

图 9-30　出错对话框

图 9-31　循环测试条件示例

在函数 root(x1，y1，x2，y2，a())与函数 f(x，a()，m)中，以数组作为函数参数，在进行函数调用时，形参数组获得了实参数组的首地址，两个数组共用相同存储单元中的数据。程序中的数组均为变体动态数组，形参数组名后面的圆括号()不能省略。请读者认真体会数组作为参数传递的方法。

上述讨论的是针对多项式方程求根问题，弦截法适用于一般方程求根问题，程序中只需修改函数 f()。

请读者思考，方程求根还有哪些方法，如何在计算机上实现。比如，逐步扫描方法、二分法与迭代方法等等。

9.8　课程设计题目——学生成绩管理系统

1. 问题描述

建立学生成绩管理系统。

2. 基本要求

(1) 每个学生信息至少包含学号、姓名以及 5 门课程成绩。

(2) 学生信息以班为单位进行存储管理，至少有 3 个班，每班至少有 10 个学生。学生信息以自定义类型数组或数据文件进行组织存储。

(3) 系统功能包括学生信息输入、学生信息修改、学生信息查询和学生信息输出等。每个功能都由模块实现。

3. 测试数据

由读者自己设计。

4. 实现提示

系统界面如图 9-32 所示。显示窗体方法：窗体名.Show。隐藏窗体方法：窗体名.Hide。每个系统功能由一个窗体模块完成。

5. 问题拓展

(1) 计算每个学生的总成绩和平均成绩。计算每个班级每门课程的平均成绩。

(2) 查找每个班级平均成绩最高与平均成绩最低的学生信息。

(3) 在所有学生中，查找平均成绩最高与平均成绩最低的学生信息。

(4) 每个班级的学生信息按平均成绩由高到低排序、以表格形式输出。

(5) 所有学生信息按平均成绩由高到低排序、以表格形式输出。

图 9-32　学生成绩管理系统界面示例

（6）对所有学生计算各门课程的平均成绩,输出平均成绩最高的课程和平均成绩最低的课程。

习　题　9

一、选择题

1. 下列关于 Sub 过程的叙述,正确的是(　　　)。

　　A. 一个 Sub 过程必须有一个 Exit Sub 语句

　　B. 一个 Sub 过程必须有一个 End Sub 语句

　　C. 在 Sub 过程中可以定义一个 Function 过程

　　D. 在 Sub 过程中还可以定义一个 Sub 过程

2. 设有子程序过程 Pro1,有一个形参变量。下列调用语句中,(　　　)可以按地址传递数据。

　　A. Call Pro1(a)　　　　　　　　　　B. Call Pro1(12)

　　C. Call Pro1(a＊a)　　　　　　　　D. Call Pro1(a＋12)

3. 单击窗体,运行下列过程,窗体上显示的内容是(　　　)。

```
Private Sub test(x  As Integer)
    x＝x＊2+1
    if x<6 Then Call test(x)
    x＝x＊2+1
    Print x;
End Sub
Private Sub Form_Click()
    test 2
End Sub
```

　　A. 5　　　　　　　　B. 23　　　　　　　　C. 47　　　　　　　　D. 23　47

4. 下列过程定义语句(　　　),在过程调用后可以返回两个处理结果。

　　A. Sub Pro1(ByVal n, ByVal m)　　　　B. Sub Pro1(n, ByVal m)

C. Sub Pro1(n, m)   D. Sub Pro1(ByVal n, m)

5. Sub 过程与 Function 过程最根本的区别是（　　　）。

    A. Sub 过程可以使用 Call 语句或直接使用过程名调用，Function 过程不可以

    B. Function 过程可以有参数，Sub 过程不可以

    C. 两种过程的参数传递方式不同

    D. Function 过程可以通过过程名返回值，Sub 过程不能通过过程名返回值

二、填空题

1. 结构化方法包括_____、_____和_____3 部分内容。

2. _____是衡量一个模块内部自身功能内在联系是否紧密的指标，_____是衡量模块间结构性能的重要指标。

3. 结构程序优化技术与方法是指对_____、_____、_____以及_____等方面的优化。

4. 所谓变量的作用域是指变量在程序中的_____。只在过程内部定义和使用的变量称为_____；在程序执行期间一直有效的变量称为_____。

5. 在 Visual Basic 语言中，过程包含_____和_____两大类。自定义过程又分为以下 4 类：_____、_____、_____和_____。

6. 对于有参过程，在调用过程时，主调过程与被调过程之间有数据传递关系。在 Visual Basic 语言中，参数传递主要有_____和_____两种。

7. 定义一个函数应该包括这样几个方面的内容：_____、_____、_____和_____。

8. 单击窗体，运行下列过程，窗体上第 1 行显示_____、第 2 行显示_____、第 3 行显示_____、第 4 行显示_____。

```
Dim x As Integer, y As Integer
Private Sub sub1(ByVal m As Integer, n As Integer)
    Dim x As Integer, y As Integer
    x=m+n: y=m-n
    m=fun1(x, y): n=fun1(y, x)
End Sub
Private Function fun1(a As Integer, b As Integer) As Integer
    x=a+b: y=a-b
    Print x, y
    fun1=x+y
End Function
Private Sub Form_Click()
    Dim a As Integer, b As Integer
    a=5: b=3
    Call sub1(a, b)
    Print a, b
    Print x, y
End Sub
```

三、简答题

1. 简述结构化方法。

2. 程序模块化有哪些好处?

3. 什么是模块凝聚和模块耦合? 模块分解应遵循什么原则?

4. 简述自顶向下、逐步求精设计技术与方法的基本思想。它们二者是否有差别?

5. 简述结构程序优化技术与方法的重要性。

6. 简述过程与函数的概念,并说明它们在程序设计中的重要性。

7. 什么是过程的嵌套调用? 什么是过程的递归调用?

8. 数组作为过程的参数传递,应注意哪些问题?

四、设计题

1. 查找 1000 以内的所有奇妙平方数。所谓奇妙平方数是指一个数的平方与它的逆序数的平方亦为逆序数,比如,12 的平方为 144,21 的平方为 441。将一个数转换为逆序数由函数或过程实现。画出算法的 N-S 流程图,并编程实现。

2. 查找 10000 以内具有下列性质的数。这个数各个位上的数字均为偶数,它还是由偶数数字构成数的平方,比如,64 是 8 的平方,484 是 22 的平方。判断一个数的各位数字是否是偶数由函数或过程实现。画出算法的 N-S 流程图,并编程实现。

3. 查找 1000 以内满足下列条件的正整数。该数本身不是素数,但它的所有因子之和是素数,比如,$12=2×2×3,2+2+3=7$ 是素数。判断一个数是否是素数、将一个数分解为素数连乘积及求因子之和分别由函数或过程实现。画出算法的 N-S 流程图,并编程实现。

4. 用无穷级数计算 sinx 的值。

$$\sin x = \frac{x}{1!} - \frac{x^3}{3!} + \frac{x^5}{5!} - \frac{x^7}{7!} + \cdots$$

求通项 $(-1)^{(n-1)} x^{(2n-1)}/(2n-1)!$ 的值由函数或过程实现。舍去的余项绝对值小于0.00001。画出算法的 N-S 流程图,并编程实现。

5. 用牛顿切线法求解方程 $f(x)=0$ 的根。牛顿迭代公式如下。

$$x_n = x_{n-1} - \frac{f(x_{n-1})}{f'(x_{n-1})}$$

画出算法的 N-S 流程图,并编程实现。

6. 求 n 阶勒让德多项式的值,递归公式如下。

$$p_n(x) = \begin{cases} 1 & n=0 \\ x & n=1 \\ ((2n-1)×x×p_{n-1}(x) - (n-1)×p_{n-2}(x))/n & n>1 \end{cases}$$

用函数或过程的递归调用来处理。画出算法的 N-S 流程图,并编程实现。

第 2 篇
数据库系统基础

第 10 章　数据库系统概述

随着计算机技术的飞速发展,计算机被广泛地应用于信息管理的各个领域,诸如财务管理、人事档案管理、图书资料管理、商业信息管理等都属于信息管理的范畴。信息管理面临着对大量数据进行收集、存储、处理、传输和应用的情况。如何有效地组织和管理这些类型繁多、结构复杂、数据量大的数据,使其可以为不同应用程序所共享,这正是数据库系统的任务和基本特性。本章简要介绍数据库系统的有关知识。

10.1　数据管理技术的发展

数据管理是指对数据的收集、组织、存储、处理、维护和应用等,它是使用计算机进行数据处理的核心问题。随着计算机硬件和软件技术的发展,以及对数据处理的不断增长,数据管理技术经历了人工管理、文件管理和数据库系统 3 个阶段。

1. 人工管理阶段

20 世纪 50 年代中期以前,计算机主要应用于科学计算,数据量较小,一组数据对应于一个程序。数据独立性差,进行程序设计的同时,要对数据的结构、存储方式、输入输出格式等进行设计。程序与数据是一个整体,数据结构一旦有所改变,则必须修改相应的程序。应用程序设计和维护的负担繁重。这一时期,数据一般不进行长期保存,也没有对数据进行专门管理的系统软件。

2. 文件系统阶段

20 世纪 50 年代后期至 60 年代,计算机应用由科学计算逐渐扩展到科学管理领域。在硬件方面,有了硬盘一类的大容量外部存储设备;在软件方面,有了专门管理数据的软件——文件系统。这一时期,数据能以文件的形式长期保存在计算机的外存设备中,可以随时对数据进行插入、修改、删除和查询等操作。利用文件系统对数据进行管理,使得程序与数据具有一定的独立性,实现了以文件为单位的数据共享。

虽然文件系统较人工管理有了较大的改进,但是数据文件仍然依赖于程序,数据共享有限。特别是当数据量剧增,使用数据的用户愈来愈多时,文件系统便表现出数据冗余度大、数据独立性差,缺乏对数据进行统一控制管理等方面的问题。

3. 数据库系统阶段

数据库系统的目标就是克服文件系统的弊端,用一个软件集中管理所有的数据库文件,以实现数据的共享,保证数据的完整性和安全性。数据库系统的核心是数据库管理系统,它有效地解决了数据的独立性问题,减少了数据冗余,提高了数据共享程度,提供了统一的数据完整性、安全性和并发控制功能。数据库系统中的数据库完全独立于应用程序。一方面,数据库中的数据不是由个别具体应用程序控制,而是直接在数据库管理系统的统一监督和管理下使用;另一方面,要添加一个新的应用程序,不必重新建立新的数据库文件,而是从现有数据库中获取所需数据。总之,数据库系统是在系统化的设计理论指导下,从全局出发,建立起一个组织中全部有价值的资源数据库,为多个应用部门提供了方便灵活的使用环境。

10.2 数据的逻辑组织

数据的逻辑组织是从用户的角度对数据的含义、数据间的逻辑关系及其结构形式的描述。数据通常以层次结构形式进行组织。

1. 数据项

数据项是一个具有独立逻辑含义的最基本单位。例如,在表 10-1 所示的学生基本情况表中,学号、姓名、性别等都是数据项。其中以"姓名"为名字的数据项,包括了诸如"李涛"、"王华"等具体学生的姓名数据,称为数据项的值。在数据处理操作中,可以通过数据项的名字予以引用。

表 10-1　学生基本情况表

学号	姓名	性别	籍贯	出生年月	院系	班级	照片	简历
201001	李涛	男	北京	90-7-6	数学	10 数学 1		
201002	王华	女	太原	91-1-10	信息	10 信息 2		
201003	刘伟	男	上海	90-12-1	数学	10 数学 2		
201004	杨东	男	太原	89-12-6	数学	10 数学 1		
201005	赵华	女	北京	91-1-6	信息	10 信息 1		
201006	弘晓	女	上海	90-10-8	信息	10 信息 1		
201007	冯涛	男	上海	90-9-8	数学	10 数学 1		
201008	刘东	男	太原	90-2-9	数学	10 数学 2		

2. 记录

记录是由一个数据项或多个有序数据项组成。它通常是描述一个人或一件事物所涉及的若干数据项的集合。例如,"201001、李涛、男、……"就是一个学生的基本情况记录。每个记录都有一个顺序号,称为记录号。一个记录究竟应该包含哪些数据项,是根据数据处理的逻辑关系决定的。由于记录是进行数据库存取操作的基本单位,所以,在决定记录中数据项的组成时,应考虑数据处理的效率。

在不同的数据处理操作中,可以根据需要指定具有某种属性的数据项作为记录的关键字,例如,指定"学号"这一数据项作为学生基本情况记录的关键字。能唯一标识记录的关键字称为主关键字。

3. 文件

文件是由同类记录的全体组成。例如,某校全体学生基本情况记录就组成该校学生基本情况文件。每个文件都有一个名字,称为文件名。文件是存储在外存设备上的基本单位。

4. 数据库

简单地说,数据库就是一个部门、一个组织或一个系统中全体相关文件的集合。但是,数据库并不是这些相关文件的简单聚集,而是对各文件经过重新组织,最大限度地减少各文件的冗余数据,增强数据文件之间,以及文件各记录之间的相互联系,以实现对数据的合理组织和共享。

10.3 数据模型

在数据库技术中,对客观事物及其联系的数据描述,称为数据模型。即实体模型的数据化形式,它是描述数据库关系的一个框架。数据库的分类就是根据数据之间的关系(即数据结构或数据模型)来进行的。常用的数据模型主要有以下 3 种。

1. 层次模型

层次模型(Hierarchical Model)是以记录类型为结点的树形结构来描述的数据模型。树形结构的主要特征是:除根结点以外,任何结点仅存在一个父结点,一个父结点可以对应多个子结点。层次模型可以方便地描述数据之间的一对多关系。层次模型示例如图 10-1 所示。

2. 网状模型

网状模型(Network Model)是以记录类型为结点的图结构来描述的数据模型。图结构的主要特征是:每个结点的前驱和后继都不做限制,或者说,每个结点可以有多个父结点和多个子结点,结点之间可以有多种联系。网状模型可以方便地描述数据之间的多对多关系。网状模型示例如图 10-2 所示。

图 10-1　层次模型示例　　　　　　图 10-2　网状模型示例

3. 关系模型

关系模型(Relational Model)是建立在数学基础上的、用若干满足一定条件的二维数据表格描述数据间的相互关系、并且可以通过反映不同关系的二维数据表格的连接运算来建立它们之间联系的数据模型。关系模型具有严格的数学理论基础,使用简单灵活,数据独立性高,被公认为是最有发展前途的一种数据模型。表 10-1 所示就是一个关系模型示例。

10.4 数据库系统组成

数据库系统(Data Base System,DBS)是一个具有管理数据库功能的计算机系统,它主要由数据库、数据库管理系统和数据库管理员 3 部分组成,如图 10-3 所示。

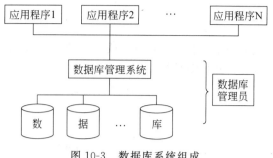

图 10-3　数据库系统组成

1. 数据库

数据库(Data Base,DB)是以一定的组织方式存储在计算机存储器中的、相互关联的数据集合。它不是根据个别用户的需要,而是按照信息的自然联系构造数据,以最佳的方式和最少的数据冗余,为多个用户、多个应用程序服务。数据库在描述数据时,不仅描述数据元素本身,而且描述数据元素之间的联系。

2. 数据库管理系统

数据库管理系统(Data Base Management,DBMS)是数据库的管理软件包。由于数据库是一个很复杂的数据集合,大量的数据为多个用户所共享,为了能够有效地、及时地处理数据,提供数据的安全性、完整性保护等,必须有一个功能完善的系统管理软件来自动处理,这样的系统管理软件就是数据库管理系统。DBMS为用户提供了定义数据库、操纵数据库和维护数据库的方法与命令,并且它还能自动控制数据库的安全性和数据的完整性。

3. 数据库管理员

数据库管理员(Data Base Administrator,DBA)是全面负责管理 DBS 的建立、维护,协调数据库系统运行的专门人员。他们参加数据库系统的分析和设计;定义和存储数据库中的数据;对数据库的使用与运行进行总体监督和控制;保证数据的安全性、完整性和一致性;对数据库进行改进和维护。

10.5　关系数据库管理系统

关系数据库是以关系模型构造的数据库,关系数据库和关系数据库管理系统是关系数据库系统的核心。

10.5.1　基本概念

关系模型的基本思想是把事物之间的联系均归为二维表格的形式加以描述。也就是说,在关系数据库系统中,一个二维表格可以看作是一个关系,每个关系都有一个关系名,关系以文件的形式存储,就是一个数据表文件,若干个数据表文件组成数据库。表中的每一行是数据表文件中的一条记录,在关系理论中称为元组;表中的每一列是数据表文件中的一个字段,在关系理论中称为属性,每个属性都有自己的名称,称为属性名,每个属性都可以有不同的属性值;描述二维表格的全部属性名的集合称为关系框架,也叫做数据表文件结构。

根据关系理论,关系具有以下特性。

(1)一个关系中不能有重名的属性名;

(2)关系中每一列的属性值都具有相同的数据类型;

(3)关系中的属性是不可分割的基本数据项;

(4)关系中没有冗余元组;

(5)关系中行的次序与列的次序无关紧要;

(6)每个关系中都有一个主关键字能唯一标识它的各个元组。

这些是一个理想关系模型应当具有的性质。在实际构造一个关系数据库时,可能不一定完全符合这些性质,就说这个关系数据库还不够严密、不够规范。在使用这类关系数据库时,需要在程序中增加许多保护和控制。

10.5.2 关系运算

在关系数据库系统中,通过对关系的各种运算可以获得所需要的数据。事实上,对关系的运算就是对二维表格的操作,其理论基础是关系代数。关系运算可以分为两类:一类是传统的集合运算,这种运算将关系看成元组的集合,对两个关系进行并、交、差等运算;另一类是专门的关系运算,最常用的有选择、投影和连接运算。

1. 选择运算

选择(Selection)运算是指从给定的关系中选取满足一定条件的那些元组组成一个新的关系。选择运算提供了横向分割关系的手段。

例 10-1 若将表 10-1 看作一个关系,从关系中选择所有男同学的记录,则运算结果如表 10-2 所示。

表 10-2　选择运算结果

学号	姓名	性别	籍贯	出生年月	院系	班级	照片	简历
201001	李涛	男	北京	90-7-6	数学	10 数学 1		
201003	刘伟	男	上海	90-12-1	数学	10 数学 2		
201004	杨东	男	太原	89-12-6	数学	10 数学 1		
201007	冯涛	男	上海	90-9-8	数学	10 数学 1		
201008	刘东	男	太原	90-2-9	数学	10 数学 2		

2. 投影运算

投影(Projection)运算是指从给定关系的所有属性中按需要顺序选取指定的属性组组成新的关系。投影运算提供了纵向分割关系和调整属性顺序的手段。

例 10-2 若将表 10-1 看作一个关系,由关系中的属性学号、姓名、籍贯、院系组成新的关系,则投影运算结果如表 10-3 所示。

表 10-3 投影运算结果

学号	姓名	籍贯	院系	学号	姓名	籍贯	院系
201001	李涛	北京	数学	201005	赵华	北京	信息
201002	王华	太原	信息	201006	弘晓	上海	信息
201003	刘伟	上海	数学	201007	冯涛	上海	数学
201004	杨东	太原	数学	201008	刘东	太原	数学

3. 连接运算

连接(Join)运算是指将两个不同关系的属性名拼接后组成新关系的属性集合。自然连接是除掉重复属性的等值连接,它提供了将两个关系按公共属性值相等的原则拼接为一个新关系的手段。

若一个关系中的属性或属性组并非该关系的关键字,但它是另一个关系的关键字,则称其为这个关系的外关键字。外关键字提供了关系间连接的"桥梁"。有了外关键字的概念,才能实现关系之间的动态连接,事物之间的联系才能真正通过关系运算表现出来。

例 10-3 若将表 10-3 看作一个关系,将这个关系与表 10-4 所示的学生成绩关系按学号进行等值连接,则连接运算的结果如表 10-5 所示。

表 10-4 学生成绩表

学号	数学分析	高等代数	程序设计基础	数据库应用基础	学号	数学分析	高等代数	程序设计基础	数据库应用基础
201001	80	90	78	80	201005	78	80	86	84
201002	86	70	90	88	201006	89	86	90	85
201003	90	88	70	76	201007	67	76	93	90
201004	70	76	92	89	201008	86	80	82	80

表 10-5 连接运算结果

学号	姓名	籍贯	院系	数学分析	高等代数	程序设计基础	数据库应用基础
201001	李涛	北京	数学	80	90	78	80
201002	王华	太原	信息	86	70	90	88
201003	刘伟	上海	数学	90	88	70	76
201004	杨东	太原	数学	70	76	92	89
201005	赵华	北京	信息	78	80	86	84
201006	弘晓	上海	信息	89	86	90	85
201007	冯涛	上海	数学	67	76	93	90
201008	刘东	太原	数学	86	80	82	80

由此可见,利用关系运算可以任意地分割或组合关系,使关系操作简便灵活。

关系模型虽然出现较晚,但由于它具有严密的数学理论基础,数据模型结构简单,具有较高的数据独立性,关系数据库系统的建立、操作、扩充方便灵活等独特优点,使其在理论和实践方面都得到了迅速地发展。这也正是关系数据库管理系统具有生命力的重要因素之一。

10.5.3　关系数据库管理系统

最早进入我国市场且广泛运行在微型计算机环境下的关系数据库管理系统是DBASE 系列产品。DBASE Ⅲ 是美国 Ashton-Tate 公司于 1984 年推出的先进关系数据库管理系统。1987 年,美国 Fox Software 公司在吸收了 DBASE Ⅲ 的全部精华的基础上推出了关系数据库管理系统 FOXBASE。1989 年,该公司又正式推出了全新的关系数据库管理系统 FoxPro。除此之外,还有 Oracle、Sybase 等关系数据库管理系统,这些产品适用于各种规模的关系数据库应用系统。本书仅以办公软件 Office 组件之一的 Access 为例,介绍关系数据库管理系统的应用。

10.6　课程设计题目——学生信息管理系统

1. 问题描述

建立学生信息管理系统。

2. 基本要求

(1) 学生信息包括学生基本情况和学生课程成绩。

(2) 学生信息以班为单位进行存储管理,至少有 3 个班,每班至少有 10 个学生。学生信息以自定义类型数组或数据文件进行组织存储。

(3) 系统功能包括学生信息输入、学生信息查询和学生信息输出等。每个功能都由模块实现。

(4) 学生信息查询和学生信息输出包含选择运算、投影运算和连接运算。

3. 测试数据

参考表 10-1～表 10-5。

4. 实现提示

参考第 9.8 节课程设计题目学生成绩管理系统。在此基础上增加学生基本情况信息和增加 3 种关系运算。

5. 问题拓展

(1) 按照数据库的思想合理组织基础数据,使系统中数据冗余度降到最低,提高数据的独立性。比如,将学生数据规范为学生代码表、学生基本情况表、学生成绩表 3 种表格进行组织存储。

(2) 以多种不同形式查询学生信息。

习 题 10

一、选择题

1. 在下列各种关系中,(   )是一对多关系。
  A. 正校长与副校长们   B. 学生与课程
  C. 材料与产品   D. 教师与学生

2. 下列不属于数据模型的是(   )。
  A. 层次模型 B. 关系模型 C. 概念模型   D. 网状模型

3. 在一个关系中,指定某些属性组成一个新的关系是(   )运算。
  A. 选择   B. 投影   C. 连接   D. 笛卡儿积

4. 数据管理技术的发展阶段不包括(   )。
  A. 操作系统管理阶段   B. 人工管理阶段
  C. 文件系统阶段   D. 数据库系统阶段

5. 关系数据库和关系数据库管理系统是(   )的核心。
  A. 计算机系统   B. 关系数据库系统
  C. 文件系统   D. 数据库系统

二、填空题

1. 数据管理技术经历了人工管理、_____和_____ 3个阶段。

2. 数据的逻辑组织是从用户的角度对 _____ 的含义、数据间的 _____ 及其_____的描述。

3. 数据通常以层次结构形式进行组织,它们是数据项、_____、文件和_____。

4. 常用的数据模型主要有层次模型、_____和_____ 3种。

5. 数据库系统主要由_____、_____和数据库管理员 3部分组成。

6. 数据库管理系统是_____。

7. 最常用的关系运算有选择、_____和_____。

8. 二维表格中的每一行是数据表文件中的一条记录,在关系中称为_____。

三、简答题

1. 简述文件系统与数据库系统的差异。
2. 简述数据的逻辑组织结构。
3. 简述数据库系统的组成。
4. 什么是数据库、数据库管理系统?
5. 简述数据库管理员的作用。
6. 举例说明关系运算中的选择运算、投影运算和连接运算。

四、设计题

1. 初步设计"学生管理系统"中的相关数据表。
2. 初步设计"教学管理系统"中的相关数据表。

第 11 章　Access 简 介

Access 与许多常用的数据库管理系统，如 Oracle、FoxPro、SQL Server 等一样，是一种关系数据库管理系统。作为 Microsoft Office 2007 套件成员，Access 2007 的使用界面与 Word、Excel 等风格相同。在 Access 2007 中编辑数据库对象就像在 Word 中编辑文档、Excel 里编辑工作表一样方便。本章主要介绍 Access 2007 的安装和集成开发环境。

11.1　Access 2007 安装

1. 安装 Access 2007 的软硬件环境要求

（1）Windows NT，Windows XP，Windows Vista 或 Windows 2000 以上操作系统。

（2）使用 1.3GHz Intel Pentium3 处理器或同档次的 CPU。

（3）256MB 以上的内存，建议使用 1GB 以上的内存。

（4）显示器的分辨率要求在 800×600 像素以上。

（5）足够的硬盘空间。

2. 安装 Access 2007

安装 Access 2007 是通过安装 Office 2007 来完成的，下面以 Windows XP 操作系统为例，介绍 Office 2007 简体中文专业版的安装过程。

将 Office 2007 系统光盘插入到 CD-ROM 驱动器中，自动运行安装程序。

（1）检测系统配置如图 11-1 所示。

图 11-1　检测系统配置

（2）输入密钥，如图 11-2 所示。

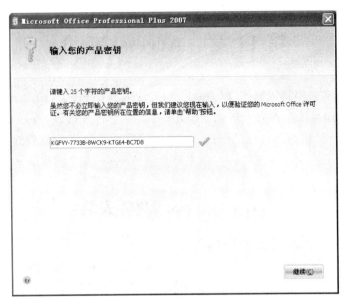

图 11-2　输入密钥

（3）单击"继续"按钮，打开安装的第 3 个对话框，阅读软件许可证条款。选择"我接受此协议的条款"，如图 11-3 所示。

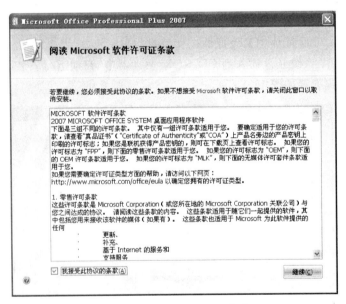

图 11-3　阅读软件许可证条款

（4）单击"继续"按钮，打开安装的第 4 个对话框，选择安装类型，如图 11-4 所示。若用户计算机中没有安装 Office 2007 以下版本，则单击"自定义"按钮，否则单击"升级"按钮。

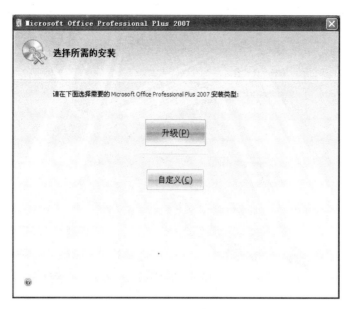

图 11-4　选择安装类型

（5）单击"继续"按钮，打开安装的第 5 个对话框，在"升级"选项卡上，选择对早期版本的处理，如图 11-5 所示。在"文件位置"选项卡中的文本框里指定系统安装的位置，如图 11-6 所示。

图 11-5　升级早期版本

（6）单击"立即安装"，打开安装的最后一个对话框，如图 11-7 所示。

3. 启动 Access 2007

利用下列方法之一可以启动 Access 2007：

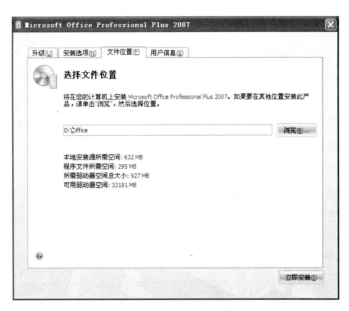

图 11-6　指定系统安装位置

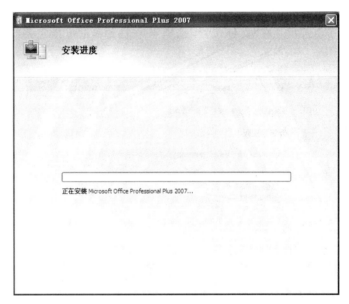

图 11-7　正在安装

　　（1）在 Windows 操作系统中，单击"开始"菜单，执行"程序"｜Microsoft Office｜Microsoft Office Access 命令，可以启动 Access。

　　（2）如果桌面上有 Access 快捷方式图标，双击该图标，可以启动 Access。

　　（3）双击已创建的 Access 数据库文件，可以启动 Access。

　　当启动 Access 之后，出现 Access 开始界面。Access 窗口和其他程序窗口一样，由 Office 按钮、快速访问工具栏、标题栏、导航窗格、状态栏等组成，如图 11-8 所示。

图 11-8　开始使用 Microsoft Office Access 窗口

4. 退出 Access 2007

退出 Access 2007,可以使用以下几种方法:

(1) 单击"Office 按钮",在打开的菜单中单击"退出 Access"按钮。

(2) 首先保存文档,然后单击数据库窗口标题栏上的"关闭"按钮。

11.2　Access 2007 的集成开发环境

Access 2007 中的新用户界面由多个元素构成,这些元素定义了与系统的交互方式。选择这些新元素不仅能帮助用户熟练运用 Access,还有助于更快速地查找所需的命令。Access 2007 中主要的新界面元素包括:

1. 开始使用 Microsoft Office Access

在"开始使用 Microsoft Office Access"页,如图 11-8 所示,用户可以创建一个新的空白数据库、通过模板创建数据库或者打开最近的数据库(如果之前已经打开某些数据库)。也可以直接转到 Microsoft Office Online,了解有关 2007 Microsoft Office system 和 Office Access 2007 的详细信息,还可以单击"Office 按钮",打开现有数据库或新建数据库。

2. Office Fluent 功能区

"功能区"是 Access 2007 最重要的新界面元素,它是 Microsoft Office Fluent 用户界面的一部分。功能区显示在 Access 2007 主窗口的顶部,Office Fluent 功能区是菜单和工具栏的主要替代部分,并提供了 Access 2007 中主要的命令界面,如图 11-9 所示。

功能区旨在帮助快速找到完成某一任务所需的命令。命令组织在逻辑组中,逻辑组集中在选项卡下。每个选项卡都与一种类型的活动(例如编写或排列页面)相关。为了减

图 11-9　功能区

少屏幕混乱,某些选项卡只在需要时才显示。

功能区由选项卡、组和命令 3 部分组成。在 Access 2007 中,主要选项卡包括“开始”、“创建”、“外部数据”和“数据库工具”。

3. 上下文命令选项卡

除标准命令选项卡之外,Access 2007 还采用了 Office Professional 2007 中一个名为“上下文命令选项卡”的新的 UI 元素。根据上下文的不同,标准命令选项卡旁边可能会出现一个或多个上下文命令选项卡。

上下文命令选项卡包含特定上下文中需要使用的命令和功能。例如,如果在设计视图中打开一个表,则在“数据库工具”选项卡旁边将显示一个名为“设计”的上下文命令选项卡。单击“设计”选项卡时,功能区将显示仅当对象处于设计视图时才能使用的命令,如图 11-10 所示。

4. 快速访问工具栏

显示在功能区中的单个标准工具栏,可提供对大多数所需命令(如“保存”和“撤销”)的单击访问。

默认情况下,“快速访问工具栏”是与功能区邻近的小块区域,如图 11-11 所示。只需单击一下它即可访问命令。默认命令集包括经常使用的命令,如“保存”、“撤销”和“恢复”等。不过用户可以自定义“快速访问工具栏”,以便将最常使用的命令包括在内。还可以修改工具栏的位置,并将其从默认的小尺寸更改为大尺寸。小尺寸的工具栏显示在功能区中命令选项卡的旁边。切换为大尺寸后,工具栏将显示在功能区的下方,并扩展为最大宽度。

图 11-10　上下文命令选项卡

图 11-11　快速访问工具栏

5. 导航窗格

导航窗格位于窗口左侧区域,显示了数据库对象,如图 11-12 所示。

在打开数据库或创建新数据库时,数据库对象的名称将显示在导航窗格中。数据库对象包括表、窗体、报表、宏和模块。导航窗格取代了早期版本 Access 中所用的数据库窗口（如果在以前版本中使用数据库窗口执行任务，那么现在可以在 Access 2007 中使用导航窗格来执行同样的任务）。

① 菜单按钮：设置或更改导航窗格对数据库对象分组所依据的类别。单击菜单可以查看正在使用的类别。

② 百叶窗开/关按钮：展开或折叠导航窗格。该功能不会全部隐藏导航窗格。

③ 搜索栏：通过输入部分或全部对象名称，快速查找对象。在搜索时，导航窗格将隐藏任何不包含与搜索文本匹配的对象组。

④ 数据库对象：数据库中的表、窗体、查询等其他对象。在给定组中出现的对象取决于类别。如果使用"对象类型"类别，则该导航窗格将为表、窗体等创建单独的组；反之，每个组都会显示逻辑上属于给定组的对象。

⑤ 组：默认情况下导航窗格将可见的组显示为多组栏。若要展开或关闭组，则单击向上键 ⌃ 或向下键 ⌄ 。

⑥ 空白：当用户右击导航窗格底部的空白处时，可以执行各种任务。比如：更改类别、对导航窗格中的项目进行排序等。

6. 选项卡式文档

表、查询、窗体、报表、宏和模块均显示为选项卡式文档。启动 Access 2007 后，可以用选项卡式文档代替重叠窗口来显示数据库对象。如图 11-13 所示，通过设置 Access 选项可以启用或禁用选项卡式文档。

图 11-12　导航窗格

图 11-13　选项卡式文档

11.3　Access 2007 操作基础

1. 打开数据库对象（如表、窗体或报表）

（1）在导航窗格中，双击对象；

（2）在导航窗格中，先选择对象，然后按 Enter 键。

（3）在导航窗格中，右键单击对象，在打开的快捷菜单中，单击"打开"命令。

2. 隐藏/还原功能区

当用户需要将更多的空间作为工作区时，可以将功能区进行折叠（隐藏），以便只保留一个包含命令选项卡的工具栏，如图 11-14 所示为折叠后的功能区。若要折叠功能区，则双击活动的命令选项卡。在折叠的功能区双击任何一个命令选项卡都可以还原功能区。

图 11-14　折叠后的功能区

3. 自定义快速访问工具栏

默认"自定义快速访问工具栏"命令集仅包括经常使用的命令，如"保存"、"撤销"和"恢复"等，若要添加其他命令，则操作步骤如下：

（1）单击工具栏最右侧的下拉箭头，打开"自定义快速访问工具栏"，单击"其他命令"，打开"Access 选项"对话框，如图 11-15 所示。

图 11-15　"Access 选项"对话框

（2）首先选择要添加的一个或多个命令，然后单击"添加"；若要删除命令，则在右侧的列表中选定命令，单击"删除"，或者在列表中双击命令。

如果要改变"自定义快速访问工具栏"在数据库窗口中的位置，则选择"在功能区下方显示快速访问工具栏"复选框。

（3）完成后单击"确定"按钮。

4. 对象分组

默认情况下，导航窗格显示数据库中的所有对象，并且将这些对象置于不同的类别中。该窗格会将每种类别中的对象进一步划分为不同的组。在 Access 2007 中创建的新数据库的默认类别为"表和相关视图"，而且该类别中的默认组名为"所有表"。默认组名位于导航窗格顶部的菜单中。"表和相关视图"类别按与数据库中的对象相关的表对这些对象进行分组。

某些对象可能会多次出现在"表和相关视图"类别中。如果一个对象基于多个表,则该对象将出现在为每个表创建的组中。例如,如果用户的报表从两个表中获取数据,则该报表将出现在为每个表创建的组中。

（1）类别。如图 11-16 所示,显示打开的数据库的预定义和自定义类别。该复选标记指示当前选定的类别。请选择在逻辑上最适合将数据库中的对象分组的类别。

（2）组。位于给定类别中的预定义或自定义组。当选择不同的类别时,组会随之发生更改。

图 11-16 所示菜单的上半部分为类别,下半部分为组。当选择不同的类别时,组将发生更改,当选择不同的组或类别时,菜单标题将发生更改。例如,如果选择"对象类型"类别,则 Access 将选"所有 Access 对象"组,并且把该组名确定为菜单标题。

图 11-16　导航窗格菜单

5. 文档窗口定制

使用早期版本 Access 创建的数据库在默认情况下使用重叠窗口,使用 Access 2007 创建的数据库在默认情况下显示为文档选项卡。"显示文档选项卡"设置是针对单个数据库的,必须为每个数据库单独设置此选项。更改"显示文档选项卡"设置之后,必须关闭,然后重新打开数据库,更改才能生效。设置步骤如下:

- 单击"Office 按钮",再单击"Access 选项",打开"Access 选项"对话框。
- 在左侧窗格中,单击"当前数据库"。
- 在"应用程序选项"部分的"文档窗口选项"下,选择"选项卡式文档"。
- 选中或清除"显示文档选项卡"复选框。清除复选框后,文档选项卡将关闭,如图 11-17 所示。

图 11-17　显示或隐藏文档选项卡

- 单击"确定"按钮。

6. 设置导航窗格的视图

导航窗格的视图有 3 种,如图 11-18 所示。用户可以查看组中对象的详细信息,如每个对象的创建日期。还可以按列表或图标方式查看对象。设置视图方法有:

方法 1:右键单击位于导航窗格顶部的菜单,指向"查看方式",单击"详细信息"、"图标"或"列表"。

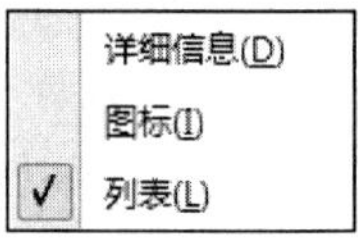

方法 2:通过右键单击导航窗格底部的空白区域,也可以显示"查看方式"菜单。

图 11-18 导航窗格视图

11.4 课程设计题目——安装 Access 2007

1. 问题描述

安装 Access 2007。

2. 基本要求

如果目前你的计算机系统里有较低版本的 Access,请保留,然后在此基础上再安装 Access 2007;或者你选择直接升级。

3. 测试数据

安装 Access 2007 后,请通过建立数据库、表、窗体、报表来测试系统的基本功能能否正常使用。

4. 实现提示

(1) 参照本章第 11.2 节介绍的内容来安装 Access 2007。

(2) 看清每一步窗口的提示和必要的选择。

5. 问题拓展

掌握 Access 2007 的安装后,可试试其他软件的安装。

习 题 11

一、选择题

1. Access 数据库属于(　　)数据库。
   A. 层次模型　　　　B. 网状模型　　　　C. 关系模型　　　　D. 面向对象模型

2. Access 2007 数据库中的对象包括(　　)等。
   A. 表、窗体和模块　　　　　　　　　　B. 表单、窗体和查询
   C. 表、组和报表　　　　　　　　　　　D. 查询、报表和宏组

3. 下列(　　)不是 Access 数据库的对象类型。
   A. 表　　　　　　　B. 向导　　　　　　C. 窗体　　　　　　D. 报表

4. 在 Access 2007 中,(　　)是数据库中存储数据的最基本对象。
   A. 表　　　　　　　B. 工作表　　　　　C. 报表　　　　　　D. 查询表

二、填空题

1. Access 2007 中主要的新界面元素包括 _____、_____、_____、_____、_____ 和_____等。

2. 功能区由选项卡、_____ 和_____部分组成。

3. 在 Access 2007 中，选项卡主要包括"开始"、_____、_____和"数据库工具"。

4. 导航窗格由"菜单"按钮、_____、_____、数据库对象和组等组成。

5. 类别分_____和_____。

三、简答题

1. 数据库管理系统中有哪些主要的数据库对象？

2. 简述 Access 2007 窗口的构成，简述导航窗口的构成。

3. 如何自定义安装 Access 2007？

4. 启动和退出 Access 2007 的方法有哪些？

四、操作题

1. 设置导航窗格的视图。

2. 设置当前数据库的选项。

3. 导航窗格的打开和折叠。

4. 类别的选择。

第 12 章　创建数据库

开发数据库系统的第一步是建立数据库对象,然后在数据库中建立需要的表对象。表对象是 Access 数据库的基础,是存储数据的仓库,其他的数据库对象都是在表的基础上建立的。

本章主要介绍数据库的创建、打开和关闭等操作;表结构的创建、编辑,表中记录的输入、编辑和删除,记录的查找、排序和筛选;创建和编辑表之间的关系等。

12.1　数据库的构成

Access 2007 将数据库定义成一个 .accdb 文件,分成多个对象,存储数据的"表",表之间的关系"查询",界面友好的"窗体"和"报表",用来开发系统的"宏"和"模块"等。

1. 表

表(Table)是数据库中用来存储数据的最基本的对象,它是整个数据库系统的数据源,也是数据库其他对象的基础,表及其表之间的关系构成了数据库的核心。数据表的一行,称为一条记录,数据表的一列称为一个字段。每条记录由若干字段构成,字段是表中可以访问的最小的数据单位。

2. 查询

查询(query)是数据库中应用最多的对象,可以实现很多不同功能。最常用的功能是从表中检索特定数据。如果要查看的数据分布在多个表中,则通过查询就可以在一张数据表中查看这些数据。如果不想一次看到所有的记录,则可以使用通过添加条件将数据"筛选"为所需记录。

某些查询是"可更新的",这意味着,你可以通过查询数据表来编辑基础表中的数据。如果使用的是可更新的查询,那么所做的更改实际上是在表中完成的,而不只是在查询数据表中完成的。查询有两种基本类型:选择查询和动作查询。

3. 窗体

窗体(form)是 Access 中用户和数据库交互的界面,用户对数据库的任何操作都要通过窗体来进行。通过窗体用户可以控制数据库应用系统的执行流程,应用程序在执行过程中可以接收用户输入的信息,还可以通过窗体完成对表或查询中的数据输入、编辑和删除等操作。

4. 报表

报表(report)是数据库中数据输出的形式之一。它不仅可以将数据库中的数据分析和处理的结果通过打印机输出,还可以对要输出的数据进行分类小计、分组汇总等操作。

在 Access 中,用户可以创建一份简单地显示每条记录信息的报表,也可以创建一份包括计算(如统计、求和、求平均值等)、图表、图形以及其他特性的报表。报表的数据来源可以是数据表,也可是查询。

5. 宏

Access 中的宏可以看作是一种简化的编程语言,可用于向数据库中添加功能。例如,可将一个宏附加到窗体上的某一命令按钮,这样每次单击该按钮时,所附加的宏就会运行。宏包括可执行任务的操作,例如打开报表、运行查询或者关闭数据库。大多数手动执行的数据库操作都可以利用宏自动执行,宏是非常省时的方法。

6. 模块

模块(module)是由 Visual Basic 程序设计语言编写的过程和函数。与宏一样,模块是可用于向数据库中添加功能的对象。模块可以与报表、窗体等对象结合使用,以建立完整的应用程序。模块提供了更加独立的动作流程,并且允许捕捉错误,实现宏无法实现的功能。

12.2 建立数据库

在创建数据库之前,首先要根据用户的需求对数据库应用系统进行分析和研究,然后再设计数据库。

12.2.1 数据库设计的步骤

建立一个 Access 数据库的基本步骤为:

1. 确定新建数据库的目的

数据库和用户的需求密切相关,设计数据库的第一步是确定数据库所要完成的任务以及如何使用。应明确用户希望从数据库中获取什么样的信息,由此进一步确定需要建立几个表及每个表中有哪些字段。为了实现设计目标,一定要进行下述准备工作:

(1) 与数据库的最终用户交流,了解用户希望从数据库中得到什么样的信息。

(2) 集体讨论数据库所要解决的问题,描述数据库需要生成的报表。

(3) 收集当前用于记录数据的表格。

(4) 参考某个设计得好,而且与当前要设计的数据库相似的数据库。

总之,在设计数据库之前应进行系统调查和分析,以搜集足够的数据库设计的依据。

2. 规划数据库中的表

表是数据库的基本信息结构,确定表是数据库设计过程中最难处理的一步,因为要从数据库获得的结果(如要打印的报表,要使用的格式,要解决的问题等),不一定能够提供用于生成它们的表的结构的线索。

在设计表时,应按以下设计原则对信息进行分类:

(1) 表中不应该包含重复信息,信息不应该在表之间复制。如果每条信息只保存在一个表中,则只需在一处进行更新,这样效率更高,同时也消除了包含不同信息的重复项的可能性。

(2) 每个表应该只包含关于一个主题的信息。如果每个表只包含关于一个主题的事件,则可以独立于其他主题来维护每个主题的信息。例如,将学生的信息与选修课程的信息存放在不同的表中。

3. 规划表中的字段

每个表中都包含关于同一主题的信息,表中的每个字段包含关于该主题的各个事件。例如,"学生信息"表包含学生的学号、姓名、性别、出生日期、政治面貌、班级、院系、简历和照片。在确定每个表的字段时,要注意以下问题:

(1) 每个字段都直接与表的主题相关。

(2) 不包含推导或计算的数据,如表达式的计算结果。

(3) 包含所需的所有信息。

(4) 以最小的逻辑部分保存信息。

4. 明确有唯一值的字段

为了连接保存在不同表中的信息(如将某个学生的信息与所选修课程的成绩连接),数据库中的每个表必须包含表中唯一确定每个记录的字段或字段集。这种字段或字段集称为主关键字。为表确定了主关键字之后,为确保其唯一性,Access 2007 将避免任何重复值或 Null 值进入主关键字字段。

5. 确定表之间的关系

因为已经将信息分配到各个表中,并且已定义了主关键字字段,所以需要通过某种方式通知 Access,怎样以有意义的方法将相关信息重新结合到一起。如果进行上述操作,则必须定义表之间的关系。

6. 优化设计

设计完所需要的表、字段和关系后,还应检查该设计,找出可能存在的问题。在设计阶段修改数据库要比修改已经填满数据的表容易得多。

用 Access 新建表,指定表之间的关系,并且在每个表中输入一些记录,检查能不能用该数据库获得所需的结果。新建窗体和报表的草稿,检查显示的数据是否符合要求。

7. 输入数据并创建其他数据库对象

如果认为表的结构已达到了设计目标,则在表中添加全部数据。这样,就可以创建查询、窗体、报表、宏和模块了。

12.2.2 建立数据库

Access 提供了两种创建新数据库的方法:一是使用模板创建数据库,二是自定义创建数据库。

Access 提供了各种各样的模板,使用这些模板可以加快数据库创建过程。模板是预设的数据库,其中包含执行特定任务时所需的所有表、查询、窗体和报表。例如,有些模板可用于跟踪问题、管理联系人或记录费用;有些模板则包含一些可以帮助演示其用法的示例记录。可以按原样使用模板数据库,也可以对这些数据库进行自定义以更好地满足你的需要。

如果其中的某个模板符合你的需要,则使用该模板通常可以最快地开始使用数据库。但是,如果要将其他程序中的数据导入 Access,则你可能会决定最好不使用模板创建数据库。模板含有已定义好的数据结构,要使现有数据适合于模板的结构可能需要大量的工作。

1. 使用数据库模板创建数据库

如果数据库已经打开,则单击"Office 按钮",再单击"关闭数据库",以显示"开始使用 Microsoft Office Access"页。

"开始使用 Microsoft Office Access"页中的"特色联机模板"下面显示有若干模板,Access 窗口左侧的"模板类别"下单击某一类别,会出现更多的可用模板。另外还可以从 Microsoft Office 网站下载更多模板。

使用模板创建数据库的步骤如下:

(1) 单击要使用的模板,如图 12-1 所示。

(2) 在 Access 窗口右侧的窗格中,在"文件名"框中指定数据库的文件名和保存位置,单击"创建"(对于 Office Online 模板,则单击"下载")按钮。

图 12-1　模板对话框

2. 自定义创建数据库

(1) 在"开始使用 Microsoft Office Access"页中,单击"空白数据库"。

(2) 在"空白数据库"窗格的"文件名"框中,指定文件名和文件存储位置,单击"创建"按钮。如果没有提供文件扩展名,则 Access 会为您添加扩展名。

12.3　数据库的打开与关闭

1. 打开数据库

在 Access 2007 中,数据库文件的打开有 4 种形式,在任何时刻,Access 2007 只能打开运行一个数据库。在每一个数据库中,可以拥有众多的表、查询、窗体、报表、宏和模块。

用户可以同时打开、运行多个数据库对象（例如，可以同时打开多个表）。

打开数据库的步骤如下：

（1）单击"Office 按钮"，再单击"打开"，弹出"打开"对话框，如图 12-2 所示。

（2）在"查找范围"列表框中单击包含所需数据库的驱动器或文件夹。

（3）选择要打开的数据库文件，单击"打开"按钮。

图 12-2 "打开"对话框

另外，如果要打开最近打开过的数据库文件，则在"开始使用 Microsoft Office Access"页上的"打开最近的数据库"列表中单击要打开的数据库文件名，同时将自动应用上次打开该数据库时该数据库所具有的相同选项设置。还可以通过单击"Office 按钮"，再单击"打开"命令，在"打开"对话框中，"最近使用的文档"列表中，单击要打开的数据库文件。

在打开数据库时可以采用以下 4 种方式：

（1）共享方式打开数据库。如果要在多用户环境中进行共享访问数据库，以便和其他用户都可以同时读写数据库，则单击"打开"按钮。

（2）以只读方式打开数据库。若要为了进行只读访问而打开数据库，以便可以查看数据库但不能编辑数据库，则单击"打开"按钮旁边的箭头，然后单击"以只读方式打开"。

（3）以独占方式打开数据库。若要为了进行独占访问而打开数据库，以便在打开数据库后任何其他人都不能再打开它，则单击"打开"按钮旁边的箭头，然后单击"以独占方式打开"。

（4）以独占只读方式打开数据库。如果要以独占只读访问方式打开数据库，则单击"打开"按钮旁的箭头，然后单击"以独占只读方式打开"。其他用户不可以打开该数据库，只能进行只读访问。

2．关闭数据库

关闭数据库的方法如下：

（1）如果要退出 Access，单击主窗口的关闭按钮，或者单击"Office 按钮"，在"打开"对话框中单击"退出 Access"按钮。

（2）如果只想关闭数据库文件而不关闭 Access，则单击"Office 按钮"，在"打开"对话框中单击"关闭数据库"按钮。

12.4　建　立　表

创建数据库后，可以在表中存储数据，表就是由行和列组成的基于主题的列表。例如，可以创建"联系人"表来存储包含姓名、地址和电话号码的列表，或者创建"产品"表来存储有关产品信息。设计数据库时，始终应在创建任何其他数据库对象之前先创建数据库的表。

12.4.1　表的构成

在 Access 中，表必须是一个满足关系模型的二维表，表由表文件名、表结构、表中的记录 3 部分构成的。

（1）表名。表名是该表存储到存储介质上的唯一标识。也可以理解为它是用户访问数据表的唯一标识。

（2）表结构。表结构即表的组织形式，它包括：

- 字段名。用于标识表中的一列，即数据表中的一列称为一个字段，每一个字段均有一个唯一的名字。
- 数据类型。根据数据库关系理论，每一列的数据必须具有相同的数据类型。
- 字段的属性。数据表中的字段根据其类型不同，具有一组不同的属性，这些属性值的设置将决定各个字段对象在操作时的特性。

（3）表记录。表的记录是表中的数据，记录的内容是表所提供给用户的全部信息。

本章在"学生数据库"中，共设计了以下 5 个表（加下划线的为主键）。

学生信息（学号，姓名，性别，出生日期，政治面貌，班级，院系，简历，照片）

课程信息（课程号，课程名，学时，学分）

选课（学号，课程号，成绩）

教师信息（职工号，姓名，性别，职称，学历，部门）

讲授（职工号，课程号）

12.4.2　创建表

Access 提供了两种创建表的方法：

1. 在数据表视图创建表

在"创建"选项卡的"表"组中，单击"表"。一个新表将被插入到当前数据库中，在数据表视图中打开该表，如图 12-3 所示。

图 12-3　数据表视图

（1）修改字段名。双击第一个列标题(显示有"添加新字段"的彩色单元格)并输入该字段的名称。通过键盘或鼠标将焦点置于下一个字段上，并输入该字段的名称。重复此过程，直到完成对表字段的命名。

（2）输入数据。在字段名下面对应的单元格里输入数据。

2. 在数据表设计器创建表

使用数据表设计器创建表对象，是最灵活也是最常用的方法。在"创建"选项卡的"表"组中，单击"表设计"，新表将在设计视图中打开，如图 12-4 所示。

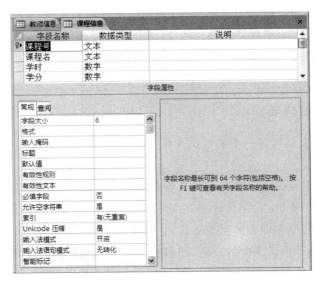

图 12-4　表设计器

在"字段名称"列输入每一个字段的名称，在"数据类型"列确定每一个字段的数据类型。还可以为某些字段添加说明。

12.5　表中字段的操作

12.5.1　指定字段的名称

字段名称是用来标识字段的，字段名称可以由英文、中文、数字组成，必须符合 Access 数据库的对象命名规则。字段命名应遵循的规则有：

（1）字段名称可以是 1～64 个字符。

（2）字段名称可以采用字母、数字和空格以及其他一切特别字符，但不能包含："。"、"!"、"[]"等字符。

（3）不能使用 ASCII 为 0～32 的 ASCII 字符。

（4）不能以空格为开头。

12.5.2　指定字段的数据类型

表中的每个字段都有属性，这些属性定义了字段的特征和行为。字段最重要的属性是数据类型,数据类型决定该字段可以存储哪种数据。例如,数据类型为文本的字段可以存储由文本或数字字符组成的数据;数据类型为数字的字段只能存储数值数据。字段的数据类型决定许多其他的重要字段特性,例如,如何在表达式中使用该字段;字段的取值范围;是否可对该字段进行索引;该字段可使用哪些格式等等。

在 Access 2007 系统中,字段数据类型分为以下 11 种:

(1) 文本型。文本型是默认的数据类型,是文本或文本与数字的组合。也可以是不需要计算的数字,最多可达 255 个字符,例如,姓名、电话号码、职称等。Access 只保存输入到字段中的字符。设置"字段大小"属性可以控制输入字段的最大字符数。

(2) 备注型。备注型是加长的文本型,不同的是备注型字段可以保存较长的数据,最多为 65535 个字符。

(3) 数字型。数字型数据是用来进行算术计算的数字数据,涉及货币的计算除外。通过设置"字段大小"属性,可以根据处理数据的范围不同进一步定义一个特定的数字类型,例如整型、单精度型等。

(4) 日期/时间型。日期/时间型数据用来保存日期和时间,该类型数据字段大小固定为 8 个字节。

(5) 货币型。用于存储货币数据。货币字段中的数据在计算过程中不进行四舍五入,可精确到小数点左边 15 位和右边 4 位。每个货币字段值需要 8 个字节的存储空间。

(6) 自动编号型。使用自动编号字段提供唯一值,该值的唯一用途就是使每条记录成为唯一的。自动编号字段的最常见应用是作为主键,尤其是当没有合适的自然键(基于数据字段的键)可用时。自动编号字段值需要 4 或 16 个字节,具体取决于其"字段大小"属性的值。

(7) 是/否型。是/否字段只包含两个值中的一个,例如"是/否"、"真/假"、"开/关",该类型长度固定为 1 个字节。

(8) OLE 对象型。OLE 对象在其他程序中使用 OLE 协议创建的对象(例如 Word 文档、Excel 电子表格、图像、声音或其他二进制数据),可以将这些对象链接或嵌入到 Access 表中。必须在窗体或报表中使用绑定对象框来显示 OLE 对象,最大可为 1GB(受磁盘空间限制)。

通常应使用附件字段代替 OLE 对象字段。OLE 对象字段支持的文件类型比附件字段更少。此外,OLE 对象字段不允许将多个文件附加到一条记录中。

(9) 超级链接型。该字段以文本形式存储超级链接的地址。超级链接可以是 UNC 路径或 URL,最多可存储 2048 个字符。

(10) 附件。使用附件可以将多个文件(例如图像)附加到单个字段中。假设有一个工作联系人数据库,可使用附件字段附加每个联系人的照片,也可将联系人的一份或多份简历附加到该记录的相同字段中。

(11) 查阅向导型。创建允许用户使用组合框选择来自其他表或来自值列表中的值的字段。在数据类型列表中选择此选项,将启动向导进行定义。通常为 4 个字节。

12.5.3　定义字段属性

1. 字段大小

通过"字段大小"属性，可以控制字段使用的空间大小。该属性只适用于数据类型为"文本"或"数字"的字段。对于一个"文本"类型的字段，其字段大小的取值范围是 0～255，可以在该属性框中输入取值范围内的整数；对于一个"数字"型的字段，可以单击"字段大小"属性框，然后单击右侧的向下箭头按钮，从下拉列表中选择一种类型。

注意：在满足需要的前提下，字段大小越小越好；在一个数字类型的字段中，将字段大小属性由大变小，可能会出现数据丢失。

2. 格式

"格式"属性用来决定数据的打印方式和屏幕显示方式。不同数据类型的字段，其格式选择有所不同。例如可以将"学生信息"表中"年龄"字段的"格式"设置为"整型"；"出生日期"字段的"格式"设置为"长日期"。

3. 默认值

"默认值"是一个十分有用的属性。在一个数据表中，往往会有一些字段的数据内容相同或含有相同的部分。例如，性别字段只有"男"和"女"两种，这种情况就可以设置一个默认值。例如将"学生信息"表中的"性别"字段的"默认值"设置为"男"；"政治面貌"字段的"默认值"设置为"团员"。

注意：设置默认值属性时，必须与字段中所设的数据类型相匹配，否则会出现错误。

4. 有效性规则与有效性文本

"有效性规则"是 Access 中另一个非常有用的属性，利用该属性可以防止非法数据输入到表中。有效性规则的形式及设置目的随字段的数据类型不同而不同。对"文本"类型字段，可以设置输入的字符个数不能超过某一个值；对"数字"类型字段，可以让 Access 只接受一定范围内的数据；对"日期/时间"类型的字段，可以将数值限制在一定的月份或年份以内。例如将"学生信息"表中"年龄"字段取值范围设在 14～70 之间。

"有效性文本"属性允许用户输入一段提示文字，当输入的数据没有通过设定的有效性规则时，Access 2007 自动弹出一个提示框显示该段提示文字。有效性文本属性要与有效性规则属性搭配使用。

5. 必填字段

必填字段属性允许用户规定数据是否必须被输入到字段中，即字段中是否允许有 Null 值。如果数据必须被输入到字段中，即不允许有 Null 值，则应设置必填字段属性值为是。必填字段属性值是一个逻辑值，默认值为否。

允许空字符串属性用于定义对于文本和备注数据类型的字段是否允许空字符串输入。如果允许，则应把空字符串和 Null 值区别开。空字符串是长度为零的特殊字符串。

6. 索引

对于数据表来说，查询和排序是常用的两种操作，为了能够快速查找到指定的记录，通常建立索引来加快查询和排序的速度。建立索引就是指定一个字段或多个字段，按字段的值将记录按升序或降序排列，然后按这些字段的值来检索。

索引字段不可以是“OLE 对象型”、“附件”类型，主键字段会自动索引。可以根据需要，创建多个索引。索引在更改或添加记录时，可以自动更新。任何时候都可以在表“设计”视图中添加或删除索引。

建立多字段索引方法如下：

（1）打开表设计视图。

（2）在“设计”选项卡的“显示/隐藏”中，单击“索引”，打开“索引”对话框，如图 12-5 所示。

图 12-5　“索引”对话框

（3）编辑“索引名称”，在“字段名称”列选择参加索引的字段，在“排序次序”列选择排序的顺序。

（4）关闭“索引”对话框。

创建索引后，可随时打开“索引”对话框来编辑索引。

12.5.4　确定主键

1. 主键

主键也称为主关键字，是表中能够唯一标识记录的一个字段或多个字段的组合。主键有 3 种，即自动编号、单字段和多字段。

自动编号主键：当向表中增加一个新记录时，主键字段值会自动加 1，如果在保存新建表之前未设置主键，则 Access 会询问是否要创建主键。如果回答“是”，则 Access 将创建自动编号类型的主键。

单字段主键：是以某一个字段作为主键，来唯一标识记录，这类主键的值可由用户自行定义。

多字段主键：是由两个或更多字段组合在一起来唯一标识表中记录。

2. 定义主键

定义主键的方法有两种，一是在建立表结构时定义主键；二是在建立表结构后，重新打开设计视图定义主键。

定义主键时，先要指定作为主键的一个或多个字段，如果只选择一个字段，则单击字段所在行的选定按钮；若需要选择多个字段作为主键，则先按下 Ctrl 键，再依次单击这些字段所在行的选定按钮。指定字段后，可在鼠标右键菜单中选择“主键”命令，或直接在

"设计"选项卡的"工具"组中,单击"主键",即可把该字段设为表的主键。如果主键在设置后发现不适用或不正确,则可以通过"主键"按钮取消原有的主键。

3．删除主键

在设计视图中打开相应的表,单击当前使用的主键的行选定器,在"设计"选项卡的"工具"组中,单击"主键"。

12.5.5 表结构的编辑

用户常需要根据应用的变化对表结构进行修改,修改的内容主要有添加字段、删除字段、移动字段的位置等,在 Access 2007 中可以方便快捷地添加或删除表字段,Access 2007 中允许在数据表视图和表设计视图中完成表结构的编辑。

1．在表设计视图编辑表结构

(1) 添加字段。在设计视图中打开相应的表,选中要在其前面插入的字段。在"设计"选项卡的"工具"组中,单击"插入行",可在当前字段前插入一个空白行,在该行输入要添加字段的各项信息。

(2) 删除字段。在设计视图中打开相应的表,选中要删除的字段行。在"设计"选项卡的"工具"组中,单击"删除行",删除所选中的行。

(3) 移动字段位置。在设计视图中打开表,单击行选定器(如图 12-6 中①标记)选择要移动的字段。然后用鼠标拖动被选中的字段行的行选定器。随着鼠标的移动,Access将显示一个细的水平条,将此水平条拖到字段要移动到的指定位置的行即可。

图 12-6　表设计视图

2．在数据表视图编辑表结构

默认情况下,数据表视图中的所有表都包含一个标记为"添加新字段"的空白列。要添加列,可以在该列标题下面的第一个空白单元格中输入数据。还可以在空白列中粘贴一段或多段数据。

(1) 插入列。寻找空白列,默认情况下,空白列的列标题中会出现"添加新字段"字样。双击列标题,输入新字段的名称。或右键单击列标题,再单击快捷菜单上的"重命名列",输入字段的名称。

(2) 删除列。删除列的同时会删除该列中的所有数据,并且不能撤销此删除操作。注意不能使用数据表视图来删除主键字段,必须使用设计视图来执行此任务。此外,要删除主键或查阅字段,必须先删除该字段从中提取数据的表与该字段之间的关系。

12.6 表中记录的操作

在 Access 2007 关系数据库中,用户可以通过数据表视图随时输入记录、编辑和浏览表中已有的记录。

在数据表视图中,用户除了可以随时输入、编辑和浏览记录以外,还可以查找和替换记录以及对记录进行排序和筛选。数据表视图是可格式化的,用户可以根据需要改变记录的显示方式(例如,改变记录的显示字型及字号,调整字段的显示次序,隐藏或冻结字段等)。

在数据表视图中,如果打开的表与其他表存在关系,则 Access 2007 会在数据表视图中为每条记录在第一个字段的左边设置一个＋号。单击＋号可以显示与该记录相关的子表记录。

12.6.1 特殊数据的输入

1. 输入较长字段数据

输入较长字段的数据时可以展开字段,以便对其进行编辑,方法是:打开数据表,单击要输入的字段,按下 Shift＋F2 键,弹出"显示比例"对话框,如图 12-7 所示。在对话框中输入数据,单击"确定"按钮把输入的数据保存到字段中。单击"字体"按钮,打开"字体"对话框,可以设置"显示比例"对话框中文字的显示效果。

图 12-7 显示比例对话框

2. 输入"是/否"型数据

该类型的数据字段上在数据表中显示一个复选框。选中复选框表示输入"是",不选表示输入"否"。

3. 输入 OLE 对象型数据

OLE 对象类型字段数据输入步骤如下:

(1)在"数据表视图"中打开表,在要输入数据的 OLE 字段单击右键,在弹出的快捷菜单中,单击"插入对象"命令,打开"插入对象"对话框,如图 12-8 所示。

(2)如果没有可以选定的对象,则单击"新建"单选按钮,然后在"对象类型"列表框中单击要创建的对象类型,单击"确定"按钮可以打开相应的应用程序创建一个新对象,并插入到字段中。如果选择"由文件创建"单选按钮,则可以单击"浏览"按钮,选择一个已存储的文件对象,单击"确定"按钮,即可将选中的对象插入到字段中。

图 12-8　"插入对象"对话框

4. 输入"附件"型数据

（1）在"数据表视图"中打开表，双击要输入的附件字段，打开"附件"对话框，如图 12-9 所示。

图 12-9　"附件"对话框

（2）在"附件"对话框中，单击"添加"按钮，打开"选择文件"对话框，如图 12-10 所示。

图 12-10　"选择文件"对话框

（3）选择文件,单击"打开"按钮。

（4）在"附件"对话框中,单击"确定"按钮。

12.6.2　编辑记录

编辑记录主要包括以下操作:定位记录、选定记录、添加记录、删除记录、修改记录和复制记录。

1. 定位记录

使用数据表视图中的记录导航按钮可以定位并浏览记录。导航按钮位于数据表视图窗口的底端,如图 12-11 所示。

2. 选定记录

选定一行记录:单击记录选定器(记录左侧的按钮)。

选中一列:单击字段选定器(字段名按钮)。

选中多行:选中首行,按下 Shift 键,再选中末行,可以选中相邻的多行记录。

选中多列字段:选中首字段,按下 Shift 键,再选中末列字段,可以选中相邻的多列字段。

3. 添加记录

在数据表视图中,单击"记录"组中的"新建",如图 12-12 所示,输入记录。

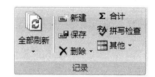

图 12-11　记录导航按钮　　　　图 12-12　"记录"组

4. 删除记录

在数据表视图中,选中要删除的记录,单击"记录"组中的"删除"。

5. 修改记录

在数据表视图中,将光标移到需要修改数据的位置,就可以修改光标位置的数据信息。

6. 复制记录

在数据表视图中,选中要复制的数据,单击右键,在弹出的快捷菜单中选择"复制",将光标移到要复制数据的单元格,再单击右键,在弹出的快捷菜单中选择"粘贴"命令,即可完成复制记录操作。

12.6.3　记录排序

数据库开发环境的一个基本功能就是排序记录,排序就是按照某个字段的内容值重新排列数据。在默认情况下,Access 是以表中定义的主键值的大小按升序的方式排序显示记录的,如果表中没定义主键,则该表中记录排列的顺序根据输入的顺序来显示。

如果排序记录的字段上设置了索引,则排序过程会更快。

1. 单字段排序

在数据表视图中,如果需要根据某一字段对记录进行简单排序,则可以直接单击"排序和筛选"组里的"升序"或"降序"按钮。

2. 多字段排序

如果要根据几个字段的组合对记录进行排序,则必须使用"排序和筛选"组里的"高级"工具中的"高级筛选/排序"命令来对记录进行复杂排序,如图 12-13 所示。

图 12-13 "排序和筛选"组

例 12-1 对"教师信息"表的记录按"职称"和"学历"降序排序。

操作步骤如下:

(1) 在"数据表视图"中,打开"教师信息"表。

(2) 单击"排序和筛选"组中的"高级",打开"高级"列表,选择"高级筛选/排序",打开"高级筛选/排序"窗口,选择"姓名"、"职称"和"学历"3 个字段,并且设置根据"职称"和"学历"降序排序,如图 12-14 所示。

(3) 单击"排序和筛选"组中的"切换筛选",排序结果如图 12-15 所示。

图 12-14 高级筛选排序窗口

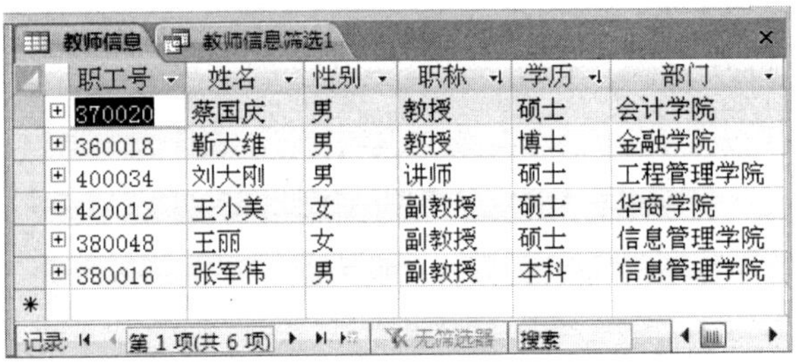

图 12-15 筛选结果

几点说明:

(1) 若要取消排序,则从"排序和筛选"组中,单击"清除所有排序",Access 2007 将按照该表的原有顺序显示记录。

(2) 在 Access 中文版中,排序记录时依据的规则是"中文"排序,规定如下:

- 中文按拼音字母的顺序排序;
- 英文按字母顺序排序,不区分大小写;
- 数字由小到大排序。

12.6.4 筛选记录

在数据表视图中,可以对记录进行筛选,即将满足给定条件的记录显示在数据表视图中。对记录进行筛选的操作与对记录进行多字段排序的操作相似,不同的是:在筛选窗口中,指定要筛选的字段以后,还要将筛选条件输入到 QBE 设计网格中的"准则"行和"或"行中。

在"准则"行和"或"行中,Access 2007 规定:在同一行中设置的多个筛选条件,它们之间存在逻辑与的关系。在不同行中设置的多个筛选条件,它们之间存在逻辑或的关系。

在数据表视图中,可以方便地根据某一字段的值对记录进行简单筛选;也可以根据某几个字段的组合对记录进行复杂筛选。

1. 基于公用筛选器的筛选

若要应用公用筛选器,则单击"文本筛选器"(根据选择字段的数据类型不同还有"数字筛选器"或"日期筛选器"),然后单击筛选条件,如"等于"或"介于",将提示您输入必要的值。

若要基于字段值应用筛选,则清除不想筛选的值旁边的复选框,然后单击"确定"。

若要筛选文本、数字和日期字段中的 Null 值(Null 值表示不包含数据),则在复选框列表中清除"(全选)"复选框,然后选中"(空白)"旁边的复选框。如果当前已选择了要用作筛选依据的值,则可以通过单击"筛选和排序"组中的"选择"命令来快速筛选视图。可用的命令将因所选值的数据类型的不同而异。

例 12-2 筛选"学生信息"表中"政治面貌"为"团员"的记录。

操作步骤如下:

(1) 在"数据表视图"中,打开"学生信息"表。

(2) 单击"政治面貌",选定该字段作为筛选字段。

(3) 单击"排序和筛选"组中的"筛选器",打开如图 12-16 所示的"公用筛选器"。

(4) 单击"文本筛选器",打开"筛选条件"列表,如图 12-17 所示。

图 12-16 "公用筛选器"

图 12-17 "筛选条件"列表

(5) 单击"包含"命令,打开"自定义筛选器"对话框,如图 12-18 所示。在文本框中输入"团员"。

(6) 单击"确定"按钮。

2. 按选定内容筛选

首先选定要筛选字段的部分或全部内容,然后单击"排序和筛选"组中的"选择"。

图 12-18 "自定义筛选器"对话框

例 12-3 在"教师信息"表中,筛选职称为"副教授"的记录。操作步骤如下:

(1) 在"数据表视图"中,打开"教师"信息表,在"职称"字段,选定"副教授"。

（2）单击"排序和筛选"组中的"选择"，打开"选择"列表，在列表中单击"等于副教授"，筛选结果如图 12-19 所示。

图 12-19　筛选结果

3. 按窗体筛选

首先打开"按窗体筛选"对话框，然后在"按窗体筛选"对话框中输入或选择筛选条件。

例 12-4　在"课程信息"表中，筛选课程号"6"打头的课程信息。操作步骤如下：

（1）在"数据表视图"中，打开"课程信息"表。

（2）单击"排序和筛选"组中的"高级"，在打开的"高级"菜单列表中，单击"按窗体筛选"，打开"按窗体筛选"窗口，在窗口"课程号"字段中输入筛选条件，如图 12-20 所示。

（3）单击"排序和筛选"组中的"切换筛选"按钮，筛选结果如图 12-21 所示。

图 12-20　"按窗体筛选"窗口

图 12-21　筛选结果

值得注意的是不能使用"按窗体筛选"来指定多值字段的字段值，也不能指定具有"备注"、"超链接"、"是/否"或"OLE 对象"数据类型的字段值。

4. 高级筛选/排序

在"开始"选项卡上的"排序和筛选"组中，单击"高级"，在"高级"菜单列表中，单击"高级筛选/排序"。将筛选字段添加到设计网格，并在"条件"行中指定筛选条件。

例 12-5　在"学生信息"表中筛选 1987 年出生的团员记录。操作步骤如下：

（1）在"数据表视图"中，打开"学生信息"表。

（2）单击"排序和筛选"组中的"高级"菜单，在打开的"高级"菜单列表中，单击子菜单"高级筛选/排序"命令，打开"高级筛选/排序"窗口。

（3）将指定为筛选条件的"出生日期"和"政治面貌"字段添加到设计网格中，输入筛选条件，如图 12-22 所示。

图 12-22　"高级筛选/排序"窗口

（4）单击"排序和筛选"组中的"切换筛选"按钮完成筛选。筛选结果如图 12-23 所示。

图 12-23　筛选结果

12.6.5 查找和替换

当需要查找和有选择地替换少量数据,并且不便于使用查询来查找或替换数据时,可以使用"查找和替换"对话框。该对话框类似于在其他程序中看到的"查找"工具,但它还包含一些更有助于搜索关系数据库的功能。例如,可以搜索应用于数据的格式,还可以选择匹配字段中的部分或全部数据。

该对话框会将搜索字符串视为一个模式,返回与该模式匹配的所有记录。例如,在"学生信息"表中,如果要在"班级"字段搜索"计"字,并且匹配方式选择"字段任何部分",则查找操作将返回所有班级中含有"计"字的记录。

该对话框一次仅搜索一个表,不会搜索整个数据库。如果在窗体中打开该对话框,则将搜索该窗体的基础表。如果需要使用该对话框搜索多个表,则首先创建选择查询来收集所需数据,然后搜索查询结果。必须在数据表视图中打开表和查询结果。

1. 查找数据

例 12-6　在"学生信息"表中查找 2009 级的所有同学的记录。操作步骤如下:

(1) 在"数据表视图"中,打开"学生信息"表。

(2) 在"开始"选项卡上的"查找"组中,单击"查找",或者按 Ctrl＋F 键,打开"查找和替换"对话框。

(3) 设置查找内容为"2009",查找范围为"学号",匹配为"字段开头",搜索为"全部",如图 12-24 所示。

图 12-24　"查找和替换"对话框

(4) 单击"查找下一个"按钮,查找结果如图 12-25 所示。

	学号	姓名	性别	出生日期	政治面貌	班级	院系
+	2008010122	杨浩	男	1986年3月18日	群众	2008电子商务	信息管理学院
+	2008080123	孔帅	男	1987年12月14日	群众	2008金融1班	金融学院
+	2008110123	马春	女	1986年4月15日	团员	2008人力资源1	华商学院
+	2008110234	李力	男	1985年6月6日	党员	2008人力资源2	华商学院
+	2009010101	张丹丹	女	1987年5月15日	团员	2009电子商务	信息管理学院
+	2009010111	刘娟	女	1987年4月16日	团员	2009计算机科学	信息管理学院
+	2009010133	王大明	男	1986年12月22日	党员	2009信息系统与	信息管理学院
+	2009080245	付苗苗	女	1988年6月3日	团员	2009保险2班	金融学院
+	2009111102	张大力	男	1988年7月13日	群众	2009会计1班	华商学院
+	2009111245	刘眉	女	1988年7月30日	团员	2009会计2班	华商学院

图 12-25　查找结果

2."查找和替换"对话框控件说明

(1)"查找范围"列表。"查找范围"列表始终包含要搜索的表的名称。如果仅搜索一个表,则 Access 会显示该表的名称,"查找范围"列表将不可用(灰色)。当搜索一个列时,Access 将使"查找范围"列表可用并显示表和列的名称。若要在搜索表和列之间进行切换,则从"查找范围"列表中选择所需的值。若要搜索的列不在该列表中,则转到打开的数据表或窗体,选择所需的列,返回到"查找和替换"对话框并执行搜索。

(2)"匹配"列表。有 3 个选项:字段任何部分、整个字段和字段开头。选择"字段任何部分"可在所有可能的值中搜索匹配项;选择"整个字段"可搜索与搜索项完全匹配的信息;如果认为要查找的值位于记录的开头,则选择"字段开头"。

(3)"搜索"列表。有 3 个选项:向上、向下和全部。选择"向上"可查找光标上方的记录;选择"向下"可查找光标下方的记录;选择"全部"可从记录集的顶部开始,搜索全部记录。

3.替换数据

替换是将查找到的某个值用另一个值来替换。

例 12-7　将"选课"表中的课程号"600001"替换为"600011"。

操作步骤如下:

(1)在"数据表视图"中,打开"选课"表。

(2)在"开始"选项卡上的"查找"组中,单击"查找",或者按 Ctrl＋F 键,打开"查找和替换"对话框,内容设置如图 12-26 所示。

图 12-26　"查找和替换"对话框

(3)单击"全部替换"按钮,弹出提示对话框,如图 12-27 所示,询问是否继续替换操作,单击"是"按钮。若单击"否"按钮,则取消本次操作。

图 12-27　提示对话框

12.7　建立表间的关联关系

在 Access 中,每个数据库都拥有一组表。关系数据库系统的特点是可以为表建立表间关系,从而真实地反映客观世界丰富多变的特点以及错综复杂的联系,减少数据的冗余。

1. 表关系

Access 中对表间关系的处理是通过两个表中的公共字段在表之间建立关系,这两个字段可以是同名的字段,也可以是不同名的字段,但必须具有相同的数据类型。此外,也可以在查询与查询之间建立关系,还可以在表与查询之间建立关系。

建立表间关系的字段在主表中必须是主键和设置为无重复索引,如果这个字段在从表中也是主键和设置了无重复索引,则 Access 会在两个表之间建立一对一的关系;如果是无索引或有重复索引,则在两个表之间建立一对多的关系。

2. 表关系类型

(1) 一对一。在一对一关系中,第一个表中的每条记录在第二个表中只有一个匹配记录,第二个表中的每条记录在第一个表中只有一个匹配记录。

(2) 一对多。第一个表中的每个记录与第二个表中的一个或多个记录匹配,第二个表中的每个记录只能与第一个表中的一个记录匹配。要在数据库设计中表示一对多关系,请获取关系"一"方的主键,并将其作为额外字段添加到关系"多"方的表中。

(3) 多对多。第一个表中的每个记录与第二个表中的多个记录匹配,反之亦然。

3. 建立表间关系

在定义表间的关系之前,应该关闭所有要定义关系的表,因为不能在已打开的表之间创建关系或者对关系进行修改。

例 12-8　在"学生信息"表与"选课"表之间建立关系。操作步骤如下:

(1) 在"数据库工具"选项卡上的"显示/隐藏"组中,单击"关系"。打开"关系"窗口,如图 12-28 所示。

(2) 在"关系"窗口,从"学生信息"表中的"学号"字段,按住鼠标左键不放,拖曳到"选课"表中的"学号"字段上,松开鼠标左键后,出现"编辑关系"对话框,如图 12-29 所示。若要同时拖动多个字段,则在拖动之前按下 Ctrl 键再单击所需字段。

图 12-28　"关系"窗口

图 12-29　"编辑关系"对话框

（3）如果想强化两个表之间的引用完整性，则选中"实施参照完整性"复选框；如果选中"级联更新相关字段"复选框，则可以在主表的主关键字值更改时，自动更新相关表中的对应数值；如果选中"级联删除相关记录"复选框，则可以在删除主表中的某项记录时，自动删除相关表中的有关信息。

（4）单击"创建"按钮，完成指定关系的创建，如图 12-30 所示。

关闭"关系"窗口时，会弹出如图 12-31 所示提示对话框，单击"是"按钮，保存已定义的表之间关系。

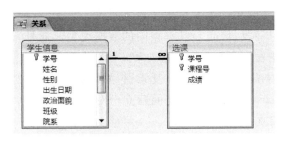

图 12-30　关系建立

图 12-31　提示对话框

4. 编辑表间关系

表之间的关系并不是一成不变的，还可以编辑和删除。

（1）编辑已有的关系

首先打开"关系"窗口，如图 12-32 所示。把鼠标移动到关系线上单击右键，单击"关系"菜单中"编辑关系"命令（或直接双击要编辑的关系线），出现"编辑关系"对话框，如图 12-29 所示。在"编辑关系"对话框中重新指定两个表间的关系。

（2）删除已有的关系

在"关系"窗口中显示出要编辑的关系，把鼠标移动到关系线上单击右键，如图 12-32 所示。单击"关系"菜单中"删除"命令，弹出图 12-33 提示对话框，单击"是"按钮，确认删除操作。

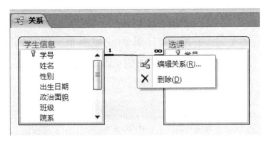

图 12-32　"关系"窗口

图 12-33　提示对话框

12.8　数据的导入与导出

数据的导入和导出是指 Access 当前数据库与其他数据库或外部数据源之间的数据复制。其他的数据库可以是 Access 数据库或非 Access 数据库，外部数据源可以是 Excel

表格、Word 文档、文本文件等。这个功能可以大大提高数据的共享程度,提高数据的处理能力。

12.8.1 数据的导入

数据的导入就是将外部数据转化为 Access 2007 的数据或数据库对象。可以导入的数据有 Access 数据、Excel 表格、Word 文档、文本文件和 XML 数据等。以下只介绍导入其他 Access 数据和 Excel 表格数据的导入过程。

1. 导入其他 Access 数据库的数据

例 12-9 导入 H:\Access 文件夹中的"学生管理系统.mdb"中的"加法"窗体,导入的数据库为 Access 2000 版本。操作步骤如下:

(1) 在"外部数据"选项卡中,单击"导入"组的 Access,打开"获取外部数据"对话框,如图 12-34 所示。

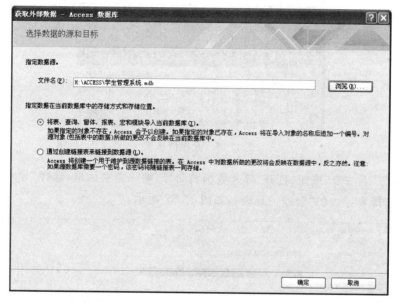

图 12-34 "获取外部数据"对话框

(2) 在"获取外部数据"对话框中,单击"浏览"按钮或直接输入要导入数据的位置及文件名,单击"确定"按钮,打开"导入对象"对话框,如图 12-35 所示。

(3) 在"窗体"选项卡,单击"加法"窗体。

(4) 单击"确定"按钮,打开"获取外部数据"的最后一个对话框,出现是否"保存导入步骤"对话框,单击"关闭"按钮,完成数据导入。

2. 导入 Excel 数据

例 12-10 导入"H:\仓库信息表.xls",该文件为 Excel 版本的文件。内容如图 12-36 所示。操作步骤如下:

(1) 在"外部数据"选项卡中,单击"导入"组的 Excel,打开"获取外部数据"对话框。

(2) 单击"浏览"按钮或直接在文件名框中输入"H:\仓库信息表.xls"。

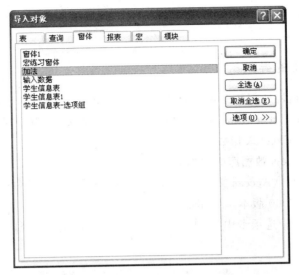

图 12-35 “导入对象”对话框

	A	B	C	D	E
1	仓库编号	仓库名称	仓库位置	仓库管理员	仓库电话
2	c001	朝阳仓库	晋阳街116号	王大元	88765984
3	c002	绿园仓库	皓月大路1003号	李明	58457813
4	c003	宽誉仓库	宽平大街576号	孙世容	83549879
5	c004	铁北仓库	铁北大街	赵垒	85326754

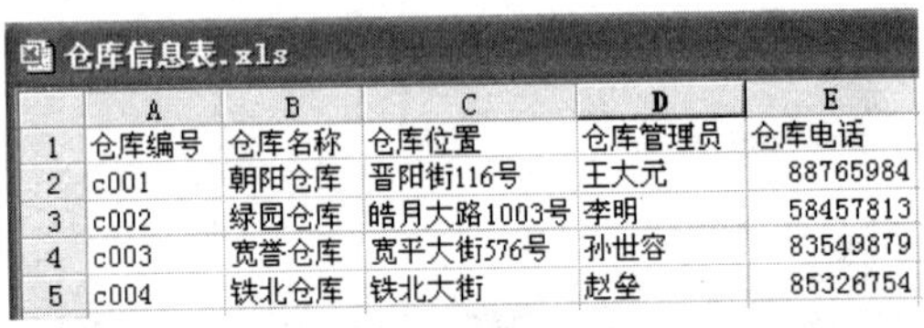

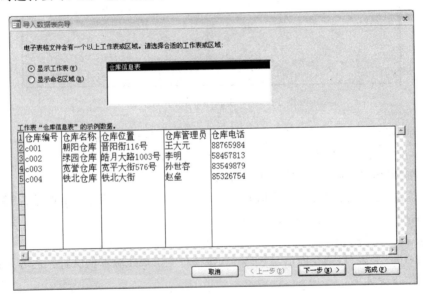

图 12-36 仓库信息表

(3) 单击“下一步”按钮，打开“导入数据表向导”第一个对话框，选择“显示工作表”单选项，同时选择要导入的“仓库信息表”，如图 12-37 所示。

图 12-37 “导入数据表向导”第一个对话框

（4）单击"下一步"按钮，打开"导入数据表向导"第二个对话框，选择"第一行包含列标题"复选框，如图 12-38 所示。

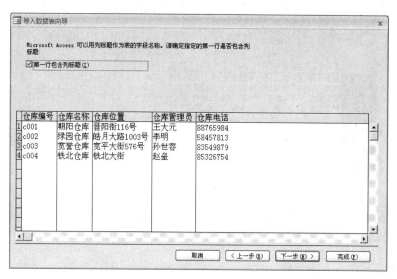

图 12-38　"导入数据表向导"第二个对话框

（5）单击"下一步"按钮，打开"导入数据表向导"第三个对话框，在这个对话框中，可以重新设置每个字段名、数据类型和有无索引，还可以选择是否跳过某个字段，如图 12-39 所示。

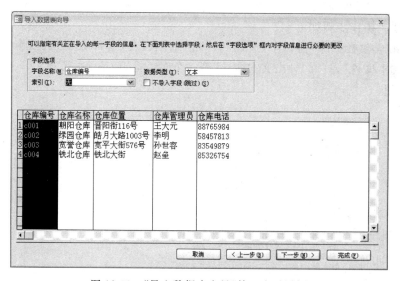

图 12-39　"导入数据表向导"第三个对话框

（6）单击"下一步"按钮，打开"导入数据表向导"第四个对话框，选择"我自己选择主键"单选按钮，在后面的列表中选择"仓库编号"作为主键，如图 12-40 所示。

（7）单击"下一步"按钮，打开"导入数据表向导"第五个对话框，指定导入数据的新表名称，这里仍采用"仓库信息表"，单击"完成"按钮，完成数据导入。

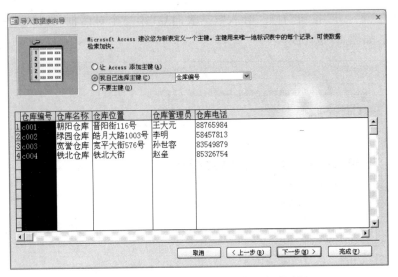

图 12-40　"导入数据表向导"第四个对话框

12.8.2　数据的导出

数据的导出是指将 Access 数据库中的数据（表、查询等）转化为外部数据，可以将 Access 数据库中的数据导出为 Word 文档、Excel 表格和文本文件等。以下介绍将数据导出到文本文件。

例 12-11　将当前"学生数据库"中的"教师信息"表导出为一个名为"教师信息.txt"的文本文件。操作步骤如下：

（1）在"学生数据库"窗口中，选择"教师信息"表，在"外部数据"选项卡的"导出"组中，单击"文本文件"，打开"导出文本向导"第一个对话框，如图 12-41 所示。选择"带分隔符"单选按钮。

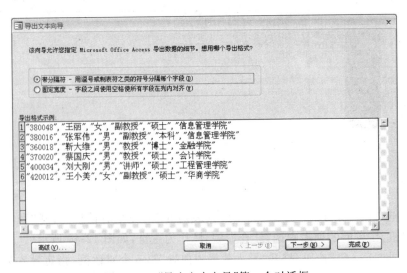

图 12-41　"导出文本向导"第一个对话框

（2）单击"下一步"按钮，打开"导出文本向导"第二个对话框，选择"空格"作为字段的分隔符，再选择"第一行包含字段名称"复选框，如图 12-42 所示。

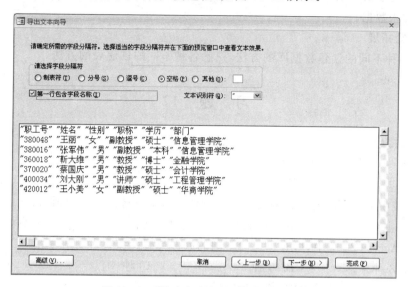

图 12-42 "导出文本向导"第二个对话框

（3）单击"下一步"按钮，打开"导出文本向导"第三个对话框，指定导出文件的文件名及保存位置，单击"完成"按钮，完成数据导出。

12.9 课程设计题目——图书管理系统

1. 问题描述

创建图书管理系统。

2. 基本要求

（1）创建"图书管理数据库系统"。

（2）创建表：

图书信息（图书编号，图书名称，图书类别号，作者，出版社，出版日期，备注，价格，数量）；

借阅者信息（借书证号，姓名，性别，身份编号，工作单位，联系电话，密码）；

身份信息（身份编号，身份描述，最大借阅数）；

图书类别（图书类别号，图书类别名，借出天数）；

借阅信息（借书证号，图书编号，借书日期，还书日期）。

（3）创建 5 个表之间的关系。

3. 测试数据

要求每个表至少有 5 条记录以上的规范数据。

4. 实现提示

（1）先创建一个空数据库；

（2）在该数据库中创建要求的 5 个表；

（3）建立表之间的关系；

（4）输入数据。

5. 问题拓展

熟悉各种不同的创建数据库的方法，熟悉各种不同的创建表的方法。

习　题　12

一、选择题

1. Access 在同一时刻,可打开（　　）个数据库。

    A. 1　　　　　　　　B. 2　　　　　　　　C. 3　　　　　　　　D. 4

2. 对表中某一字段建立索引时,若其值有重复,则可选择（　　）索引。

    A. 主　　　　　　　B. 有(无重复)　　　C. 无　　　　　　　D. 有(有重复)

3. 在 Access 2007 中,可有（　　）不同的数据类型。

    A. 8 种　　　　　　B. 9 种　　　　　　C. 10 种　　　　　　D. 11 种

4. 在 Access 2007 的表中,数字型字段（　　）。

    A. 固定占有 2 个字节　　　　　　　　B. 固定占有 4 个字节

    C. 固定占有 8 个字节　　　　　　　　D. 以上说法都不对

5. 文本类型的字段最多可容纳（　　）个中文字。

    A. 255　　　　　　　B. 256　　　　　　C. 128　　　　　　D. 127

6. 由 Access 2007 所创建的数据库文件,其默认的文件扩展名为（　　）。

    A. .dot　　　　　　B. .mdb　　　　　　C. .xls　　　　　　D. .accdb

7. 如果在 Access 2007 表设计视图中,字段名称前出现钥匙标记,则表明该字段被（　　）。

    A. 锁定,不可再更改其内容　　　　　B. 设置了密码

    C. 设置成主关键字(主键)　　　　　D. 其他数据库所引用

8. 在 Access 表中,可以定义 3 种主关键字,它们是（　　）。

    A. 单字段、双字段和多字段　　　　　B. 单字段、双字段和自动编号

    C. 单字段、多字段和自动编号　　　　D. 双字段、多字段和自动编号

9. 如果要将一小段音乐存放在 Access 2007 表的某个字段中,应将该字段的数据类型设为（　　）。

    A. 附件　　　　　　B. 超级链接　　　　C. 备注　　　　　　D. 查阅向导

10. 将字段大小设为整型时,该字段占有两个字节,可表示的数值范围是（　　）。

    A. 0～255　　　　　　　　　　　　　　B. −32768～32767

    C. 0～65535　　　　　　　　　　　　　D. −2147483648～2147483647

11. 在 Access 2007 的表中,给一个字段设置索引,可以（　　）。

    A. 运行时自动给出该字段的帮助　　　B. 给记录自动编号

    C. 加快排序或查找记录的速度　　　　D. 排除重复的数据记录

12. 在 Access 2007 中,有关导入数据或链接数据的说法正确的是(　　)。

　　A. 导入的数据或链接的数据均可以存放在查询中

　　B. 链接的数据在以后的修改过程中均不会改变源表或源文件

　　C. 导入的数据在以后的修改过程中均不会改变源表或源文件

　　D. 链接数据后对源表或源文件进行修改将不会改变链接表

13. 不能进行索引的字段类型是(　　)。

　　A. 备注　　　　　　　B. 数值　　　　　　　C. 字符　　　　　　　D. 日期

14. 在 Access 2007 中,以下关于在两表中建立关系的说法正确的是(　　)。

　　A. 如果两表的相关字段都是主键或唯一索引,则可创建一对一关系

　　B. 如果仅有一个相关字段是主键或唯一索引,则创建一对一关系

　　C. 如果两表的相关字段都是主键或唯一索引,则可创建多对多关系

　　D. 如果两表的相关字段都是主键或唯一索引,则可创建一对多关系

15. 如果表 A 中的一条记录与表 B 中的多条记录相匹配,且表 B 中的一条记录与表 A 中的多条记录相匹配,则表 A 与表 B 存在的关系是(　　)的关系。

　　A. 一对一　　　　　B. 一对多　　　　　C. 多对一　　　　　D. 多对多

16. 在 Access 2007 中,以下说法正确的是(　　)。

　　A. 只能在两表或多表之间建立关系

　　B. 在一个表中,只能把一个字段设置为主键

　　C. 主键也可以为空(Null)值

　　D. 也可以在表和查询之间建立关系

17. 当要挑选出符合多重条件的记录时,可以应用的筛选方法是(　　)。

　　A. 按窗体筛选　　　　　　　　　　B. 按选定内容筛选

　　C. 基于公用筛选器的筛选　　　　　D. 高级筛选

二、填空题

1. 在创建表中建立字段“姓名”,其数据类型应当是_____。

2. 一般情况下,一个表可以建立多个索引,每一个索引可以确定表中记录的一种_____。

3. 若要查找某表中“姓名”字段所有包含“sh”字符串的姓,则该在查找内容框中输入_____。

4. 关系中能够唯一标识某个记录的字段称为_____字段。

5. _____是在输入或删除记录时为维持表之间已定义的关系而必须遵循的规则。

6. 将文本型字符串“4”、“6”、“12”按升序排序,结果为_____。

7. 在创建表中建立字段“性别”,并要求用逻辑值表示,其数据类型应当是_____。

8. 若用户定义了表关系,则在删除主键之前,必须先将_____删除。

9. 数字字段类型可以设置为_____、“整型”、“长整型”、“单精度型”、_____、“同步复制 ID”和“小数”7 种类型。

10. 设置表中字段属性,其中_____用来规定数据的输入方式,_____用来限定输入该字段的数据必须满足指定的规则。

11. _____规则是为了检查字段中的某个值是否有效。

12. 如果要求用户输入的数值是一个 3 位数的值,那么其有效性规则表达式应为_____。

13. 如果某一字段没有设置标题,系统就默认_____为字段的显示标题。

14. 为数据库建立索引就是指定记录的_____。

三、简答题

1. 数据库设计的主要工作有哪些?

2. 创建数据库的方法有哪几种?

3. 创建表的方法有哪几种?

4. 简要说明 Access 中字段类型及用法。

5. 表和表之间的关系有哪几种? 如何创建?

6. 什么是主键? 什么是外键? 主键与外键有什么关系?

7. 什么是参照完整性? 如何实施参照完整性?

四、操作题

建立一个名为"学生数据库 1"的数据库,完成以下操作:

1. 将"学生数据库"中的"学生信息"表复制一份在"学生数据库 1"中,名字为"学生信息表"。

2. 将"学生信息表"导出为 Excel 表,名为"学生信息表.xls"。

3. 将"学生信息表"的字体、字形、字号及颜色调整为楷体、粗体、小四号及深蓝色。

4. 设置"学生信息表"的网格线,设置背景为白色。

5. 把"学生数据库"中的"课程信息"导出到"学生数据库 1"中。

6. 利用"查找/替换"将"课程信息"表中的"计算机程序设计"替换为"计算机程序设计(Access)"。

7. 删除"学生数据库 1"中的"学生信息表"。

8. 删除"学生数据库 1"。

9. 排序/筛选

(1) 简单排序:对"选课"表按"成绩"降序排序;

(2) 复杂排序:对"学生信息"表按"院系"升序排序,"院系"相同的按"姓名"升序排序;

(3) 按选定内容筛选:在"学生信息"表中筛选出 1987 年出生的同学的记录;

(4) 按窗体筛选:在"学生信息"表中筛选出所有女同学记录;

(5) 按选定内容筛选:在"学生信息"表中筛选出姓"张"的同学的记录;

(6) 内容排除筛选:在"学生信息"表中筛选出所有非党员同学的记录。

第 13 章 查询与 SQL 基础

查询是 Access 数据库中的一个重要对象,是使用者按照一定条件从 Access 数据表或已建立的查询中检索所需数据的主要方法。本章主要介绍不同类型查询的创建以及 SQL 基础。

13.1 查 询 概 述

不管是人工的还是自动的数据库,其主要目的就是在数据库中保存数据,并且能够在需要的时候按照用户的要求从数据库中提取数据。从 Access 数据表中检索数据的最主要的方法就是查询。

一般来说利用查询可以从一个或多个数据表中提取满足一定条件的记录,并按照一定的顺序列出数据;也可以将单个或多个数据表某些字段中的数据按照一定的计算公式计算后列出;还可以对数据进行求和、计数或其他类型的总计计算,将结果按两类信息进行分组,一类信息显示在数据表的左列,另一类信息显示在数据表的首列。

13.1.1 查询功能

大多数数据库系统都通过不断发展来增加功能更加强大的查询工具,以便执行特定的查询,即按与预期方式不同的方法来查询数据。查询的基本功能如下:

1. 提取数据

可以从一个表或多个表中选择部分或全部字段,也可以从一个或多个表中将符合某个指定条件的记录选取出来,这两个操作可以单独进行也可以同时进行。通过浏览表中的数据对数据进行分析。通过对字段和记录的选择,可以使用户的注意力集中在自己感兴趣的数据上,将当前不需要的数据排除在查询之外。

2. 实现计算

在建立查询时,可以实现一系列的计算,例如,统计班级学生人数,计算每个学生的平均分等。还可以建立新的字段来保存计算结果。将经常处理的原始数据或统计计算定义为查询,可大大简化处理工作。用户不必每次都在原始数据上进行检索,从而可以提高整个数据库的性能。

3. 数据更新

利用查询可以对数据表的记录进行更新操作。更新操作主要包括添加记录、修改记录和删除记录。

4. 作为其他对象的数据源

在 Access 中,查询的结果可以作为窗体和报表对象的数据源,也可以作为其他查询的数据源。

13.1.2 查询类型

Access 支持多种不同类型的查询,其中包括选择查询、操作查询、交叉表查询、参数查询和 SQL 查询。

1. 选择查询

选择查询是最常见的查询类型,它是根据指定条件,从一个或多个数据源中获取数据并显示结果。同时还可以使用选择查询来对记录进行分组,对记录做统计、计数、平均值以及其他类型的总和计算。

2. 操作查询

操作查询是在一个操作中对查询所生成的动态数据集进行更改的查询。操作查询可分为:生成表查询、更新查询、追加查询和删除查询。

生成表查询:将一个或多个表中数据的查询结果创建成新的数据表。

更新查询:按照指定条件对一个或多个表中的记录进行修改。

追加查询:将查询结果添加到一个或多个表的末尾。

删除查询:从一个或多个表中删除一组记录。

3. 交叉表查询

将来源于某个表或查询中的字段进行分组,一组列在数据表左侧,一组列在数据表上部,然后在数据表行与列的交叉处显示数据源中某个字段统计值。使用交叉表查询可以计算并重新组织数据的结构,以便更加方便的分析数据。

4. 参数查询

参数查询不是一种独立的查询,而是在其他查询中添加了可变化的参数。参数查询在执行时会通过显示对话框来提示用户输入信息。例如,提示用户输入查询条件,按输入的条件检索满足条件的记录或数值。

5. SQL 查询

SQL 查询是使用结构化查询语言创建的查询。在查询的“设计视图”中创建查询时,Access 在后台构造等价的 SQL 语句。用户可以在 SQL 视图中查看和编辑对应查询的 SQL 语句。有些 SQL 查询无法在“设计网格”中创建,用户可以在 SQL 视图中创建传递查询、数据定义查询、联合查询和子查询。

13.1.3 查询条件

查询条件就是在创建查询时所添加的一些限制条件,使用条件查询可以使查询结果中仅包含满足查询条件的记录。查询条件是运算符、常量、字段值和函数等的组合。

(1) 算术运算符。包括＋、－、*、/、\(整除)、mod(求模)。

(2) 关系运算符。包括＞、＜、＞＝、＜＝、＜＞、＝,其结果是逻辑值 True 或者 False。

(3) 逻辑运算符。包括 and、or、not 等,and 表示两个操作数都为 True 时表达式的值才为 True;or 表示两个操作数中只要有一个为 True 表达式的值就为 True;not 则生成操作数的相反值。

(4) 其他运算符。包括 In、Between、Like 和 Null。

① In:用于指定某一系列值的列表。例如,In (“北京”,“南京”,“西安”)。

② Between：用于指定某一个范围。

例如，查询入学成绩在 500~600 之间的记录

条件可以是：

>=500 And <=600

或

Between 500 and 600

又如，查询入学成绩小于 500 或高于 600 的记录

条件是：

<500

>600

或

not(>=500 And <=600)

③ Null：和空值有关的运算。

例如，指定某一个字段的值为空，表示为：Is Null。

又如，指定某一个字段的值不能为空，表示为：Is not Null。

④ Like：这个运算符用于在文本型字段中指定匹配查找模式，通常与以下的通配符联合使用。

?：表示该位置可以匹配任意一个字符。

*：表示该位置可以匹配零个或多个字符。

#：表示该位置可以匹配一个数字(0~9)。

[字符表]：在括号内描述可以匹配的字符范围。

13.2 创建选择查询

选择查询是最常见的、也是最基本的查询类型，选择查询可以从一个或多个数据源中获取数据，并且允许在可以更新的数据表中进行各种数据操作。可以使用选择查询对数据表中的记录进行分组，并对记录作总计、计数、平均等汇总计算。创建选择查询的方法有两种：查询向导和设计视图。

13.2.1 创建查询

1. 使用查询向导

利用 Access 2007 的查询向导，可以创建简单查询、交叉表查询、查找重复项查询和查找不匹配项查询，下面介绍利用查询向导创建简单选择查询。

例 13-1 查找选修"计算机程序设计"课程的同学名单。操作步骤如下：

(1) 在"创建"选项卡的"其他"组中，单击"查询向导"，打开"新建查询"对话框，在该对话框中选择"简单查询向导"，如图 13-1 所示。

（2）单击"确定"按钮，打开"简单查询向导"的第一个对话框，从"学生信息"表中选取"姓名"和"院系"字段，从"课程信息"表中选取"课程名"字段，从"选课"表中选取"成绩"字段，如图13-2所示。

图13-1 "新建查询"对话框

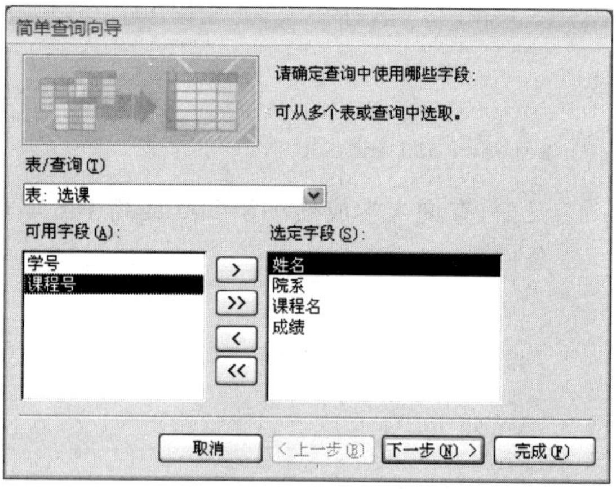

图13-2 "简单查询向导"第一个对话框

（3）单击"下一步"按钮，打开"简单查询向导"的第二个对话框，选择"明细"单选项，如图13-3所示。

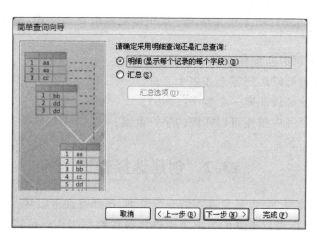

图13-3 "简单查询向导"第二个对话框

（4）单击"下一步"按钮，打开"简单查询向导"的第三个对话框，指定本次查询的名字为"学生选课信息查询"，同时选择"打开查询查看信息"单选项，如图13-4所示。

（5）单击"完成"按钮，完成查询。

注意：如果利用"查询向导"建立多表查询，则必须先在多表之间建立必要的关系。

2. 查询设计器

在 Access 中，查询主要有 3 种视图：设计视图、数据表视图和 SQL 视图。使用设计器在设计视图中，不仅可以创建各种类型的查询，也可以对已有的查询进行修改。"查询设计器"（QBE）的构造如图13-5所示。

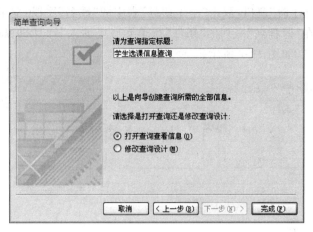

图 13-4 "简单查询向导"第三个对话框

打开"查询设计器"的方式有两种,一是建立一个新查询,二是打开现有的查询设计窗口。在 QBE 设计网格中,每一列对应着查询动态集中的一个字段,每一行分别是字段的属性和要求。

"字段"行:用于设置查询时所涉及到的字段。

"表"行:用于指明字段所归属的表(该行内容自动显示)。

"排序"行:用于设置查询结果中记录的排序准则。

"显示"行:用于确定相关字段是否在动态集中出现。它以复选框的形式表示,当复选框选中时,相关字段将在动态集中出现。

"条件"行:用于设置查询的筛选条件。

"或"行:用于设置查询的筛选条件。"或"行以多行形式表示。

例 13-2 查询选修"计算机程序设计"的同学的名单。操作步骤如下:

(1) 在"创建"选项卡的"其他"组中,单击"查询设计",打开"查询设计器"窗口和"显示表"对话框,在如图 13-6 所示的"显示表"对话框中,把"学生信息"表、"选课"表和"课程信息"表,添加到"查询设计器"中,单击"关闭"按钮。

图 13-5　查询设计器

图 13-6　"显示表"对话框

（2）在"查询设计器"窗口，双击"学生信息"表中的"姓名"字段，双击"课程信息"表中的"课程名"字段；在"课程名"一列的"条件"行单元格里输入"计算机程序设计"，去掉"课程名"的"显示"标志，如图 13-7 所示。

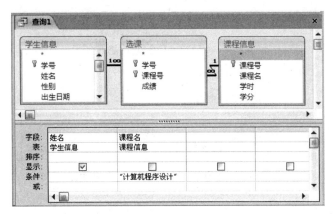

图 13-7 "查询设计器"窗口

（3）在"设计"选项卡"结果"组中，单击"运行"，得到如图 13-8 所示的查询结果。

（4）单击"查询设计器"的关闭按钮，弹出确认对话框，如图 13-9 所示。

（5）在该对话框中单击"是"按钮，打开"另存为"对话框。在"另存为"对话框中，输入查询名称为：选修"计算机程序设计"课程的学生名单，如图 13-10 所示。

图 13-8 查询结果

图 13-9 确认对话框

图 13-10 "另存为"对话框

（6）单击"确定"按钮，完成查询。

创建查询以后，伴随用户要求的改变，可以对已有的查询进行相应的修改，例如，可以在查询中增加或删除表，更改表和查询间的联接属性等。当需要添加别的数据库中的表时，首先创建当前数据库和要添加的表之间的链接，然后将表添加到设计器中。

例 13-3 把"H：\Access\进销存管理系统.mdb"中的"库存信息表"链接到"学生数据库"中。操作步骤如下：

（1）在"外部数据"选项卡的"导入"组中，单击 Access，打开"获取外部数据"的第一个对话框，选择"通过创建链接来链接到数据源"单选项，指定要链接的数据源所在的数据库位置及名称，如图 13-11 所示。

（2）单击"确定"按钮，打开"链接表"对话框。比如，选择"库存信息表"，如图 13-12 所示。

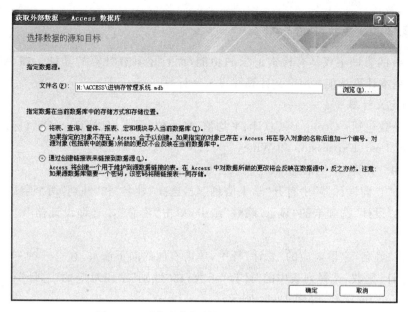

图 13-11　"获取外部数据"的第一个对话框

图 13-12　"链接表"对话框

（3）单击"确定"按钮,这样,就看到当前数据库的所有表列表中添加了链接到的"库存信息表",如图 13-13 所示。

（4）在"查询设计器"窗口的上半部分的空白处,单击鼠标右键,在弹出的快捷菜单中选择"显示表"菜单,打开"显示表"对话框。在"显示表"对话框中选择"库存信息表",单击"确定"按钮。

图 13-13　导航窗格中的"表"

13.2.2 在查询中进行计算

Access 的查询不仅具有检索记录的功能,而且还具有计算的功能。在 Access 中具有两大类基本计算功能:预定义计算和自定义计算。

1. 预定义计算

合计函数包括:Group By、总计、平均值、最小值、最大值、计算、StDev(标准偏差值)、变量、First、Last、Expression 和 Where。

例 13-4 计算"学生信息"表中男女生的人数。操作步骤如下:

(1) 在"查询设计器"中打开"学生信息"表,选择"姓名"和"性别"两个字段。

(2) 在"设计"选项卡的"显示/隐藏"组中,单击"汇总","查询设计器"窗口中就多了"总计"行。

(3) 在"姓名"字段对应的"总计"行中,单击右侧的向下箭头,在打开的列表中显示了所有的"总计"函数,选择列表中的"计算"函数;在"性别"字段对应的"总计"行中,选择列表中的 Group By 函数,如图 13-14 所示。

(4) 在"设计"选项卡的"结果"组中,单击"运行",得到如图 13-15 所示的查询结果。

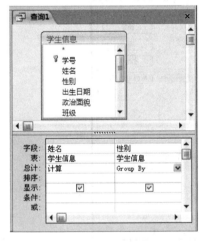

图 13-14 "查询设计器"窗口

图 13-15 查询结果

2. 自定义计算

在选择查询设计视图中,"字段"行除了可以设置查询所涉及的字段以外,还可以设置包含字段的计算表达式。利用计算表达式获得表中没有存储的、经过加工处理的信息。需要注意的是:在计算表达式中,字段要用方括号[ ]括起来。

例 13-5 计算"学生信息"表中每个人的年龄,查询结果中只显示姓名和年龄两列。操作步骤如下:

(1) 在"查询设计器"中打开"学生信息"表,选择"姓名"字段,在第 3 列上输入"年龄:Year(Date())-Year([出生日期])",如图 13-16 所示。

（2）在"设计"选项卡的"结果"组中，单击"运行"，得到如图 13-17 所示的查询结果。

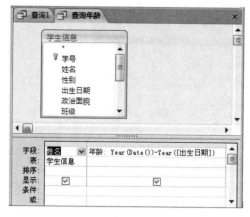

图 13-16　"查询设计器"窗口

图 13-17　计算结果

13.3　创建交叉表查询

在选择查询中，分组字段只能选择一个，如果要选择两个或两个以上的字段分组，则需要选择交叉表查询。在创建交叉表查询时，要指定以下 3 类字段。

指定行标题：指定放在查询表最左边的分组字段，最多可选择 3 个字段用做行标题，但使用的行标题越少，交叉表查询数据表就越容易阅读。如果选择多个字段作为行标题，则选择这些字段的顺序将决定对结果排序的默认顺序。

指定列标题：指定放在查询表最上边的分组字段，列标题只能选择一个，通常应选择一个包含很少值的字段，这样有助于结果阅读。例如，最好使用只包含少量可能值（如性别）的字段，一般不使用包含许多不同值（如年龄）的字段。

汇总字段：放在行与列交叉位置上的字段用于计算。

13.3.1　利用"交叉表查询向导"创建交叉表查询

使用交叉表查询向导，需要将单个表或查询作为交叉表查询的数据源。如果单个表中不具有所需包含在交叉表查询中的全部数据，则应创建一个所需数据的选择查询。

例 13-6　在"学生信息"表中查询每个"院系"男女生的人数。操作步骤如下：

（1）在打开的"新建查询"对话框中，选择"交叉表查询"。

（2）单击"确定"按钮，打开"交叉表查询向导"第一个对话框。在对话框中，选择"表"单选项，同时选择"学生信息"表，如图 13-18 所示。

（3）单击"下一步"按钮，打开"交叉表查询向导"第二个对话框，选择"院系"字段作为行标题，如图 13-19 所示。

（4）单击"下一步"按钮，打开"交叉表查询向导"第三个对话框，选择"性别"字段作为列标题，如图 13-20 所示。

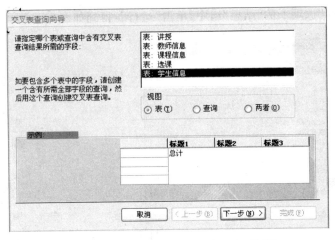

图 13-18　"交叉表查询向导"第一个对话框

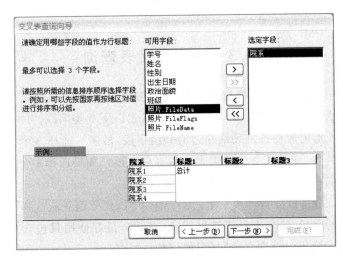

图 13-19　"交叉表查询向导"第二个对话框

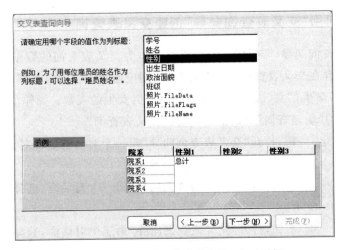

图 13-20　"交叉表查询向导"第三个对话框

（5）单击"下一步"按钮，打开"交叉表查询向导"第四个对话框，选择"姓名"字段作为汇总字段，选择"计数"函数，不选复选框，如图 13-21 所示。

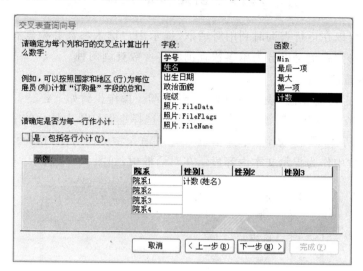

图 13-21　"交叉表查询向导"第四个对话框

（6）单击"下一步"按钮，打开"交叉表查询向导"第五个对话框，指定查询名字为"学生信息表交叉表查询"。

（7）单击"完成"按钮，完成交叉表查询。

13.3.2　在设计视图中创建交叉表查询

例 13-7　在"教师信息"表中查询各个部门不同职称的人数。

（1）打开"查询设计器"，添加"教师信息"表为数据源。

（2）单击"查询类型"组中的"交叉表"，设计网格中就出现了"交叉表"一行，选择字段"职称"、"部门"和"姓名"。

（3）将字段"职称"的值按行显示，在"交叉表"一栏中选择"行标题"，相应地在总计栏中设为"分组"；将字段"部门"的值按列显示，在"交叉表"一栏中选择"列标题"，相应地在总计栏中设为"分组"选项；将字段"姓名"的值显示在交叉点，在"交叉表"一栏中选择"值"选项，在总计栏中设置为"计算"函数，如图 13-22 所示。

（4）运行查询。

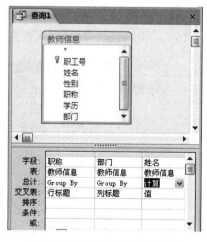

图 13-22　"交叉表"查询设计器

13.4　创建参数查询

参数查询可以在运行查询时利用对话框,提示用户输入参数并检索符合所输入参数的记录或值。参数查询可以分为单参数查询和多参数查询两种。

1. 单参数查询

例 13-8　在"教师信息"表中,根据"学历"查询。操作步骤如下:

(1) 打开"查询设计器",添加"教师信息"表,选择查询结果中显示的字段。

(2) 在"学历"字段的"条件"单元格输入"[请输入学历:]",该内容会在执行查询时,在弹出的对话框中作为提示文本内容显示在对话框中,如图 13-23 所示。

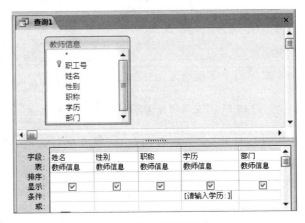

图 13-23　查询设计器

(3) 关闭"查询设计器",在"另存为"对话框中指定本次查询名字为"根据学历查询"。

(4) 执行查询,弹出"输入参数值"对话框,在文本框中输入"硕士"。

(5) 单击"确定"按钮,完成查询,查询结果如图 13-24 所示。

图 13-24　查询结果

几点说明:

(1) 如果要创建某一范围的查询,比如,在"选课"表中查询成绩在某一范围内的记录,则在"成绩"字段的"条件"单元格中输入以下提示信息即可。

Between [最低分:] And [最高分:]

(2) 以上步骤适用于在选择查询、交叉表查询、追加查询、生成表查询和更新查询基础上创建参数查询。

2. 多参数查询

例 13-9 在"教师信息"表中,根据"学历"和"职称"查询。操作步骤如下:

(1) 打开"查询设计器",添加"教师信息"表,选择查询结果中显示的字段。

(2) 在"学历"字段的"条件"单元格中输入"[请输入学历:]",在"职称"字段的"条件"单元格中输入"[请输入职称:]",如图 13-25 所示。

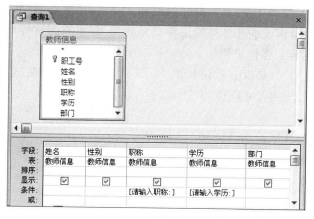

图 13-25　查询设计器

(3) 关闭"查询设计器",在"另存为"对话框中指定本次查询名字为"根据职称和学历查询"。

(4) 执行查询,弹出"输入参数值"对话框,在文本框中输入"教授",如图 13-26 所示。

(5) 单击"确定"按钮,再一次弹出"输入参数值"对话框,在文本框里输入"硕士",如图 13-27 所示。

图 13-26　"输入参数值"对话框

图 13-27　"输入参数值"对话框

(6) 单击"确定"按钮,完成查询,查询结果如图 13-28 所示。

图 13-28　查询结果

13.5　操 作 查 询

操作查询是 Access 中一组非常重要的查询,包括生成表查询、更新查询、追加查询和删除查询。操作查询是建立在选择查询基础之上的查询,操作查询除了可以从数据源中选择数据外,还可以在检索数据、计算数据和显示数据的同时更新数据,并且还可以生成新的数据表。值得注意的是操作查询的更新是不可恢复的,因此不论哪一种操作查询都应该先进行预览,当结果符合要求时再运行。

在建立操作查询时,要注意防止禁用模式阻止查询。在默认情况下,如果打开的数据库不是位于受信任位置,或者如果未选择信任该数据库,则 Access 禁止运行所有操作查询。如果尝试运行某个操作查询,却好像没有什么反应,则要查看 Access 状态栏中是否显示下列消息:"此操作或事件已被禁用模式阻止"。如果看到这样的消息,则执行下列操作,启用阻止的内容。操作步骤如下:

(1) 打开消息栏。如果没有看到如图 13-29 所示消息栏,则在"数据库工具"选项卡的"显示/隐藏"组里,选中"消息栏"复选框,打开消息栏。

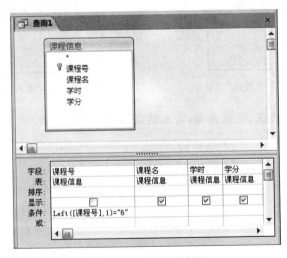

图 13-29　消息栏

(2) 在消息栏上,单击"选项",打开"Microsoft Office 安全选项"对话框,选择"启用此内容",单击"确定"按钮。

1. 生成表查询

生成表查询从一个或多个数据源中检索数据,将结果集加载到一个新表中。该新表可以驻留在已打开的数据库中,也可以在其他数据库中创建该表。运行查询,可以将查询结果以表文件的形式保存。生成表查询本身可选择存储或不存储。

例 13-10 在"课程信息"表中查询"课程号"以 6 开头的课程信息,将查询结果存储在以"信息管理学院开设课程"命名的新数据表中。操作步骤如下:

(1) 在"查询设计器"中打开"课程信息",选择所有字段,在"课程号"的"条件"单元格中输入查询条件,如图 13-30 所示。

图 13-30　查询设计器

(2) 在"设计"选项卡的"查询类型"组里,单击"生成表"。打开"生成表"对话框,在对话框中输入生成新表的名称:信息管理学院开设课程,如图 13-31 所示。

图 13-31 "生成表"对话框

（3）单击"确定"按钮。关闭"查询设计器"，指定本次查询的名字为"生成表查询"。

（4）预览查询结果，如图 13-32 所示。

（5）运行查询，弹出生成表提示对话框，如图 13-33 所示。

图 13-32　查询结果　　　　　　图 13-33　生成表提示对话框

（6）单击"是"按钮，在当前数据库中生成一个"信息管理学院开设课程"新表。

（7）关闭"查询设计器"，结束查询。

2. 更新查询

更新查询可以对数据源中的数据进行有规律的成批的更新操作。要设计一个更新查询，需要定义条件准则去获取目标记录，还要提供一个表达式去创建替换后的数据。

例 13-11　把"学生信息"表中，班级是 2009 会计 1、2 班同学的"院系"属性值修改为"会计学院"。操作步骤如下：

（1）在"查询设计器"中，打开"学生信息"表，选择具有标识性的字段和更新字段。

（2）在"设计"选项卡的"查询类型"组里，单击"更新"。在"班级"的"条件"单元格中输入更新条件为：Like"2009 会计 * "。在"院系"的"更新到"单元格中输入"会计学院"，如图 13-34 所示。

（3）运行查询，弹出提示对话框，提示用户本次查询可以更新两条记录，如图 13-35 所示。

（4）单击"是"按钮，关闭"查询设计器"，结束更新查询。

需要说明的是：用户可以在更新查询设计视图的 QBE 网格的"更新到"行中同时为几个字段输入更新表达式，这样，Access 2007 可以同时为多个字段进行更新修改工作。

3. 追加查询

利用追加查询可实现对数据表追加记录的操作，它提供了一种向表中增加记录的方法。

追加查询是将从表或查询中筛选出来的记录添加到另一个表中。要被追加记录的表

图 13-34　查询设计器

图 13-35　提示对话框

必须是已经存在的表。这个表可以是当前数据库的,也可以是另外一个数据库的。在使用追加查询时,必须遵循以下规则。

(1) 如果被追加记录的表有主键字段,则追加的记录主键字段不能有空值或重复值。

(2) 如果追加记录到另一个数据库,则必须指明数据库的路径位置和名称。

例 13-12　创建一个空的"学生表",该表具有学号、姓名、性别、班级和简历 5 个字段。利用追加查询,从"学生信息"表中筛选 2009 级学生记录添加到"学生表"中。操作步骤如下:

(1) 在"查询设计器"中,打开"学生信息"表,选择学号、姓名、性别、班级和简历 5 个字段,在"班级"的"条件"单元格中输入的筛选条件为:Like"2009 * ",如图 13-36 所示。

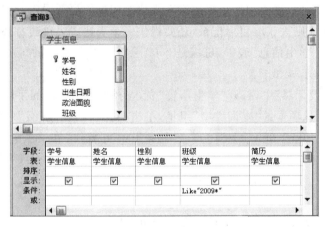

图 13-36　查询设计器

(2) 在"设计"选项卡的"查询类型"组里,单击"追加",打开"追加"对话框,输入表名称"学生表",选择"当前数据库",如图 13-37 所示。

(3) 单击"确定"按钮,关闭"追加"对话框。

(4) 运行查询,弹出如图 13-38 所示的提示对话框。

(5) 单击"是"按钮,向"学生表"中追加了 6 条记录,关闭"查询设计器",结束查询。

图 13-37　"追加"对话框

图 13-38　提示对话框

4. 删除查询

删除查询可以从已有表中删除符合指定条件的记录,并且所做的删除操作是无法撤销的,就像在表中直接删除记录一样。

例 13-13　删除"学生表"中所有女同学的记录。操作步骤如下:

(1) 在"查询设计器"中,打开"学生表",选择学号、姓名、性别 3 个字段。

(2) 在"设计"选项卡的"查询类型"组里,单击"删除",在"性别"的"条件"单元格,输入筛选条件为"女",如图 13-39 所示。

(3) 运行查询,弹出提示对话框,如图 13-40 所示。

图 13-39　查询设计器

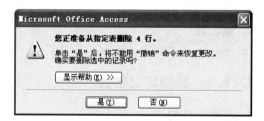

图 13-40　提示对话框

(4) 单击"是"按钮。从"学生表"中删除了 4 条记录,打开"学生表",记录如图 13-41 所示。

图 13-41　学生表

(5) 关闭"查询设计器",结束查询。

13.6 SQL 基础

SQL(Structured Query Language)是结构化查询语言,是目前使用最为广泛的关系数据库查询语言。SQL 语言由数据定义语言、数据查询语言、数据操纵语言和数据控制语言 4 部分组成,可以完成数据库活动中的全部工作。

13.6.1 常用数据类型

1. 数值型

Integer:整型(4 字节)。

Real:单精度(4 字节)。

Float:双精度(8 字节)。

2. 字符型

Char(n):n(0~255)(2 字节)。

Text (n):n(0~2.14GB)(2 字节)。

3. 日期、时间型

DateTime:8 字节,值为在 100 年和 9999 年之间的日期和时间值。

4. 逻辑型

Bit:值为 yes 或 no,占一个字节。

5. 货币型(整型)

Money:8 字节。

6. 备注型

Image:0~2.14GB,用于 OLE 对象。

13.6.2 数据定义语言

1. 创建表结构

语句格式如下:

Create Table <表名>
　　(<列名><数据类型>[列级完整性约束条件]
　　[,<列名><数据类型>[列级完整性约束条件]]…)
　　[,<表级完整性约束条件>];

其中:列级完整性约束条件主要有以下 3 种。

Not Null:新记录必须包含该字段的有效数据。

Unique:字段值唯一。

Primary Key:主键。

例 13-14 创建"学生表",语句如下。

Create Table 学生表

```
(学号     Char(12) Not Null Unique,
 姓名     Char(8),
 性别     Char(1),
 班级     Char(20),
 简历     Memo);
```

2. 修改表结构

语句格式如下：

Alter Table <表名>
      [Add <新列名><数据类型>[完整性约束]]
      [Drop <字段名>/Constraint <指定索引名>]
      [Modify /Alter <列名><数据类型>];

例 13-15　对创建的"学生表"结构进行增、删、改操作。

(1) 在"学生表"中增加一个"出生日期"字段，语句如下。

```
Alter Table 学生表 Add 出生日期   Date
```

(2) 修改"姓名"字段的字段大小为 4，语句如下。

```
Alter Table 学生表   Alter   姓名   Char(4)
```

(3) 删除"出生日期"字段，语句如下。

```
Alter Table 学生表   Drop   出生日期
```

3. 删除表

当某个基本表不需要时，可以使用语句 Drop 对其进行删除。

语句格式如下：

Drop Table <表名>

例 13-16　删除"学生表"，语句如下。

```
Drop Table 学生表
```

13.6.3　数据操纵语言

1. 插入记录

SQL 的数据插入语句 Insert 通常有两种形式，一种是插入一个元组，另一种是插入子查询结果。

语句格式如下：

Insert   Into <表名>
    [(<属性列 1>[,<属性列 2>…])]
    Values (<常量 1>[,<常量 2>]…);

例 13-17　向"学生表"中插入记录。

（1）向"学生表"中输入赫娜娜同学的"学号"、"姓名"和"性别"，语句如下。

```
Insert Into 学生表 (学号, 姓名, 性别)
    Values ("20060815", "赫娜娜", "女");
```

（2）向"学生表"中输入李四同学的全部数据，语句如下。

```
Insert Into 学生表
    Values ("20060818", "李四", "男","02 会计 1 班","出身干部家庭,祖籍河北");
```

（3）将"学生信息"表中的查询结果插入到"学生表"中，语句如下。

```
Insert Into 学生表 (学号, 姓名, 班级)
    Select 学号, 姓名,班级
        From 学生信息;
```

2. 数据更新

语句格式如下：

```
Update <表名>
    Set <列名>=<表达式>[,<列名>=<表达式>]...
    [Where <条件>];
```

例 13-18　把"学生表"中，"李四"同学的名字改为"李峰"，语句如下。

```
Update 学生表
    Set 姓名="李峰"
    Where 姓名="李四";
```

3. 删除记录

语句格式如下：

```
Delete
    From <表名>
    [Where <条件>];
```

例 13-19　从"学生表"中删除所有 2006 级同学的记录，语句如下。

```
Delete *
    From 学生表
    Where Left(学号,4)="2006";
```

13.6.4　数据查询语言

在 Access 中，并不是所有的查询都可以在系统提供的"查询设计视图"中进行，有的查询只能通过 SQL 语句来实现。Select 语句用于对数据库进行查询，其一般格式如下：

```
Select [All|Distinct] <目标列表达式>[,<目标列表达式>]…
    From <表名或视图名>[,<表名或视图名>]…
    [Where <条件表达式>]
```

[Group By <列名 1>[Having <条件表达式>]]
[Order By <列名 2>[Asc|Desc]];

功能：根据 Where 子句的条件表达式，从 From 子句指定的表或视图中找出满足条件的记录，再按 Select 子句中的目标列表达式，筛选字段显示结果表。

几点说明：

(1) All：表示所有满足条件的记录。

(2) Distinct：忽略重复记录，即重复记录只出现一次。

(3) Group By：结果按列名 1 的值分组。

(4) Having：满足其后条件的记录才显示。

(5) Order By：显示记录的排序。

(6) Asc：升序。

(7) Desc：降序。

例 13-20 实现各种查询。

(1) 在"学生信息"表中查找每个同学的姓名和班级，语句如下。

```
Select  姓名, 班级  From  学生信息;
```

(2) 在"学生数据库"中查找每个同学选修的课程名和考试成绩，语句如下。

```
Select 姓名,课程名,成绩
    From 学生信息,课程信息,选课
    Where 学生信息.学号=选课.学号 And 选课.课程号=课程信息.课程号;
```

(3) 用嵌套查询，在"学生数据库"中查找学生选修过的课程名单，语句如下。

```
Select 课程名
    From 课程信息
    Where 课程号 In
        (Select 课程号  From 选课);
```

13.7   课程设计题目——创建查询

1. 问题描述

在第 12.9 节的"图书管理系统"中创建查询，该数据库中有以下 5 张表：

图书信息(图书编号,图书名称,图书类别号,作者,出版社,出版日期,备注,价格,数量)；

借阅者信息(借书证号,姓名,性别,身份编号,工作单位,联系电话,密码)；

身份信息(身份编号,身份描述,最大借阅数)；

图书类别信息(图书类别号,图书类别名,借出天数)；

借阅信息(借书证号,图书编号,借书日期,还书日期,超出天数)。

2. 基本要求

(1) 创建一个名字为"还书信息"的多表查询。该查询以"图书信息"、"图书类别信息"、"借阅信息"和"借阅者信息"作为数据源。

(2) 创建"按出版社查询"的单参数查询,根据输入的出版社名称来查询图书的信息。

(3) 创建"更新借阅者信息"的查询,根据输入的借阅者的"借书证号"、"姓名"来更新借阅者信息。

(4) 创建"每个出版社出版的图书数量"的查询。

(5) 创建"超期天数"的计算查询,显示借阅者超期未还的图书信息。

3. 测试数据

读者自行设计。

4. 实现提示

(1) 以上要求的5个查询都是在选择查询基础上完成的,应打开查询设计器。

(2) 查询之前最好先确认一下,本次查询所涉及到的表之间是否有联系。

(3) 每个查询创建结束后,最好利用 SQL 视图查看对应的 SQL 命令。

5. 问题拓展

在完成基本要求的练习后,参照本次课程设计题目给出的表,在 SQL 视图下,练习使用 SQL 命令做以下练习。

(1) 创建每个表;

(2) 在每张表里至少输入 2～3 条记录;

(3) 查询每个借阅者的姓名、工作单位、借阅图书的书名以及最多可以借阅的天数。

习 题 13

一、选择题

1. 查询一般可分为5种类型,它们包括( )等。

    A. 参数查询、操作查询和复合查询   B. 操作查询、交叉表查询和关系查询

    C. 选择查询、参数查询和 SQL 查询   D. 交叉表查询、SQL 查询和主键查询

2. 若要正确地建立多表联合查询,则( )。

    A. 至少应先建立这些表的报表   B. 至少应在一个表中设置一个主键

    C. 应先建立这些表的关系   D. 应在这些表中建立索引

3. 在选择查询窗口的设计网格中,对某一字段的总计行选择了"计算"函数,则意味着( )。

    A. 统计符合条件的记录个数,不包括 Null(空)值

    B. 统计全部记录的个数,不包括 Null(空)值

    C. 统计符合条件的字段值的总和

    D. 统计全部记录的字段值总和

4. 若要查询成绩在 60～80 分之间(包括 60 分,不包括 80 分)的学生的信息,则成绩字段的查询准则应设置为( )。

    A. >60 or <80   B. >=60 And <80

    C. >60 and <80   D. In(60,80)

5. 在查询设计器的查询设计网格中,(　　)不是字段列表框中的选项。

　　A. 排序　　　　　　B. 显示　　　　　　C. 类型　　　　　　D. 条件

6. 操作查询不包括(　　)。

　　A. 更新查询　　　　B. 追加查询　　　　C. 参数查询　　　　D. 删除查询

7. 若上调产品价格,则最方便的方法是使用以下(　　)查询。

　　A. 追加查询　　　　B. 更新查询　　　　C. 删除查询　　　　D. 生成表查询

8. 若要查询姓李的学生,则查询准则应设置为(　　)。

　　A. Like "李"　　　B. Like "李 *"　　C. ="李"　　　　D. >="李"

9. 若在查询设计器中不想显示选定的字段内容,则将该字段的(　　)项对号取消。

　　A. 排序　　　　　　B. 显示　　　　　　C. 类型　　　　　　D. 准则

10. 交叉表查询是为了解决(　　)。

　　A. 一对多关系中,对"多方"实现分组求和的问题

　　B. 一对多关系中,对"一方"实现分组求和的问题

　　C. 一对一关系中,对"一方"实现分组求和的问题

　　D. 多对多关系中,对"多方"实现分组求和的问题

11. SQL 查询能够创建(　　)。

　　A. 更新查询　　　　B. 追加查询　　　　C. 选择查询　　　　D. 以上各类查询

12. 下列对 Access 查询叙述错误的是(　　)。

　　A. 查询的数据源来自于表或已有的查询

　　B. 查询的结果可以作为其他数据库对象的数据源

　　C. Access 的查询可以分析数据、追加、更改、删除数据

　　D. 查询不能生成新的数据表

13. 若取得"学生"数据表的所有记录及字段,则其 SQL 语句应是(　　)。

　　A. Select 姓名 From 学生　　　　　　B. Select * From 学生

　　C. Select * From 学生 Where 学号=12　　D. 以上皆非

14. 下列对在查询视图中所允许进行的操作的描述,正确的是(　　)。

　　A. 只能添加数据表　　　　　　　　B. 只能添加查询

　　C. 以上说法都不对　　　　　　　　D. 可以添加数据表、也可以添加查询

15. 将 A 表的记录复制到 B 表,且不删除 B 表中的记录,可以使用的查询是(　　)。

　　A. 删除查询　　　B. 生成表查询　　　C. 追加查询　　　D. 交叉表查询

16. 利用对话框输入查询条件的查询是(　　)。

　　A. 选择查询　　　B. 参数查询　　　C. 交叉表查询　　　D. 操作查询

17. 向导查询不能创建的查询是(　　)。

　　A. 选择查询　　　B. 交叉表查询　　　C. 参数查询　　　D. 重复项查询

二、填空题

1. 查询也是一个表,是以_____为数据来源的再生表。

2. 查询主要有选择查询、参数查询及操作查询,其中操作查询包括更新查询、追加查询、_____和生成表查询等。

3. 在 Access 中,用户可以使用 SQL 语句创建查询,使用 SQL 语句创建的查询有以下 4 种: _____、_____、_____、_____。

4. _____是在查询中限制检索记录的条件表达式,通过它可以过滤掉不需要的数据。

5. 查询的目的就是让用户根据_____对_____进行检索,筛选出符合条件的记录,构成一个新的数据集合。

6. 创建查询的首要条件是要有_____。

7. 在创建交叉表查询时,用户需要指定 3 种字段:一是放在数据表最左端的_____,二是放在数据表最上面的_____,三是放在数据表行与列交叉位置上的字段。

8. 如果要使查询的条件之间具有字段的"与"和"或"关系,则用户只需记住下面的输入法则: _____之间是"与"关系;_____之间是"或"关系。

9. 在查询中,根据查询的数据源数量,可以将查询分为_____和_____。

10. 查找"身份证"字段第 9 个和第 10 个字符为 77 的记录,应设定的准则为_____。

11. 若要查找 20 天以前参加工作的职工记录,则查询准则为_____。

三、简答题

1. 什么是查询? 查询的功能是什么?

2. 简述查询与数据表的区别。

3. 如何创建多表查询? 多表查询有何优势?

4. 常用的查询向导有哪些?

四、操作题

1. 创建选择查询"查询学生信息",学生信息包括:姓名、班级、院系和简历。

2. 创建选择查询"查询学生选课信息",学生选课信息包括:姓名、课程名。

3. 创建选择查询"查询学生考试成绩信息",学生考试成绩信息包括:姓名、课程名、成绩、教师名。

4. 创建参数查询"根据职称查询",查询结果包括教师的姓名、职称、学历和部门。

5. 创建参数查询"根据考试成绩查询",请查询考试成绩在某一个范围内的学生的姓名、班级和成绩。

6. 创建计算查询"计算各部门的人数",统计每个部门的教师的人数。

7. 使用 SQL 语句,向"教师信息"表增加一条记录,记录如下:

(400046,董伟平,男,教授,博士,公共管理学院)

8. 使用 SQL 语句将董伟平所在部门改为"经济学学院"。

第 14 章 窗 体 设 计

窗体作为 Access 数据库的重要组成部分,起着联系数据库与用户的桥梁作用。友好的数据输入、输出界面可以引导用户进行正确有效的数据输入和方便灵活的数据输出。在数据库应用系统的实际开发工作中,数据输入、输出界面的设计占有很大的比重。本章主要介绍窗体的构成和类型、窗体的创建和修饰。

14.1 窗 体 概 述

窗体是人机对话的重要工具,是 Access 数据库与用户交互操作的界面。窗体本身不存储数据库中的各种数据,它是基于表或查询设计的,通过调用表或查询实现各种功能。

14.1.1 窗体作用

1. 窗体中信息种类

(1)附加的信息。这些信息对数据表中的每一条记录都是相同的,不随记录的变化而变化。例如,说明性质的信息或美化窗体的图形或图像。

(2)显示或编辑的表或查询中的记录。这些信息与窗体相关联的表或查询中的数据密切相关,随记录的变化而变化。

2. 窗体的作用

(1)可以创建友好的人机界面。通过窗体用户可以方便地维护记录。

(2)可以创建自定义的对话框。对话框可以接受用户的输入,根据输入的数据选择合适的操作。

(3)利用窗体可以显示各种提示信息。

14.1.2 窗体结构

一个完整的窗体由窗体页眉、页面页眉、主体、页面页脚和窗体页脚 5 个部分组成。每个部分都称为一个“节”,默认的窗体只有主体节,其他的节根据实际需要添加,如图 14-1 所示。

1. 窗体页眉

窗体页眉位于窗体的最上方,一般用于设置窗体的标题、窗体使用说明或打开相关窗体及执行其他任务的命令按钮等。

2. 页面页眉

页面页眉一般用来设置窗体在打印时页顶部要打印的信息。例如,标题、日期或页码等。

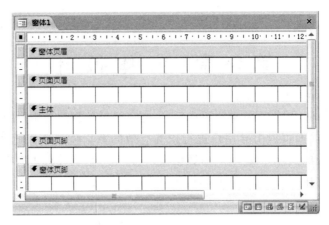

图 14-1　窗体结构

3. 主体

主体通常用来显示记录数据,可以在屏幕或页面上只显示一条记录,也可以显示多条记录。

4. 页面页脚

页面页脚一般用来设置窗体在打印时页底部要打印的信息。例如,汇总、日期或页码等。

5. 窗体页脚

窗体页脚位于窗体底部或打印页的尾部,一般用于显示对所有记录都要显示的内容、使用命令的操作说明等信息。也可以设置命令按钮,以便执行必要的控制。

14.1.3　窗体视图

Access 的窗体主要有 3 种视图,用户在设计和使用窗体对象时,只能选择使用其中的一种视图,不能同时打开同一个窗体对象的 3 种不同视图,需要时可以在 3 种视图之间进行切换。3 种主要视图是:布局视图、设计视图和窗体视图。

1. 布局视图

布局视图是用于修改窗体的最直观的视图,在 Access 2007 可用于对窗体几乎所有需要的更改。在布局视图中,窗体实际正在运行,因此,看到的数据与它们在窗体视图中的显示外观非常相似。但是还可以在此视图中对窗体设计进行更改。由于在修改窗体的同时还可以看到数据,因此是非常有用的视图,可用于设置控件大小或执行几乎所有其他影响窗体的外观和可用性的任务。

2. 设计视图

设计视图提供了窗体结构的更详细的视图。可以看到窗体的页眉、主体和页脚部分。窗体在设计视图中显示时实际并不在运行,因此,在进行设计方面的更改时,无法看到基础数据和窗体实际运行效果,但是有些任务在设计视图比在布局视图中更容易。在设计视图中可以完成以下工作。

(1) 向窗体添加更多类型的控件,例如,标签、图像、线条和矩形。

（2）在文本框中编辑文本框控件来源，而不使用属性表。

（3）调整窗体节（如窗体页眉或主体节）的大小。

（4）更改某些无法在布局视图中更改的窗体属性（如"默认视图"或"允许窗体视图"）。

3. 窗体视图

用于测试窗体对象的屏幕效果以及利用窗体对象进行数据输入输出的窗口。在窗体视图中，可以检验窗体的屏幕布局是否与预期的情况一致、窗体对事件的响应是否正确、窗体对数据的输出处理是否正确、窗体对数据的输入处理是否正确等。

14.1.4 窗体类型

1. 纵栏式窗体

纵栏式窗体是最基本的、也是默认的窗体格式。这种窗体一次只显示一条记录，记录中的每个字段在屏幕上占一行，用户可以完整地查看、维护一条记录的全部数据。如果想看其他记录，则通过窗体上的记录导航按钮，如图 14-2 所示。

纵栏式窗体通常用于数据输入，它可以占一个或多个屏幕页，字段可以随意安排在窗体中，每个字段的字段名以标签的形式给出，一般都安排在左边。通过"窗体"组中的"窗体"工具，创建的就是纵栏式窗体。

如果 Access 发现某个表与创建窗体的表或查询具有一对多关系，则 Access 向基于相关表或相关查询的窗体中添加一个数据表。

图 14-2　纵栏式窗体

例如，创建一个"教师信息"表的简单窗体，若"教师信息"表与"授课"表之间定义了一对多的关系，则创建的窗体内的数据表将显示"授课"表中与当前"教师信息"记录有关的所有记录。

2. 分割窗体

分割窗体是 Access 2007 中的新功能，可以同时提供数据的两种视图：窗体视图和数据表视图。这两种视图连接到同一数据源，并且总是保持相互同步。如果在窗体的一个部分中选择了一个字段，则在窗体的另一部分中也选择相同的字段。可以从任一部分添加、编辑或删除数据（只要记录源可更新，并且未将窗体配置为阻止这些操作）。

使用分割窗体可以在一个窗体中同时利用两种窗体类型的优势。例如，可以使用窗体的数据表部分快速定位记录，使用窗体部分查看或编辑记录。

分割窗体通过"窗体"组中的"分割窗体"工具来创建，如图 14-3 所示。

3. 表格式窗体

表格式窗体每行显示一条记录，在窗体的一个画面中可以显示表或查询中的若干条记录。字段名显示在窗体的页眉处，字段的值在主体节显示。

表格式窗体通过"窗体"组的"多个项目"工具来创建，如图 14-4 所示。

图 14-3　分割窗体

图 14-4　表格式窗体

Access 创建窗体,并以布局视图显示该窗体。在布局视图中,可以在窗体显示数据的同时对窗体进行设计方面的更改。例如,可以根据数据调整文本框的大小。

4. 数据表窗体

数据表窗体就是将"数据表"套用到窗体上,显示 Access 中最原始的数据风格。常使用数据表窗体来显示一对多的关系,即把窗体分为主窗体和子窗体两部分,主窗体显示主表中的一条记录,子窗体显示该记录在相关的子表中对应的记录。

图 14-5　数据表窗体

数据表窗体通过"窗体"组中的"其他窗体"工具中的"数据表"命令来创建,如图 14-5 所示。

5. 数据透视图窗体

数据透视图窗体是以图表的形式显示数据。它通过"窗体"组中的"数据透视图"工具来创建,如图 14-6 所示。

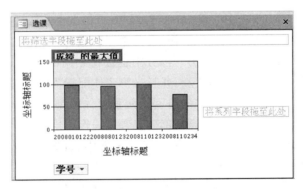

图 14-6　数据透视图窗体

6. 数据透视表窗体

数据透视表是通过指定窗体布局和计算方法汇总数据的交互式表，在数据透视表窗体可以查看和重新组织数据表中的数据、明细数据和汇总数据，但不能添加数据、编辑或删除数据。数据透视表窗体通过“窗体”组中的“其他窗体”中的“数据透视表”命令来创建，如图 14-7 所示。

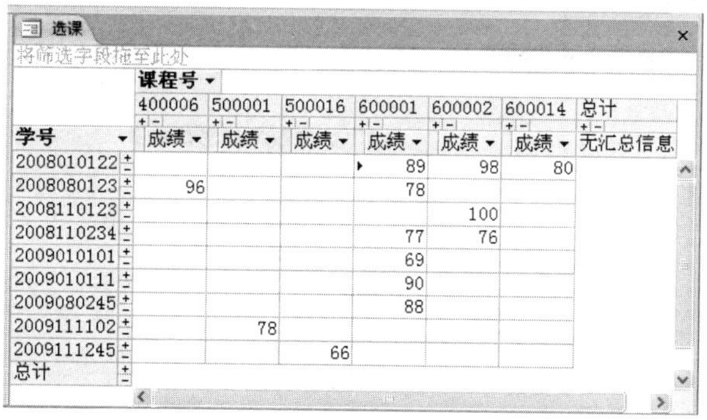

学号	400006 成绩	500001 成绩	500016 成绩	600001 成绩	600002 成绩	600014 成绩	总计 无汇总信息
2008010122				89	98	80	
2008080123	96			78			
2008110123					100		
2008110234				77	76		
2009010101				69			
2009010111				90			
2009080245				88			
2009111102		78					
2009111245			66				
总计							

图 14-7 数据透视表窗体

7. 主/子窗体

窗体中的窗体称为子窗体，包含子窗体的窗体称为主窗体。主/子窗体用来显示多个表或查询中的数据，这些表或查询中的数据必须具有一对多的关系。其中“一”方数据在主窗体中显示，“多”方数据在子窗体中显示。在主/子窗体中，主窗体与子窗体彼此链接，当主窗体显示某一条记录时，子窗体就会显示与主窗体当前记录相关的记录。

14.2 使用窗体向导创建窗体

窗体向导虽然不如“窗体”组中的工具创建窗体直接、快速，但能提供给用户更多的选项，可以更全面、更灵活地控制窗体的数据来源和格式。例如，窗体向导允许从多个表或查询中挑选字段，根据需要选择窗体布局和风格等。

例 14-1 创建教师授课信息窗体。操作步骤如下。

(1) 在“创建”选项卡的“窗体”组中，单击“其他窗体”，选择“窗体向导”命令，打开“窗体向导”第一个对话框。

(2) 从“表/查询”下拉列表中，选择“教师信息”表，从该表中选择字段“姓名”、“职称”、“学历”和“部门”；再依次从“讲授”表中选择“课程号”，从“课程信息”表中选择“课程名”，如图 14-8 所示。

(3) 单击“下一步”按钮，打开“窗体向导”第二个对话框，确定查看数据方式，也就是按哪个表或查询查看数据。在“查看数据方式”列表中选择“通过讲授”，如图 14-9 所示。

(4) 单击“下一步”按钮，打开“窗体向导”第三个对话框，选择窗体布局为“纵栏表”，如图 14-10 所示。

(5) 单击“下一步”按钮，打开“窗体向导”第四个对话框，确定窗体样式，从列表中选

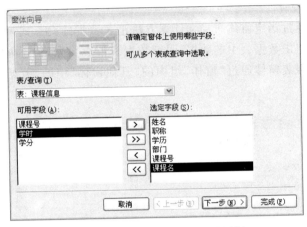

图 14-8　"窗体向导"第一个对话框

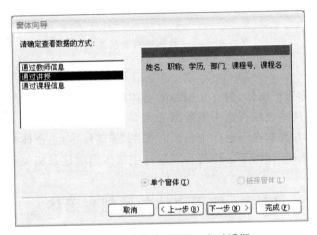

图 14-9　"窗体向导"第二个对话框

图 14-10　"窗体向导"第三个对话框

择"Access 2007",如图 14-11 所示。

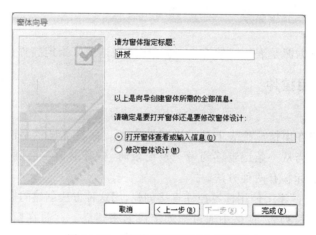

图 14-11 "窗体向导"第四个对话框

（6）单击"下一步"按钮，打开"窗体向导"第五个对话框，为窗体指定标题，如图 14-12
所示。

图 14-12 "窗体向导"第五个对话框

（7）单击"完成"按钮，结束窗体创建。

14.3 使用窗体设计视图创建窗体

在许多情况下，无论是格式还是内容，使用窗体向导生成的窗体往往不能满足要求，
这时就需要在窗体设计视图中对其进行修改、修饰，以达到满意的效果。也可以使用窗体
设计视图直接创建窗体。

14.3.1 控件类型

Access 2007 的"控件"组如图 14-13 所示。控件是窗体上用于数据显示、执行操作、

修饰窗体的对象,可以通过控件查看或处理窗体界面信息。最常用的控件是文本框和标签。

图 14-13 "控件"组

在 Access 2007 中,控件可以分为:绑定控件(结合型控件)、未绑定控件(未结合型控件)和计算控件。

1. 绑定控件

绑定控件是数据源为表或查询中字段的控件。使用绑定控件可以显示数据库中字段的值,这些值可以是文本、日期、数字、是/否值、图片或图形等。当移动窗体上的记录指针时,该控件的内容将会动态改变。

2. 未绑定控件

未绑定控件是没有与数据来源形成对应关系的控件,多用来显示不变动的对象,如标题、提示信息,或者是美化窗体的线条、矩形等对象。

3. 计算控件

计算控件为数据源是表达式的控件,通过定义表达式来指定控件的数据源。

14.3.2 常用控件

1. 标签控件

标签主要用来在窗体或报表上显示说明性文本。标签不显示字段或表达式的数值,它没有数据来源。当从一条记录移到另一条记录时,标签的值不会随着记录的变化而变化。向窗体中添加标签有两种方法。

方法 1:从"控件"组中使用标签控件直接创建,用这种方法创建的标签称为独立标签。

方法 2:从"字段列表"窗格中通过拖动字段名来建立。这时在窗体中建立了两个控件,一个是标签,用来显示字段名称;另一个根据字段类型不同可以是绑定型控件,用来显示字段的值。用这种方法创建的标签称为附加到其他控件上的标签。

2. 文本框控件

文本框主要用来输入或编辑字段数据,它是一种交互式控件。文本框分为 3 种类型:结合型、未结合型与计算型。结合型文本框与表、查询中的字段相结合,用来显示字段的值;未结合型文本框没有与某一字段链接,一般用来接收用户从键盘上输入的数据;计算型文本框用来显示表达式的计算结果。当表达式发生变化时,数值就会被重新计算。

3. 组合框与列表框控件

如果在窗体上输入的数据总是取自某一个表或查询中记录的数据,或者取自某固定内容的数据,可以使用组合框或列表框控件来完成。这样既可以保证输入数据的正确,也可以提高数据的输入速度。例如,在输入教师信息时,政治面貌的值包括:"群众"、"团员"、"党员"和"其他"。将这些值放在组合框或列表框中,用户只需通过单击鼠标就可完成数据输入，这样不仅可以避免输入错误，同时也减少了汉字输入量。

窗体中的列表框可以包含一列或几列数据，用户只能从列表中选择值，而不能输入新值，组合框的列表是由多行数据组成，默认情况下只显示一行，需要选择其他数据时，可以单击右侧的向下箭头按钮。使用组合框，既可以进行选择，也可以输入文本。

4. 按钮控件

在窗体中可以使用按钮控件来执行某项操作或某些操作。例如，"计算"、"取消"、"关闭"。使用 Access 提供的"命令按钮向导"可以创建 28 种不同类型的命令按钮。

5. 选项组控件

选项组是由一个组框及一组复选框、选项按钮或切换按钮组成。选项组可以使用户选择某一组确定的值变得十分容易。只要单击选项组中所需的值，就可以为字段选定数据值。在选项组中每次只能选择一个选项。

6. 复选框、切换按钮和选项按钮控件

它们作为单独的控件来显示表或查询中的"是"或"否"的值。若选中复选框或选项按钮时，则设置为"是"，否则为"否"。对于切换按钮，如果按下切换按钮，则值为"是"，否则值为"否"。

14.3.3 控件布局

1. 控件布局

控件布局是将控件在水平方向和垂直方向上对齐以便窗体有统一的外观。控件布局有两种：表格式和堆叠式。

（1）表格式。表格式窗体的控件布局即为表格式。表格式控件布局始终横跨窗体的"窗体页眉"和"主体"两部分，无论控件在哪个部分，标签都会出现在"窗体页眉"节。

（2）堆叠式。纵栏式窗体的控件布局即为堆叠式。堆叠式布局始终只在窗体的主体节中，标签位于每个控件的左侧。

2. 控件布局选择

（1）选中参加布局的控件。

（2）在"排列"选项卡的"控件布局"组中，单击所需的布局类型："表格式"或"堆叠式"。

14.3.4 创建控件

1. "字段列表"窗格

"字段列表"窗格显示窗体的基础表或查询的字段。在"设计"选项卡的"工具"组中，单击"添加现有字段"，打开"字段列表"窗格。

2. 创建控件

创建窗体时，首先添加和排列所有绑定型控件，然后在设计视图中使用"设计"选项卡上的"控件"组中的工具，添加未绑定控件和计算控件。

通过将字段从"字段列表"窗格拖动到窗体上，创建绑定型控件。使用"字段列表"窗格创建绑定型控件的特点如下。

（1）Access 会自动使用字段名（或者在基础表或查询中为该字段定义的标题）来填写控件附带的标签，不必自己输入控件标签的内容。

（2）Access 会根据基础表或查询中字段的属性（例如，"格式"、"小数位数"和"输入掩码"属性），自动将控件的许多属性设置为相应的值。

如果已经创建未绑定控件并且想将它绑定到字段，则将控件的"控件来源"属性框中的值设置为该字段的名称。

从"字段列表"向窗体主体节中拖动字段时，可以一个字段一个字段地拖动，也可以同时将多个字段一次拖动到主体节中，方法是在字段列表中选择这些字段，选择方法如下。

（1）同时选择多个连续字段。单击第一个字段，按下 Shift 键后，单击最后一个字段。

（2）同时选择多个不连续字段。按下 Ctrl 键后，单击各个字段。

3．创建选项组控件

选项组控件可以用来给用户提供必要的选择选项，用户只需进行简单的选取即可完成参数的设置，"选项组"中包含复选框、切换按钮或选项按钮控件。

例 14-2 创建如图 14-14 所示窗体上的"默认单元格效果"选项组，操作步骤如下。

（1）打开"窗体"的设计视图。

（2）在窗体的主体节添加"选项组"控件，打开"选项组向导"第一个对话框，在对话框输入"平面"、"凸起"和"凹陷"三个标签名，如图 14-15 所示。

图 14-14 "选项组"窗体

图 14-15 "选项组向导"第一个对话框

（3）单击"下一步"按钮，打开"选项组向导"第二个对话框，选择平面为默认选项，如图 14-16 所示。

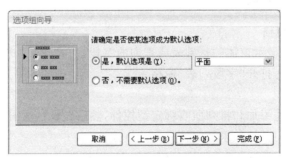

图 14-16 "选项组向导"第二个对话框

（4）单击"下一步"按钮，打开"选项组向导"第三个对话框，为每个选项赋值，如图 14-17 所示。

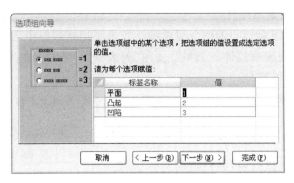

图 14-17 "选项组向导"第三个对话框

（5）单击"下一步"按钮，打开"选项组向导"第四个对话框，选择"选项按钮"，并且选择"凸起"样式，如图 14-18 所示。

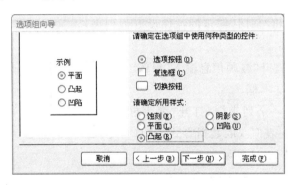

图 14-18 "选项组向导"第四个对话框

（6）单击"下一步"按钮，打开"选项组向导"第五个对话框，为选项组指定标题为"默认单元格效果"，如图 14-19 所示。

图 14-19 "选项组向导"第五个对话框

（7）单击"完成"按钮。

（8）在设计视图中，调整选项组在窗体上的位置，打开"属性表"窗格，设置"选项组"

的"边框样式"属性为"透明"。

（9）关闭"窗体设计视图"，在"另存为"对话框中指定本窗体名为"选项组窗体"。

4. 创建结合型列表框控件

列表框控件分为结合型和未结合型两种。如果要把列表框中选择的值保存在某个字段中，则创建结合型列表框控件。如果要使用"列表框"中选择的值来决定其他控件内容，则创建未结合型列表框控件。

例 14-3 在"教师信息输入"窗体，创建"部门"列表框。"教师信息输入"窗体如图 14-20 所示。

"教师信息输入"窗体中的"性别"、"职称"和"学历"为组合框，当从"字段列表"窗格拖动所有字段到窗体上时，添加的所有控件均为绑定型控件，由于这 3 个字段的数据类型均为"查阅向导"，所以这 3 个字段绑定控件均为组合框。由于在创建表时，将"部门"的数据类型定义为"文本"，所以得到"部门"绑定的控件为"文本框"。下面介绍将"部门"绑定的控件设置为列表框，操作步骤如下。

（1）在设计视图打开"教师信息输入"窗体。

（2）删除"部门"文本框。

（3）向窗体添加一个列表框，打开"列表框向导"第一个对话框，确定列表框获取数据方式为"自行键入所需的值"选项，如图 14-21 所示。

图 14-20 教师信息输入窗体

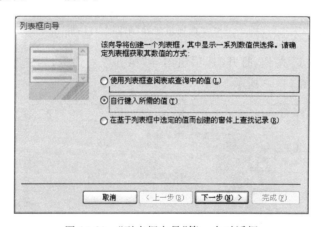

图 14-21 "列表框向导"第一个对话框

（4）单击"下一步"按钮，打开"列表框向导"第二个对话框，输入列表框要显示的所有"部门"信息，如图 14-22 所示。

（5）单击"下一步"按钮，打开"列表框向导"第三个对话框，选择"将该数值保存在这个字段中"，在列表框中选择保存字段为"部门"，如图 14-23 所示。

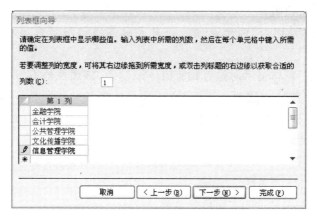

图 14-22 "列表框向导"第二个对话框

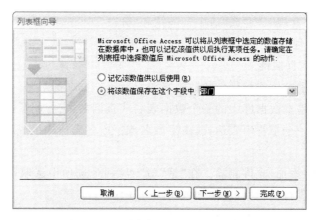

图 14-23 "列表框向导"第三个对话框

（6）单击"下一步"按钮，打开"列表框向导"第四个对话框，指定列表框标签为"部门"，单击"完成"按钮。

14.3.5 属性设置

在 Access 中，窗体与窗体中的控件都有各自的属性。属性决定了控件及窗体的结构和外观，包括它所包含的文本或数据的特性。使用"属性"对话框可以设置属性，在选定窗体、节或控件后，单击"工具"组中的"属性表"工具，可以打开"属性表"对话框。

1. 常用格式属性

格式属性主要是针对窗体的显示格式和控件的外观进行设置。

（1）窗体常用"格式"属性

标题。作为窗体标题栏上显示的信息。

记录选择器。有"是"与"否"两个选项。它决定窗体显示时是否有记录选择器，即数据表最左端是否有标志块。

导航按钮。有"是"与"否"两个选项。它决定窗体运行时是否有导航按钮，即数据表最下端是否有导航按钮组。

分隔线。有"是"与"否"两个选项。它决定窗体显示时是否显示窗体各节间的分隔线。

滚动条。决定了窗体显示时是否具有窗体滚动条,该属性值有"两者均无"、"水平"、"垂直"和"水平和垂直"4个选项。

最大/最小化按钮。决定是否使用 Windows 标准的最大化和最小化按钮。当设计对话框时,应设置为"两者均无"。

适应屏幕。有"是"与"否"两个选项。当设计对话框时,应设置为"否"。

(2) 控件常用"格式"属性

标题。作为控件中显示的文字信息。

字体名称、字号、字体粗细。设置控件中文本的字体显示效果。

前景色、背景色。设置控件的底色和控件中文字的颜色。

文本对齐。有"常规"、"左"、"居中"、"右"和"分散"5个选项。

2. 常用数据属性

(1) 窗体常用数据属性

数据属性决定了窗体或控件中的数据来源以及操作数据的规则。

记录源。一般是本数据库中的一个数据表名或查询名,它指明了该窗体的数据源。

排序依据。是一个字符串表达式,由字段名或字段名表达式组成,指定窗体显示记录时排序规则。

允许编辑、允许添加、允许删除。在"是"与"否"两个选项中选取,它决定了窗体运行时是否允许对数据进行编辑修改、添加或删除等操作。

(2) 绑定控件常用数据属性

控件来源。如果控件来源中包含一个字段名,那么在控件中显示与之绑定的字段值。窗体运行时,在控件中进行的任何修改都将被写入与控件绑定的字段中。如果属性值为空,则在窗体控件中编辑的数据不会写入到字段中。如果该属性含有一个计算表达式,那么这个控件会显示计算结果。

有效性规则。用于设定在控件中输入数据的合法性检查表达式。

14.3.6 使用窗体设计视图创建窗体

使用窗体设计视图创建窗体的操作步骤如下。

(1) 单击"创建"选项卡上的"窗体"组中的"窗体设计"工具,Access 在设计视图中打开一个空白窗体,默认的窗体只有"主体"节。在窗体内单击鼠标右键,在打开的快捷菜单中选择"窗体页眉/页脚"或"页面页眉/页脚",可以添加其他节。如果要在窗体上添加绑定型控件,则单击"工具"组中的"添加现有字段"工具,打开"字段列表"窗格。

(2) 从"字段列表"向窗体添加控件。用"控件"组中的工具可以向窗体添加徽标、标题、页码或日期和时间。

(3) 设置控件布局。

（4）在布局视图或设计视图中微调窗体。

创建窗体之后，可以在布局视图或设计视图中轻松地进行微调。可以根据实际窗体数据重新排列控件和调整控件大小。还可以在窗体上放置新的控件。

（5）设置窗体和控件的属性。

（6）对窗体做必要的修饰。通过"排列"选项卡中的"自动套用格式"组、"控件对齐方式"组等来修饰窗体。

14.4 课程设计题目——窗体设计

1. 问题描述

综合运用常用控件设计一个简单的运算器。

2. 基本要求

（1）窗体仿照 Windows 系统中的计算器，如图 14-24 所示。

（2）仔细设置各控件的有关属性。

（3）至少运用 1 个方法调用。

（4）至少编写 2 个以上事件过程。

3. 测试数据

（1）输入数据测试所有的运算是否正确。

（2）窗体执行界面如图 14-24 所示。

4. 实现提示

参照第 3 章和第 14 章的例题，使用窗体设计视图完成课程设计。

图 14-24 计算器

5. 问题拓展

阅读参考文献中《Access 2007 程序设计》，学习掌握更多控件的应用。

习 题 14

一、选择题

1. 在窗体的创建中，以下说法正确的是（ ）。

　A. 窗体只能连接一个数据源

　B. 只有使用"自动窗体"向导，才可使窗体连接多个数据源

　C. 窗体只能连接表这样的数据源

　D. 窗体可用表或者查询作为数据源

2. 在下列有关属性的说法中，正确的是（ ）。

　A. 属性是描述对象的数据

　B. 只有控件这样的对象才会涉及到属性设置

　C. 属性均是固定值，不可改动

D. 所有的属性均可划分为 4 大类，它们是格式、数据、事件和其他

3. 下列(　　)不是窗体的组成部分。

A. 窗体页眉　　　　B. 窗体页脚　　　　C. 主体　　　　D. 窗体设计器

4. 创建窗体的数据源不能是(　　)。

A. 一个表　　　　　　　　　　　B. 一个单表创建的查询

C. 一个多表创建的查询　　　　　D. 报表

5. 下列(　　)不是窗体控件。

A. 表　　　　　　　B. 标签　　　　　C. 文本框　　　　D. 组合框

6. 下列选择窗体控件对象正确的是(　　)。

A. 按住 Shift 键再单击其他多个对象可选定多个对象

B. 单击可选择一个对象

C. 按 Ctrl＋A 键可以选定窗体上所有对象

D. 以上皆是

7. 在"窗体设计视图"中显示窗体时，窗体中没有记录选定器，应将窗体的"记录选定器"属性值设置为(　　)。

A. 是　　　　　　　B. 否　　　　　　C. 有　　　　　　D. 无

8. 下面关于列表框和组合框的叙述错误的是(　　)。

A. 列表框和组合框可以包含一列或几列数据

B. 可以在列表框中输入新值，而组合框不能

C. 可以在组合框中输入新值，而列表框不能

D. 在列表框和组合框中均可以输入新值

9. 为窗体上的控件设置 Tab 键的顺序，应选择属性对话框中的(　　)。

A. 格式选项卡　　　B. 数据选项卡　　C. 事件选项卡　　D. 其他选项卡

10. 窗体是 Access 数据库中的一种对象，以下哪项不是窗体具备的功能(　　)。

A. 输入数据　　　　　　　　　　B. 编辑数据

C. 输出数据　　　　　　　　　　D. 显示和查询表中的数据

11. 用于创建窗体或修改窗体的窗口是窗体的(　　)。

A. 设计视图　　　　B. 布局视图　　　C. 数据表视图　　D. 透视表视图

12. 没有数据来源，且可以用来显示信息、线条、矩形或图像的控件的类型是(　　)。

A. 结合型　　　　　B. 未结合型　　　C. 计算型　　　　D. 非计算型

13. 下列不属于控件格式属性的是(　　)。

A. 标题　　　　　　B. 正文　　　　　C. 字号　　　　　D. 字体粗细

14. 以下(　　)不是控件的类型。

A. 结合型　　　　　B. 非结合型　　　C. 计算型　　　　D. 非计算型

15. "特殊效果"属性值用于设定控件的显示特效，以下(　　)不属于"特殊效果"属性值。

A. "凹陷"　　　　　B. "颜色"　　　　C. "阴影"　　　　D. "凿痕"

16. 下列叙述中正确的是（　　　）。

A. 组合框包含了列表框的功能

B. 列表框包含了组合框的功能

C. 列表框与组合框的功能没有相似之处

D. 列表框与组合框的功能完全相同

17. 以下有关对象属性的叙述中不正确的是（　　　）。

A. 所有对象都具有"名称"属性

B. 只能在运行时设置或改变属性

C. 对象的某些属性在设计模式下设置，不能使用代码改变

D. "可见"属性值设置为"否"的控件在窗体上不可见

18. 当某按钮的（　　　）属性设置为 False 时，该按钮为灰色显示。

A. "可见"　　　　　B. "可用"　　　　　C. "背景色"　　　　　D. "标题"

二、填空题

1. 窗体通常由窗体页眉、窗体页脚、页面页眉、页面页脚及_____5 部分组成。

2. 创建窗体的数据来源可以是表或_____。

3. 若要使窗体上的所有控件具有相同的字体格式，则设置_____的_____属性。

4. 对象的属性值设置方法有两种：一是通过_____设置属性值；二是在应用程序运行时，通过_____改变属性值。

5. 窗体的 3 种主要视图是：设计视图、_____和_____。

6. 窗体的类型有：纵栏式、_____、_____、_____、_____、主/子式和数据透视表窗体。

7. 在窗体上的控件可以分为：绑定控件、未绑定控件和_____。

8. 控件的布局分_____和_____。

9. _____属性值用于设定控件的显示效果。

10. 窗体的页面页眉/页脚出现在_____。

三、简答题

1. 窗体是 Access 数据库中的一个对象，通过窗体用户可以实现哪些功能？

2. 简述窗体由哪几部分组成，各部分的特点是什么？

3. 简述常用窗体控件有哪些？分别在什么情况下使用？

4. 如何创建带有子窗体的窗体？

5. 窗体控件布局有哪几种？如何选择？各自有什么特点？

6. 如何向窗体添加绑定控件？有哪些方法？

7. 简述组合框和列表框的异同。

四、设计题

设计如图 14-25 所示的"选项"对话框。

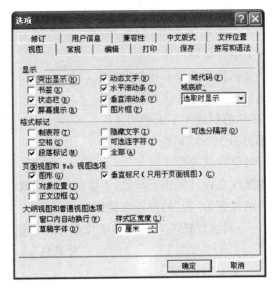

图 14-25 "选项"对话框

第 15 章　报 表 设 计

报表是 Access 中专门用来统计、汇总和整理输出数据的一种格式。用户可以按所希望的格式和详细程度输出数据，是最灵活的输出数据的方法之一。本章主要介绍报表的不同创建方式以及报表的编辑技术。

15.1　建 立 报 表

报表对象与窗体对象有许多相似之处，创建的方式基本相同，添加控件的方式也相同。不同之处在于，窗体的目的是显示与交互，报表的目的是浏览与打印。

15.1.1　关于分组、报表节和控件

1. 分组

打印报表时，通常需要按特定顺序组织记录。例如，在打印学生信息报表时，可能希望按学生学号对记录排序。对于许多报表来说，仅对记录排序是不够的，可能还需要将它们划分为组(Group)。

组是记录的集合，并且包含与记录一起显示的介绍性内容和汇总信息(如页眉)。组由组页眉、嵌套组(如果有)、明细记录和组页脚构成。通过分组，可以直观地区分各组记录，显示每个组的介绍性内容和汇总数据。

例如，图 15-1 所示的报表是按院系对学生信息进行分组、排序，计算每个学院的学生人数。院系是分组依据，学号是排序依据，汇总是对组中学生人数进行统计。

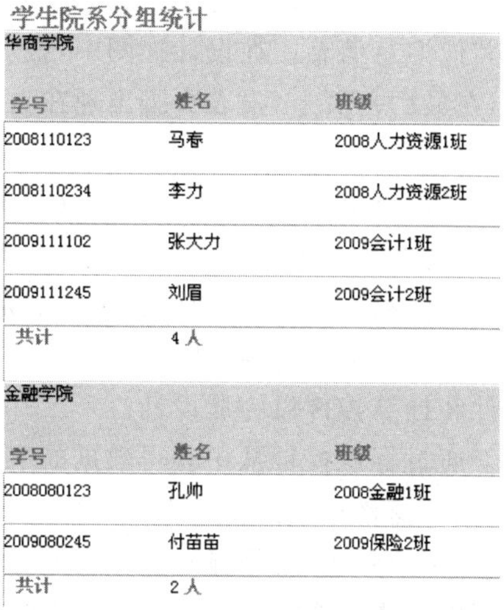
学生院系分组统计

华商学院		
学号	姓名	班级
2008110123	马春	2008人力资源1班
2008110234	李力	2008人力资源2班
2009111102	张大力	2009会计1班
2009111245	刘眉	2009会计2班
共计	4 人	
金融学院		
学号	姓名	班级
2008080123	孔帅	2008金融1班
2009080245	付苗苗	2009保险2班
共计	2 人	

图 15-1　学生院系分组报表

可以看出，院系信息出现在学生信息表的每一行，而在院系分组报表中每组只出现一次，位于组页眉。在院系分组报表中，院系学生人数的汇总位于组页脚，每个院系的学生记录都作为单独的一节出现在报表中，位于页眉之后、页脚之前。

可以按作为排序依据的任何字段或表达式(最多 10 个)进行分组。也可以多次按同一字段或表达式进行分组。当按多个字段或表达式进行分组时，将根据其分组级别嵌套各个组。作为分组依据的第一个字段是第一个也是最重要的分组级别，第二个分组依据字段是下一个分组级别，依此类推。图 15-2 显示了组的嵌套方式，每个组页眉与一个组页脚配对。通

常,在组开头单独的节中使用组页眉来显示该组的标识数据,在组结尾单独的节中使用组页脚来汇总组中的数据。

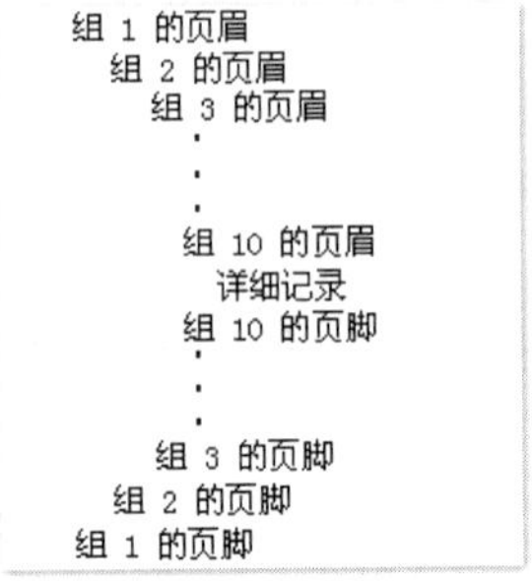

2. 报表节

在 Access 中,报表的设计划分为多个节。若要创建有用的报表,需要了解每一节的工作方式。下面是节的类型及其用法的总结。

```
       组 1 的页眉
         组 2 的页眉
           组 3 的页眉
               ·
               ·
             组 10 的页眉
               详细记录
             组 10 的页脚
               ·
               ·
           组 3 的页脚
         组 2 的页脚
       组 1 的页脚
```

图 15-2　组的嵌套

(1) 报表页眉。在报表开头打印一次。使用报表页眉放置通常出现在封面上的信息,如徽标、标题或日期。报表页眉打印在页面页眉之前。如果在报表页眉中放置一个计算控件,则计算的值是针对整个报表的。例如,如果将使用 Sum 聚合函数的控件放在报表页眉中,则计算的是整个报表的总计。

(2) 页面页眉。打印在每一页的顶部。例如,使用页面页眉可以在每一页上重复报表标题。

(3) 组页眉。打印在每个新记录组的开头。使用组页眉可以打印组名称。例如,在学生院系分组报表中,用组页眉打印学生所在院系。如果将使用 Sum 聚合函数的控件放在组页眉中,则总计是针对当前组的。

(4) 主体。对记录源中的每一行打印一次。主体节是构成报表主要部分的控件所在的位置。

(5) 组页脚。打印在每个记录组的结尾。使用组页脚可以打印组的汇总信息。

(6) 页面页脚。打印在每一页的结尾。使用页面页脚可以打印页码或每一页的特定信息。

(7) 报表页脚。在报表结尾打印一次。使用报表页脚可以打印针对整个报表的汇总或其他汇总信息。在设计视图中,报表页脚显示在页面页脚的下方。在打印或预览报表时,在最后一页上,报表页脚出现在页面页脚的上方,紧靠最后一个组页脚或明细行之后。

3. 控件

控件是显示数据、执行操作以及允许查看和处理用于改善用户界面的信息(如标签和图像)的对象。报表中包括 3 种控件类型:绑定控件、未绑定控件和计算控件。

创建报表时,最有效的方法可能是先添加和排列所有绑定控件(尤其是当报表上的大多数控件都为绑定控件时);然后再使用“设计”选项卡的“控件”组中的工具来添加未绑定控件和计算控件以完成设计。

通过标识控件从中获得数据的字段,可以将控件绑定到字段。通过将选定字段从“字段列表”窗格拖动到报表上,可以创建绑定到该字段的控件。

“字段列表”窗格显示了报表的基础表或查询的字段。要显示“字段列表”窗格,可以执行以下操作之一:单击“设计”选项卡上的“工具”组中的“添加现有字段”图标▦,或者同时按 Alt＋F8 键。

双击某个字段或将其从“字段列表”窗格拖动到报表中时,就创建了绑定控件。也可以通过在控件本身或在控件属性表中的 ControlSource(控件来源)属性框中输入字段名来将字段绑定到控件。属性表定义了控件的特征,如它的名称、数据源和格式。若要显示属性表,则按 F4 键。

如果已经创建了未绑定控件并且要将它绑定到字段,则将控件的 ControlSource(控件来源)属性设置为该字段的名称。

15.1.2 使用报表向导创建报表

数据划分为组后,往往更容易理解。例如,如果在报表中按院系对学生进行分组,则可以使各学院学生一目了然。此外,可以在分组报表中各个组的结尾处进行汇总,实现统计功能。可以使用报表向导创建基本的分组报表,在现有报表中添加分组和排序,或者修改已定义的分组和排序选项。

在开始使用报表向导之前,必须确定数据源。报表由从表或查询获取的信息以及在设计报表时所存储的信息(如标签、标题和图形)组成。提供基础数据的表或查询称为报表的记录源。在开始创建报表之前,首先应当考虑想要在报表中包括哪些信息。选择的字段必须是那些要进行分组或汇总的字段。如果要包的字段全部存在于一个表中,则将该表作为记录源。如果这些字段存在于多个表中,则需要使用查询作为记录源。该查询可能已经存在于数据库中,也可能需要根据报表的具体要求专门进行创建。

例 15-1 使用报表向导创建报表,操作步骤如下。

S1:在"创建"选项卡上的"报表"组中,单击"报表向导"图标 。Access 将启动"报表向导",如图 15-3 所示。

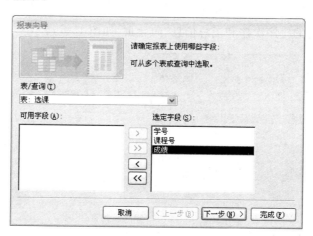

图 15-3　报表向导

S2:单击"表/查询"下拉列表,选择包含报表中要用到的字段所在的表或查询。

S3:双击"可用字段"列表中的字段以选择这些字段,将它们移到"选定字段"列表中。或者,可单击位于"可用字段"框和"选定字段"框之间的按钮,以添加或移出选定字段或所有字段。

如果还要将其他表或查询中的字段放在报表上,则再次单击"表/查询"下拉列表,并选择其他表或查询,然后继续添加字段。

S4：添加完字段之后，单击"完成"按钮，可以生成报表，此时报表数据没有分组。单击"下一步"，打开询问"是否添加分组级别？"的报表向导页，如图 15-4 所示。

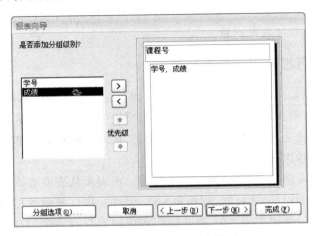

图 15-4　添加分组级别向导页

S5：双击列表中的任何字段名称，将添加该字段为分组级别。还可以通过在对话框右侧的页面显示中双击某个分组级别来将其移出。可以使用箭头按钮来添加或移出分组级别，还可通过选择分组级别并单击向上或向下优先级按钮来调整分组级别的优先级。

S6：单击"完成"按钮，生成分组报表，组中记录未排序。单击"下一步"按钮，打开"请确定明细信息使用的排序次序和汇总信息"向导页，如图 15-5 所示。

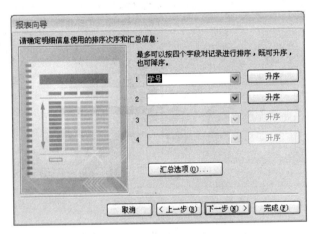

图 15-5　排序次序向导页

S7：单击第一个下拉列表按钮，选择作为排序依据的字段。单击列表右侧的按钮可以在升序与降序之间切换（默认为"升序"）。此外，还可以单击第二、第三和第四个下拉列表按钮以选择更多排序字段。

S8：如果要对任何数值字段进行汇总，则单击"汇总选项"，打开"汇总选项"对话框，如图 15-6 所示。仅当报表的"主体"节中包含一个或多个数值字段时，"汇总选项"按钮才可见。

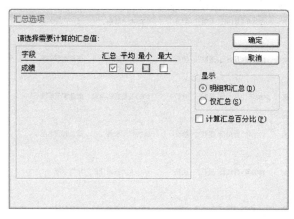

图 15-6   "汇总选项"对话框

S9：选中"汇总"、"平均"、"最小"或"最大"选项下的复选框，将这些计算包含在组页脚中。也可以选择同时显示明细和汇总，或者只显示汇总。另外，可以选择显示汇总计算值占总计的百分比。

S10：单击"确定"按钮。

S11：按照报表向导其余页上的指示执行操作。在最后一页上，可以编辑报表的标题。此标题将显示在报表的第一页上，并且 Access 还将使用此标题作为保存报表的文档名称。标题和文档名可在以后进行编辑。

S12：单击"完成"按钮。Access 将自动保存报表，在"打印预览"中按照打印时的外观显示报表。

在"打印预览"中，可以放大以查看细节，也可以缩小以查看数据在页面上的位置布局。将鼠标指针放在报表上方，单击一次。若要使缩放效果相反，则再单击一次。此外，还可以使用状态栏中的缩放控件。

15.1.3   使用报表工具创建报表

报表工具提供了最快的报表创建方式，它会立即生成报表，而不提示任何信息。报表将显示基础表或查询中的所有字段。报表工具可能无法创建最终需要的完美报表，但对于迅速查看基础数据非常有用。

例 15-2   使用报表工具创建报表，操作步骤如下。

S1：在导航窗格中，单击要作为报表数据源的表或查询，例如，选择学生信息表。

S2：在"创建"选项卡上的"报表"组中，单击"报表"图标。Access 将在布局视图中生成和显示报表，如图 15-7 所示。

S3：查看报表之后，可以保存报表。关闭报表以及作为记录源的基础表或查询。下次打开报表时，Access 将显示记录源中最新的数据。

学生信息							2010年7月19日 星期一
							11:17:59
学号	姓名	性别	出生日期	政治面貌	班级	院系	简历
2009010101	张丹丹	女	1987年5月15日 星期五	团员	2009电子商务	信息管理学院	
2009010111	刘娟	女	1987年4月16日 星期四	团员	2009计算机科学	信息管理学院	
2009010133	王大明	男	1986年12月22日 星期一	党员	2009信息系统与管理	信息管理学院	
2008010122	杨浩	男	1986年3月18日 星期二	群众	2008电子商务	信息管理学院	
2008110123	马春	女	1986年4月15日 星期二	团员	2008人力资源1班	华商学院	
2008110234	李力	男	1985年6月6日 星期四	党员	2008人力资源2班	华商学院	

图 15-7　学生信息报表

15.1.4　使用空白报表工具创建报表

使用空白报表工具生成报表是一种快捷的报表生成方式,尤其是如果计划只在报表上放置很少几个字段时。

例 15-3　使用空白报表工具生成报表,操作步骤如下。

S1:在"创建"选项卡上的"报表"组中,单击"空报表"图标 □ 。布局视图中将显示一个空白报表,且 Access 窗口右侧将显示字段列表窗格。

S2:在"字段列表"中,单击包含要显示在报表中的字段所在的表旁边的加号,例如单击"教师信息"表前的加号,展开"教师信息"表的所有字段。

S3:将各个字段逐个拖动到报表上,或按住 Ctrl 键,同时选择多个字段,然后将选择的字段拖动到报表上。例如,拖动"职工号"、"姓名"、"部门"到报表工作区。

S4:使用"格式"选项卡上的"控件"组中的工具向报表中添加徽标、标题、页码、日期和时间。创建的报表如图 15-8 所示。

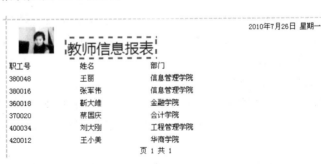

图 15-8　教师信息报表

15.2 编 辑 报 表

使用上述方法创建的报表不一定完全适合实际需要,可以根据报表的实际需求对现有报表进行编辑。Access 2007 提供了两个用于对报表进行编辑的视图:布局视图和设计视图。

15.2.1 布局视图和设计视图

选择使用哪个视图取决于待完成的特定任务。最终还可以交替使用两个视图对报表进行编辑。

1. 布局视图

布局视图是用于修改报表的最直观的视图,几乎可用于对报表所做的所有更改。在布局视图中,报表实际正在运行,看到的数据与打印数据的外观非常相似。它是非常有用的视图,可用于设置列宽、添加分组级别或执行几乎所有其他影响报表外观和可读性的任务。

在布局视图中看到的报表与打印报表不完全相同。例如,布局视图中没有分页符。如果已经使用"页面设置"设置了报表中列的格式,则这些列将无法在布局视图中显示。要看到报表在打印时的外观,可以使用打印预览视图。

某些任务不能在布局视图中执行,需要切换到设计视图执行。在某些情况下,Access将显示一条消息,通知必须切换到设计视图才能进行特定的更改。

2. 设计视图

设计视图提供了报表结构的更详细视图。可以看到报表、页和组的页眉和页脚镶边。报表在设计视图中并不真正运行,在工作时无法看到下层数据。与布局视图相比,在设计视图中执行某些特定任务要容易得多,如下面 3 种情况。

(1)向报表添加范围更广的控件,例如,标签、图像、线条或矩形。

(2)在文本框中编辑文本框控件来源,而不使用属性表。

(3)更改某些在布局视图中没有的属性。

3. 视图切换

Access 提供了切换视图的多种方法。如果报表已经打开,则可以通过执行下列操作之一来切换视图。

(1)右键单击导航窗格中的报表,然后单击快捷菜单上所需的视图。

(2)右键单击报表的文档选项卡或标题栏,然后单击快捷菜单上所需的视图。

(3)在"开始"选项卡上的"视图"组中,单击"视图"图标,在可用的视图之间进行切换。或单击"视图"下的箭头,然后从菜单中选择一个可用的视图。

(4)右键单击报表自身的空白区域,然后单击快捷菜单上所需的视图。如果是在设计视图中打开报表,则必须右键单击设计网格的外部。

(5)单击 Access 状态栏上的某个小视图图标。

如果报表未打开,则在导航窗格中双击报表,可以在报表视图中打开它。要在另一视图中打开该报表,请右键单击导航窗格中的报表,然后单击快捷菜单上所需的视图。

15.2.2 报表的外观编辑

以下是常见的报表外观布局编辑操作,通常在布局视图中执行。

1. 更改列宽或字段宽度

S1:单击要调整的列中的某个项目。该项目周围将绘制一个边框,指示该字段已选定。

S2:拖动边框的右边缘或左边缘,直到列宽符合需要。

2. 更改行高或字段高度

S1:单击要调整的行中的某个项目。该项目周围将绘制一个边框,指示该字段已选定。

S2:拖动边框的上边缘或下边缘,直到行高符合需要。

3. 了解控件布局

控件布局是将控件水平和垂直对齐,使报表有一个统一外观。可以将控件布局视为一个表,表的每个单元格都包含一个控件。控件布局有两种:表格式和堆叠式。

在表格式控件布局中,控件是以行和列的形式排列,就像电子表格一样,且标签横贯控件的顶部。表格式控件布局始终横越一个报表的两个节;无论控件在哪个节中,标签都位于它们上方的节中。基本表格式控件布局如图 15-9 所示。

在堆叠式布局中,控件沿垂直方向排列,标签位于每个控件的左侧。堆叠式布局通常包含在单个报表节中。基本堆叠式控件布局如图 15-10 所示。

图 15-9 表格式控件布局　　　　图 15-10 堆叠式控件布局

一个报表中可以由以上两种控件布局混合布局。例如,可以用表格式布局为每个记录创建一行数据,在下面使用一个或多个堆叠式布局,其中包含同一记录的多个数据。

4. 创建新控件布局

通过单击"创建"选项卡中"报表"组中的"报表"图标🔳,创建一个新报表。或通过单击"创建"选项卡中"报表"组中的"空白报表"图标 ☐,从"字段列表"窗格拖动所需字段,创建一个新报表。

在现有报表中,执行以下操作创建一个新控件布局。

S1:选择要添加到布局中的控件。

S2:如果要向同一布局中添加其他控件,则按住 Shift 键,同时选择这些控件。

S3：执行下列操作之一。

（1）在"排列"选项卡上的"控件布局"组中，单击"表格"图标 或"堆叠"图标 。

（2）右键单击所选控件，指向"布局"，然后单击"表格"图标或"堆叠"图标。

5．更改页面设置

使用"页面设置"选项卡上的"页面布局"组来更改页面大小、方向和页边距等。

单击"页面设置"选项卡，在"页面布局"组中，单击"大小"图标 来选择不同的纸张大小；单击"纵向"图标 或"横向"图标 来更改纸张方向；单击"页边距"图标 来调整报表的页边距。

15.2.3 更改数据源

1．将文本框绑定到另一个字段

在要更改其控件来源的列或字段内部单击。该项目周围将绘制一个边框，指示该字段已选定。如果当前未显示属性表，则按 F4 键显示该表。在属性表的"数据"选项卡中，将 ControlSource（控件来源）属性设置为新字段。可以从下拉列表中选择字段，或者在框中输入表达式。

2．更改报表的记录源

如果未显示属性表，则按 F4 键显示该表。在属性表顶部的下拉列表中，单击"报表"。在属性表中，单击"数据"选项卡。在"记录源"下拉列表中，选择要用于记录源的表或查询，或单击 图标，显示查询生成器。如果报表当前基于某个表，则 Access 将询问是否要创建基于该表的查询。单击"是"按钮将显示查询生成器并创建查询，单击"否"按钮将取消此操作。如果选择创建查询，则新查询将成为该报表的记录源。它将作为"嵌入"查询（存储在报表的 RecordSource 属性中的查询）而不是作为单独的查询对象进行创建。

15.2.4 添加字段

1．添加现有字段

添加现有字段是指从可用字段列表或其他表中的可用字段向报表添加字段，操作步骤如下。

S1：在"格式"选项卡上的"控件"组中，单击"添加现有字段"图标 ，将显示可用字段列表。如果其他表中有可用字段，则这些字段将显示在"其他表中的可用字段："下面。

S2：将字段从"字段列表"拖动到报表中。移动字段时，一个突出显示区域将指示当释放鼠标按钮时字段将放置的位置。

要一次添加多个字段，请在按住 Ctrl 键的同时单击"字段列表"中所需的各个字段。然后释放 Ctrl 键，并将字段拖动到报表中。这些字段将被放置在相邻位置。

在添加字段时，Access 将为每个字段创建绑定文本框控件，自动在每个字段旁边放置一个标签控件。如果从相关的表添加字段，则 Access 将添加相应的分组级别。如果从其他（不相关的）表添加字段，则 Access 将显示一个对话框，可以在该对话框中指定如何将表与报表的现有数据源关联。

2. 添加计算字段

计算字段是指作为报表对象的记录源表或查询中没有的字段,需要通过计算公式给出数据结果的字段。要在报表中添加计算字段,必须创建用于计算数据并显示结果的控件,该类控件称为"计算控件"。常用的计算控件为文本框或标签,或其他有"控件来源"属性的控件。

例 15-4 首先利用学生信息表、课程信息表、选课表创建一个学生选课成绩查询对象,然后通过该查询利用报表工具直接创建报表,最后在建立的报表上添加"成绩等次"字段,要求该字段对每个学生所选每门课程的成绩进行等级评定,90 分以上评为"优",80～89 分评为"良",70～79 分评为"中",60～69 分评为"及格",60 分以下评为"不及格"。实现步骤如下。

S1:创建"学生选课成绩查询"查询对象,如图 15-11 所示。

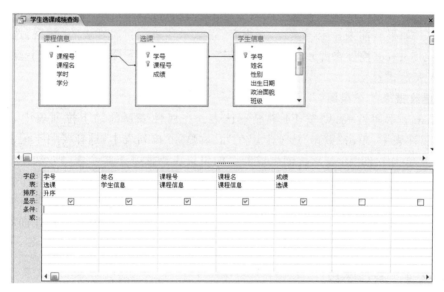

图 15-11　学生选课成绩查询

S2:通过"学生选课成绩查询"查询对象,使用报表工具创建"学生选课成绩查询报表",并在设计视图中打开,如图 15-12 所示。

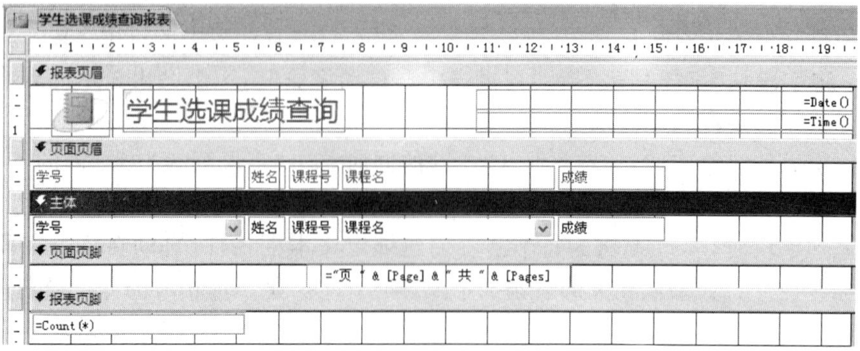

图 15-12　学生选课成绩查询报表

S3：在报表中添加计算字段。

① 在"页面页眉"中加入计算字段的标签控件"成绩等次"字段，如图 15-13 所示。

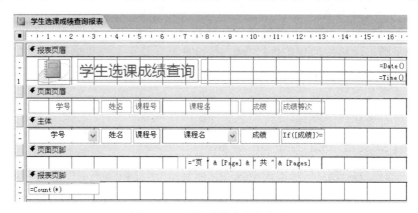

图 15-13　添加计算字段的报表

② 在"主体"节对应"成绩等次"标签下方插入计算控件，即一个文本框控件，在文本框中输入表达式：＝IIf([成绩]＞＝90,"优",IIf([成绩]＞＝80,"良",IIf([成绩]＞＝70,"中",IIf([成绩]＞＝60,"及格","不及格"))))。

③ 切换到打印预览视图，可以看到添加的计算字段提供的数据，如图 15-14 所示。

学生选课成绩查询

2010年7月21日 星期三
11:21:14

学号	姓名	课程号	课程名	成绩	成绩等次
2009010101	张丹丹	600001	高等数学	69	及格
2009010111	刘娟	600001	高等数学	90	优
2008010122	杨浩	600001	高等数学	89	良
2008010122	杨浩	600002	计算机程序设计	98	优
2008010122	杨浩	600014	人工智能	80	良
2008110123	马春	600002	计算机程序设计	100	优
2008110234	李力	600001	高等数学	77	中
2008110234	李力	600002	计算机程序设计	76	中
2009111102	张大力	500001	财务管理学	78	中
2009111245	刘眉	500016	会计电算化	66	及格
2008080123	孔帅	400006	货币银行学	96	优
2008080123	孔帅	600001	高等数学	78	中
2009080245	付苗苗	600001	高等数学	88	良

13

图 15-14　打印预览视图的报表

S4：报表另存为"学生选课成绩评定"报表。

总结上述添加计算字段的过程，在"页面页眉"节中添加计算字段的标签控件，用来作为计算字段的名称。在"主体"节对应字段标签下方添加计算控件（如：文本框），用来给出计算字段的表达式，并将结果显示出来。在表达式比较复杂时，可以打开该控件的"表达式生成器"对话框，在其中输入表达式，对话框中可以直接选择函数、字段名称、运算符等。

注意：表达式前面要加上赋值号"＝"。

3. 添加分组汇总字段

使用报表向导创建报表,可以创建分组报表,并生成按组汇总信息。在现有报表中,也可以对记录数据按指定的规则进行分组,按组计算并显示汇总数据信息。

例 15-5 对已生成的"学生选课成绩查询报表"按课程分组,然后计算每组成绩的平均值。操作步骤如下。

S1：在报表设计视图中打开"学生选课成绩查询报表",单击"设计"选项卡中的"分组和排序"图标，弹出"分组、排序和汇总"窗格。

S2：在"分组、排序和汇总"窗格中,单击"添加组"图标。

S3：在"分组、排序和汇总"窗格中的"分组形式"行的"选择字段"列表中,选择"课程号"作为分组依据。选择"降序"作为排列次序。在报表中增加组页眉"课程号页眉",如图 15-15 所示。

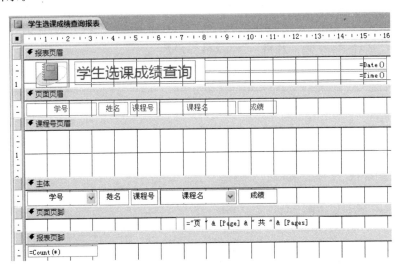

图 15-15　添加分组页眉的报表

S4：单击"分组、排序和汇总"窗格中的"更多"按钮,打开更多选项,在"汇总方式"中,选择"成绩"字段作为汇总字段,类型选择"平均值",勾选"显示在组页脚中"复选框,如图 15-16 所示。选择"有页眉节"、"有页脚节"。

图 15-16　分组排序和汇总窗格

S5：打开布局视图，单击"格式"选项卡中"控件"组中的"标题"图标，将报表页眉节中报表标题修改为"学生成绩课程分组报表"。单击"格式"选项卡中的"网格线"按钮，选择"水平"网格线，为报表加水平网格线。

S6：打开设计视图，将主体节中的"课程号"、"课程名"文本框剪切到组页眉节"课程号页眉"中。在组页脚节"课程号页脚"生成的平均成绩计算字段前，添加标签控件，标题为"平均成绩"，如图 15-17 所示。

图 15-17　设计视图的分组报表

S7：切换到打印预览视图，预览报表如图 15-18 所示。报表另存为"学生成绩课程分组报表"。

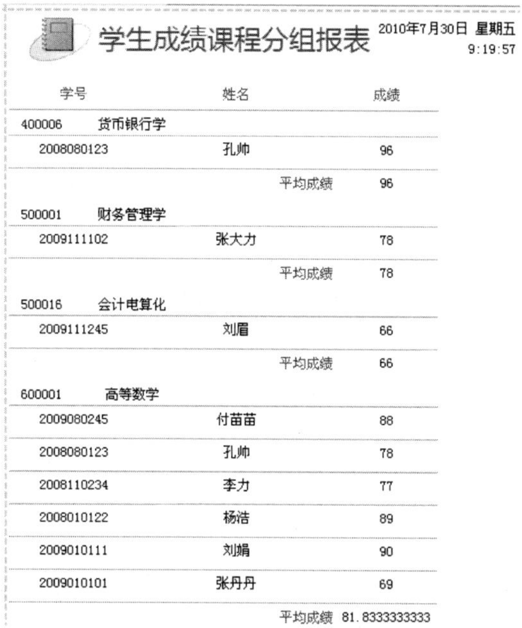

图 15-18　学生成绩课程分组报表

总结上述添加分组汇总字段的过程,在布局视图,对报表的整体布局以及报表标题进行修饰。在设计视图单击"设计"选项卡中的"分组和排序"按钮,选择分组的数据字段对报表分组。在报表页眉节显示报表标题和日期时间。在组页眉节添加组标题,分组字段的标签控件等。在主体节显示分组显示的字段数据值。在组页脚节添加分组汇总数据,需要通过计算控件给出表达式。在页面页脚节一般显示页码。报表页脚节可以添加整个报表的汇总数据,一般统计整个报表的记录总数。

15.2.5 插入图表

在报表中加入图表可以更形象、直观地理解报表数据。

例 15-6 向"学生选课成绩查询"报表中插入图表,形象地说明每位同学的选课情况和成绩。操作步骤如下。

S1:打开"学生选课成绩查询"报表。

S2:切换到设计视图,单击"设计"选项卡中"控件"组中的"插入图表"图标▇,光标变成添加图表形状。

S3:在报表页脚节,单击鼠标,在报表页脚节生成一个矩形框,这就是插入图表的位置,同时打开"图表向导"对话框,如图 15-19 所示。

图 15-19   "图表向导"对话框

S4:选择"学生选课成绩查询"查询对象,单击"下一步"按钮,打开"选择图表数据所在字段"向导,如图 15-20 所示。

S5:选择"姓名"、"课程名"和"成绩"字段,单击"下一步"按钮,打开"选择图表类型"向导。

S6:选择"柱形图",单击"下一步"按钮,打开"预览图表"向导,如图 15-21 所示。

S7:将"姓名"字段按钮拖放到示例图表的"姓名"框,将"课程名"字段按钮拖放到示例图表的"课程名"框,单击"完成"按钮。

S8:切换到"布局视图",将图表拖放到合适的尺寸,完成图表的插入。插入的图表如图 15-22 所示。在图表中,用不同颜色表示不同课程,用柱形的高度表示成绩,横坐标按学生分组。

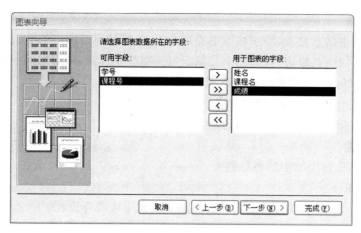

图 15-20　"选择图表数据所在字段"向导

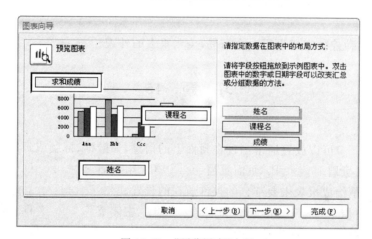

图 15-21　"预览图表"向导

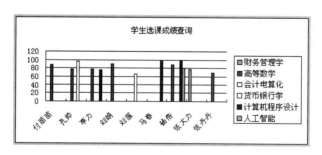

图 15-22　插入的图表

15.3　课程设计题目——图书管理报表设计

1. 问题描述

综合运用报表的创建和编辑技术为图书管理系统设计相关报表。

2. 基本要求

（1）创建图书信息报表，要求按图书类别分组，并统计每组图书的数量。

（2）创建借阅信息报表，假设图书超期后每天罚款 0.2 元，未超期的借阅信息罚款额为 0 元，要求为每条借阅信息统计罚款额。

（3）综合运用报表的多种创建方式创建报表。

（4）运用两种控件布局方式编辑报表。

3. 测试数据

图书管理系统数据库中的各数据表。

4. 实现提示

可以参照本章示例，按照报表的创建与编辑步骤完成课程设计。

5. 问题拓展

（1）实际调研本校图书管理，分析图书管理中对报表的实际需求，设计更多符合实际应用的报表。

（2）利用两种控件布局进行混合布局，美化报表的外观。

习　题　15

一、选择题

1. 使用（　　）可以放置通常出现在封面上的信息，如徽标、标题或日期等。

  A. 报表页眉　　　　B. 页面页眉　　　　C. 组页眉　　　　D. 组页脚

2. （　　）是构成报表主要部分的控件所在的位置。

  A. 组页眉　　　　B. 组页脚　　　　C. 主体节　　　　D. 页面页眉

3. 下列不属于 Access 支持的控件是（　　）。

  A. 绑定控件　　　B. 未绑定控件　　　C. 汇总控件　　　D. 计算控件

4. 无数据源的控件属于（　　）。

  A. 绑定控件　　　B. 未绑定控件　　　C. 汇总控件　　　D. 计算控件

5. 若要显示属性表，则按（　　）键。

  A. F2　　　　　　B. F4　　　　　　C. F6　　　　　　D. F8

6. Access 2007 提供两个可用于对报表进行编辑的视图：（　　）和设计视图。

  A. 报表视图　　　B. 布局视图　　　C. 打印视图　　　D. 预览视图

7. 下面的情况中除了（　　），在设计视图中执行要容易得多。

  A. 添加分组级别

  B. 向报表添加图像控件

  C. 在文本框中编辑文本框控件来源，而不使用属性表

  D. 更改某些在布局视图中没有的属性

8. 如果报表已经打开，则通过（　　）不可以用来切换至其他视图。

  A. 右键单击导航窗格中的报表，然后单击快捷菜单上所需的视图

  B. 右键单击报表的文档选项卡或标题栏，然后单击快捷菜单上所需的视图

C. 在设计视图中打开报表,右键单击设计网格的内部

D. 单击 Access 状态栏上的某个小视图图标

9. 在打印或预览报表时,在最后一页上,报表页脚出现在页面页脚的( )。

A. 上方 B. 下方 C. 中间 D. 不出现

10. 如果报表未打开,在导航窗格中双击报表,可以在( )中打开它。

A. 布局视图 B. 报表视图 C. 设计视图 D. 打印预览

二、填空题

1. 报表可以使用的视图有:_____、_____、_____和打印预览视图。

2. 使用_____可以打印针对整个报表的报表汇总信息,且仅在报表结尾打印一次。

3. 报表中可以包括 3 种类型的控件:绑定控件、_____和_____。

4. 要显示"字段列表"窗格,可以同时按下_____和_____键。

5. _____是用于修改报表的最直观的视图,几乎可用于对报表所做的所有更改;而_____提供了报表结构的更详细视图。

6. Access 2007 提供的控件布局有两种:_____和_____。

7. 通过单击"创建"选项卡的"报表"组中的"报表" 图标,创建新报表,其中控件布局为_____。

三、简答题

1. 报表和窗体有什么相同点和不同点?

2. 在 Access 2007 中,报表的设计划分为哪些节?

3. 创建报表时,添加控件最有效的方法是什么?

4. 为什么说布局视图是非常有用的视图?

5. 布局视图与报表的实际打印效果有何不同?

四、操作题

1. 使用向导创建一个分组报表。

2. 在布局视图中,更改上题创建的报表的控件布局。

3. 在上题的报表中添加计算字段和分组汇总数据。

4. 在上题的报表页脚插入图表控件,显示各分组的数据情况。

第 16 章 宏 与 模 块

宏与模块是 Access 的重要组成部分,本章主要介绍宏与模块的基本概念和使用方法,其中包括建立宏与模块、编辑宏与模块、运行宏与模块、为宏附加运行条件、模块之间的相互调用、宏与模块在窗体中的使用方法等。

16.1 宏的基本概念

在 Access 中,经常要重复进行某一项工作,这将会浪费时间而且不能够保证所做工作的一致性。利用宏来完成这些重复工作是最好的选择。

16.1.1 宏的概念和功能

1. 宏的概念

宏是一个或多个操作命令组成的集合,其中每个操作执行特定的功能。如果用户频繁地重复同一系列操作,则可以创建宏来执行这些操作。

在创建宏时,就定义了一系列任务,只要启用宏,Access 2007 就执行这些任务。

宏是一种简化操作的工具,使用宏时,不需要记住各种语法,也不需要编程,只需要将所执行的操作、参数和运行的条件输入到宏窗口即可。Access 2007 中宏的操作可以在模块对象中通过编写 VBA(Visual Basic for Application)程序来达到相同的功能。一般来说,对于事务性的或重复性的操作,例如,打开和关闭窗体、显示和隐藏工具栏或运行报表等操作,可以运用宏来实现。

2. 宏的功能

宏是一种功能强大的工具,可以在 Access 2007 中自动执行许多操作。通过宏的自动执行重复任务的功能,可以保证工作的一致性,可以避免由于忘记某一操作步骤引起的错误。宏节省了执行任务的时间,提高了工作效率。

16.1.2 宏的分类

Access 2007 中的宏可以分为 3 类,分别是操作序列宏、宏组和条件宏。

1. 操作序列宏

操作序列宏是一系列的宏操作组成的序列,每次运行该宏时,Access 都会按照操作序列中命令的先后顺序执行,如图 16-1 所示。

在图 16-1 中包含有两个宏操作,首先执行的是 MsgBox 操作,可以弹出一个提示对话框,提示信息为"本次查询结果为只读,不能修改!",然后执行 OpenQuery 操作,运行"教师授课课程名查询"查询,同时设置该查询操作的"数据模式"参数为"只读"。

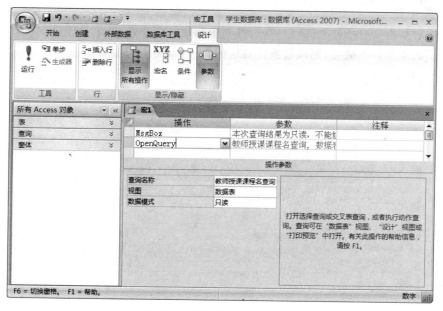

图 16-1 操作序列宏设计窗口

2. 宏组

宏组是在同一个宏窗口中包含多个宏的集合,如图 16-2 所示。宏组中的每个宏单独运行,互相没有关联。在宏设计窗口中,宏名列的默认状态是关闭的,在创建宏组过程中需要先将宏名列打开,然后将每个宏的名字加入到它的第一项操作左边的宏名列中,每个宏名代表一个宏。一个宏组可能有多个操作,同一宏组的所有操作的宏名列中,只能在第一项操作左边的宏名列中填入宏名,其他均为空白。

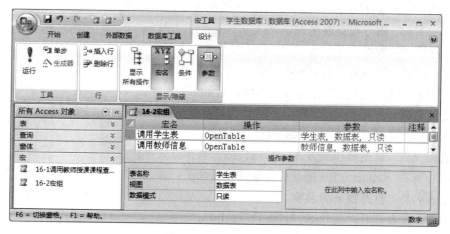

图 16-2 宏组设计窗口

运行宏组中的宏,可以使用如下格式调用宏组中的宏:

宏组名.宏名

3. 条件宏

条件宏是指带有条件列的宏。在条件列中指定某些条件，如果条件成立，则执行对应的操作。如果条件不成立，则跳过条件对应的操作，如图 16-3 所示。

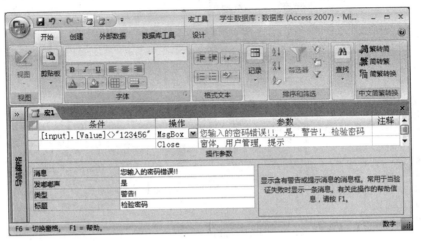

图 16-3　条件宏设计窗口

16.1.3　常用的宏操作

为了方便学习和使用，下面介绍一些常用的宏操作及其参数的使用。

1. 操作数据库对象的宏

(1) Open Form(打开窗体)，其参数设置如下：

窗体名称：打开窗体的名称。

视图：打开窗体对象时，窗体处于什么视图方式，如"设计"视图等。

筛选名称：附带过滤器名称。

数据模式：数据操作的方式，如编辑方式或只读方式等。

窗口模式：窗体对象打开时窗口的状态，如正常状态、最大化或最小化等。

(2) Open Query(打开查询)，其参数设置如下：

查询名称：打开查询的名称。

视图：查询打开时的状态，如"设计"视图等。

数据模式：数据操作的方式，如编辑方式、只读方式等。

(3) Open Report(打开报表)，其参数设置如下：

报表名称：打开报表的名称。

视图：报表打开时的状态，如"设计"视图等。

筛选名称：附带过滤器名称。

Where 条件：报表执行的条件。

窗口模式：报表对象打开时窗口的状态，如正常状态、隐藏、最大化、最小化等。

(4) Open Table(打开表)，其参数设置如下：

表名称：打开表的名称。

视图：表打开时的状态，如"设计"视图等。

数据模式：数据操作的方式，如编辑方式、只读方式等。

(5) Open Module(打开模块)，其参数设置如下：

模块名称：打开模块的名称。

过程名称：模块中某个过程的名称。

(6) Output To(将对象数据以另外的格式输出到一个文件中)，其参数设置如下：

对象类型：待输出的对象类型。

对象名称：待输出的对象名称。

输出格式：输出数据的格式。

输出文件：存放输出数据的文件。

自动启动：是否自动启动合适的应用程序来加载输出文件。

模板文件：输出 HTML 文件时，采用的模板文件的地址。

编码：输出文件的编码方式，如文本文件或 HTML 文件等。

(7) Rename(对象改变名称)，其参数设置如下：

新名称：对象的新名称。

对象类型：对象的类型。

旧名称：旧文件名。

注意：不同类型的对象可以在同一个目录下具有相同的名称，但它们的类型名不同。

(8) Repaint Object(重画对象)，其参数设置如下：

对象类型：重画对象的类型。

对象名称：重画对象的名称。

(9) Copy Object(复制对象)，其参数设置如下：

目标数据库：目标数据库的名称。

新名称：放入目标数据库中的对象名。

源对象类型：源对象的类型。

源对象名称：源对象的名称。

(10) Close(关闭对象)，其参数设置如下：

对象类型：待关闭对象的类型。

对象名称：待关闭对象的名称。

保存：关闭对象前是否保存对象内容。

(11) Delete Object(删除对象)，其参数设置如下：

对象类型：待删除对象的类型。

对象名称：待删除对象的名称。

(12) Select Object(选中对象)，其参数设置如下：

对象类型：待选中对象的类型。

对象名称：待选中对象的名称。

在"数据库"窗口中：待选中的对象是否在"数据库"窗口中已经打开。

2．记录操作

（1）Goto Record（移动到指定记录），其参数设置如下：

对象类型：移动何种对象中的记录。

对象名称：移动对象的名称。

记录：移动的方式，如移动到下一个记录或前一个记录等。

偏移量：移动的数目。

（2）Find Record（查找指定条件的记录），其参数设置如下：

查找内容：查找的目标内容。

匹配：选择字段在什么地方查找。

区分大小写：匹配时是否要求区分大小写。

搜索：选择搜索方向。

格式化搜索：按显示格式搜索。

只搜索当前字段：选择搜索的范围。

查找第一个：选择查找的起始记录。

（3）Find Next（继续上一次的搜索），再执行一次。

（4）Apply Filter（加入一个过滤器）。

3．菜单操作

Add Menu（增加一个菜单），其参数设置如下：

菜单名称：菜单的名称。

菜单宏名称：该菜单被单击后要执行的宏的名称。

状态栏文字：在状态栏中需要显示的该菜单的提示性信息。

4．数据传递

（1）Requery（让控件重新从数据源取数据），其参数设置如下：

控件名称：控件的名称。

（2）Send Keys（发送键盘消息给当前活动模块），其参数设置如下：

键击：键盘的内容。

等待：是否延迟发送。

（3）Set Value（为当前控件的属性赋值），其参数设置如下：

项目：属性名。

表达式：赋值的内容。

使用该动作可以为某个字段赋值，例如，如果在字段输入允许以大写和小写的方式进行。但想以大写的方式存储它，这时就可以建立一个宏，使用 Set Value 动作来设置该字段的值，在"项目"参数中输入想要转换成大写的字段名称，在"表达式"参数中使用函数 UCase（字段名），建立宏以后，可将宏输入到窗体的"更新后（After Update）"属性中，如此设置后，Access 会自动地把这个字段的值改用大写的方式存储到表中。

5．执行代码

（1）RunApp（装入一个应用程序到内存执行），其参数设置如下：

命令行：应用程序名，如果不在当前目录下，应有路径名。

（2）RunCode(执行函数)，其参数设置如下：

函数名称：要执行的函数名称。

（3）RunMacro(执行一个宏对象)，其参数设置如下：

宏名：要执行的宏的对象名。

重复次数：重复执行的宏对象名。

重复表达式：用一个表达式控制重复次数。

（4）RunSQL(执行一个 SQL 查询)，其参数设置如下：

SQL 语句：执行的 SQL 语句。

使用事务处理：是否使用事务处理。

6. 提示警告

（1）Beep(产生蜂鸣警告声)。

（2）Echo(屏幕维护)，其参数设置如下：

打开回响：确定是否进行屏幕维护。

状态栏文字：在状态栏中需要显示的消息文本。

（3）MsgBox(产生一个消息框)，其参数设置如下：

消息：显示给用户的消息文本。

发嘟嘟声：是否打开消息框的同时产生蜂鸣声。

类型：消息框的类型。

标题：消息框的标题。

7. 数据导入导出

（1）Transfer Database(数据库间的导入和导出)，其参数设置如下：

迁移类型：确定是导入还是导出。

数据库类型：数据库的类型。

数据库名称：数据库的名称。

对象类型：导出目标对象的类型或导入时源对象的类型。

源：如果导出，此处为当前数据库的对象名，如果是导入，则为源数据库的对象名。

目标：如果导出，此处为目标数据库的对象名，如果是导入，则为当前数据库的对象名。

仅结构：导出或导入是否指针对结构。

（2）Transfer Spreadsheet(电子表格的导入和导出)，其参数设置如下：

迁移类型：确定是导入还是导出。

电子表格类型：电子表格的类型。

表名称：导入的源表或导出的目标表名称。

文件名称：导入的源文件或导出的目标文件名称。

带有字段名称：导入导出的操作是否考虑字段名。

范围：导出时的数据范围。

（3）Transfer Text(文本的导入和导出)，其参数设置如下：

迁移类型：确定是导入还是导出。

规格名称：确定文本文件导入、导出或链接的方式。

表名称：参加操作表的名称。

文件名称：参加操作的文件名称。

带有字段名称：操作时是否考虑字段名。

HTML 表名称：当从带多个表的 HTML 文件中导入或向其附加表时，输入 HTML 表名称，如果 HTML 文件只含有一个表，则该项为空。

代码页：选择字符集。

8. 其他类型的宏

（1）Hourglass（改变鼠标图样），其参数设置如下：

显示沙漏：宏执行时是否将鼠标的图样显示为沙漏。

（2）Goto Control（将活动焦点指定到某个控件上），其设置如下：

控件名称：控件的名称。

（3）Goto Page（翻到指定的页内指定位置），其参数设置如下：

页码：页号码。

右：距离左边的距离。

下：距离顶部的距离。

（4）Move Size（改变当前控件或窗口的位置和大小），其参数设置如下：

右：距离窗口左边的距离。

下：距离顶端的距离。

宽度：新的宽度。

高度：新的高度。

（5）PrintOut（打印当前对象），其参数设置如下：

打印范围：打印的范围。

开始页码：打印的开始页。

结束页码：打印的结束页。

打印质量：选择打印的品质。

份数：打印的份数。

自动分页：是否分页。

（6）Set Warnings（系统警告设置），其参数为：

打开警告：确定是否显示系统警告。

（7）Show Toolbar（显示/隐藏工具栏），其参数为：

工具栏名称：显示/隐藏工具栏的名称。

显示：是显示还是隐藏工具栏。

（8）Quit（结束系统），其参数为：

选项：结束系统前是否保存数据。

（9）Cancel Event（取消当前事件）。

（10）Maximize（使当前窗口最大化）。

（11）Minimize（使当前窗口最小化）。

（12）Restore（使当前窗口处于正常状态）。

16.2 建 立 宏

在使用宏之前,需要先建立宏,建立宏的过程很容易,不用去设计编码,但要理解所使用宏的作用。

单击数据库窗口"创建"选项卡中的"宏"选项命令按钮,即可打开宏设计窗口和宏设计工具栏。

1. 宏设计基础知识

宏设计工具栏如图 16-4 所示。

宏名:显示宏定义窗口中的"宏名"列。

条件:显示宏定义窗口中的"条件"列。

参数:显示宏定义窗口中的"参数"列。

插入行:在宏定义表中设定的当前行的前面增加一空白行。

删除行:删除当前行。

运行:运行宏。

单步:单步运行宏。

生成器:设置宏的操作参数。

宏设计窗口如图 16-5 所示。

图 16-4 宏设计工具栏

图 16-5 宏设计窗口

在默认情况下,宏定义窗口上面部分由两列组成:操作和注释列。

操作列:在此列中输入宏中所有操作,运行时将按照输入顺序执行操作。

注释列:在此列中输入对应操作的备注说明。

宏名列:在此列中输入宏的名称,在多个操作的宏组中这一列是必选的。

条件列:在此列中输入条件表达式,以决定运行宏的条件。

操作参数列:用以设定操作的相关参数。

在 16.1.3 节提供了 50 多种宏操作,对于这些操作,用户可以通过查看帮助,了解每个操作的含义和功能。在操作列中,用户可以输入这些宏操作,创建自己的宏。

2. 创建宏

选择"创建"选项卡,选择工具栏上的"宏"选项,即可出现宏设计视图,在宏设计视图的"操作"属性列中选择需要的宏操作,并设置操作参数即可。

例 16-1 创建单个宏。实现目的:为了打开窗体"教师信息-使用窗体工具"。要求:"数据模式"为"只读";"窗口模式"为"对话框"。宏设计窗口如图 16-6 所示。

图 16-6　宏设计窗口

3. 创建宏组

如果有多个宏,则将相关的宏设置成宏组,以便于用户管理数据库。使用宏组可以避免单独管理这些宏的麻烦。

例 16-2　创建如图 16-7 所示的窗体,窗体中一共有 3 个命令按钮,单击它们的效果是不同的,单击每个按钮会触发不同的宏操作,创建一个宏组,以实现其要求。操作步骤如下。

图 16-7　使用宏组的窗体

S1:建立窗体。

S2:创建宏组。打开宏设计视图,单击工具栏上的"宏名"按钮,为宏添加宏名字,例如,为窗体中的 3 个按钮各命名一个宏名,并选择一个宏操作。如图 16-8 所示为建立宏组设计视图。

S3:设置窗体控件属性。回到窗体设计视图,设置每个按钮的属性。选择事件属性,在"单击"事件下拉列表框中选择相应的宏名,必须选择格式为"宏组名. 宏名"的宏,例如图 16-9 中"16-8 宏组. 修改成绩"。

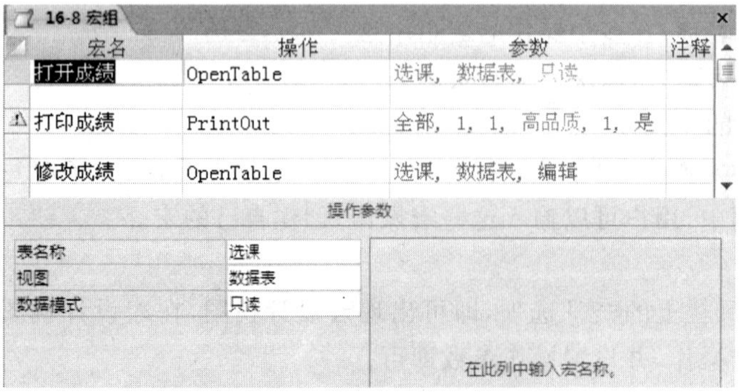

图 16-8　建立宏组设计视图

图 16-9　设置按钮的事件属性

4. 创建 AutoKeys 宏

AutoKeys 宏通过按下指定给宏的一个键或一个键序列触发。为 AutoKeys 宏设置的键击顺序称为宏的名字。例如,名为 F5 的宏将在按下 F5 键时运行。

命名 AutoKeys 宏时,使用符号"^"表达 Ctrl 键。表 16-1 列出了可用来运行 AutoKeys 宏的组合键的类型。

表 16-1　AutoKeys 宏的组合键的类型

语　　法	说　　明	示　　例	语　　法	说　　明	示　　例
^number	Ctrl＋任一数字	^3	^F＊	Ctrl＋任一功能键	^F5
F＊	任一功能键	F5	＋F＊	Shift＋任一功能键	↑F5

创建 AutoKeys 宏时,必须定义宏将执行的操作,如打开一个对象;还需要提供操作参数,如要打开的数据库对象名称。

同理可创建 Autoexec 宏,该宏在首次打开数据库时执行一个或一系列的操作。即打开数据库时,系统会自动寻找 Autoexec 宏,如果找到,则自动运行它。

例 16-3　建立一个 AutoKeys 宏,当按下 Ctrl＋1 组合键时,执行打开教师信息窗体操作。

打开宏设计窗口,单击工具栏上的"宏名"按钮,在"宏名"列中输入"^1"组合键,在操作列表中选择 OpenForm,在窗体名称中选择"教师信息"窗体,如图 16-10 所示,最后以 AutoKey 为名字保存宏组。这时,按下 Ctrl＋1 键,运行该宏,打开教师信息窗体。

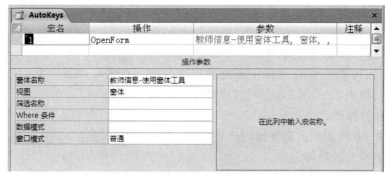

图 16-10　宏设计窗口

5. 创建条件宏

条件宏是满足一定条件后才运行的宏。利用条件宏可以显示一些信息。要创建条件宏,需要向"宏"窗口添加"条件"列,输入使条件起作用的宏的规则。如果设置的条件为真,则运行宏。如果设置的条件为假,则转到下一个操作。

例 16-4　创建如图 16-11 所示的用户管

图 16-11　用户管理窗体

理窗体,窗体中有一个标签、一个文本框和一个命令按钮,当在文本框中输入一个密码,单击命令按钮触发密码检测的"条件宏"。操作步骤如下。

S1:建立窗体。

S2:创建条件宏。打开宏设计视图,单击工具栏上的"条件"按钮,在"条件"列输入相应的条件。如图 16-12 所示为建立条件宏设计视图。

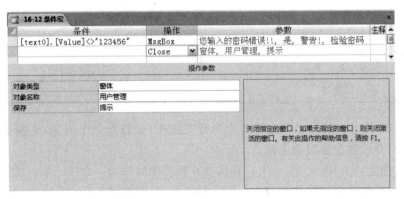

图 16-12　条件宏设计视图

S3:设置窗体控件属性。返回窗体设计视图,设置命令按钮的属性,选择事件属性,在"单击"事件下拉列表框中选择相应的宏名,例如,选择如图 16-13 中"16-12 条件宏"。

图 16-13　设置按钮的事件属性

6. 创建事件宏

事件是在数据库中执行的操作,如单击鼠标事件。可以创建只要触发某一事件就运行的宏。例如,在使用窗体时,可能需要在窗体中重复操作查找记录、打印记录、跳到下一条记录。可以创建一个宏来自动地执行这些操作。

Access 2007 可识别大量事件,表 16-2 给出几个常用的可指定给宏的事件。

表 16-2　可指定给宏的常用事件

事　　件	说　　明
OnOpen	当一个对象被打开且第 1 条记录显示之前执行
OnCurrent	当对象的当前记录被选中时执行
OnClick	当用户单击一个具体的对象时执行
OnClose	当对象被关闭并从屏幕上清除时执行
OnDblClick	当用户双击一个具体对象时执行
OnActivable	当一个对象被激活时执行

事 件	说 明
OnDeactivate	当一个对象不再活动时执行
BeforeUpdate	在用更改后的数据更新记录之前执行
AfterUpdate	在用更改后的数据更新记录之后执行

16.3 运行宏和调试宏

运行宏的方式多种多样,可以直接运行宏;或者,从宏或事件过程中运行宏;也可以创建自定义菜单命令或工具栏按钮来运行宏等。

1. 直接运行宏

通过双击宏名、选择宏菜单运行命令或单击宏运行按钮等,都可以直接运行宏。如图 16-14～图 16-16 所示为直接运行宏方式。

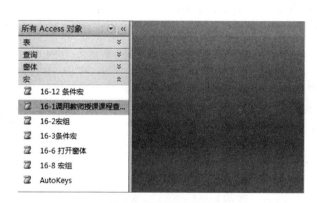

图 16-14　直接运行宏界面

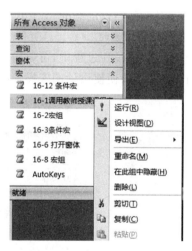

图 16-15　直接运行宏界面

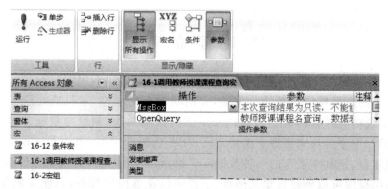

图 16-16　直接运行宏界面

2. 在宏组中运行宏

要把宏作为窗体或报表中的事件属性设置,或作为 RunMacro(运行宏)操作中的 Macro Name(宏名)说明,可以用如下格式指定宏。

[宏组名.宏名]

3. 在 VBA 中运行宏

如果要在 VBA 中运行宏,则将 RunMacro 操作添加到相应过程中,即在 VBA 过程中添加 DoCmd 对象的 RunMacro 方法,指定要运行的宏名。例如,DoCmd.RunMacro "My Macro"。

4. 在窗体、报表或控件的响应事件中运行宏

在 Access 2007 中可以通过选择运行宏或事件过程来响应窗体、报表或控件上发生的事件。操作步骤如下:

(1)在"设计"视图中打开窗体或报表。

(2)设置窗体、报表或控件的有关事件属性为宏的名称或事件过程。

5. AutoKeys 宏的执行

对于已经设定好的 AutoKeys 宏,可以使用事先设定好的组合键进行宏的执行。

6. 调试宏

在宏的设计过程中,可以对宏进行调试。宏调试的目的就是要找出宏的错误原因和出错位置,以便使设计的宏操作能达到预期的效果。单步执行宏界面如图 16-17 所示。

图 16-17 "单步执行宏"界面

16.4 建 立 模 块

在 Access 2007 中,把宏、窗体和报表等对象结合起来,不用编写程序代码就可以建立功能较完善的数据库应用系统。但是,宏的功能有局限性,它只能处理一些简单的操作,如果要实现功能强大的数据管理以及灵活的控制功能,则宏对象就无能为力了。这时,就需要编写程序模块来实现。模块是将 VBA 代码的声明、语句和过程作为一个单元进行保存的集合,是基本语言的一种数据库对象,数据库中的所有对象都可以在模块中进行引用。利用模块可以创建自定义函数、子程序以及事件过程等,以便完成复杂的计算、管理等功能。

16.4.1 VBA 编程环境

Access 2007 利用 Visual Basic 编辑器(VBE)来编写过程代码,它以微软的 Visual Basic 编程环境的布局为基础,实际上是一个集编辑、调试、编译等功能于一体的编程环境。所有的 Office 应用程序都支持 Visual Basic 编程环境。使用该编辑器可以创建过程,也可以编辑已有的过程。

VBA(Visual Basic Application)是 Microsoft Office 系列软件的内置编程语言,VBA 的语法与独立运行的 Visual Basic 编程语言互相兼容。它使得在 Microsoft Office 系列应用程序中快速开发应用程序更加容易,且可以完成特殊的、复杂的操作。

VBA 和常见的开发语言 VB 非常相似,二者都来源于同一种编程语言 BASIC。VBA 与 VB 所包含的对象级是相同的,也就是说,对于 VB 所支持对象的多数属性和方法,VBA 也同样支持。但两者并非完全一致,在许多语法和功能上有所不同,VBA 从 VB 中获得了主要的语法结构,再加上 Office 中的一些功能。

在 Access 2007 中,可以有多种方式打开 VBE 窗口。切换到模块对象窗口,单击“新建”按钮,或打开一个已存在的模块,都会打开 VBE 窗口,或使用 Alt+F11 快捷键打开 VBE 界面,如图 16-18 所示。

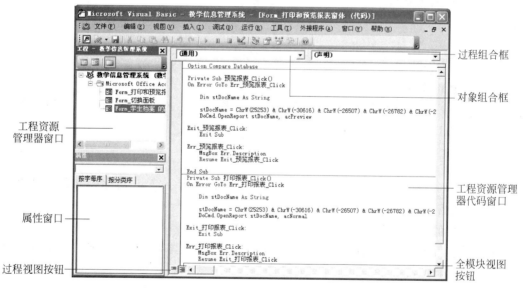

图 16-18 VBE 窗口

16.4.2 VBA 对象模型

VBA 中的应用程序是由很多对象组成的,如窗体、标签、命令按钮等。对象就是帮助构造应用程序的元素,以特定的方式组织这些对象或元素,就形成了应用程序。

1. Access 对象

Access 中的对象大多都有父子关系,也就是说有根对象,也有子对象。在 VBA 代码中访问对象,必须从根对象开始,逐层指定到子对象。Access 2007 中有 6 个根对象,如表 16-3 所示。

表 16-3　Access 的根对象

对象名	说　　明
Application	应用程序,也就是 Access 环境
DBEngine	数据库管理系统,表对象、查询对象、记录对象、字段对象等都是它的子对象
Debug	立即窗口对象,在调试阶段可用其 Print 方法在立即窗口显示输出信息
Forms	所有处于打开状态的窗体所构成的对象
Reports	所有处于打开状态的报表所构成的对象
Screen	屏幕对象

表中 Forms 对象是一个集合对象,都有一个 Controls 集合,其中包含该窗体上的所有控件,要引用窗体上的控件,可以显式引用或隐式引用,如果要引用"Form_窗体"上的 Text0 控件,可写成

```
Forms!Form_窗体!Text0                    '隐式引用
```

或

```
Forms!Form_窗体.Controls!Text0    '显示引用
```

2. 对象的属性

在设计视图中可以通过属性窗口直接设置对象的属性。在程序代码中,则通过赋值方式来设置对象的属性,其格式为:

对象.属性 = 属性值

例 16-5　将标签(Label0)的 Caption 属性赋值设置为字符串"姓名",在程序代码中的书写形式为:Label0.Caption ="姓名"。

3. 对象的事件

事件是由 Access 定义好的,可以被窗体、报表以及窗体或报表上的控件等对象所识别的动作。在 Access 2007 中,可以通过以下两种方式来处理窗体、报表或控件的事件响应。

(1) 使用宏对象来设置事件属性。

(2) 为某个事件编写 VBA 代码过程,这种代码过程称为事件过程或事件响应代码。

例 16-6　在窗体中单击 Command0 命令按钮的时候,使 Text1 中的字体大小变为 20 磅,对应的事件代码为:

```
Private Sub Command0_Click()
    Text1.Fontsize=20
End Sub
```

运行的窗体如图 16-19 所示为单击按钮前。图 16-20 所示为单击按钮之后的界面。

图 16-19　单击按钮之前界面

图 16-20　单击按钮之后界面

4. 对象的方法

方法是系统封装起来的通用过程或函数，以方便用户的调用。对象方法的调用格式为：

对象.方法 [参数名表]

例 16-7　求算术表达式−8＋20 * 4 Mod 6^(5\2)的值。

在立即窗口输入：Debug. Print −8＋20 * 4 Mod 6^(5\2)

运行结果为：0

除窗体、控件的 SetFocus（获得控制焦点）、Requery（更新数据）等方法外，用得最多的是 DoCmd 对象的一些方法。使用 DoCmd 对象的方法，可以在 VBA 中运行 Access 2007 的操作，例如，打开窗体的方法调用为：

DoCmd.openForm　"窗体名字"。

例 16-8　制作一个显示热爱祖国的窗体。操作步骤如下。

S1：新建一个如图 16-21 所示的窗体，放置两个命令按钮和一个文本框，将两个命令按钮的标题（caption）分别设置为"显示"、"清除"，文本框配套标签标题（caption）设置为"主要内容"。

图 16-21　窗体界面

S2：打开窗体相应控件属性窗口，选中适当的事件属性，通过"选择生成器"对话框中的"代码生成器"进入 VBA 编程环境。具体代码如下：

```
Option Compare Database
Private Sub Command2_Click()
    Me.Text0.SetFocus
    Me.Text0.Value="以热爱祖国为荣,以危害祖国为耻;以服务人民为荣,以背离人民为耻;
    以崇尚科学为荣,以愚昧无知为耻;以辛勤劳动为荣,以好逸恶劳为耻;以团结互助为荣,以损
    人利己为耻;以诚实守信为荣,以见利忘义为耻;以遵纪守法为荣,以违法乱纪为耻;以艰苦奋
    斗为荣,以骄奢淫逸为耻。"
End Sub
Private Sub Command3_Click()
    Me.Text0.SetFocus
    Me.Text0.Value=""
End Sub
```

S3：通过 Alt＋F11 快捷键,返回到窗体设计视图,运行窗体,得到如图 16-22 所示界面。

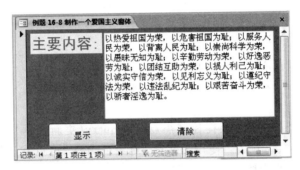

图 16-22　窗体运行界面

16.4.3　VBA 模块

模块充当了项目的基本构件,它是存储代码的容器。如果统筹安排模块内的代码,则维护和调试代码将变得非常容易。在 Access 2007 中模块可以分为两类：类模块和标准模块。

类模块是一种包含对象的模块。窗体和报表模块都属于类模块,它们各自与某一个窗体或报表相关联。窗体和报表模块通常都含有事件过程,用于响应窗体和报表中的事件,也可以在窗体和报表模块中创建新过程。

标准模块中含有常用的子过程和函数过程,以便在数据库的其他模块中进行调用。标准模块中通常只包含一些通用过程和常用过程。

在 Access 2007 中,可以创建标准模块、类模块和过程,选择"创建"选项卡,单击"宏"选项中的模块按钮,系统会打开 Microsoft Visual Basic 窗口,选择"插入"菜单中的"过程"、"模块"或"类模块"命令,即可添加相应的模块。

1. 创建新过程

过程是包含 VBA 代码的基本单位,由一系列可以完成某项指定操作或计算语句和方法组成,可以分为 Sub 过程、Function 过程、Property 过程。其中,Sub 过程是最通用的过程类型,也称为命令宏,可以传送参数和使用参数来调用它,但不返回任何值;Function

过程也称为自定义函数过程,其运行方式与使用内置函数一样,通过调用 Function 过程获得函数返回值;Property 过程能够处理对象的属性。既可以在类模块中创建过程,也可以在标准模块中创建过程。

Sub 过程可分为事件过程和通用过程。使用事件过程可以完成基于事件的任务,例如,命令按钮的 Click 事件过程、窗体的 Load 事件过程等;通用过程可以完成各种应用程序的任务。定义通用过程的格式为:

[Public |Private][Static] Sub 过程名[(参数列表)]
    [语句块]
End Sub

可采用"插入"菜单下的"过程"命令,显示"添加过程"对话框,如图 16-23 所示。也可以在代码窗口中,直接输入过程。

例 16-9 制作一个窗体,要求给命令按钮中编写事件代码,实现当输入的口令正确时,进入"课程信息-多项目窗体",否则,给出"您的口令错误"。具体创建应用程序步骤如下。

S1:新建一个如图 16-24 所示的窗体,放置一个标签、一个文本框和一个命令按钮。将标签标题(caption)定义为"案例:只有输入正确的口令之后才能访问数据",并拖动到适当的位置。命令按钮的标题(caption)为"确定",文本框配套标签标题(caption)设置为"请输入口令",并将其拖动到适当位置。

图 16-23 "添加过程"对话框

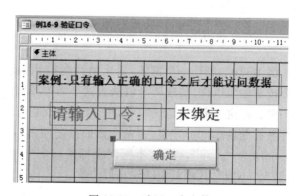

图 16-24 验证口令窗体

S2:打开窗体命令按钮属性窗口,选中单击事件属性,通过"选择生成器"对话框中的"代码生成器"进入 VBA 编程环境。具体代码如下:

```
Option Compare Database
Private Sub Command1_Click()
    Dim Strpass As String
    Strpass=Me.Text1.Value
    If Len(Strpass)>1 Then
        If Strpass="好好学习" Then
            MsgBox "您的口令正确"
            DoCmd.Openform "课程信息-多项目窗体"
        Else
```

```
        MsgBox "您的口令错误"
      End If
   Else
      MsgBox "请输入您的口令,您的输入是空值!!"
   End If
End Sub
```

S3：运行窗体，如果输入正确口令，则单击"确定"按钮，得到如图 16-25 所示的运行结果。如果输入错误口令，则单击"确定"按钮，得到如图 16-26 所示的运行结果。

图 16-25　输入正确口令运行结果　　　　图 16-26　输入错误口令运行结果

例 16-10　制作一个窗体，要求给命令按钮编写事件代码，当分别输入两个值，通过命令按钮触发事件，实现两个值从大到小的排序。具体创建应用程序步骤如下。

S1：新建一个如图 16-27 所示的窗体，放置一个标签、4 个文本框和一个命令按钮。将标签标题（caption）定义为"两个数的排序问题"，并拖动到适当位置。命令按钮的标题（caption）为"排序"，4 个文本框配套标签标题（caption）分别设置为"数字 1"、"数字 2"、"大数"、"小数"，并将其拖动到相应位置。

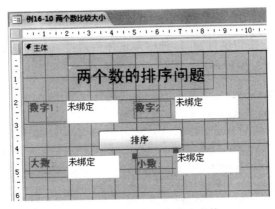

图 16-27　两个数比较大小窗体

S2：通过 Alt＋F11 快捷键打开 VBE 界面，选择"插入"菜单中的"过程"命令，输入如下代码。

```
Option Compare Database
Public Sub swap(x As Integer, y As Integer)
    Dim z As Integer
        If x< y Then z=x: x=y: y=z
            Debug.Print x, y
        End If
End Sub
```

S3：打开窗体命令按钮属性窗口，选中单击事件，通过"选择生成器"对话框中的"代码生成器"进入 VBA 编程环境。具体代码如下：

```
Private Sub Command1_Click()
    Dim a As Integer, b As Integer
    a=Text1.Value
    b=Text2.Value
    swap a, b
    Text3.Value=a
    Text4.Value=b
End Sub
```

S4：运行窗体，当在数字1、数字2对应文本框中分别输入 45，56 时，单击排序命令按钮，得到如图 16-28 所示的运行结果。

例 16-11　制作一个窗体，要求给命令按钮编写事件代码，当在文本框中输入 N 的值时，单击"命令"按钮，计算 S 的值（S＝1＋2!＋3!＋…＋N!），将结果显示在另一文本框中。具体创建应用程序步骤如下。

S1：新建一个如图 16-29 所示的窗体，放置一个标签、两个文本框和一个命令按钮。将标签标题（caption）定义为"计算 S＝1＋2!＋3!＋…＋N! 的值"，并拖动到适当的位置。命令按钮的标题（caption）为"计算"，两个文本框配套标签标题（caption）分别设置为"请输入任意正整数："、"结果为："，并将其拖动到相应的位置。

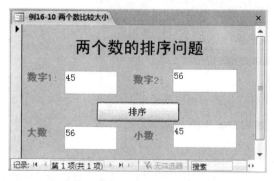

图 16-28　窗体运行界面

图 16-29　求 S 值设计窗体

S2：打开窗体命令按钮属性窗口，选中单击事件，通过"选择生成器"对话框中的"代码生成器"进入 VBA 编程环境。具体代码如下：

```
Option Compare Database
Private Sub Command4_Click()
    Dim x As Double, y As Double, n As Double, i As Double
    y=1
    n=Me.Text0.Value
    For i=1 To n
        y=y * i: x=x+y
    Next i
    Me.Text2.Value=x
End Sub
```

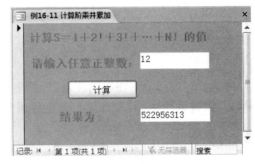

图 16-30　窗体运行界面

S3：运行窗体，当在"请输入任意正整数："对应的文本框中输入 12 时，单击计算命令按钮，得到如图 16-30 所示运行结果。

例 16-12　制作一个窗体，要求给命令按钮编写事件代码，当单击时弹出一个输入窗口，输入一个任意月份，判断属于哪个季节。具体创建应用程序步骤如下。

S1：新建一个如图 16-31 所示的窗体，放置两个标签、一个文本框和一个命令按钮。将标签 1 标题（caption）定义为"将一年中的 12 个月份分 4 个季节输出"，标签 2 标题（caption）定义为空，并拖动到适当的位置。命令按钮的标题（caption）为"单击此按钮可从键盘上任意输入一年中的一个月份计算并求出所属的相应季节"，文本框配套标签标题（caption）设置为空，并将其拖动到相应的位置。

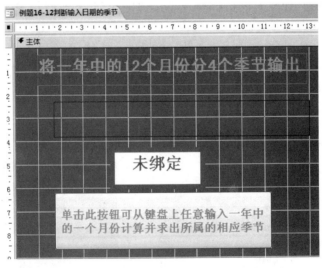

图 16-31　判断季节的窗体

S2：打开窗体命令按钮属性窗口，选中单击事件，通过"选择生成器"对话框中的"代码生成器"进入 VBA 编程环境。具体代码如下：

```
Private Sub Command1_Click()
    Me.Text1.Value=""
    m%=InputBox("请输入欲判断季节的月份的值","注意：只可为1~12之间的整数")
    Select Case  m
        Case 2 To 4          ' 春季
            Me.Label2.Caption=Trim(Str(m)) & "月份的季节为"
            Me.Text1.Value="春季"
        Case 5 To 7          '夏季
                Me.Label2.Caption=Trim(Str(m)) & "月份的季节为"
                Me.Text1.Value="夏季"
        Case 8 To 10          '秋季
                Me.Label2.Caption=Trim(Str(m)) & "月份的季节为"
                Me.Text1.Value="秋季"
        Case 11 To 12, 1       '冬季
                Me.Label2.Caption=Trim(Str(m)) & "月份的季节为"
                Me.Text1.Value="冬季"
        Case Else             '无效的月份
                Me.Text1.Value="输入的是无效的月份"
    End Select
End Sub
```

S3：运行窗体，单击"单击此按钮可从键盘上任意输入一年中的一个月份计算并求出所属的相应季节"命令按钮，得到如图 16-32 所示的输入界面。若输入 6，单击"确定"按钮，则得到如图 16-33 所示的运行结果界面。

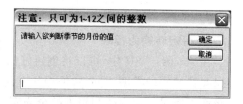

图 16-32　输入界面

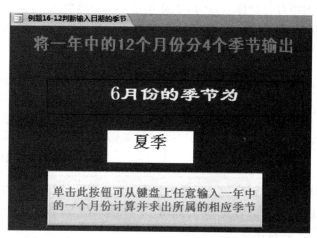

图 16-33　运行结果界面

2. 创建函数

创建自定义函数，必须使用 Function 过程，其格式为：

```
[Public | Private] [Static] Function 函数名([参数列表]) [As 类型]
    [语句块]
    [函数名=表达式]
End Function
```

例 16-13 定义一个计算圆面积的函数。具体创建应用程序步骤如下。

S1：在 VBE 窗口中,通过"插入"菜单下的"模块"命令,新建一个标准模块,命名为"圆面积"。

S2：在"圆面积"标准模块中输入代码如下：

```
Option Compare Database
Public Function CR(R As Integer) As Integer
    If R <=0 Then
        MsgBox "圆半径必须为正数"
    Else
      CR=3.1415926*R*R
    End If
End Function
```

S3："圆面积"函数的调用。在立即窗口输入语句 Debug. Print CR(3),显示结果 28.26。

3. 将宏转换为模块

在 Access 2007 中,可以将创建好的宏转换为等价的 VBA 事件过程或模块的形式。根据要转换宏的类型不同,转换操作有两种情况,一种是转换窗体或报表中的宏;另一种是转换不属于任何窗体和报表的全局宏。

(1) 转换窗体或报表中的宏。具体转换步骤如下：

① 在设计视图中打开窗体——"16-7 使用宏组的窗体"。

② 执行"数据库工具"选项卡中的"将窗体的宏转换为 Visual Basic 代码"命令,得到如图 16-34 所示的"转换窗体宏"对话框。

图 16-34 "转换窗体宏"对话框   图 16-35 "转换完毕"消息框

③ 在对话框中,单击"转换"按钮,弹出如图 16-35 所示的"转换完毕"消息框。

④ 单击"确定"按钮完成转换,得到如图 16-36 所示的 VBA 模块代码界面。

(2) 转换全局宏。具体转换步骤如下：

① 在数据库窗口中,单击"宏"对象,选择要转换的宏——"16-6 打开窗体"。

② 执行"数据库工具"选项卡中的"将宏转换为 Visual Basic 代码"命令,得到如图 16-37 所示的"转换宏"对话框。

③ 在对话框中,单击"转换"按钮,弹出如图 16-38 所示的"转换完毕"消息框。

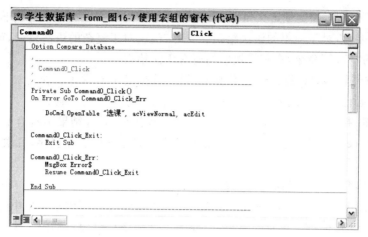

图 16-36　窗体宏转换成 VBA 模块代码界面

图 16-37　"转换宏"对话框

图 16-38　"转换完毕"消息框

④ 单击"确定"按钮完成转换,得到如图 16-39 所示 VBA 模块代码界面。

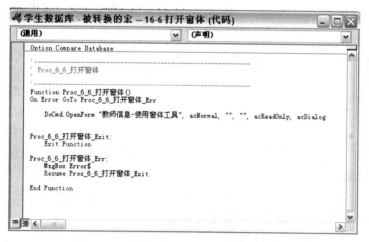

图 16-39　全局宏转换成 VBA 模块代码界面

4. 保存模块

在 Access 2007 中,程序和数据保存在同一个文件(. accdb)中。窗体的程序代码保存在窗体中,不论是更改了窗体界面,还是修改了窗体上各控件对象的程序代码,都应重新保存窗体。标准模块代码,独立保存。

5. 调试 VBA 模块代码

在模块中编写程序不可避免地会发生错误,模块代码出错可能有 3 个方面。

（1）语法错误，如变量定义错误，语句前后不匹配等。该类错误容易排查，Access 具有语法检查能力，对于简单的语法错误会立即查获；对于复杂的语法错误，可通过执行"调试"菜单中的"编译"命令，查获模块中的所有语法错误。

（2）运行错误，如数据传递时类型不匹配，数据发生异常等。执行模块时，Access 系统会在出现运行错误的地方停下来，打开代码窗口，显示出错代码。

（3）逻辑错误，应用程序没有按照希望的过程执行，处理结果不符合要求。这类错误较难排查，Access 系统无法查获，只能由程序员仔细检查算法和程序，寻求正确的程序执行流程。

下面简单介绍处理错误的有关技术。

（1）断点设置：将光标放在需要设置断点的代码行，选择"调试"菜单中的"切换断点"命令或直接按 F9 快捷键。设置断点后，当程序运行到该点时会自动停下来，这时可以选择"调试"菜单中的"逐语句"命令进入单步执行状态。当需要清除断点时，可以选择"调试"菜单中的"清除所有断点"命令，或在设置断点的代码行按 F9 快捷键清除本行的断点。

（2）立即窗口：Access 中没有提供一个观察变量或指定表达式的窗口，引入了一个立即窗口。用户在立即窗口输入代码，按 Enter 键，代码立即执行。立即窗口通常用于检查 VB 代码的运行结果或显示变量、表达式的值或为变量赋值。

（3）监视窗口：使用监视窗口可以显示表达式的值，监视窗口中的表达式会随着程序的执行而自动更新。读者可以将变量或表达式添加到监视窗口中，选择"调试"菜单中的"添加监视"命令，弹出如图 16-40 所示的"添加监视"对话框。

图 16-40 "添加监视"对话框

在"表达式"文本框中输入需要监视的变量名或表达式，在"上下文"一栏中设置表达式监视变量的有效范围，其中："过程"定义了要监视的表达式所在的过程；"模块"显示当前模块的名称；"工程"显示数据库应用系统的名称。在"监视类型"选项框中选定响应监视表达式的方式，"监视表达式"表示在监视窗口中显示监视表达式及其值；"当监视值为真时中断"表示当表达式为 True 或非零值时自动进入中断模式；"当监视值改变时中断"表示当特定内容的表达式的值改变时系统会自动进入中断模式。

（4）错误陷阱：错误陷阱的概念在大多数的软件开发环境中都有，也就是在代码中设置一个捕捉错误的转移机制，一旦出现错误，便无条件地转入到一个指定的地址。Access 2007 提供了以下几个语句来构造错误陷阱。

① ON Error GoTo 标号/Resume Next。表示返回到指定的标号继续执行和返回到最近一次错误的代码行的下一行语句继续执行。

② Err 函数。该函数返回最近所产生的运行错误代码。

③ Erl 函数。该函数返回错误代码所产生的位置。

④ Error 语句。该语句用于错误的模拟。

⑤ Resume [0]/Next/行号。该语句的后面出现 0 表示返回到最近一次出现错误的代码行继续执行；Next 表示返回到最近一次出现错误的代码行的下一行语句继续执行；行号表示返回到指定的行号继续执行。

（5）本地窗口：用于在 Visual Basic 编辑器中自动显示当前过程中的所有变量声明和变量值。

VBA 代码必须通过编译才能执行，在 Access 2007 中有两种编译代码的方法：一次性全部编译和每次只编译执行部分。编译方式的设置，在 Visual Basic 编辑器窗口中选择"工具"菜单中的"选项"命令，弹出如图 16-41 所示的"选项"对话框。在"编译"栏设置编译方式。

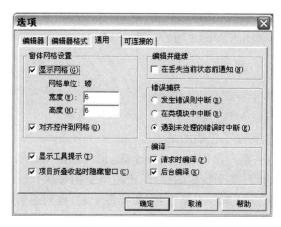

图 16-41 "选项"对话框

16.5 课程设计题目——通过窗体求解一元二次方程

1. 问题描述

综合运用常用窗体控件设计界面，实现求解一元二次方程的目的。

2. 基本要求

（1）至少运用 3 种以上控件设计界面。

（2）仔细设置各控件的有关属性。

（3）至少调用 1 个宏事件。

（4）至少编写 1 个事件过程。

3. 测试数据

按照要求可以设计一个求解一元二次方程的应用程序的相关界面，程序运行界面如图 16-42 所示，通过输入不同类型的数据，进行测试。

4. 实现提示

按窗体设计步骤、宏操作和事件代码编写操作步骤完成本课程设计。

5. 问题拓展

阅读宏和 VBA 模块相关资料，学习掌握更多宏、VBA 模块、SQL 语言与数据库中的其他对象配合使用的技术。

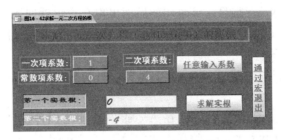

图 16-42 求解一元二次方程界面

习　题　16

一、选择题

1. 宏是一个或者多个(　　　)的集合。

　　A. 事件　　　　　　B. 操作　　　　　　C. 关系　　　　　　D. 记录

2. 关于宏与宏组的说法不正确的是(　　　)。

　　A. 宏可以是由一系列操作组成的一个宏,也可以是一个宏组

　　B. 宏可以用来执行某个特定的操作,宏组则是用来执行一系列操作

　　C. 运行宏组时,会从第一个操作起,执行每个宏,直到遇到 StopMacro 操作、其他宏组名或已完成所有操作

　　D. 不能从其他宏中直接运行宏,只能将运行宏作为对窗体、报表、控件中发生的事件做出的响应

3. 用于打开报表的宏命令是(　　　)。

　　A. OpenForm　　　B. OpenReport　　　C. OpenQuery　　　D. OpenApp

4. 要限制宏操作的范围,可以在创建宏时定义(　　　)。

　　A. 宏操作对象　　　　　　　　　　B. 宏条件表达式

　　C. 窗体或报表控件属性　　　　　　D. 宏操作目标

5. 如果要取消宏的自动运行,则在打开数据库时,按住(　　　)键。

　　A. Shift　　　　　　B. Ctrl　　　　　　C. Alt　　　　　　D. Enter

6. 关于宏与模块的说法,正确的是(　　　)。

　　A. 宏可以是独立的对象,可以提供独立的动作流以捕捉错误

　　B. 模块可以是能够从应用程序中的任何地方被调用的函数

　　C. 通过定义宏可以选择或更新数据

　　D. 宏与模块都不能直接与窗体或报表相关来影响关联的窗体或报表上的事件

7. VBA 程序控制方式有(　　　)。

　　A. 顺序控制和选择控制　　　　　　B. 选择控制和循环控制

　　C. 顺序控制和循环控制　　　　　　D. 顺序控制、选择控制和循环控制

　8. 在 VBE 编程环境调试工具中,以下哪个选项的功能是选择监视表达式并显示其值的变化(　　　)。

A. 设置断点 　　　　　B. 单步跟踪 　　　　　C. 设置监视点 　　　　　D. 以上都不对

9. VBA 中用实际参数 a 和 b 调用参数过程 Area(m,n)的正确形式是(　　　)。

A. Area m,n

B. Area a,b

C. Call Area(m,n)

D. Call Area a,b

10. 以下哪个不属于 VBA 中变量作用域的 3 个层次(　　　)。

A. 局部变量 　　　　B. 模块变量 　　　　C. 全局变量 　　　　D. 显示变量

二、填空题

1. 宏中可以设置窗体、报表或控件的对象属性,也可以设置_____和_____属性。

2. 一般情况下,建议用户按操作参数的_____来设置操作参数,因为某一参数的选择将决定其_____参数的选择。

3. 执行宏的时候,Access 将求出_____条件表达式的结果:如果这个条件的结果为真,则 Access 将执行此行设置的操作,以及紧接着此操作且在"条件"栏内有_____的所有操作。

4. 在宏窗口的设计区的"条件"列中,如果输入,则宏可以在_____下运行。

5. 运行宏的方法很多,不仅可以在_____中运行,在_____中运行,还可以在其他对象中运行宏,此外为了检查宏中的错误操作,还可以单步执行宏。

6. _____模块和_____模块都是类模块,它们各自与某一特定窗体或报表相关联。

7. _____模块包含与任何其他对象都无关的常规过程,以及可以从数据库任何位置运行的经常使用的过程。

8. _____是独立的对象,能够从应用程序中的任何地方调用的函数。

9. 在 VBA 模块中调用子过程的唯一方法是从_____或_____中调用,用户不能在 Access 模块中直接由 Access 数据库对象执行过程。

10. 为了保存在过程或函数出现之前的局部变量的值,用户可用关键字_____代替 Dim,静态变量在 Access 程序执行期间一直存在,它们的作用字段由用户声明的_____决定。

三、简答题

1. 简述 VBA 模块。

2. 简述宏与宏组的区别。

3. 宏的执行方式有哪些?

4. 在 VBA 中如何定义变量?

5. 建立过程的目的是什么?

6. Function 过程与 Sub 过程有什么区别?

7. 在实际的应用中如何确定是使用宏还是 VBA?

四、设计题

1. 建立一个名为"宏 1"的宏组,具体要求该宏组包含两个宏,宏名为"打开报表"和"退出"。

2. 在窗体上添加 4 个命令按钮，分别为 4 个命令按钮建立宏操作："OpenForm"（在数据模式中选择"编辑"）、"OpenForm"（在数据模式中选择"增加"）、"OpenReport"、"Minimize"。

3. 创建一个窗体，在窗体上添加 6 个按钮，分别为"清空记录"、"查询记录"、"添加记录"、"修改记录"、"删除记录"和"关闭窗体"，分别为 6 个命令按钮编写 VBA 程序代码，实现各自功能。

4. 在窗体上添加四个文本框和一个命令按钮，命令按钮标题设置为"统计"，要求单击"统计"按钮，实现输入 10 个数字分别统计出负数的个数、偶数的个数和奇数的个数。

第17章　数据库应用系统实例

本章以进销存管理系统为例,综合运用所学知识,设计和开发一个进销存管理数据库应用系统,使读者对所学知识有一个系统、全面的巩固和提高。

17.1　进销存管理系统功能简介

本章开发一个进销存管理系统,主要解决以下问题。

（1）产品进库信息:可以添加或修改库存记录。

（2）产品订单处理:包括添加订单、查看库存及准备发货等功能。

（3）发货确认:对发货进行确认。

（4）查询信息:可以综合查询相关信息。

（5）报表打印:可以显示订单报表、库存报表和发货报表。

17.2　进销存管理系统数据库设计

17.2.1　建立表

为了开发进销存管理系统,在 Access 2007 中创建一个进销存管理数据库,数据库中的数据表包括产品基本信息表、产品生产信息表、产品订单表、发货表、进库表、客户表、库存表和用户表。

1. 产品基本信息表

产品基本信息表用于记录产品的基本信息,其表结构如表 17-1 所示。

表 17-1　产品基本信息表结构

字段名称	数据类型	长度	主键	说明	字段名称	数据类型	长度	主键	说明
产品编号	文本	50	是		生产地点	文本	50		
产品名称	文本	30			生产价格	数字	10		
生产能力	数字	10			产品型号	文本	30		

2. 产品生产信息表

产品生产信息表用于记录产品的生产等相关信息,其表结构如表 17-2 所示。

3. 产品订单表

产品订单表用于记录产品订单的相关信息,其表结构如表 17-3 所示。

4. 发货表

发货表用于记录产品发货的相关信息,其表结构如表 17-4 所示。

表 17-2　产品生产信息表结构

字段名称	数据类型	长度	主键	说明	字段名称	数据类型	长度	主键	说明
产品编号	文本	50			生产地点	文本	50		
产品数量	数字	10			生产负责人	文本	8		
完成日期	日期/时间				月份	文本	50		使用查阅向导

表 17-3　产品订单表结构

字段名称	数据类型	长度	主键	说明	字段名称	数据类型	长度	主键	说明
订单编号	文本	20	是		产品数量	数字	10		
订单时间	日期/时间				订单经手人	文本	8		
产品编号	文本	50			订单是否发货	文本	4		
客户编号	文本	30							

表 17-4　发货表结构

字段名称	数据类型	长度	主键	说明	字段名称	数据类型	长度	主键	说明
订单编号	文本	20	是		产品数量	数字	10		
发货时间	日期/时间				发货价格	数字	10		
产品编号	文本	50			发货经手人	文本	8		
客户编号	文本	30			订单是否发货	文本	4		

5. 进库表

进库表用于记录产品进库的相关信息,其表结构如表 17-5 所示。

表 17-5　进库表结构

字段名称	数据类型	长度	主键	说明	字段名称	数据类型	长度	主键	说明
进库编号	文本	20	是		进库时间	日期/时间			
产品编号	文本	50			进库经手人	文本	8		
进库数量	数字	10							

6. 客户表

客户表用于记录客户的基本信息,其表结构如表 17-6 所示。

表 17-6　客户表结构

字段名称	数据类型	长度	主键	说明	字段名称	数据类型	长度	主键	说明
客户编号	文本	20	是		地址	文本	50		
客户名称	文本	30			税号	文本	50		

字段名称	数据类型	长度	主键	说明	字段名称	数据类型	长度	主键	说明
信誉度	文本	20			省份	文本	30		
国家	文本	30							

7. 库存表

库存表用于记录库存产品的相关信息,其表结构如表17-7所示。

表 17-7　库存表结构

字段名称	数据类型	长度	主键	说明	字段名称	数据类型	长度	主键	说明
产品编号	文本	50	是		库存地点	文本	30		
库存数量	数字	10							

8. 用户表

用户表用于存放用户登录主界面的用户名和密码等相关信息,其表结构如表 17-8 所示。

表 17-8　用户表结构

字段名称	数据类型	长度	主键	说明	字段名称	数据类型	长度	主键	说明
用户名	文本	8	是		联系电话	文本	50		
密码	文本	50			邮箱地址	文本	50		
姓名	文本	50			备注	文本	50		
性别	文本	2							

17.2.2　建立关联

按照上述表结构创建表以后,建立表之间的关联。用于建立关联的字段和它们各自对应的表如下。

(1) 通过“产品编号”,建立“产品基本信息表”与“产品生产信息表”之间一对多的关系。

(2) 通过“产品编号”,建立“产品基本信息表”与“库存表”之间一对一的关系。

(3) 通过“产品编号”,建立“库存表”与“进库表”之间一对多的关系。

(4) 通过“产品编号”,建立“库存表”与“发货表”之间一对多的关系。

(5) 通过“订单编号”,建立“发货表”与“订单表”之间一对一的关系。

(6) 通过“客户编号”,建立“客户表”与“发货表”之间一对多的关系。

(7) 通过“客户编号”,建立“客户表”与“订单表”之间一对多的关系。

表间关系窗口如图 17-1 所示。

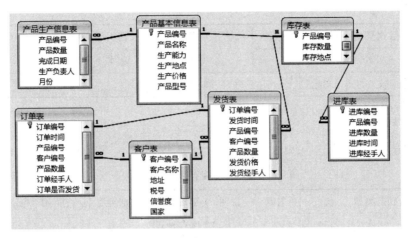

图 17-1　表间关系窗口

17.3　查　询　设　计

根据系统功能的要求,在进销存管理数据库中设计以下查询。

17.3.1　产品信息查询

查询某个月相关产品的基本信息和总价信息。该查询用到数据表"产品基本信息表"和"产品生产信息表",它是一个多表查询、参数查询和字段自定义查询。创建查询步骤如下。

(1) 在进销存管理数据库中选择创建查询,打开查询设计视图,选择数据源为"产品基本信息表"和"产品生产信息表",如图 17-2所示。

(2) 在"字段"处选择需要的字段,以及创建自定义字段。在字段处输入:"总价:〔产品数量〕*〔产品价格〕",如图 17-3 所示。

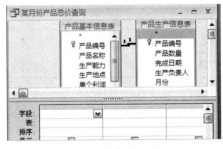

图 17-2　查询设计视图

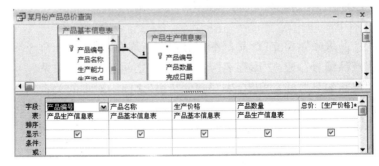

图 17-3　查询选择字段

（3）添加参数查询。在字段处选择"月份"，对应的表选择为"产品生产信息表"，在条件处输入"[请输入月份:]"，如图17-4所示。

（4）保存查询，关闭设计视图。

（5）单击工具栏上的"运行"按钮，输入月份为"6"，查询结果如图17-5所示。

图17-4　设置查询参数

产品编号	产品名称	生产价格	产品数量	总价	月份
s0001	香蕉	2	100	200	6
s0002	芒果	12	80	960	6
s0003	苹果	2	300	600	6
s0004	足球	30	100	3000	6
s0005	篮球	30	1000	30000	6
s0006	音像	50	2000	100000	6
s0007	DVD	2000	300	600000	6
s0008	电视	5000	400	2000000	6
s0009	饼干	100	200	20000	6
s0010	糖果	150	120	18000	6

图17-5　查询结果

17.3.2　业务信息查询

1. 查询已下订单但未发货的订单信息

这个查询用到数据表"订单表"、"客户表"和"产品基本信息表"，它是一个多表查询。创建查询步骤如下。

（1）在进销存管理数据库中选择创建查询，打开查询设计视图，选择数据源为"订单表"、"客户表"和"产品基本信息表"，如图17-6所示。

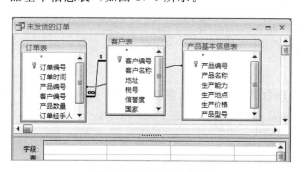

图17-6　查询设计视图

（2）在"字段"处选择需要的字段，有"订单编号"、"订单时间"、"产品名称"、"产品数量"、"客户名称"、"订单是否发货"，如图17-7所示。

（3）添加查询条件。在字段"订单是否发货"的条件处输入"未发"，如图17-8所示。

（4）保存查询，关闭设计视图。

（5）单击工具栏上的"运行"按钮，查询结果如图17-9所示。

2. 查询已发货取得利润

查询在2010年所下订单，并且已经发货的所有订单取得的利润。这个查询用到数据表"发货表"、"订单表"和"产品基本信息表"。创建查询步骤如下。

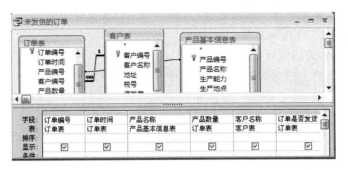

图 17-7　选择查询字段

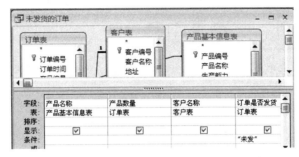

图 17-8　设置查询条件

图 17-9　查询结果

（1）在进销存管理数据库中选择创建查询,打开查询设计视图,选择数据源为"发货表"、"订单表"和"产品基本信息表",如图 17-10 所示。

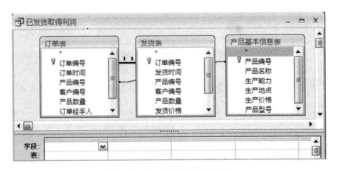

图 17-10　查询设计视图

（2）在"字段"处选择需要的字段以及自定义字段,有"订单编号"、"订单年份:Year（[订单时间]）"、"产品名称"、"订单是否发货"和"利润:（[发货价格]－[生产价格]）*

[发货表.产品数量]",如图 17-11 所示。

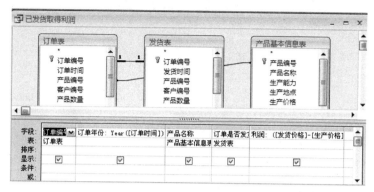

图 17-11　为查询选择字段

（3）添加查询条件。在自定义字段"订单年份：Year([订单时间])"的条件处输入"2010"，在字段"订单是否发货"的条件位置输入"已发"，如图 17-12 所示。

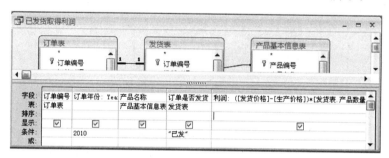

图 17-12　设置查询条件

（4）添加查询分组依据。单击工具栏上的"汇总"按钮，将"利润：([发货价格]-[生产价格])*[发货表.产品数量]"总计行的单元格改为"总计"，如图 17-13 所示。

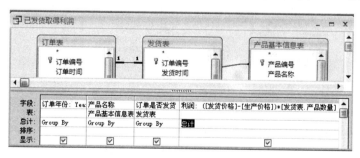

图 17-13　添加查询分组依据

（5）保存查询，关闭设计视图。

（6）单击工具栏上的"运行"按钮，查询结果如图 17-14 所示。

3. 查询库存相关信息

按照仓库的降序排列，查询不同库存地点每种商品的相关信息。该查询用到数据表

已发货取得利润

订单编号	订单年份	产品名称	订单是否发	利润
d0001	2010	香蕉	已发	500
d0002	2010	芒果	已发	600
d0003	2010	苹果	已发	3240
d0004	2010	足球	已发	4000
d0005	2010	篮球	已发	70000
d0006	2010	音像	已发	210000
d0008	2010	电视	已发	4500000
d0009	2010	饼干	已发	105000

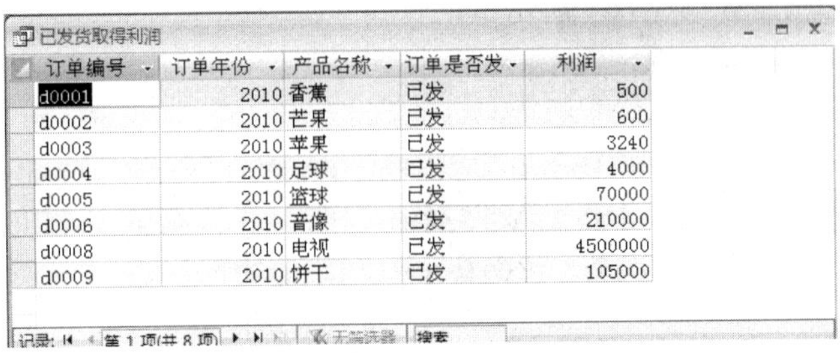

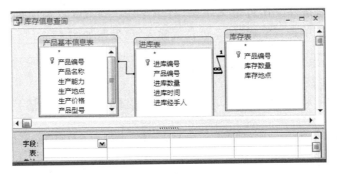

图 17-14　查询结果

“库存表”、“进库表”和“产品基本信息表”。创建查询步骤如下。

(1) 在进销存管理数据库中选择创建查询，打开查询设计视图，选择数据源为“库存表”、“进库表”和“产品基本信息表”，如图 17-15 所示。

图 17-15　查询设计视图

(2) 在“字段”处选择需要的字段，有“产品编号”、“产品名称”、“产品型号”、“进库数量”、“库存数量”和“库存地点”，如图 17-16 所示。

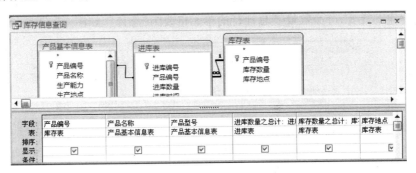

图 17-16　选择查询字段

(3) 设置查询排序依据。在字段“库存地点”的排序处选择“降序”，如图 17-17 所示。

(4) 设置查询分组依据，单击工具栏上的“汇总”按钮，将“进库数量”和“库存数量”的总计行的单元格改为“总计”，如图 17-18 所示。

(5) 保存查询，关闭设计视图。

(6) 单击工具栏上的“运行”按钮，查询结果如图 17-19 所示。

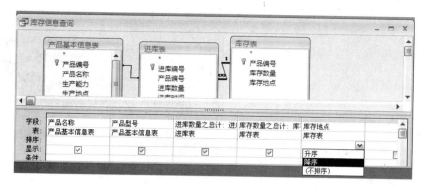

图 17-17　设置查询排序依据

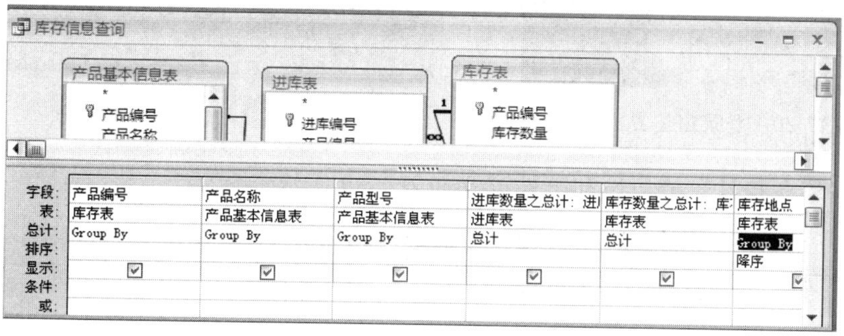

图 17-18　设置查询分组依据

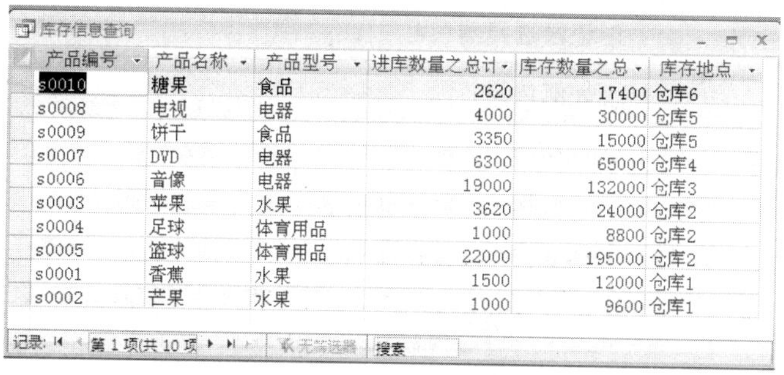

图 17-19　查询结果

17.4　窗　体　设　计

设计一个用户登录界面,通过输入正确的用户名和密码登录到系统的主窗体。主窗体包括以下功能选项:(1)入库管理;(2)订单管理;(3)发货管理;(4)查询信息;(5)报表打印;(6)退出系统。登录窗体界面如图 17-20 所示。主窗体界面如图 17-21 所示。

1. 登录窗体设计

登录窗体的主要目的是保护数据库的安全,只有具有权限(即拥有用户名和密码)的用户才能进入数据库应用系统。在登录窗体中添加 3 个标签、2 个文本框和 1 个命令按

| 图 17-20 登录窗体界面 | 图 17-21 主窗体界面 |

钮,登录窗体各控件主要属性和事件设置如表 17-9 所示。

表 17-9 登录窗体各控件主要属性和事件

对 象	对象名	属 性	事 件
窗体	关于	标题:登录	无
		滚动条:两者皆无	
		记录选择器:否	
		导航按钮:否	
		自动居中:是	
		边框样式:对话框边框	
图像	Image1	图片:赵雅芝桌面.jpg	无
		图片缩放模式:缩放	
		图片类型:嵌入	
标签	Lbltip	标题:登录进销存管理系统	无
	标签 2	标题:用户名称:	
	标签 3	标题:用户密码:	
文本框	Username		无
	Password	输入掩码:密码	
命令按钮	Cmdok	标题:登录	Click

登录窗体过程代码设计如下。

(1) 模块 Dbcontrol。

```
Public Function GetRS(ByVal strQuery As String) As ADODB.Recordset
    Dim rs As New ADODB.Recordset,conn As New ADODB.Connection
    On Error GoTo GetRS_Error
    Set conn=CurrentProject.Connection          '打开当前连接
    rs.Open Trim$ (strQuery), conn, adOpenKeyset, adLockOptimistic
    Set GetRS=rs
GetRS_Exit:
    Set rs=Nothing
    Set conn=Nothing
    Exit Function
GetRS_Error:
    MsgBox (Err.Description)
    Resume GetRS_Exit
End Function
```

（2）命令按钮事件过程 cmdok_Click。

```
Private Sub cmdok_Click()
    On Error GoTo Err_cmdok_Click
    Dim rs As New ADODB.Recordset,str As String,num As Integer
    str="select COUNT(用户表.用户名) from 用户表 where 用户表.用户名='" & Me.UserName
    str=str & "' and 用户表.密码='" & Me.PassWord & "'"
    Set rs=GetRS(str)
    num=rs(0)
    If IsNull(Me.UserName) Then
        MsgBox ("请输入用户名称!")
    ElseIf IsNull(Me.PassWord) Then
        MsgBox ("请输入用户密码!")
    ElseIf num <>1 Then
        MsgBox ("没有这个用户,或者密码错误!")
    Else
        Me.Visible=False
        DoCmd.OpenForm "主窗体"
    End If
Exit_cmdok_Click:
    Exit Sub
Err_cmdok_Click:
    MsgBox (Err.Description)
    Resume Exit_cmdok_Click
End Sub
```

（3）窗体加载过程 Form_Load()。

```
Private Sub Form_Load()
    Me.UserName.SetFocus
    Me.UserName=""
```

```
    Me.PassWord=""
End Sub
```

2. 主窗体设计

主窗体是用户通过身份验证后进入数据库应用系统的主界面,通过主窗体调用入库管理、订单管理、发货管理、查询信息、报表打印等系统功能。

在主窗体中添加 1 个标签、3 个图像和 6 个命令按钮,主窗体各控件主要属性和事件设置如表 17-10 所示。

表 17-10　主窗体各控件主要属性和事件

对　象	对象名	属　性	事　件
窗体	关于	标题:主窗体	无
		滚动条:两者皆无	
		记录选择器:否	
		导航按钮:否	
		自动居中:是	
		边框样式:对话框边框	
图像	Image1	图片:万马奔腾照片.jpg	无
		图片缩放模式:缩放	
		图片类型:嵌入	
	Image5	图片:20081.jpg	无
		图片缩放模式:缩放	
		图片类型:嵌入	
	Auto_logo0	图片:sxufe.JPG	
		图片缩放模式:缩放	
		图片类型:嵌入	
命令按钮	Command6	标题:入库管理	Click
	Command9	标题:发货管理	Click
	Command10	标题:查询信息	Click
	Command11	标题:报表打印	Click
	Command12	标题:订单管理	Click
	Command13	标题:退出系统	Click

主窗体各命令按钮事件过程代码设计如下。

```
Private Sub Command6_Click()
    DoCmd.OpenForm "入库管理"
```

```
End Sub
Private Sub Command9_Click()
    DoCmd.OpenForm "发货管理"
End Sub
Private Sub Command10_Click()
    DoCmd.OpenForm "查询信息"
End Sub
Private Sub Command11_Click()
    DoCmd.OpenForm "报表打印"
End Sub
Private Sub Command12_Click()
    DoCmd.OpenForm "订单管理"
End Sub
Private Sub Command13_Click()
    DoCmd.Close
End Sub
```

3. "入库管理"窗体设计

"入库管理"窗体设计视图如图 17-22 所示。首先,使用向导创建基本窗体;然后,向窗体中添加 2 个命令按钮,标题分别命名为"添加记录"和"修改库存";最后,调整窗体的整体布局,使其美观和实用。

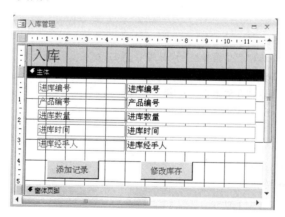

图 17-22　入库管理

该窗体各命令按钮事件过程代码设计如下。

(1)"添加记录"按钮事件。

```
Private Sub 添加记录_Click()
On Error GoTo Err_cmdAdd_Click
    'DoCmd.GoToRecord , , acFirst
    DoCmd.GoToRecord , , acNewRec
    cmdMod.Enabled=True
    cmdMod.SetFocus
    cmdAdd.Enabled=False
```

```
Exit_cmdAdd_Click:
    Exit Sub
Err_cmdAdd_Click:
    MsgBox Err.Description
    Resume Exit_cmdAdd_Click
End Sub
```

(2) "修改库存"按钮事件。

```
Private Sub 修改库存_Click()
'Dim curdb As Database
    ' Dim curRS As Recordset
    Dim deviceCnt As Integer
    Set curdb=CurrentDb
    Set curRS=curdb.OpenRecordset("select * from 库存表 where 产品编号='"_
            & 产品编号.Value & "'")
    If Not curRS.EOF Then
        deviceCnt=curRS.Fields("库存数量")
        deviceCnt=deviceCnt +CInt(进库数量.Value)
        curdb.Execute "update 库存表 set 库存数量=" & deviceCnt & _
                " where 产品编号='" & 产品编号.Value & "'"
    Else
        With curRS
            .AddNew
            .Fields("产品编号")=产品编号.Value
            .Fields("库存数量")=CInt(进库数量.Value)
            .Fields("存放地点")="第一仓库"
            .Update
        End With
    End If
    添加记录.Enabled=True
    添加记录.SetFocus
    修改库存.Enabled=False
End Sub
```

4. "订单管理"窗体设计

"订单管理"窗体设计视图如图 17-23 所示。首先,使用向导创建基本窗体;然后,向窗体中添加 3 个命令按钮,标题分别命名为"添加订单"、"查看库存"和"准备发货";最后,调整窗体的整体布局,使其美观和实用。

该窗体各命令按钮事件过程代码设计如下。

```
Private Sub 添加订单_Click()
    On Error GoTo Err_添加订单_Click
    DoCmd.GoToRecord , , acNewRec
Exit_添加订单_Click:
```

```
        Exit Sub
Err_添加订单_Click:
        MsgBox Err.Description
        Resume Exit_添加订单_Click
End Sub
Private Sub 准备发货_Click()
        dd_no=订单编号.Value
        product_no=产品编号.Value
        kehu_no=客户编号.Value
        product_number=产品数量.Value
        DoCmd.OpenForm "发货管理"
End Sub
Private Sub 查看库存_Click()
        DoCmd.OpenReport "库存报表", acViewPreview
End Sub
```

图 17-23　订单管理

5."发货管理"窗体设计

"发货管理"窗体设计视图如图 17-24 所示。首先,使用向导创建基本窗体;然后,向窗体中添加 1 个命令按钮,标题命名为"确认";最后,调整窗体的整体布局,使其美观和实用。该窗体的事件过程代码设计如下。

```
Private Sub 确认_Click()
        Dim aaa As Database,bbb As Recordset
        Set aaa=CurrentDb
        aaa.Execute "update 订单表 set 订单是否发货='已发'_
            where 订单编号='" & dd_no & "'"
        aaa.Execute "insert into 发货表(订单编号,发货时间,产品编号,客户编号_
            ,产品数量,发货价格,发货经手人) values ('" & 订单编号.Value & "','" & _
            发货时间.Value & "','" & 产品编号.Value & "','" & 客户编号.Value & "','" & _
```

```
        CInt(产品数量.Value) & "','" & CInt(发货价格.Value) & "','" &_
        发货经手人.Value & "')"
    Set bbb=aaa.openrecordset("select 库存数量 from 库存表_
        where 产品编号='" & product_no & "'")
    aaa.Execute "update 库存表 set 库存数量=" & bbb.Fields_
        ("库存数量")-product_number & "where 产品编号='" & product_no & "'"
End Sub
Private Sub Form_Load()
    dd_no=订单编号.Value
    product_no=产品编号.Value
    kehu_no=客户编号.Value
    product_number=产品数量.Value
End Sub
```

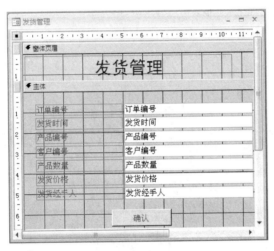

图 17-24　发货管理

6."查询信息"窗体设计

"查询信息"窗体设计视图如图 17-25 所示。

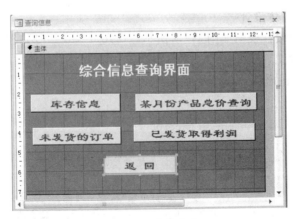

图 17-25　查询信息

在"查询信息"窗体中添加 1 个标签和 5 个命令按钮，各控件主要属性和事件设置如表 17-11 所示。

表 17-11 "查询信息"窗体各控件主要属性和事件

对　象	对象名	属　性	事　件
窗体	关于	标题：查询信息	无
		滚动条：两者皆无	
		记录选择器：否	
		导航按钮：否	
		自动居中：是	
		边框样式：对话框边框	
命令按钮	Command1	标题：库存信息	Click
	Command2	标题：已发货取得利润	Click
	Command3	标题：某月份产品总价查询	Click
	Command4	标题：未发货的订单	Click
	Command5	标题：返回	Click
标签	Label0	标题：综合信息查询界面	无

该窗体各命令按钮事件过程代码设计如下。

```
Private Sub Command1_Click()
    DoCmd.OpenQuery "库存信息查询"
End Sub
Private Sub Command2_Click()
    DoCmd.OpenQuery "已发货取得利润"
End Sub
Private Sub Command3_Click()
    DoCmd.OpenQuery "某月份产品总价查询"
End Sub
Private Sub Command4_Click()
    DoCmd.OpenQuery "未发货的订单"
End Sub
Private Sub Command5_Click()
    DoCmd.OpenForm "主窗体"
End Sub
```

7. "报表打印"窗体设计

"报表打印"窗体设计视图如图 17-26 所示。

在"报表打印"窗体中添加 3 个复选框、4 个标签和 2 个命令按钮，各控件主要属性和事件设置如表 17-12 所示。

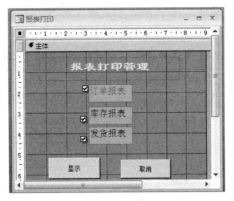

图 17-26 报表打印

表 17-12 "报表打印"窗体各控件主要属性和事件

对　　象	对象名	属　　性	事　　件
窗体	关于	标题：报表打印	无
		滚动条：两者皆无	
		记录选择器：否	
		导航按钮：否	
		自动居中：是	
		边框样式：对话框边框	
命令按钮	Cmdshow	标题：显示	Click
	Cmdcancel	标题：取消	Click
标签	Label1	标题：订单报表	无
	Label3	标题：库存报表	无
	Label5	标题：发货报表	无
	Label4	标题：报表打印管理	无

该窗体各命令按钮事件过程代码设计如下。

```
Private Sub 显示_Click()
    If chkDD.Value=-1 Then
        DoCmd.OpenReport "订单报表", acViewPreview
    End If
    If chkKC.Value=-1 Then
        DoCmd.OpenReport "库存报表", acViewPreview
    End If
    If chkFH.Value=-1 Then
        DoCmd.OpenReport "发货报表", acViewPreview
    End If
```

```
End Sub
Private Sub 取消_Click()
    DoCmd.Close
End Sub
```

17.5 报表设计

下面使用报表向导创建订单报表、发货报表和库存报表。

1. “订单报表”设计

(1) 选择“创建”选项卡，在“报表”组中选择“报表向导”，选择数据源为“订单表”，添加所需字段“订单编号”、“订单时间”、“产品编号”、“客户编号”、“产品数量”、“订单经手人”和“订单是否发货”。

(2) 将默认分组的“产品编号”去掉，按照“订单编号”升序排序，选择方向为“横向”，单击“下一步”按钮，直至“完成”。创建的订单报表预览如图 17-27 所示。

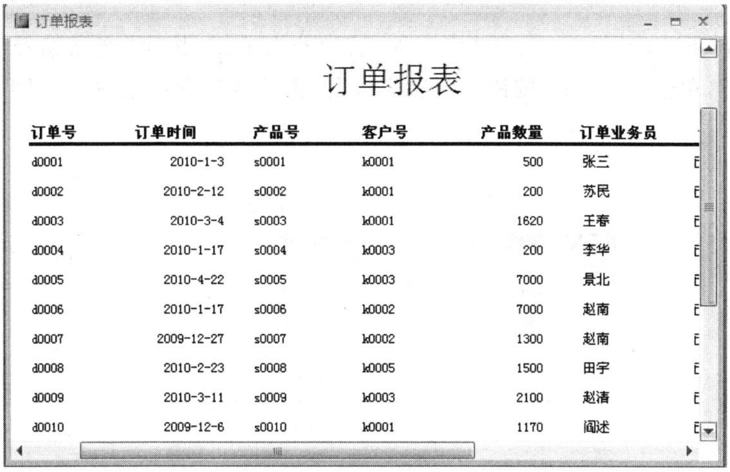

订单号	订单时间	产品号	客户号	产品数量	订单业务员
d0001	2010-1-3	s0001	k0001	500	张三
d0002	2010-2-12	s0002	k0001	200	苏民
d0003	2010-3-4	s0003	k0001	1620	王春
d0004	2010-1-17	s0004	k0003	200	李华
d0005	2010-4-22	s0005	k0003	7000	景北
d0006	2010-1-17	s0006	k0002	7000	赵南
d0007	2009-12-27	s0007	k0002	1300	赵南
d0008	2010-2-23	s0008	k0005	1500	田宇
d0009	2010-3-11	s0009	k0003	2100	赵清
d0010	2009-12-6	s0010	k0001	1170	阎述

图 17-27 “订单报表”预览

2. “发货报表”设计

(1) 选择“创建”选项卡，在“报表”组中选择“报表向导”，选择数据源为“发货表”，添加所需字段“订单编号”、“发货时间”、“产品编号”、“客户编号”、“产品数量”、“发货价格”、“发货经手人”和“订单是否发货”。

(2) 将默认的分组去掉，选择“订单是否发货”为分组依据，按照“发货时间”升序排序，选择方向为“横向”，单击“下一步”按钮，直至“完成”。创建的发货报表预览如图 17-28 所示。

3. “库存报表”设计

(1) 选择“创建”选项卡，在“报表”组中选择“报表向导”，选择数据源为“库存表”，添加所需字段“产品编号”、“库存数量”和“库存地点”。

图 17-28 "发货报表"预览

（2）单击"下一步"按钮，选择"库存地点"为分组依据，按照"产品编号"升序排序，选择布局为"块"，单击"下一步"按钮，直至"完成"。创建的库存报表预览如图 17-29 所示。

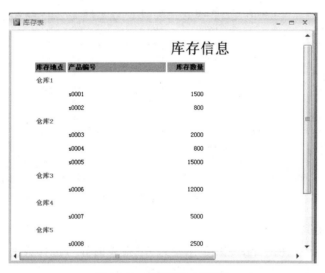

图 17-29 "库存报表"预览

17.6 系 统 设 置

将用户"登录窗体"设置为启动窗体。

方法 1：通过"Access 选项"对话框进行设置。

（1）用鼠标右键单击 Access 2007 左上角圆形按钮，选择"自定义快速访问工具栏"，弹出如图 17-30 所示的"Access 选项"对话框。

图 17-30 "Access 选项"对话框

（2）在对话框中选择当前数据库，在应用程序选项中的"显示窗体："后面的下拉列表框选择"登录界面"。

方法 2：通过创建 Autoexec 宏进行设置。

（1）打开宏设计视图，如图 17-31 所示，选择宏操作为 OpenForm，选择参数窗体名称为"登录窗体"。

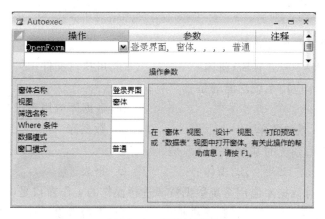

图 17-31 宏设计窗口

（2）以宏名称 Autoexec 保存该宏。

17.7 课程设计题目——演讲比赛管理系统

1. 问题描述

设计一个演讲比赛管理系统。

2. 基本要求

（1）赛前管理：包括比赛组别、代表队、演讲题目、演讲者名单、比赛记录的录入等，为比赛做好准备。

（2）成绩管理：比赛进行中随时进行成绩的录入、打印，比赛结束时进行演讲者、各演讲代表队的总成绩统计。

（3）信息查询：包括演讲者、代表队基本情况和成绩等的查询及打印。

3. 测试数据

可以设计一个如图 17-32 所示的演讲比赛主界面，通过主界面可以进入到各分界面进行各功能的实现。

4. 实现提示

参照本章进销存管理系统设计开发过程完成本课程设计。

5. 问题拓展

（1）为演讲比赛管理系统的主界面设计登录界面，用户名和密码输入次数最多为 3 次。

图 17-32　演讲比赛主界面

（2）对演讲比赛管理系统的成绩管理部分进行拓展，实时地记录比赛时间以及对成绩进行相应的处理。

习　题　17

一、选择题

1. 不是数据库对象的是（　　）。

　　A. 数据表　　　　B. 窗体　　　　　C. 可执行文件　　　D. 菜单

2. 实现数据库应用系统功能的是（　　）。

　　A. 宏　　　　　　　　　　　　　　B. 数据库应用系统的菜单

　　C. Access 系统菜单　　　　　　　　D. 数据库

3. 数据库应用系统的基本数据资源是（　　）。

　　A. 查询　　　　　B. 窗体　　　　　C. 报表　　　　　D. 表

4. 不是用来对数据库应用系统数据资源进行操作的工作窗口是（　　）。

　　A. 数据输入　　　B. 数据维护　　　C. 系统登录　　　D. 数据检索

5. 设置自动启动的窗体属性，不用定义的内容是（　　）。

　　A. 大小　　　　　B. 标题　　　　　C. 名称　　　　　D. 图标

6. 数据库应用系统的主控模块不包括的设计内容是（　　）。

　　A. 系统主窗体　　B. 概念模型　　　C. 系统登录　　　D. 系统菜单

7. 在 Access 中，能够将登录窗体设置为启动窗体的数据库对象是（　　）。

　　A. 报表　　　　　B. 查询　　　　　C. 数据操作窗口　D. 宏

8. 一般数据库应用系统的主要功能模块不包括的对象是（　　）。

A. 需求分析　　　　　B. 数据操作窗体　　　C. 查询窗体　　　　D. 各类数据报表

9. 在一个应用系统中,各类工作窗口是由(　　)提供的。

　　A. 菜单　　　　　　　B. 主程序　　　　　　C. 窗体　　　　　　D. 类

10. 通过打印机输出的格式文件是(　　)。

　　A. 表　　　　　　　　B. 报表　　　　　　　C. 窗体　　　　　　D. 查询

二、填空题

1. 在一般情形下,_____窗体是用来控制操作员使用系统的口令输入窗口。

2. 在 Access 中,_____文件是整个系统核心文件,它是系统所有资源文件集合。

3. 数据库应用系统的一个主要功能模块,是数据库应用系统的_____。

4. 数据输入窗体是_____的工作窗口,要有增加和保存数据的基本功能,保证数据输入的准确、快捷。

5. 数据库应用系统数据输出,除了通过窗体输出以外,还可以通过_____输出。

三、简答题

1. 数据库应用系统的开发应从哪些方面着手?

2. 在数据库应用系统开发过程中,你遇到了哪些问题,是如何解决的?

3. 设计一个应用系统程序应完成哪些任务?

4. 控制面板窗体主要有哪些功能?

5. 数据库应用系统的主要功能模块有哪些?

6. 将某一窗体设置为启动窗体的方法有哪些?

四、设计题

1. 设计和开发一个"学生成绩管理数据库应用系统"。

2. 设计和开发一个"教学管理数据库应用系统"。

参 考 文 献

[1] 冯俊.算法与程序设计基础教程[M].北京：清华大学出版社,2010.

[2] 周黎,钱瑛,等.程序设计基础——Visual Basic 教程[M].北京：人民邮电出版社,2008.

[3] 杨章伟.Visual Basic 完全自学宝典[M].北京：清华大学出版社,2008.

[4] 冯俊.数据结构[M].北京：清华大学出版社,2007.

[5] 陈丽芳.程序设计基础——Visual Basic 学习与实验指导[M].北京：人民邮电出版社,2008.

[6] 纪澎琴.Access 数据库应用基础教程[M].北京：北京邮电大学出版社,2009.

[7] 杰诚文化.Access 数据库管理[M].北京：中国青年出版社,2007.

[8] 张婷,等.Access 2007 课程设计案例精编[M].北京：清华大学出版社,2008.

[9] 李雁翎.Access 2003 数据库技术及应用[M].北京：高等教育出版社,2008.

[10] 陈恭如.数据库基础与 Access 应用教程[M].北京：高等教育出版社,2005.

[11] 甘雷,等.中文 Access 2002 标准教程[M].北京：宇航出版社,2002.

[12] 邵丽萍.Access 数据库技术与应用[M].北京：清华大学出版社,2007.

[13] 阳小华,等.数据库应用程序设计[M].北京：北京邮电大学出版社,2004.

[14] 杨涛.中文版 Access 2007 实用教程[M].北京：清华大学出版社,2007.